Teubner Studienbücher Chemie

T. Laue / A. Plagens
Namen- und Schlagwort-Reaktionen
der Organischen Chemie

Teubner Studienbücher Chemie

Herausgegeben von

Prof. Dr. rer. nat. Christoph Elschenbroich, Marburg
Prof. Dr. rer. nat. Friedrich Hensel, Marburg
Prof. Dr. phil. Henning Hopf, Braunschweig

Die Studienbücher der Reihe Chemie sollen in Form einzelner Bausteine grundlegende und weiterführende Themen aus allen Gebieten der Chemie umfassen. Sie streben nicht die Breite eines Lehrbuchs oder einer umfangreichen Monographie an, sondern sollen den Studenten der Chemie – aber auch den bereits im Berufsleben stehenden Chemiker – kompetent in aktuelle und sich in rascher Entwicklung befindende Gebiete der Chemie einführen. Die Bücher sind zum Gebrauch neben der Vorlesung, aber auch – da sie häufig auf Vorlesungsmanuskripten beruhen – anstelle von Vorlesungen geeignet. Es wird angestrebt, im Laufe der Zeit alle Bereiche der Chemie in derartigen Lehrbüchern vorzustellen. Die Reihe richtet sich auch an Studenten anderer Naturwissenschaften, die an einer exemplarischen Darstellung der Chemie interessiert sind.

Namen- und Schlagwort-Reaktionen der Organischen Chemie

Von Dr. rer. nat. Thomas Laue
und Dr. rer. nat. Andreas Plagens
Braunschweig

3., überarbeitete und erweiterte Auflage

B. G. Teubner Stuttgart 1998

Dr. rer. nat. Thomas Laue

Geboren 1960 in Bad Gandersheim. Studium der Chemie in Braunschweig. Promotion 1991 bei Prof. Dr. H. Hopf mit einer Arbeit über die Stereochemie von Paracyclophanen. Von 1991 bis 1994 und ab 1996 wiss. Angestellter am Institut für Organische Chemie der TU Braunschweig.

Dr. rer. nat. Andreas Plagens

Geboren 1965 in Wolfsburg. Studium der Chemie in Braunschweig. 1997 Promotion bei Prof. Dr. H. Hopf auf dem Gebiet der Gasphasenthermolyse von Cyclopropenen. Von 1992 bis 1994 wiss. Angestellter am Institut für Organische Chemie der TU Braunschweig. Seit 1994 Angestellter bei der Volkswagen AG, Wolfsburg.

Die Deutsche Bibliothek – CIP-Einheitsaufnahme

Laue, Thomas:
Namen- und Schlagwort-Reaktionen der organischen Chemie / von Thomas Laue und Andreas Plagens. – 3., überarb. und erw. Aufl. – Stuttgart : Teubner, 1998
(Teubner-Studienbücher : Chemie)
ISBN 3-519-23526-9

Printed in Germany
Druck und Binden: Druckhaus Beltz, Hemsbach/Bergstraße

Geleitwort

"Warum müssen wir diese Namenreaktionen überhaupt lernen, einige von ihnen sind doch schon über hundert Jahre alt?" lautet eine von Anfängern häufig gestellte Frage. Die Antwort darauf ist einfach: Namenreaktionen sind Kürzel oder Chiffren, mit deren Hilfe sich ein großer Teil der praktischen und gelegentlich auch der theoretischen Chemie in überaus kompakter Weise ausdrücken läßt, dem (eingeweihten) Gesprächspartner sofort signalisierend, wovon die Rede ist. So wie für die Eiskunstläuferin "alles klar ist" wenn ein Doppelter Rittberger gesprungen wird, der Mathematiker weiß worum es geht, wenn die Mordellsche Vermutung diskutiert wird oder der Schachspieler mit der Spanischen Eröffnung beginnt, kann die Chemikerin einen Syntheseweg *ohne weitere Worte* nachvollziehen, der durch eine Friedel-Crafts-Acylierung eingeleitet und durch eine Wittig-Reaktion, an die sich eine Sharpless-Epoxidierung anschließt, fortgesetzt wurde.

Es soll zwar Fälle geben, in denen der Entdecker einer Reaktion diese auch gleich (oder ein wenig später) mit seinem Namen versehen hat - die Regel ist das keinesfalls. Die Taufe erfolgt vielmehr durch die Nutzerinnen und Nutzer, die somit die allgemeine Anwendbarkeit und Bedeutung einer bestimmten Reaktion zum Ausdruck bringen wollen. Allerdings behaupten böse Zungen, daß ein Satz oder Effekt, der den Namen einer Person trägt, von einer anderen stamme (sog. Nullter Hauptsatz der Wissenschaftsgeschichte).[1)]

Jeder Autor eines Buches über Namenreaktionen wird sich dem Konflikt zwischen der Zahl der behandelten Begriffe und der jeweiligen Diskussionstiefe nicht entziehen können. Wird er zu umfassend, hätte er auch gleich ein Werk über die präparative Organische Chemie schreiben können, geht er zu sehr ins mechanistische Detail, so läge am Ende eine Monographie über Reaktionsmechanismen vor.

Entdeckt der Leser dieses Buches dennoch eine fehlende Reaktion oder vermißt er ein reaktionsmechanistisches Detail, so wird ihm empfohlen, einen Blick in einen Übersichtsartikel oder in die Originalliteratur zu werfen. Das ist leicht möglich, da entsprechende Literaturhinweise am Ende jeder Reaktion gegeben werden.

Ungewöhnlich an dem *Laue/Plagens* ist, daß er von einem frisch promovierten Chemiker und einem Doktoranden verfaßt wurde. Die Jugend der Autoren ist eine gute Voraussetzung für zukünftige, aktualisierte Auflagen und könnte überdies andere junge Chemikerinnen und Chemiker zu schriftstellerischen Betätigungen ermutigen.

Braunschweig, im Frühjahr 1994 *H. Hopf*

1) G. Vollmer, *Biologie heute* **1992**, *400*, 1-3; *401*, 2-5.

Inhaltsverzeichnis

Einleitung

Namenreaktionen sind nach wie vor ein wichtiger Bestandteil der Organischen Chemie. Ihre umfassende Kenntnis ist für den Chemiker unerläßlich; einerseits sind die hierdurch zugänglichen wissenschaftlichen Erkenntnisse von hoher Bedeutung, andererseits werden die Namen gern und oft als Abkürzungen zur Erleichterung der Kommunikation in Wort und Schrift verwendet. Weiterhin sind sie eine ideale Hilfe bei der Aneignung der Prinzipien der Organischen Chemie. Dies trifft nicht nur für Studenten zu, die Chemie im Hauptfach studieren, sondern gilt auch für interessierte Nebenfachstudenten, etwa aus den Fächern Pharmazie, Biologie etc.

Das Buch *Namen- und Schlagwortreaktionen der Organischen Chemie* soll nicht als Lehrbuchersatz verstanden werden. Vielmehr handelt es sich um ein Buch zum Nachschlagen, aber auch zum Lesen und Lernen und kann als Vorbereitungshilfe, etwa zum Vordiplom, verwendet werden, wobei der behandelte Stoff allerdings darüber hinausgeht. 134 der wichtigsten Reaktionen aus der Organischen Chemie werden behandelt, deren Auswahl nach ihrer heutigen Bedeutung für die moderne präparative Chemie sowie für eine zeitgemäße Chemieausbildung erfolgte.

Die einzelnen Reaktionen sind alphabetisch angeordnet und jeweils auf einheitliche Weise behandelt: Nach dem Namen der entsprechenden Reaktion, der gleichzeitig als Überschrift dient, folgt eine erklärende Textzeile als Untertitel. Daraufhin wird die Reaktion in ihrer Bruttoreaktionsgleichung vorgestellt, gefolgt von einer einleitenden Beschreibung.

Der Hauptteil jedes Kapitels dient der Behandlung mechanistischer Aspekte, wobei die Ausführlichkeit der Beschreibung aus didaktischen Gründen bewußt in den Hintergrund gestellt wurde. Im folgenden werden darüber hinausgehende Gesichtspunkte, wie Nebenreaktionen, Ausbeuten oder Varianten der Reaktion beschrieben; hierzu wird häufig auf Originalarbeiten aus neuerer Zeit, z. T. aus sehr aktuellen Publikationen, verwiesen. Es ist jedoch weder angestrebt, hierbei einen Anspruch auf Vollständigkeit zu erheben, noch ist in der Auswahl der modernen Beispiele eine Wertung zu sehen. Vielmehr erfolgte die Auswahl häufig nach didaktischen Gesichtspunkten.

Zum Schluß jedes Kapitels finden sich schließlich die Literaturverweise, durchschnittlich fünf bis acht an der Zahl. Hierdurch soll der Zugang zur Originalliteratur sowie zu den wichtigsten Übersichtsartikeln erleichtert und angeregt werden. Die Angabe der Erstveröffentlichungen soll auf die Namensgeber bzw. Urheber der Reaktionen hinweisen. Sie geben Aufschluß darüber, auf welche Weise die Reaktionen erschlossen wurden. Mit den Literaturverweisen und modernen Beispielen wendet sich das Buch in erster Linie an fortgeschrittene Studenten sowie an Diplomanden / Doktoranden.

Unser besonderer Dank gilt Herrn Prof. Dr. H. Hopf für seine vielfältigen Anregungen und die kritische Durchsicht des Manuskripts. Weiterhin sind wir Dipl.-Chem. Daniel Geuenich, Dr. Helmut Lipka, Dr. Jörg Michalski, Dr. Claus Vogel, sowie den Mitarbeitern des Teubner Verlags zu Dank verpflichtet.

Acyloin-Kondensation

α-Hydroxyketone aus Carbonsäureestern

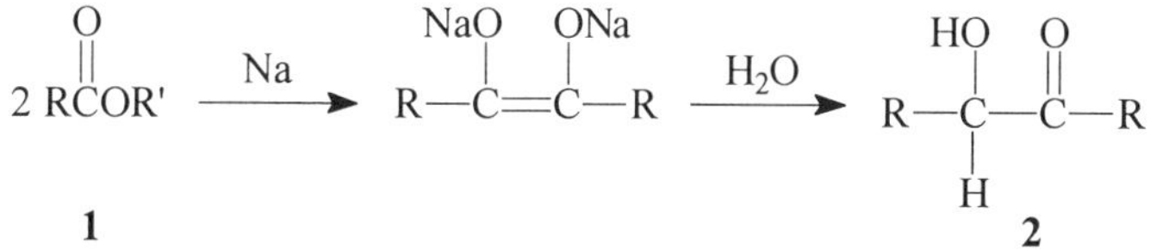

Durch Erhitzen von Carbonsäureestern **1** mit Natrium kann eine bimolekulare Reaktion zu α-Hydroxyketonen **2** stattfinden.[1-3] Diese Reaktion, nach den Produkten als *Acyloin-Kondensation* bezeichnet, ist insbesondere erfolgreich mit Estern von Alkylcarbonsäuren.

Für den Mechanismus nimmt man als Intermediat das Diketon **5** an, da kleine Mengen hiervon gewöhnlich als Nebenprodukt isoliert werden können. Wahrscheinlich reagiert der Ester **1** zunächst mit Natrium zum Radikalanion **3**, das daraufhin zum Dianion **4** dimerisiert. Durch die Abspaltung von zwei Resten R'O⁻ entsteht das intermediäre Diketon **5**. Dieses reagiert dann wiederum mit Natrium zum Dianion **6**, welches bei wäßriger Aufarbeitung das α-Hydroxyketon **2** liefert:

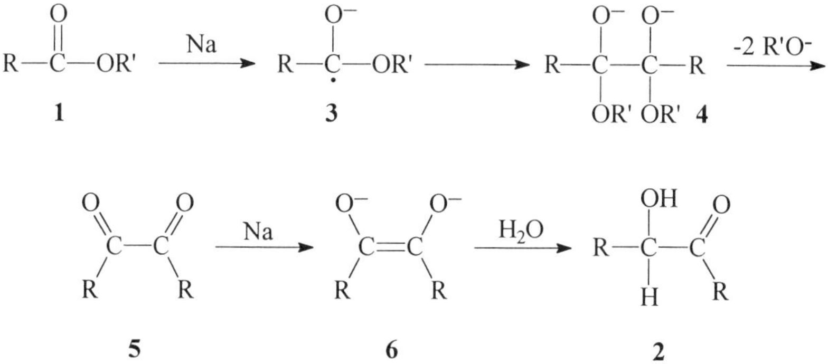

Eine intramolekulare Variante ist möglich, wenn man Edukte mit zwei terminalen Estergruppen einsetzt. Diese Synthese eignet sich insbesondere zur Herstellung von Ringen mit zehn bis zwanzig Kohlenstoffatomen, wobei die Ausbeuten von der Ringgröße abhängen.[4] Die Gegenwart von Doppel- oder Dreifachbindungen im Kohlenstoffsystem stört die Reaktion nicht. Die starke Tendenz zur Ringbildung bei geeigneten Diestern erklärt man damit, daß durch Bindung beider Kettenenden an die Natriumoberfläche der Ringschluß begünstigt wird.

Die Ausbeuten können drastisch verbessert werden, wenn man die Reaktion in Gegenwart von Trimethylsilylchlorid ausführt. Dadurch wird intermediär der isolierbare Bistrimethylsilylenolether **7** gebildet, aus dem durch saure Hydrolyse das entsprechende Reaktionsprodukt erhalten werden kann:

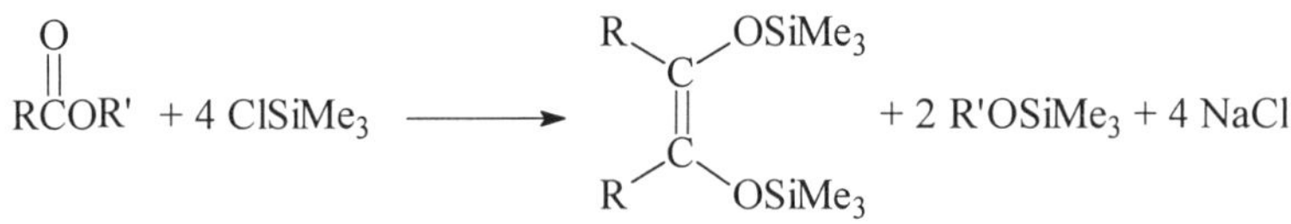

7

Dieses als *Rühlmann-Variante*[5] bekannte und heute als Standardmethode akzeptierte Verfahren inhibiert auch die *Dieckmann-Kondensation* (*→Claisen-Esterkondensation*), die ansonsten eine Konkurrenzreaktion darstellt. Das aus der Dieckmann-Kondensation erhältliche Produkt besitzt stets einen um ein C-Atom kleineren Ring als das entsprechende Produkt aus der Acyloin-Kondensation.

Als Beispiel für Ringsysteme, die durch diese Reaktion zugänglich sind, können [n]Paracyclophane **8** mit n ≥ 9 genannt werden:[6]

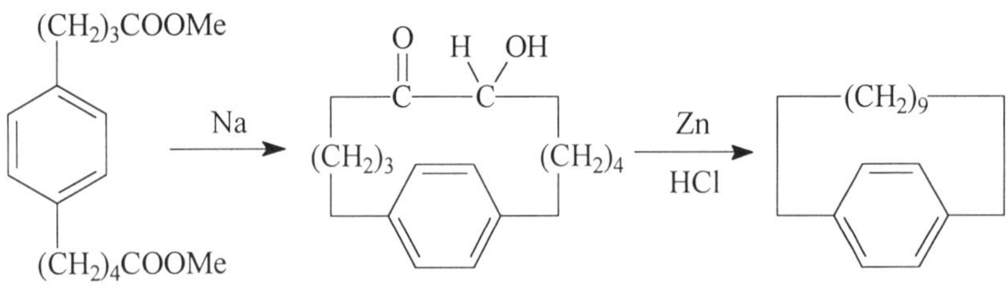

8

Die wohl spektakulärste Anwendung der Acyloin-Kondensation ist die Herstellung der ersten Catenane **11**.[7] Diese wurden durch statistische Synthese erhalten; das heißt, der zunächst hergestellte Ring **9** wird mit einem offenkettigen Diester **10** umgesetzt, in der Hoffnung, daß einige Moleküle zum Zeitpunkt der Reaktion miteinander verschlungen sind:

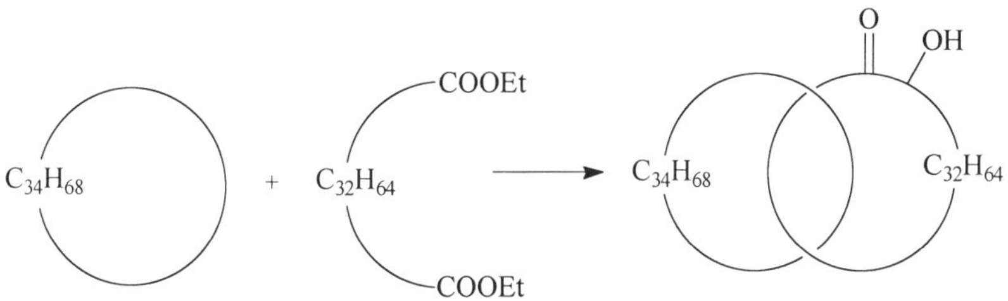

9 **10** **11**

Erwartungsgemäß erhält man nur sehr geringe Ausbeuten an Catenanen, aus diesem Grund wurden verbesserte Methoden zur Herstellung solcher Verbindungen entwickelt.[8]

Die durch die Reaktion erhältlichen Acyloine sind häufig lediglich Intermediate in der chemischen Synthese. So lassen sie sich durch die →*Corey-Winter-Fragmentierung* zu Olefinen umsetzen. Insbesondere durch enzymatische Verfahren sind enantiomerenreine Acyloine zugänglich.[9]

1) A. Freund, *Justus Liebigs Ann. Chem.* **1861**, *118*, 33-43.
2) S. M. McElvain, *Org. React.* **1948**, *4*, 256-268.
3) J. J. Bloomfield, D. C. Owsley, J. M. Nelke, *Org. React.* **1976**, *23*, 259-403.
4) K. T. Finley, *Chem. Rev.* **1964**, *64*, 573-589.
5) K. Rühlmann, *Synthesis* **1971**, 236-253.
6) D. J. Cram, M. F. Antar, *J. Am. Chem. Soc.* **1958**, *80*, 3109-3114.
7) E. Wasserman, *J. Am. Chem. Soc.* **1960**, *82*, 4433-4434.
8) J.-P. Sauvage, *Acc. Chem. Res.* **1990**, *23*, 319-327.
9) H. Waldmann in *Organic Synthesis Highlights II* (Hrsg.: H. Waldmann), VCH, Weinheim, **1995**, S. 152-155.

Aldolreaktion

Reaktion zweier Aldehyde oder Ketone zu β-Hydroxycarbonylverbindungen

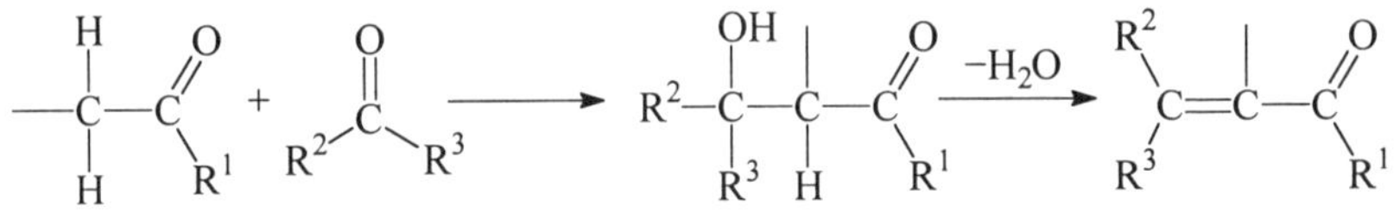

1 **2** **3** **4**

Als *Aldolreaktion*[1,2] bezeichnet man die Addition des α-Kohlenstoffatoms eines enolisierbaren Aldehyds oder Ketons **1** an die Carbonylgruppe eines weiteren Aldehyds oder Ketons **2**. Die Reaktion gehört zu den am häufigsten angewandten in der Organischen Chemie und ist eine der vielfältigsten Methoden zur Knüpfung von Kohlenstoff-Kohlenstoff-Bindungen. Die primären Reaktionsprodukte sind β-Hydroxyaldehyde (Aldole) oder -ketone (Ketole) **3**. Anschließend erfolgt häufig Dehydratisierung zu α,β-ungesättigten Carbonylverbindungen **4**. In diesem Fall bezeichnet man den gesamten Prozeß auch als *Aldolkondensation.*

Die Reaktion kann sowohl basen- als auch säurekatalysiert durchgeführt werden. Häufiger ist die Basenkatalyse; hier wird die enolisierbare Carbonylverbindung **1** zunächst mit Base (meist Alkalihydroxid) in α-Stellung zum resonanzstabilisierten Enolat-Ion **5** anionisiert:

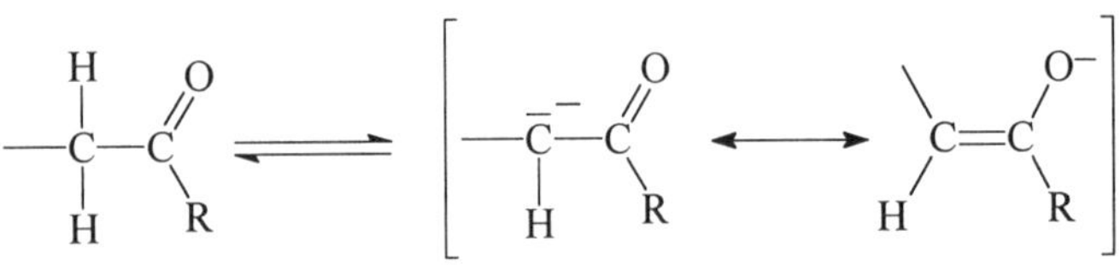

1 **5**

Daraufhin erfolgt die Addition des Enolat-Ions **5** an die Carbonylverbindung eines anderen, nicht ionisierten Moleküls **2**. Das Produkt (nach Aufarbeitung) ist ein β-Hydroxyaldehyd bzw. -keton **3**:

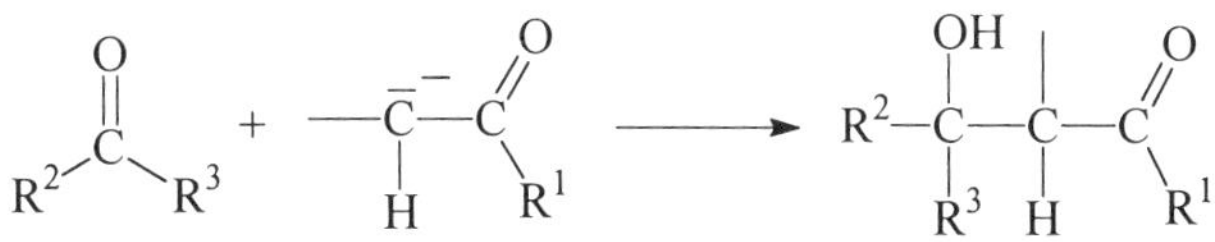

2 **5** **3**

Bei der säurekatalysierten Variante reagiert die Enolform **6** mit der protonierten Carbonylgruppe eines anderen Moleküls **2**:

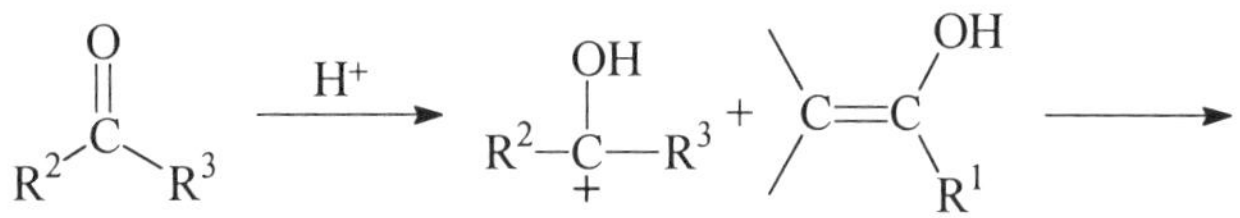

2 **6**

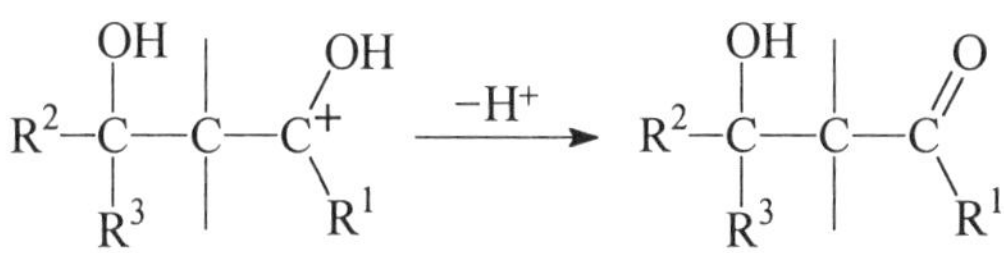

3

Besitzen die primär gebildeten β-Hydroxycarbonylverbindungen **3** noch mindestens ein α-ständiges Wasserstoffatom, findet anschließend häufig Dehydratisierung zu einem α,β-ungesättigten Aldehyd oder Keton **4** statt. Oft verläuft die Dehydratisierung als Gleichgewichtsreaktion schon während der Addition, man kann aber auch leicht durch Behandlung mit Säure thermisch dehydratisieren:

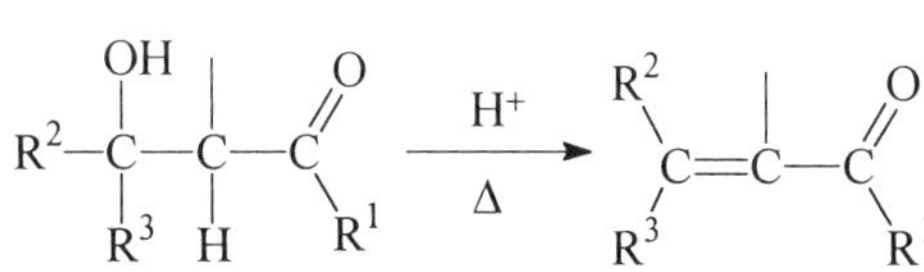

3 **4**

Durch Variation der Edukte sind verschiedene Möglichkeiten denkbar: Die Aldolreaktion zweier Moleküle desselben Aldehyds gelingt im allgemeinen leicht, und das Gleichgewicht liegt auf der rechten Seite. Versucht man die analoge Umsetzung von Ketonen, liegt das Gleichgewicht weit links, und es bedarf besonderer Methoden, um zu zufriedenstellenden Ausbeuten zu gelangen (z. B. Verwendung eines Soxhlet-Extraktors). Setzt man unsymmetrische Ketone mit α-Wasserstoffatomen auf beiden Seiten ein, können Produktgemische gebildet werden. Im allgemeinen reagieren Ketone aber auf der geringer substituierten Seite zum sterisch weniger gehinderten Produkt.

Ein völlig anderes Bild bietet sich bei gekreuzten Aldolreaktionen, die auch als *Claisen-Schmidt-Reaktionen* bezeichnet werden. Hierbei ergibt sich generell das Problem, daß bei der Reaktion Produktgemische erhalten werden können.

Setzt man zwei verschiedene Aldehyde ein, die beide α-Wasserstoffatome enthalten, so sind - ohne nähere Berücksichtigung von Stereoisomeren - vier verschiedene Aldole möglich. Berücksichtigt man die durch Kondensation möglichen Olefine, erhält man ein Gemisch von acht verschiedenen Reaktionsprodukten, so daß der Aldolreaktion hier präparative Grenzen gesetzt sind.

Enthält nur einer der beiden Aldehyde ein α-Wasserstoffatom, gibt es nur zwei mögliche Aldole; es sind zahlreiche Anwendungsbeispiele beschrieben, in denen die gekreuzte Aldolreaktion die Hauptreaktion ist.[2)] Für zwei verschiedene Ketone gelten prinzipiell die gleichen Überlegungen, mit der oben erwähnten Einschränkung der ungünstigen Gleichgewichtslage, so daß diese Reaktionen selten versucht werden.

Die Reaktion eines Aldehyds mit einem Keton ist für gewöhnlich präparativ brauchbar. Selbst wenn beide Edukte enolisierbar sind, addiert im allgemeinen das Keton an den Aldehyd. Der umgekehrte Fall - Addition eines Aldehyds an ein Keton - ist durch eine Variante, die man als *gezielte Aldolreaktion*[3,4)] bezeichnet, möglich. Hier wird die enolisierbare Carbonylverbindung vor der eigentlichen Reaktion in ein Enolat überführt. Die Addition eines Aldehyds an ein Keton ist beispielsweise über das Imin **7** möglich; als Base dient hier Lithiumdiisopropylamid (LDA):

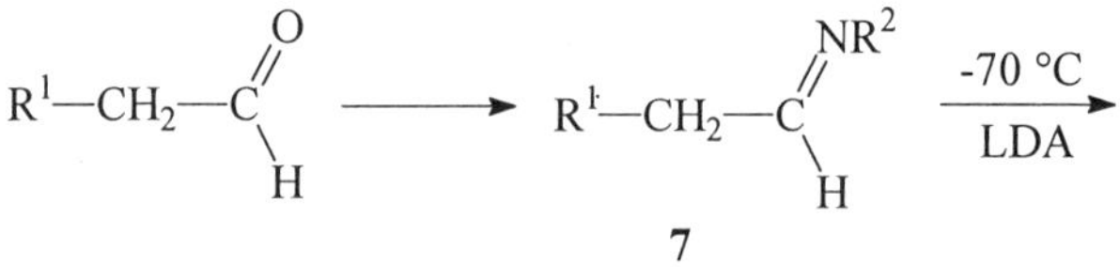

7

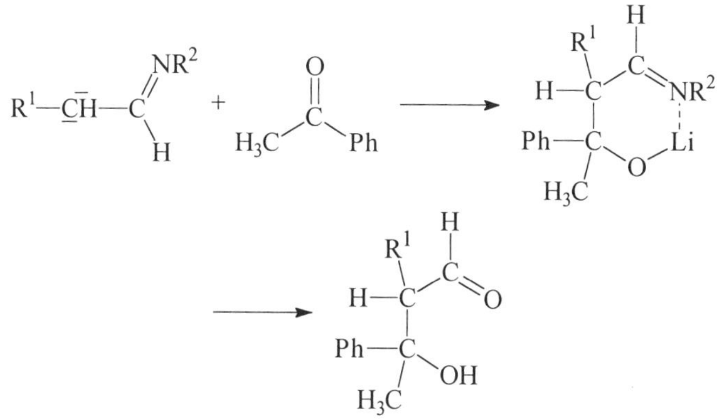

Mit Hilfe der gezielten Aldolreaktion kann die Umsetzung unsymmetrischer Ketone auch regioselektiv erfolgen. Durch den Einsatz eines Enolderivats (hier ein Trimethylsilylether **8**) kann erreicht werden, daß die Reaktion an der gewünschten Seite des Ketons stattfindet:

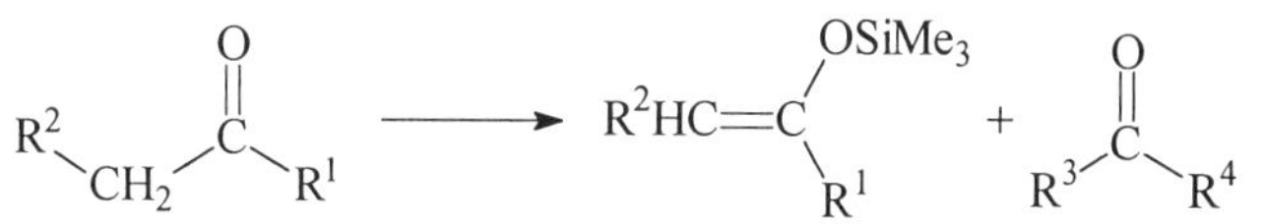

8

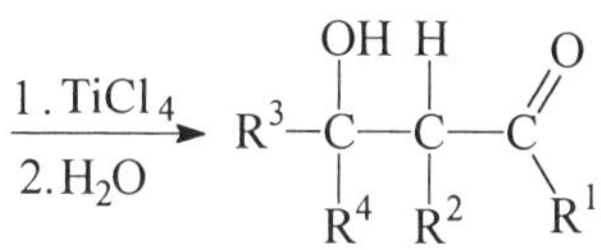

Ein wesentliches Problem der Aldolreaktion stellt die Kontrolle der Stereochemie dar.[5-7] Im Reaktionsverlauf können zwei neue Chiralitätszentren entstehen; man erhält dann zwei diastereomere Enantiomerenpaare (*syn-/anti-* bzw. *erythro-/threo-*Paare):

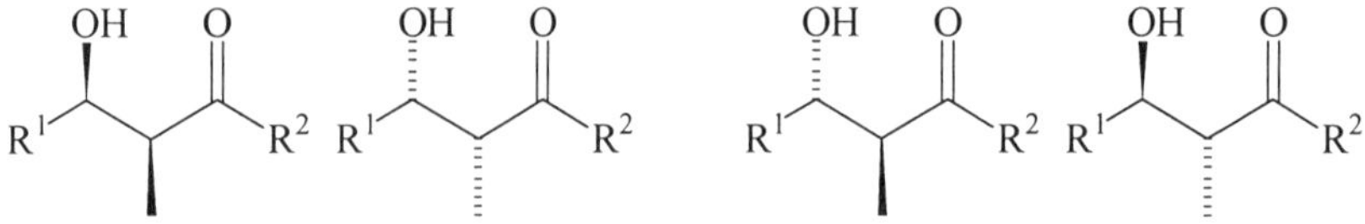

syn / erythro *anti / threo*

Dabei werden die Enantiomerenpaare jeweils als Racemate erhalten; die Diastereoselektivität allerdings ist abhängig von den Reaktionsbedingungen. Auch hier hat die gezielte Aldolreaktion wesentliche Fortschritte erbracht. Durch das Einsetzen von Enolaten[7)] kann die Diastereoselektivität kontrolliert werden: Die Enolate von Carbonylverbindungen können *E*/*Z*-Isomerie aufweisen. Setzt man *Z*-Enolate **9** ein, erhält man bevorzugt *syn*-Produkte, während *E*-Enolate **12** vorwiegend zu *anti*-Produkten führen, was man durch den jeweils stabileren Übergangszustand **10** bzw. **13** begründen kann:

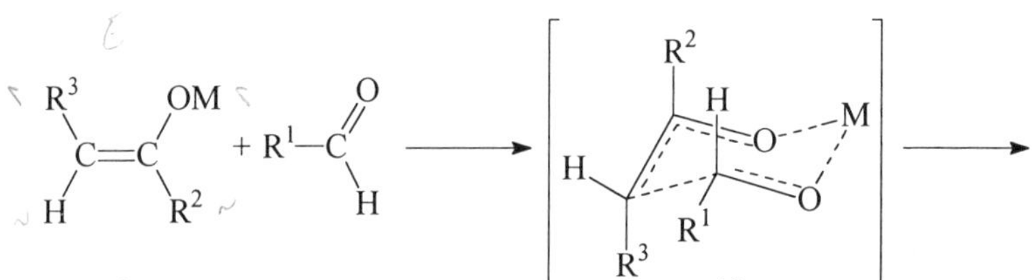

9 **10**

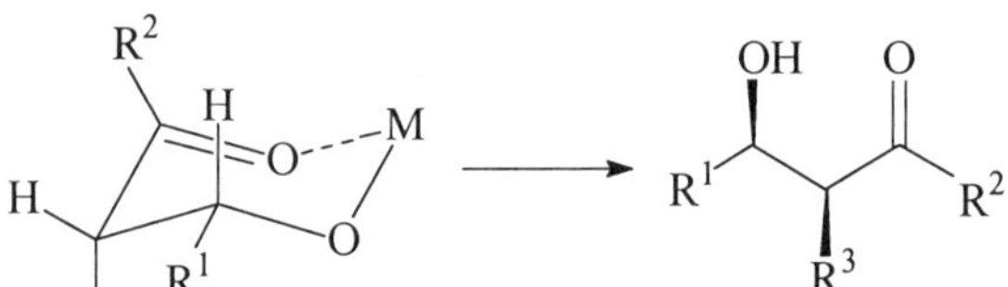

11

syn / erythro

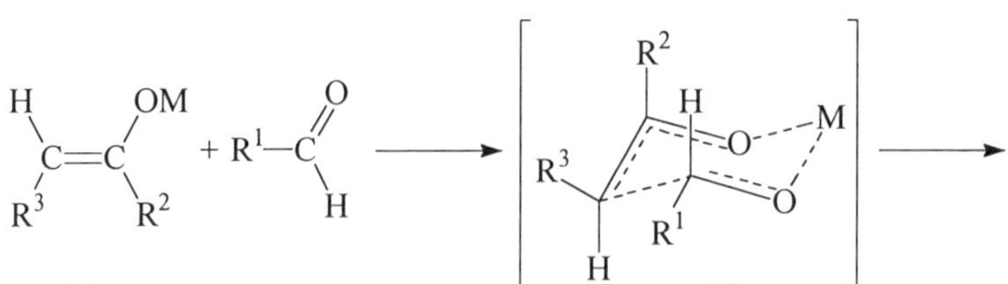

12 **13**

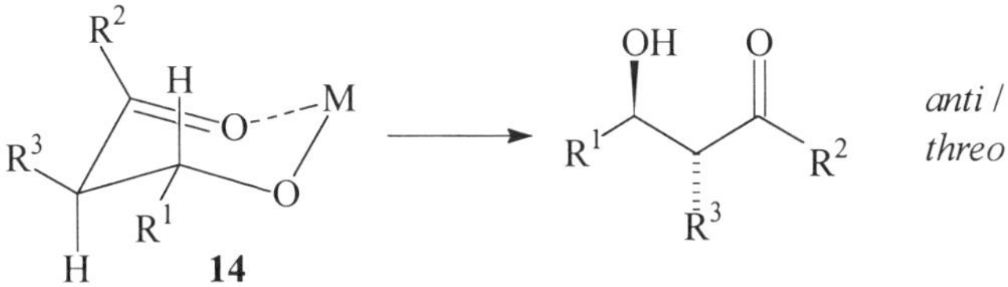

Unter thermodynamischer Kontrolle erhält man allerdings das *anti*-Isomer, bedingt durch die höhere Stabilität des Metallchelates **14**. Dieses enthält verglichen mit **11** die höhere Anzahl an Substituenten in der energetisch günstigeren äquatorialen Position:

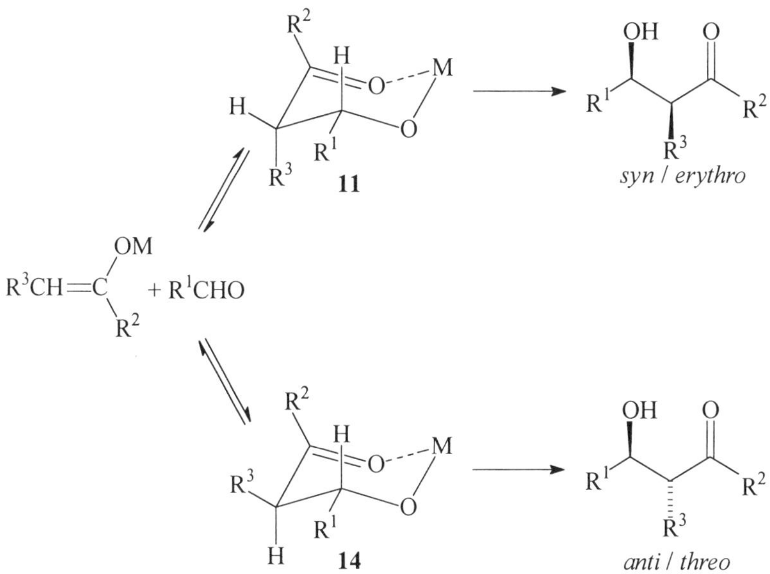

Setzt man geeignete chirale Edukte ein, erhält man infolge *asymmetrischer Induktion*[8] teilweise ausgezeichnete Enantioselektivitäten. Sind beide Edukte chiral, spricht man von *doppelt-asymmetrischer Synthese*[6]. Hierdurch können die beobachteten Enantioselektivitäten noch um ein Vielfaches gesteigert werden.

Mit chiralen Katalysatoren gelingen asymmetrische C-C-Verknüpfungen, beispielsweise durch asymmetrische Lewis-Säuren (L*):[9]

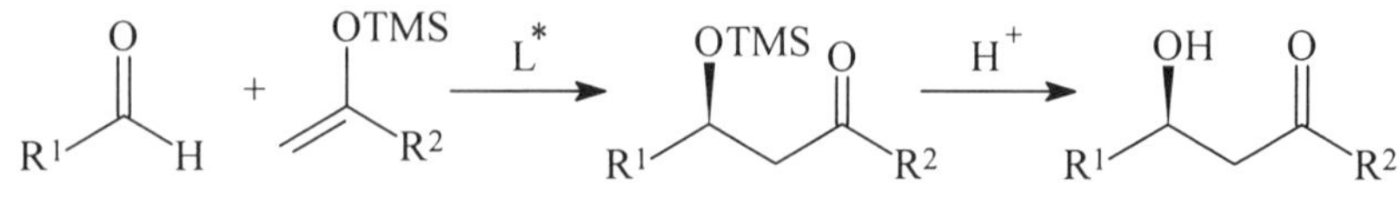

15 **16**

Besonders die *Mukaiyama-Aldolreaktion,* bei der ein Aldehyd **15** mit einem Silylenolether **16** unter Lewis-Säure-Katalyse zum Aldolprodukt umgesetzt wird, liefert durch Einsatz einer chiralen Lewis-Säure asymmetrische Produkte.

Insbesondere bei der einfachen Aldolreaktion beobachtet man unter anderem wegen der hohen Reaktivität der Edukte zahlreiche Nebenreaktionen.[4)] So können durch das Vinylogieprinzip die als Produkte erhaltenen α,β-ungesättigten Carbonylverbindungen **4** erneut Aldolreaktionen eingehen.

Des weiteren sind sie mögliche Edukte für die →*Michael-Reaktion.* Aldehyde können außerdem unter Hydridübertragungen wie bei der →*Cannizzaro-Reaktion* reagieren. Eine weitere Nebenreaktion ist die Bildung von Aldoxanen **17**, die aber in der Hitze in Aldol **3** und Aldehyd **1** zerfallen:

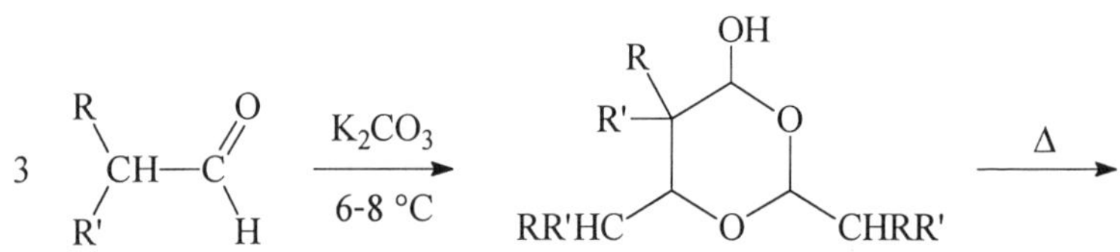

17

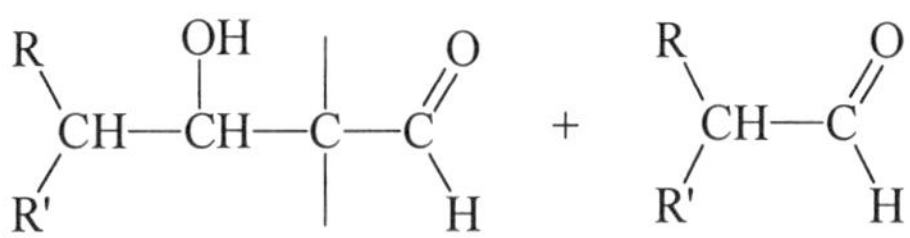

3 **1**

Außerdem können Aldole schnell dimerisieren, so bildet Acetaldol **18** leicht das Paraldol **19**:

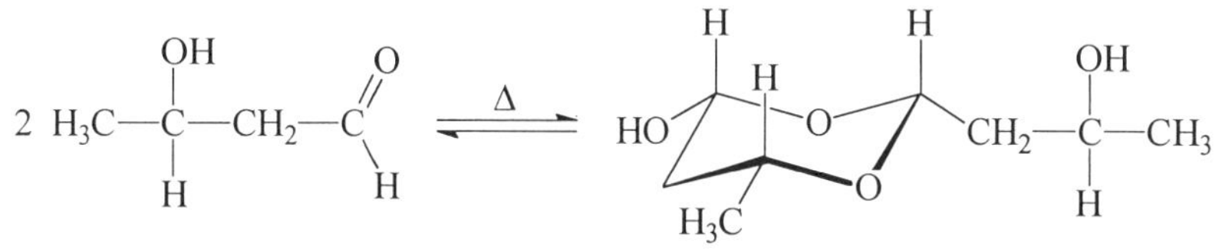

18 **19**

Wegen der vielen leicht möglichen Reaktionen von Aldolen wird allgemein empfohlen, diese vor der Verwendung für weitere Synthesen stets frisch zu destillieren.

Neben der eigentlichen Aldolreaktion existieren noch zahlreiche weitere analoge Reaktionen, in denen ein durch diverse Möglichkeiten zugängliches Carbanion an eine Carbonylverbindung addiert. Diese bezeichnet man häufig als *aldolartige* Reaktionen; die Bezeichnung *Aldolreaktion* ist Aldehyden und Ketonen vorbehalten.

1) M. A. Wurtz, *Bull. Soc. Chim. Fr.* **1872**, *17*, 436-442.
2) A. T. Nielsen, W. J. Houlihan, *Org. React.* **1968**, *16*, 1-438.
3) G. Wittig, H. Reiff, *Angew. Chem.* **1968**, *80*, 8-15; *Angew. Chem. Int. Ed. Engl.* **1968**, *7*, 7.
4) T. Mukaiyama, *Org. React.* **1982**, *28*, 203-331.
5) C. H. Heathcock, *Science* **1981**, *214*, 395-400.
6) S. Masamune, W. Choy, J. S. Petersen, L. S. Sita, *Angew. Chem.* **1985**, *97*, 1-31; *Angew. Chem. Int. Ed. Engl.* **1985**, *24*, 1.
7) C. H. Heathcock in *Modern Synthetic Methods 1992* (Hrsg.: R. Scheffold), VHCA, Basel, **1992**, S. 1-102
8) D. Enders, R. W. Hoffmann, *Chem. Unserer Zeit* **1985**, *19*, 177-190.
9) U. Koert, *Nachr. Chem. Tech. Lab.* **1995**, *43*, 1068-1074.

Alkenmetathese

Umlagerung von Olefinen

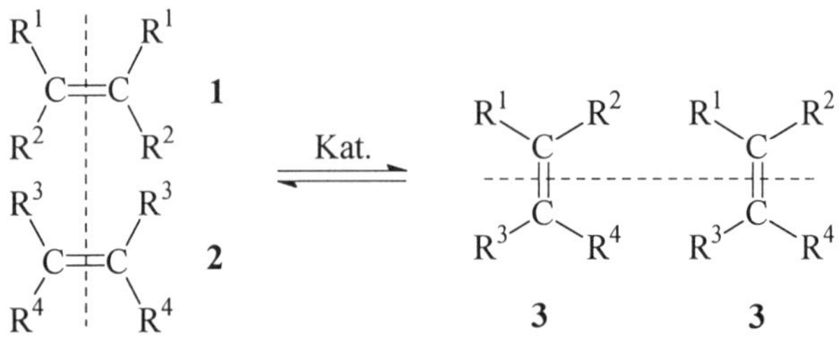

1 **2** **3** **3**

Behandelt man unsymmetrische Olefine oder Gemische von Olefinen **1** und **2** mit speziellen Katalysatoren, so erhält man ein Gemisch, das der statistischen Verteilung aller möglichen Produkte (auch *E*/*Z*-Isomere) entspricht. Diese Reaktion wird als *Alkenmetathese*[1-3] bezeichnet.

Die Reaktion läuft nach einem Kettenmechanismus[2-4] ab. Zunächst wird aus dem Olefin **4** mit dem Katalysator der Metall-Carben-Komplex **5** gebildet. Dieser Komplex ist in der Lage, an das Olefin **6** zu addieren, wobei man das Vierring-Addukt **7** erhält, bei dem das Metall in den Ring inkorporiert ist. Der Vierring **7** kann unter Bildung des Produkts **8** und des neuen Metall-Carben-Komplexes **9** zerfallen:

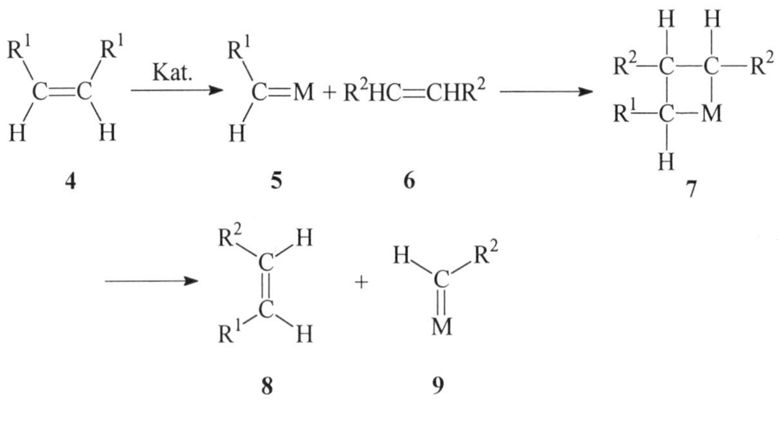

4 **5** **6** **7** **8** **9**

Die präparative Anwendbarkeit wird durch Bildung eines Produktgemisches stark eingeschränkt.[5,6] So reagiert 2-Penten **10** genau zu dem statistisch zu erwartenden Gemisch (hier ohne Berücksichtigung von *E*/*Z*-Isomeren):

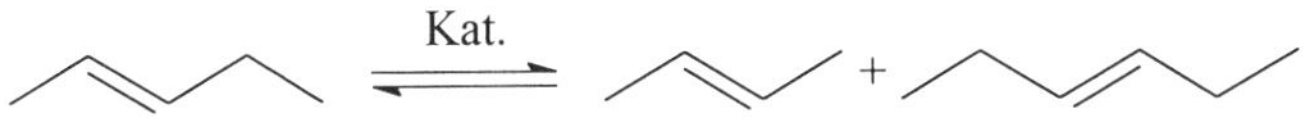

10

50 % 25 % 25 %

Häufig läßt sich eine bessere Ausbeute erzielen, so durch die Wahl geeigneter Katalysatoren, die beispielsweise nur terminale Olefine aktivieren. Außerdem kann man das Gleichgewicht durch Entfernen einer Komponente aus dem Reaktionsgemisch verschieben. Die Alkenmetathese von 1,7-Octadien **11** ist ein intramolekulares Beispiel,[2,7,8] bei dem das Ethen als Gas entweicht, wodurch eine deutlich bessere Ausbeute an Cyclohexen **12** erzielt werden kann:

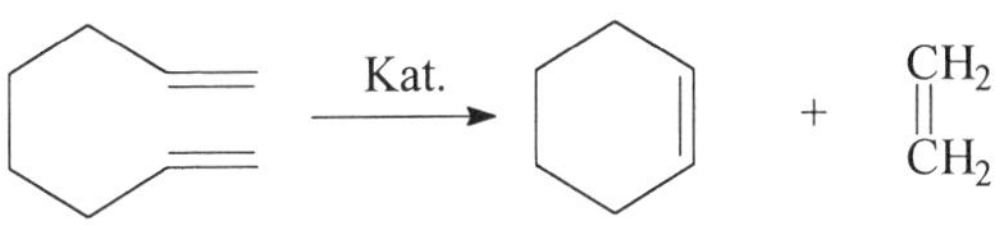

11 **12**

Gerade in den letzten Jahren ist die Reaktion zu einer beachtlichen industriellen Bedeutung gelangt.[9,10] So können durch die Olefinmetathese ungesättigter Fettsäureester aus natürlichen Fetten nachwachsende Rohstoffe für die Tensidproduktion genutzt werden. Das Hauptanwendungsgebiet ist die Erzeugung von Grundstoffen für die Petro- und Polymerchemie.

Als Katalysatoren werden Übergangsmetallverbindungen eingesetzt, vor allem von Wolfram, Molybdän und Rhenium (z. B. MoO_3, $WCl_6/SnMe_4$, Re_2O_7).

1) R. L. Blanks, C. G. Bailey, *Ind. Eng. Chem. Prod. Res. Dev.* **1964**, *3*, 170-173.
2) K. J. Ivin, *Olefin Metathesis*, Academic Press, London, **1983**.
3) S. Blechert, M. Schuster, *Angew. Chem.* **1997**, *109*, 2124-2145; *Angew. Chem. Int. Ed. Engl.* **1997**, *36*, 2036-2055.
4) N. Calderon, E. A. Ofstead, W. A. Judy, *Angew. Chem.* **1976**, *88*, 433-442; *Angew. Chem. Int. Ed. Engl.* **1976**, *15*, 401.
5) W. B. Hughes, *J. Am. Chem. Soc.* **1970**, *92*, 532-537.

6) N. Calderon, E. A. Ofstead, J. P. Ward, W. A. Judy, K. W. Scott, *J. Am. Chem. Soc.* **1968**, *90*, 4133-4140.
7) H.-G. Schmalz, *Angew. Chem.* **1995**, *107*, 1981-1984; *Angew. Chem. Int. Ed. Engl.* **1995**, *34*, 1833.
8) U. Koert, *Nachr. Chem. Tech. Lab.* **1995**, *43*, 809-814.
9) S. Warwel, *Nachr. Chem. Tech. Lab.* **1992**, *40*, 314-320.
10) R. Streck, *Chemtech* **1989**, *19*, 498-503.

Arbuzov-Reaktion

Alkylierung von Estern dreiwertiger Phosphorsäuren

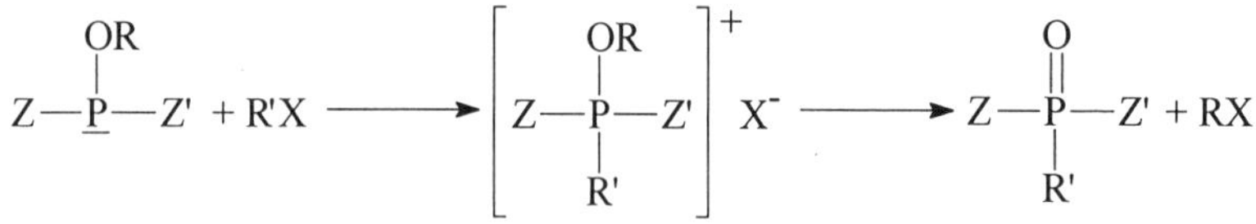

1 **2** **3** **4** **5**

Die *Arbuzov-Reaktion*[1-3] (oder auch *Michaelis-Arbuzov-Reaktion*) ermöglicht die Herstellung alkylierter Ester fünfwertiger Phosphorsäuren **4** durch die Umsetzung dreiwertiger Phosphorsäureester **1** (Z, Z' = R, OR) mit Alkylhalogeniden **2**.

Hauptsächlich werden durch die Arbuzov-Reaktion aus Phosphorigsäureestern (Z, Z' = OR) die entsprechenden Phosphonsäureester gewonnen. Möglich ist auch die Herstellung von Phosphinsäureestern (Z = R, Z' = OR) aus Phosphonigsäurediestern oder die Umsetzung von Phosphinigsäureestern (Z, Z' = R) zu Phosphinoxiden.

Der Mechanismus, der in allen drei Fällen analog abläuft, wird daher im folgenden anhand der Umsetzung von Phosphorigsäureestern formuliert. Im ersten Schritt dieser Reaktion addiert das Halogenid **2** an das Phosphit **1** unter intermediärer Bildung eines Phosphoniumsalzes **3**:[2)]

1 **2** **3**

Die als Zwischenprodukt auftretende Verbindung **3** ist unter den Reaktionsbedingungen instabil und reagiert unter Abspaltung eines Alkylhalogenids **5** zum Phosphonsäureester **4**:

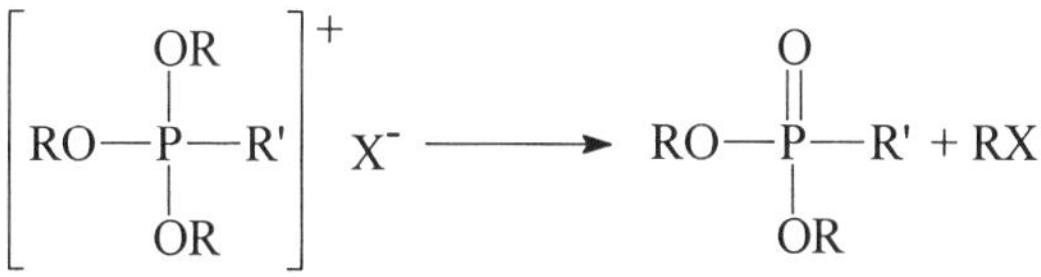

3 **4** **5**

Die Reaktion ist sehr vielseitig, da sowohl das Phosphit **1** als auch das Halogenid **2** variiert werden können.[3)]

Als Edukte verwendet man im allgemeinen primäre Halogenide, wobei Iodide besser reagieren als Chloride oder Bromide. Sekundäre Halogenide neigen zu Nebenreaktionen (z. B. Eliminierung von Halogenwasserstoff), während aromatische Halogenide zu unreaktiv sind.

Bei Verwendung von Säurehalogeniden erhält man Acylphosphonsäureester. Weiterhin sind auch allylische und acetylenische Halogenide als Edukte möglich, ebenso halogenierte Ester. Die Reaktion verläuft analog auch mit Dihalogeniden. Sind R und R' verschieden, erhält man gewöhnlich ein Produktgemisch, da das gebildete RX **5** mit nicht umgesetztem Edukt **1** reagieren kann:

1 **5**

Dennoch kann durch geeignete Reaktionsführung eine hohe Ausbeute des gewünschten Produkts erzielt werden.[3)]

Die aus der Arbuzov-Reaktion erhaltenen Verbindungen sind Edukte für die *Wittig-Horner-Reaktion* (→*Wittig-Reaktion*) und wurden insbesondere in der

Naturstoffsynthese zur Herstellung von Vitamin-A-Derivaten verwendet.[4] Weiterhin finden Phosphororganyle Verwendung als Insektizide (z. B. Parathion); außerdem zählen hierzu auch die sogenannten Ultragifte (z. B. Sarin, Soman). Diese wirken als Cholinesterase-Hemmer, das heißt, sie blockieren die Wirkung des für die Reizleitung erforderlichen Enzyms Cholinesterase durch Phosphorylierung. Bereits $5 \cdot 10^{-7}$ g/l Luft dieser Verbindungen können beim Menschen starke Vergiftungserscheinungen hervorrufen.

1) A. Michaelis, R. Kaehne, *Ber. Dtsch. Chem. Ges.* **1898**, *31*, 1048-1055.
2) B. A. Arbusov, *Pure Appl. Chem.* **1964**, *9*, 307-335.
3) G. M. Kosolapoff, *Org. React.* **1951**, *6*, 273-338.
4) H. Pommer, *Angew. Chem.* **1960**, *72*, 811-819 u. 911-915.

Arndt-Eistert-Synthese

Kettenverlängerung von Carbonsäuren um eine Methylengruppe

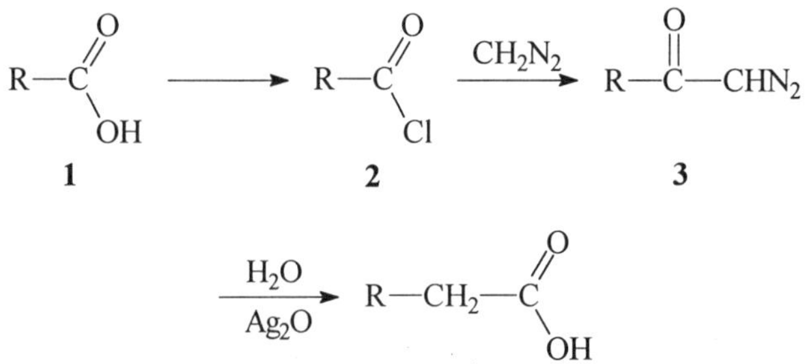

1 **2** **3** **4**

Die *Arndt-Eistert-Synthese* ermöglicht die Umwandlung von Carbonsäuren **1** in ihre nächsthöheren Homologe **4**.[1,2] Die Reaktion gilt als beste Methode zur Kettenverlängerung um ein Kohlenstoffatom, wenn eine Carbonsäure zugänglich ist.

Im ersten Schritt wird die Carbonsäure (mit Thionylchlorid oder Phosphortrichlorid) in das entsprechende Carbonsäurechlorid **2** umgewandelt. Dieses reagiert mit Diazomethan unter Abspaltung von Chlorwasserstoff zu dem resonanzstabilisierten Diazoketon **3**:

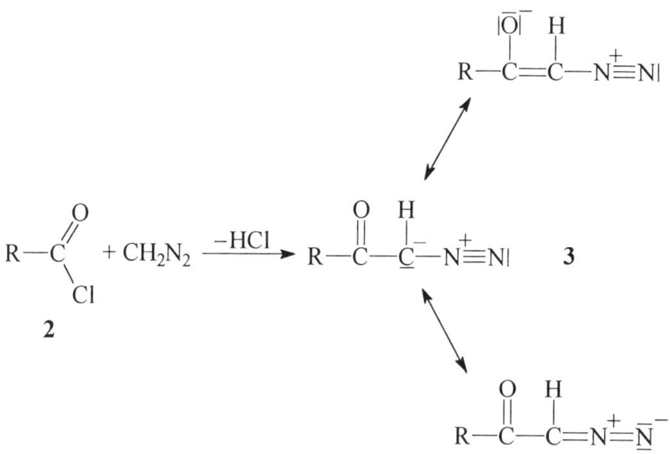

Der hierbei freigesetzte Chlorwasserstoff kann mit dem Diazoketon zum α-Chlorketon reagieren. Um diese Nebenreaktion zu vermeiden, setzt man zwei Äquivalente Diazomethan ein, welches mit Chlorwasserstoff zu Methylchlorid reagiert.[2)]

In Gegenwart von Silberoxid als Katalysator spaltet das Diazoketon Stickstoff ab, und es bildet sich ein Ketocarben **5**. Auch durch Bestrahlung mit UV-Licht oder durch Erhitzen lassen sich Diazoketone zersetzen. Das so gebildete Ketocarben geht in einer →*Wolff-Umlagerung* in ein Keten **6** über:

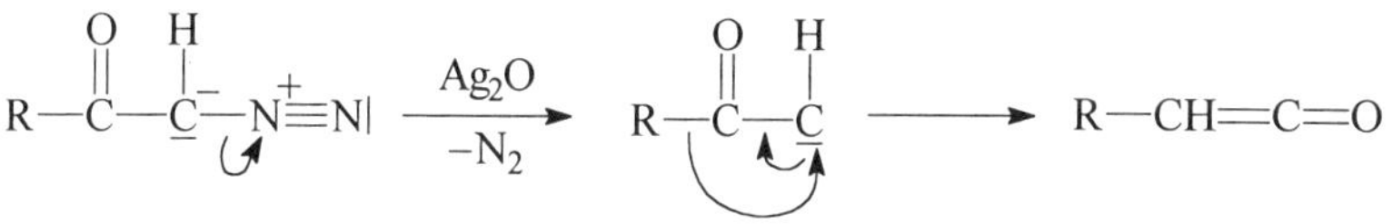

3 **5** **6**

Im letzten Reaktionsschritt reagiert das Keten mit dem Lösungsmittel Wasser zur Carbonsäure:

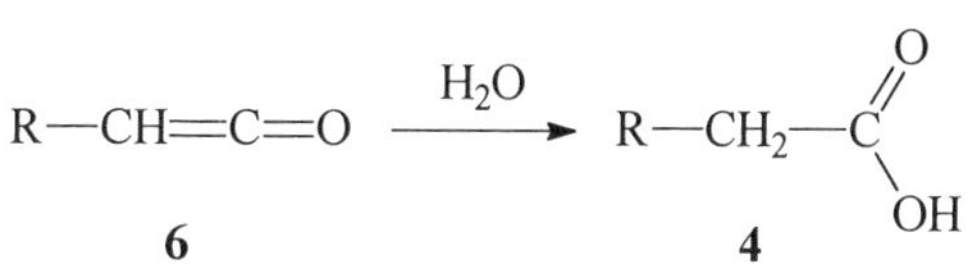

6 **4**

Setzt man anstelle von Wasser einen Alkohol (R'OH) ein, so kann direkt der entsprechende Ester **7** erhalten werden. Analog sind Amide **8** bzw. **9** durch Addition von Ammoniak oder Aminen ($R'NH_2$) zugänglich:

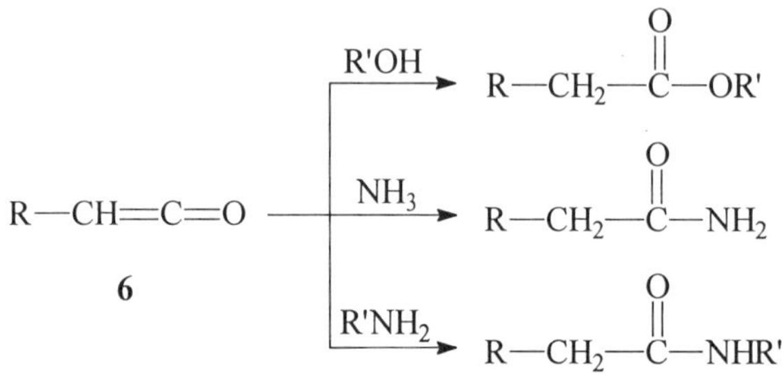

6 **7** **8** **9**

Die Reaktion ist vielseitig anwendbar (R = Alkyl, Aryl); lediglich funktionelle Gruppen, die mit Diazomethan reagieren können, dürfen nicht anwesend sein. Bei ungesättigten Edukten kann durch die Bildung von Nebenprodukten die Ausbeute sehr schlecht sein, was durch geeignete Variation der Reaktionsbedingungen vermieden werden kann.[3]

1) F. Arndt, B. Eistert, *Ber. Dtsch. Chem. Ges.* **1935**, *68*, 200-208.
2) W. E. Bachmann, W. S. Struve, *Org. React.* **1942**, *1*, 38-62.
3) T. Hudlicky, J. P. Sheth, *Tetrahedron Lett.* **1979**, *20*, 2667-2670.

Azokupplung

Kupplung von Diazonium-Ionen mit elektronenreichen Aromaten

$$\underset{\mathbf{1}}{ArN_2^+} + \underset{\mathbf{2}}{Ar'H} \longrightarrow \underset{\mathbf{3}}{Ar{-}N{=}N{-}Ar'}$$

Aryldiazonium-Ionen **1** kuppeln mit elektronenreichen Aromaten **2** wie Aminen oder Phenolen zu Azoverbindungen **3**.[1,2]

Die Substitution am Aromaten **2** findet - wahrscheinlich aus sterischen Gründen - in *para*-Position zur aktivierenden Gruppe statt. Ist dies nicht möglich, weil diese bereits durch einen Substituenten blockiert ist, erfolgt *ortho*-Substitution.

Diazonium-Ionen existieren in saurer und leicht alkalischer Lösung; in stärker alkalischen Medien werden sie in Diazohydroxide **4** umgewandelt:

$$\underset{\mathbf{1}}{ArN_2^+} \xrightarrow{OH^-} \underset{\mathbf{4}}{Ar{-}N{=}N{-}OH}$$

Der optimale pH-Wert für die Reaktion hängt allerdings von der angreifenden Spezies ab. Phenole gehen die Kupplung vorwiegend in alkalischer Lösung ein, wo sie als Phenoxid-Ionen vorliegen; freie Phenole selbst sind zu unreaktiv. Der Mechanismus läßt sich wie folgt als elektrophile Substitution am Aromaten formulieren:

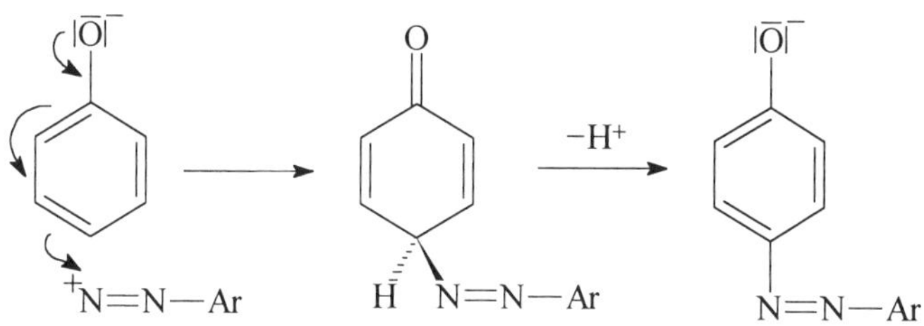

3a

Für Amine sollte die Lösung leicht sauer oder neutral sein, um sowohl eine hohe Konzentration an freiem Amin als auch an Diazonium-Ionen vorliegen zu haben. Arylammonium-Ionen ($ArNH_3^+$) sind unreaktiv. Die Kopplung von Diazonium-Ionen an Aminoaromaten erfolgt nach einem analogen Mechanismus wie bei Phenolen:

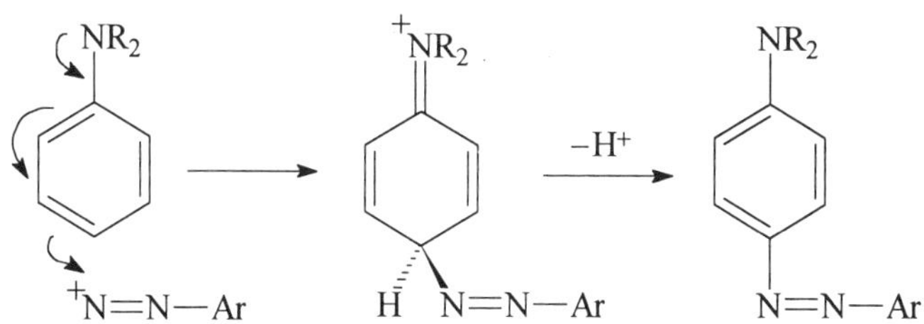

3b

Bei primären und sekundären Aminen kann als Nebenreaktion ein Angriff am Stickstoff unter Bildung eines Aryltriazens **5** erfolgen:

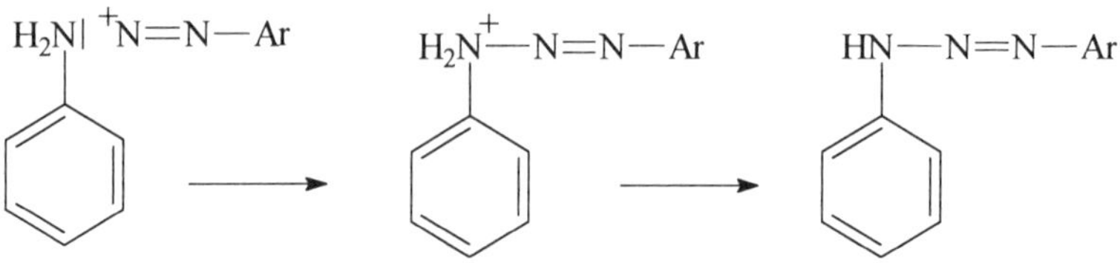

5

Allerdings kann die resultierende N-Azo-Verbindung **5** in einem intermolekularen Prozeß zur C-Azo-Verbindung isomerisieren:[3-5)]

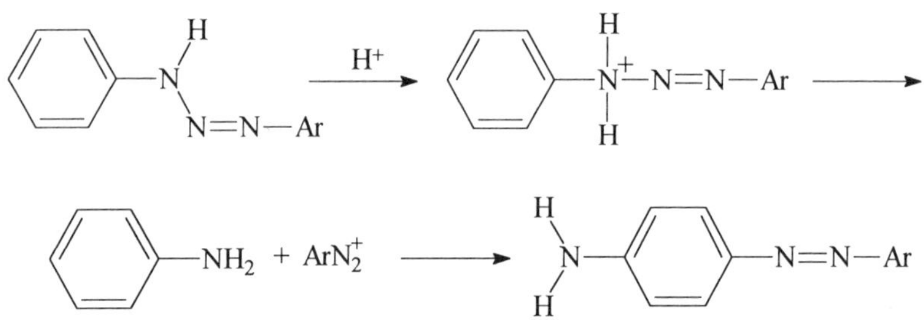

3b

Die Umlagerung ergibt - wenn möglich - immer das *para*-Isomer. Es ist sogar möglich, durch geeignete Methoden die C-Azo-Verbindung in einem präparativen Schritt zu erhalten.[5)]

Diazonium-Ionen sind vergleichsweise schwache Elektrophile und greifen daher nur sehr reaktionsfähige Aromaten an (Amine, Phenole). Andere Aromaten - wie Anisol, Mesitylen oder acylierte Amine und Phenole - sind normalerweise nicht reaktiv genug für die Reaktion; es ist aber möglich, sie an aktivierte Diazonium-Ionen zu koppeln. Beispielsweise erhöhen elektronenziehende Substituenten in para-Position die positive Ladung am terminalen Stickstoffatom und steigern somit dessen Elektrophilie:

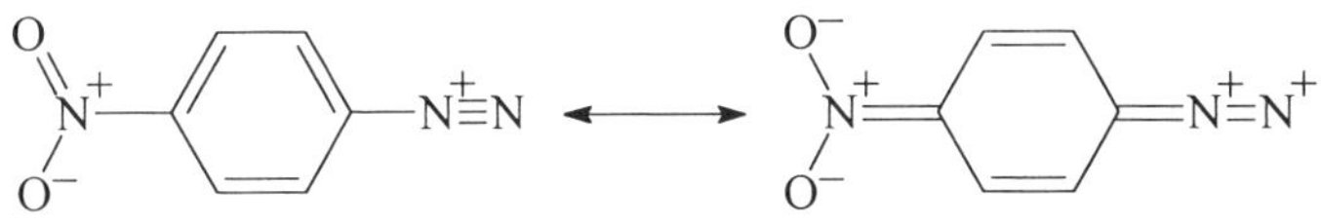

Die Kopplung einiger aliphatischer Diazonium-Verbindungen mit Aromaten ist literaturbekannt.[6] Alle bisher beschriebenen Beispiele enthalten entweder Cyclopropan- oder Brückenkopf-Diazonium-Ionen, in denen Abgabe von N_2 zu sehr instabilen Kationen führen würde.

Der umgekehrte Fall - Reaktion einer Aryldiazonium-Verbindung mit einer aliphatischen Verbindung - ist möglich, wenn eine ausreichend acide C-H-Bindung vorliegt. Dies ist beispielsweise bei β-Ketoestern oder Malonestern der Fall. Der Mechanismus ist hier wahrscheinlich vom S_E1-Typ (elektrophile Substitution am Aliphaten):

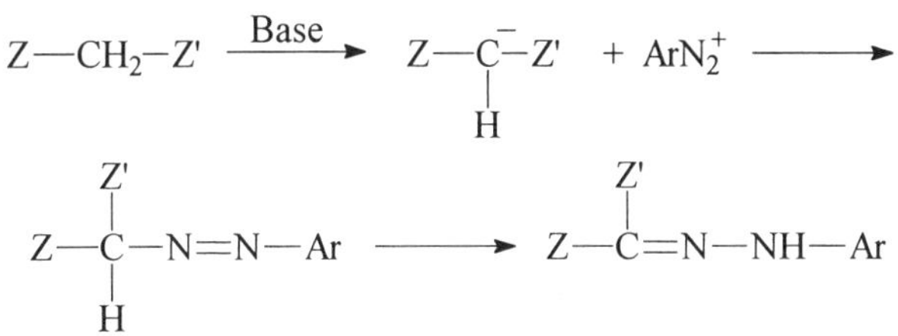

(Z, Z' = COOR, CHO, COR, $CONR_2$, COO^-, CN, NO_2, SOR, SO_2R, SO_2OR, SO_2NR_2, o. ä.)

Die aliphatische Azokupplung ist unter anderem ein Teilschritt der →*Japp-Klingemann-Reaktion*.

Substituierte Azoverbindungen sind eine wichtige Farbstoffklasse. Einige Verbindungen wie z. B. Methylorange (*p*-Dimethylaminoazobenzol-*p'*-sulfonsäure) werden als Indikatoren verwendet.

1) I. Szele, H. Zollinger, *Top. Curr. Chem.* **1983**, *112*, 1-66.
2) A. F. Hegarty in *The Chemistry of the Diazonium and Diazo Groups*, *Bd. 2* (Hrsg.: S. Patai), Wiley, New York, **1978**, S. 545-551.
3) H. J. Shine, *Aromatic Rearrangements*, American Elsevier, New York, **1967**, S. 212-221.
4) J. R. Penton, H. Zollinger, *Helv. Chim. Acta* **1981**, *64*, 1717-1727, 1728-1738.

5) R. P. Kelly, J. R. Penton, H. Zollinger, *Helv. Chim. Acta* **1982**, *65*, 122-132.
6) S. M. Parmerter, *Org. React.* **1959**, *10*, 1-142.

Baeyer-Villiger-Oxidation

Oxidation von Ketonen zu Estern

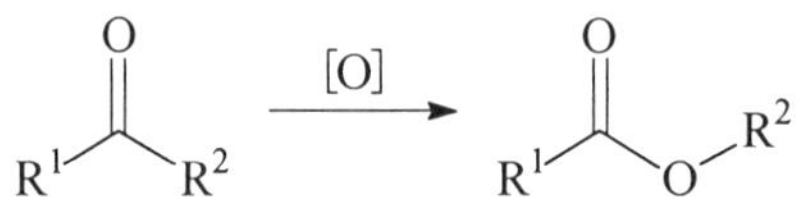

1 **2**

Behandelt man Ketone **1** mit Wasserstoffperoxid oder einer Persäure, so kann unter Sauerstoffinsertion Oxidation zum Ester **2** erfolgen. Diese Reaktion wird als *Baeyer-Villiger-Oxidation*[1-3] bezeichnet.

Einleitend wird die Carbonylaktivität durch Protonierung des Carbonylsauerstoffs erhöht. Die Persäure kann nun als Nucleophil das Carbokation **3** angreifen, wobei das sogenannte *Criegee-Intermediat* **4** entsteht:

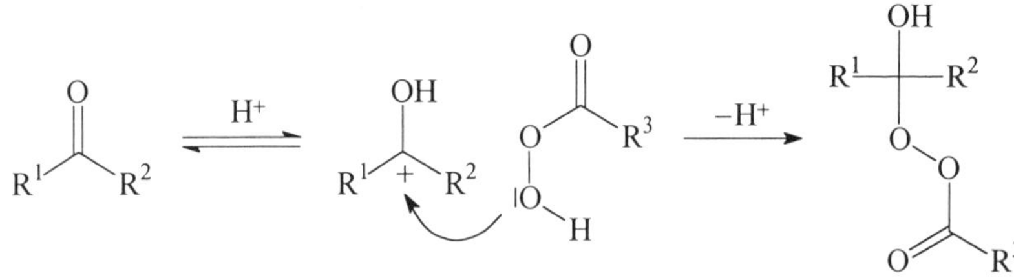

1 **3** **4**

Die Abspaltung der Carbonsäure führt zu einem Elektronensextett am Sauerstoff. Dieser Elektronenmangel wird durch die Wanderung des Restes R^2 ausgeglichen, wobei die experimentellen Befunde dafür sprechen, daß Abspaltung und Wanderung konzertiert verlaufen. Durch Abspaltung der Säure entsteht intermediär das Carbokation **5**, das sich durch Deprotonierung zum Ester **2** umsetzt:

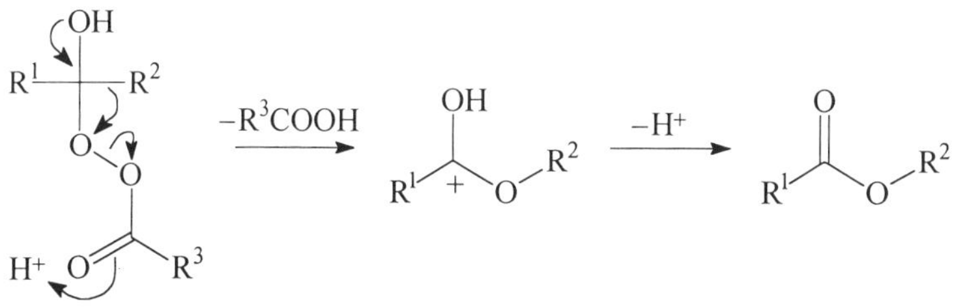

4 **5** **2**

Die Wanderungstendenz der Reste R^1 und R^2 hängt von ihrer Fähigkeit ab, eine positive Ladung im Übergangszustand zu kompensieren. Als Reihenfolge[2)] wurde gefunden: $CR_3 > R_2CH > RCH_2 > CH_3$ und Benzyl $>RCH_2 > CH_3$. Damit ist die Baeyer-Villiger-Oxidation bei unsymmetrischen Ketonen regioselektiv. Aldehyde hingegen reagieren im allgemeinen unter Wanderung des Wasserstoffsubstituenten zur Carbonsäure.

Der Mechanismus konnte durch Markierungsexperimente mit ^{18}O an Benzophenon **6** gestützt werden; hierbei bleibt der markierte Sauerstoff vollständig in der Carbonylgruppe:

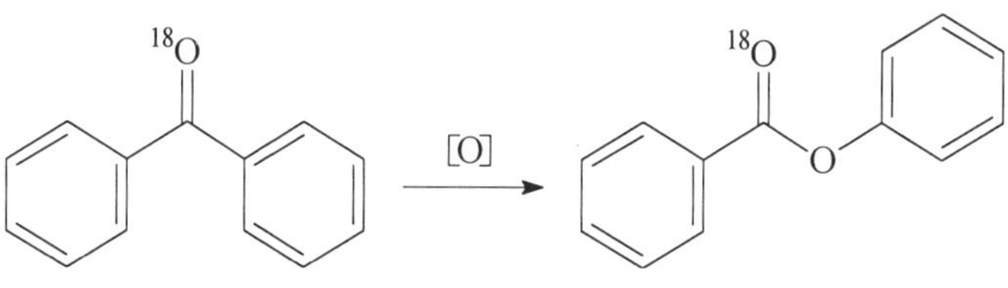

6

Cyclische Ketone werden unter Ringerweiterung zu Lactonen (cyclische Ester) oxidiert. So läßt sich Cyclopentanon **7** zu δ-Valerolacton **8** umsetzen:

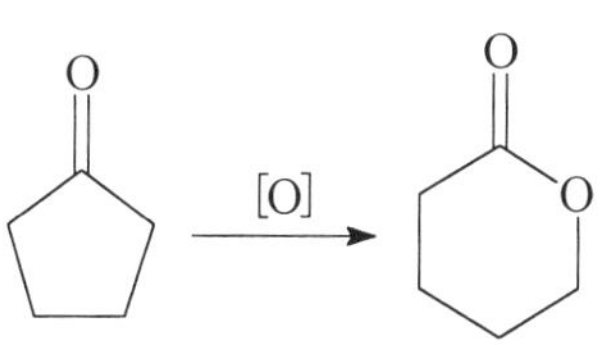

7 **8**

Bei der Baeyer-Villiger-Oxidation handelt es sich um eine präparativ sehr nützliche Reaktion, die besonders in der Naturstoffchemie von großer Bedeutung ist. Beispielsweise stellt das *Corey-Lacton* **11** ein Schlüsselintermediat bei der Totalsynthese der physiologisch wirksamen Prostaglandine dar. Es läßt sich aus dem bicyclischen Keton **9** durch Umsetzung mit *m*-Chlorperbenzoesäure (MCPBA) über das Lacton **10** herstellen:[4)]

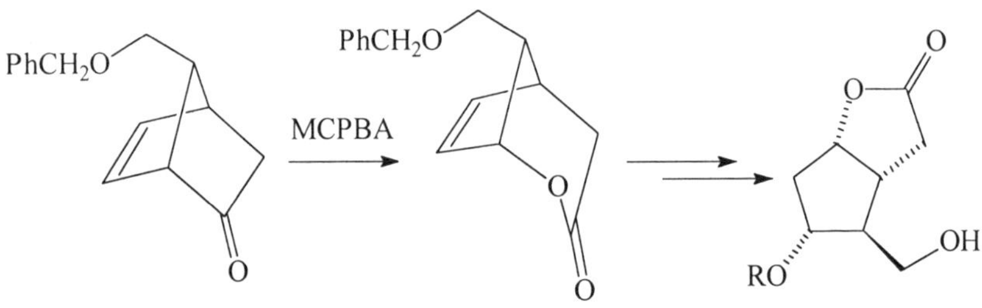

9 **10** **11**

Als Persäuren werden Peressigsäure, Trifluorperessigsäure, *m*-Chlorperbenzoesäure und andere verwendet. Auch die Kombination von Wasserstoffperoxid oder einer Persäure mit einem Katalysator wie Trifluoressigsäure[5)] oder ausgewählte Organoselenverbindungen[6)] werden in jüngster Zeit erfolgreich eingesetzt.

Eine moderne Variante stellt die enzymatische Baeyer-Villiger-Oxidation[7,8)] dar. Sie ermöglicht eine Umsetzung unter milden Bedingungen mit guten Ausbeuten, wobei ein Stereoisomer bevorzugt gebildet wird:

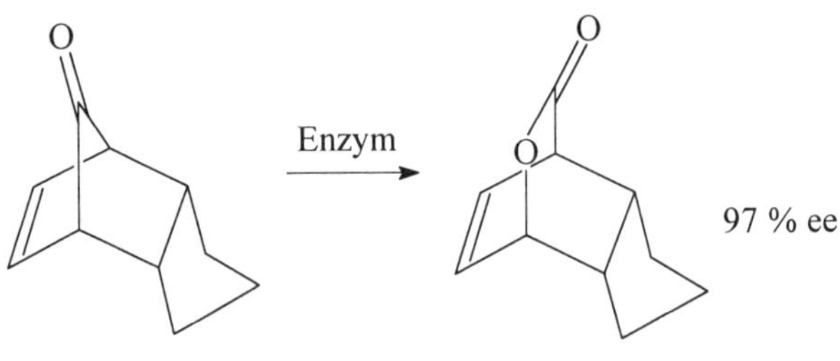

Bei dieser Oxidation tritt die sonst häufige Nebenreaktion der Epoxidierung von Doppelbindungen nicht auf.

Nach einem der Baeyer-Villiger-Oxidation analogen Mechanismus verläuft die *Dakin-Reaktion*[9]. Hierunter versteht man die Umsetzung von aromatischen Aldehyden und Ketonen mit Hydroperoxiden oder alkalischer Wasserstoffperoxidlösung. Der Aromat (hier 2-Hydroxybenzaldehyd, Salicylaldehyd) **12** muß in *ortho-* oder *para*-Position durch eine Hydroxygruppe aktiviert sein. Nach Hydrolyse des Umlagerungsproduktes **13** erhält man ein Diphenol (Brenzkatechin) **14**:

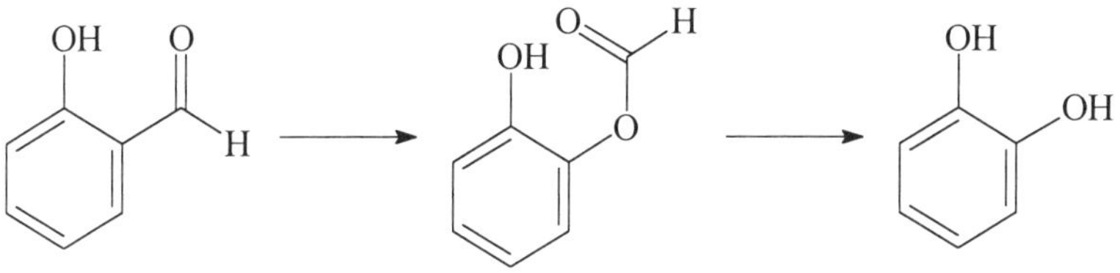

12 **13** **14**

Die Hydroxygruppe als elektronenschiebender Substituent ist notwendig, um die Wanderung des Arylrestes zu begünstigen. Andernfalls würde man eine substituierte Benzoesäure als Hydrolyseprodukt erhalten.

1) A. v. Baeyer, V. Villiger, *Ber. Dtsch. Chem. Ges.* **1899**, *32*, 3625-3633.
2) G. R. Krow, *Org. React.* **1993**, *43*, 251-798.
3) L. M. Harwood, *Polar Rearrangements*, Oxford University Press, Oxford, **1992**, S. 53-59.
4) E. J. Corey, N. M. Weinshenker, T. K. Schaaf, W. Huber, *J. Am. Chem. Soc.* **1969**, *91*, 5675-5677.
5) A. R. Chamberlin, S. S. C. Koch, *Synth. Commun.* **1989**, *19*, 829-833.
6) L. Syper, *Synthesis* **1989**, 167-172.
7) C. T. Walsh, Y.-C. J. Chen, *Angew. Chem.* **1988**, *100*, 342-352; *Angew. Chem. Int. Ed. Engl.* **1988**, *27*, 333.
8) M. J. Taschner, L. Peddada, *J. Chem. Soc., Chem. Commun.* **1992**, 1384-1385.
9) W. M. Schubert, R. R. Kintner in *The Chemistry of the Carbonyl Group* (Hrsg.: S. Patai), Wiley, New York, **1966**, Bd. 1, S. 749-752.

Bamford-Stevens-Reaktion

Alkene aus Tosylhydrazonen

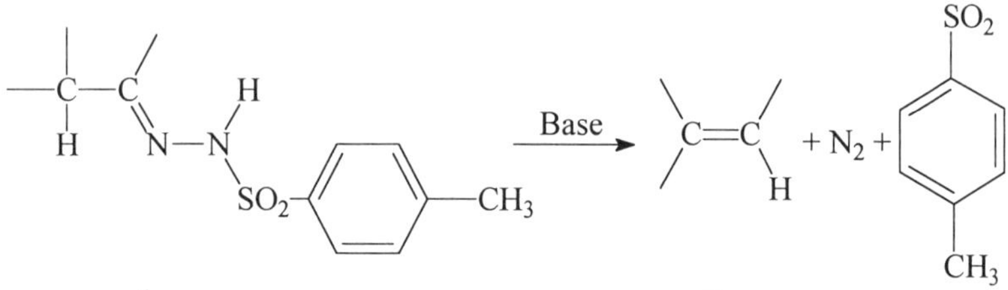

1 **2**

p-Toluolsulfonylhydrazone **1** (im allgemeinen abgekürzt Tosylhydrazone genannt) aliphatischer Ketone liefern bei Behandlung mit Basen Alkene **2**. Die Reaktion wird als *Bamford-Stevens-Reaktion*[1-3] bezeichnet.

Durch die Reaktion des Tosylhydrazons **1** mit der Base entsteht zunächst eine Diazoverbindung **3**, die auch isoliert werden kann:

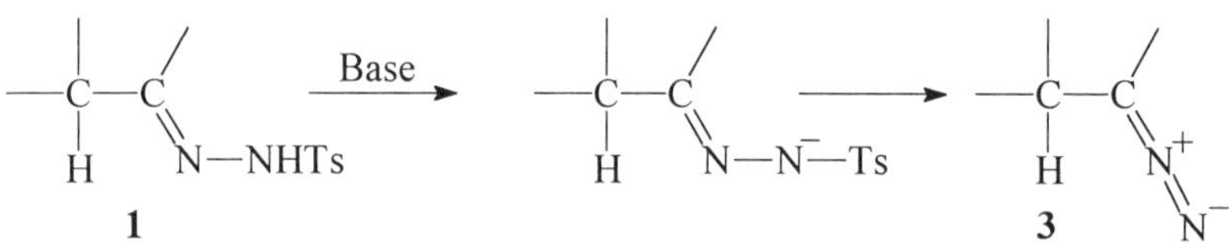

1 **3**

In Abhängigkeit von den Reaktionsbedingungen existieren für den weiteren Verlauf zwei verschiedene Mechanismen, die auch zu völlig unterschiedlichen Produkten führen können.

In protischen Lösungsmitteln - verwendet werden insbesondere Glycole, als Basen setzt man deren Natrium-Salze ein - verläuft die Reaktion über ein Carbenium-Ion **5**. Aus der Diazoverbindung **3** bildet sich durch Protonenabstraktion aus dem Lösungsmittel (S-H) ein Diazonium-Ion **4**, welches unter Stickstoffabspaltung in das Carbenium-Ion **5** übergeht:

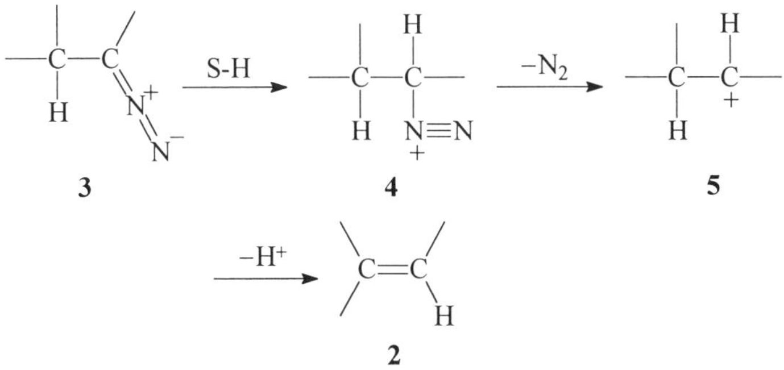

Dieses kann durch Wasserstoffabspaltung das Alken **2** bilden. Da freie Carbenium-Ionen aber sehr leicht →*Wagner-Meerwein-Umlagerungen* eingehen, erhält man häufig die entsprechenden Umlagerungsprodukte. Daher sind im Falle der protischen Bamford-Stevens-Reaktion die Ausbeuten an nicht umgelagertem Olefin oftmals schlecht; dadurch wird diese Reaktion im allgemeinen nur angewendet, wenn andere Möglichkeiten (z. B. saure Eliminierung von Alkoholen) nicht in Frage kommen.

Bei Verwendung aprotischer Lösungsmittel verläuft die Reaktion über ein Carben-Intermediat **6**. Mangels freier Protonen kann sich kein Diazonium-Ion bilden, und die Diazoverbindung **3** spaltet direkt molekularen Stickstoff unter Bildung des Carbens **6** ab:

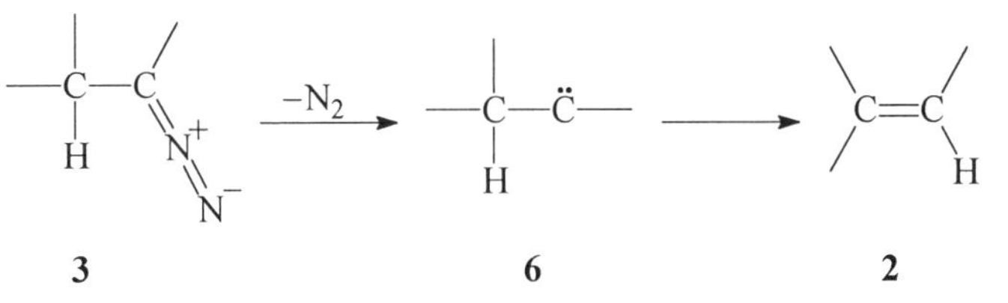

Meistens werden als Lösungsmittel hochsiedende Ether wie Ethylenglycoldimethylether oder höhere Homologe verwendet; als Basen setzt man häufig Na-Alkoholate ein. Das Olefin **2** kann wiederum durch Wasserstoffverschiebung entstehen. Als Nebenreaktionen erhält man hier vor allem die für freie Carbene typischen Insertionen. Die 1,2-Wasserstoffverschiebung verläuft jedoch im allgemeinen viel schneller, so daß die aprotische Bamford-Stevens-Reaktion häufig gute Produktausbeuten an Alken liefert. Entsprechend sind zahlreiche Anwendungen beschrieben.

Eine Sonderstellung besitzt das Tosylhydrazon **7** des Cyclopropancarbaldehyds. Dieses bietet einen interessanten und einfachen Zugang zu Bicyclobutan **8**:[4)]

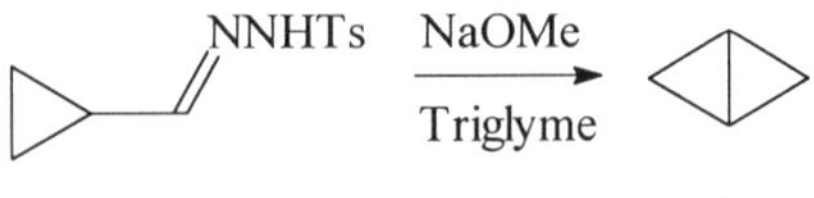

7 **8**

Außerdem können Tosylhydrazone **9** α,β-ungesättigter Ketone über Vinylcarbene **10** zu Cyclopropenen **11** reagieren:[5)]

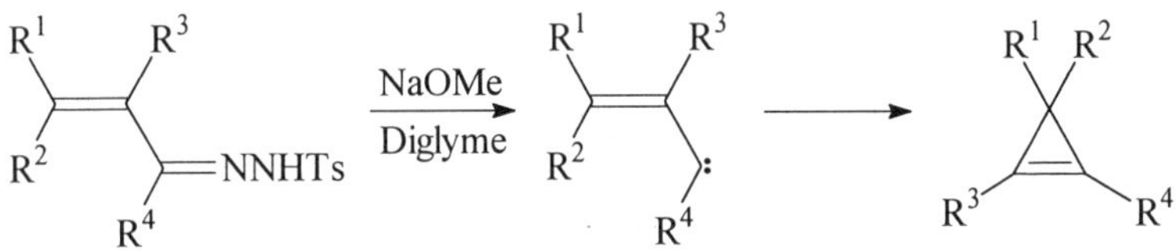

9 **10** **11**

Eine präparativ interessantere Variante der Bildung von Olefinen aus Tosylhydrazonen ist die *Shapiro-Reaktion*[3,6)]. Sie unterscheidet sich von der Bamford-Stevens-Reaktion durch die Verwendung von Lithiumorganylen (meistens Methyllithium) als Basen:

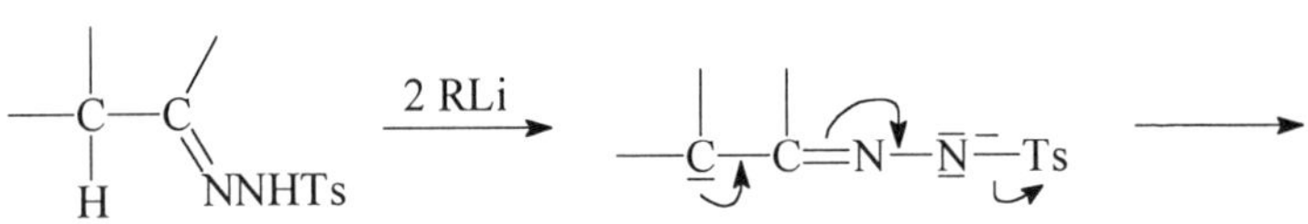

12 **13**

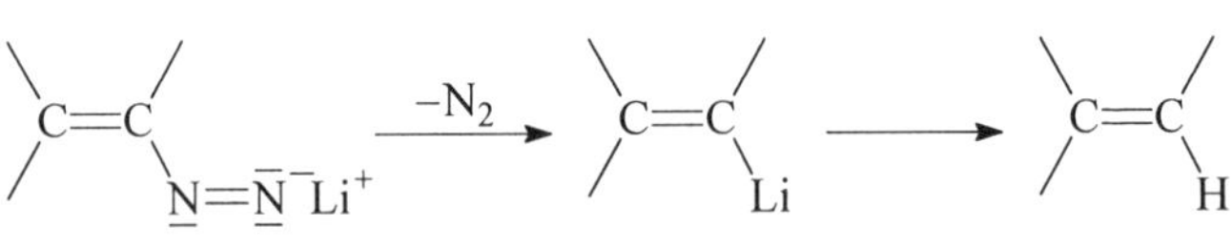

14 **15** **2**

Der Mechanismus ist vor allem durch das Abfangen der Intermediate **13** bis **15** gesichert. Bedingt durch die Tatsache, daß weder ein Carben noch ein Carbenium-Ion intermediär auftreten, erhält man im allgemeinen gute bis sehr gute Ausbeuten an nicht umgelagertem Alken **2**, was neben der leichten Herstellbarkeit und Handhabung von Tosylhydrazonen die präparative Bedeutung dieser Variante begründet.

1) W. R. Bamford, T. S. Stevens, *J. Chem. Soc.* **1952**, 4735-4740.
2) W. Kirmse, *Carbene Chemistry*, Academic Press, New York, 2. Aufl., **1971**, S. 29-34.
3) R. H. Shapiro, *Org. React.* **1976**, *23*, 405-507.
4) H. M. Frey, I. D. R. Stevens, *Proc. Chem. Soc.* **1964**, 144.
5) U. Misslitz, A. de Meijere, *Methoden Org. Chem. (Houben-Weyl)*, **1990**, Bd. E19b, S. 675-680.
6) R. M. Adlington, A. G. M. Barrett, *Acc. Chem. Res.* **1983**, *16*, 55-59.

Barton-Reaktion

Photolyse von Salpetrigsäureestern

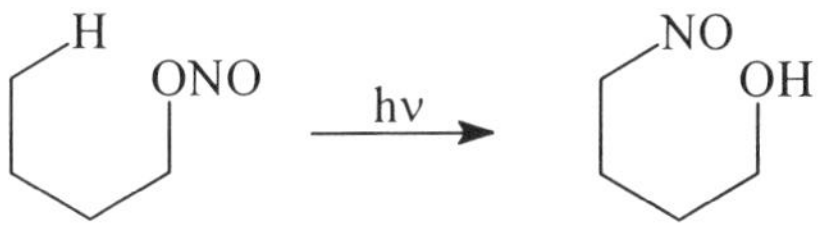

1 **2**

Salpetrigsäureester **1** können bei Bestrahlung mit ultraviolettem Licht zu δ-Nitrosoalkoholen **2** reagieren. Diese Umsetzung wird als *Barton-Reaktion*[1-3] bezeichnet.

Durch Bestrahlung zerfällt der Salpetrigsäureester **1** in Stickstoffmonoxid, NO, und das Alkoxyradikal **3**. Dieses reagiert unter intramolekularer Wasserstoffabstraktion über den cyclischen, sechsgliedrigen Übergangszustand **4** zum Kohlenstoffradikal **5**. Der δ-Nitrosoalkohol **2** bildet sich schließlich durch Reaktion von **5** mit Stickstoffmonoxid:

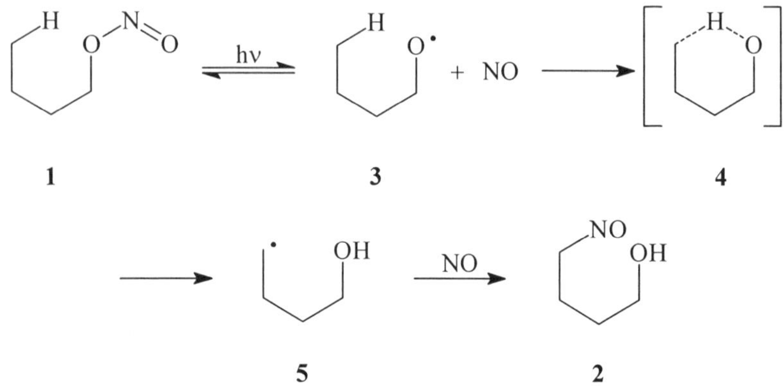

Der Mechanismus ist relativ gut abgesichert.[2,3] Insbesondere für den sechsgliedrigen Übergangszustand existieren zahlreiche Hinweise. So findet die Barton-Reaktion nur bei Edukten geeigneter Struktur und Geometrie statt, während die Photolyse von Salpetrigsäureestern ansonsten selten nützliche Produkte aus Fragmentierungs- oder Disproportionierungsreaktionen bzw. unselektiven intermolekularen Wasserstoffabstraktionen liefert.

Weiterhin erhält man bei Photolyse von 1-Octylnitrit **6** lediglich 4-Nitroso-1-octanol **8** (über den cyclischen Übergangszustand **7**) in 45 %iger Ausbeute; weitere Nitrosoalkohole werden nicht gebildet:

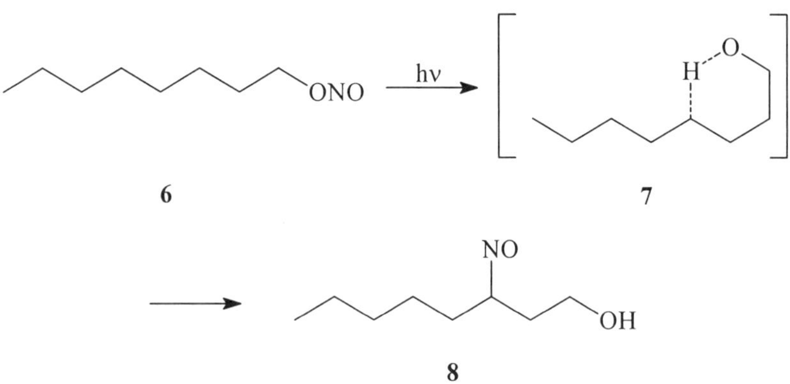

Durch Zugabe von Radikalfängern zur Reaktionsmischung kann man ausschließlich das Kohlenstoffradikal **5** abfangen; entsprechend dem Mechanismus spricht dies für eine schnelle Umwandlung des Alkoxyradikals **3** durch intramolekulare Wasserstoffabstraktion und eine langsame intermolekulare Reaktion des Kohlenstoffradikals **5** mit Stickstoffmonoxid.

Die Barton-Reaktion wird in der Regel durch Bestrahlung des Nitrits **1** in einem geeigneten, nicht hydroxylischen Lösungsmittel unter Stickstoffatmosphäre durchgeführt. Als Nebenreaktionen treten radikalische Zerfallsreaktionen sowie intermolekulare Reaktionen auf; insbesondere, wenn als Reaktionspartner ausschließlich primäre Wasserstoffatome zur Verfügung stehen, tritt die Barton-Reaktion gegenüber der Disproportionierung zurück:

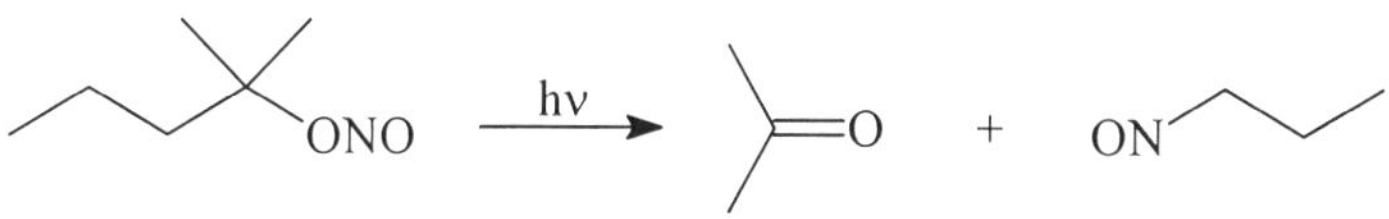

Die für die Barton-Reaktion erforderlichen Salpetrigsäureester **1** lassen sich leicht durch die Umsetzung von Alkoholen mit Nitrosylchlorid (NOCl) erhalten. Die als Reaktionsprodukte erhaltenen δ-Nitrosoalkohole **2** sind brauchbare Syntheseintermediate und können beispielsweise in Carbonyl-Verbindungen oder Amine umgewandelt werden. Die wichtigsten Anwendungen der Barton-Reaktion sind Synthesen biologisch bedeutender Steroide; hier liegen die größten Potentiale insbesondere in der Funktionalisierung der nicht-aktivierten Kohlenstoffatome C-18 und C-19:[2)]

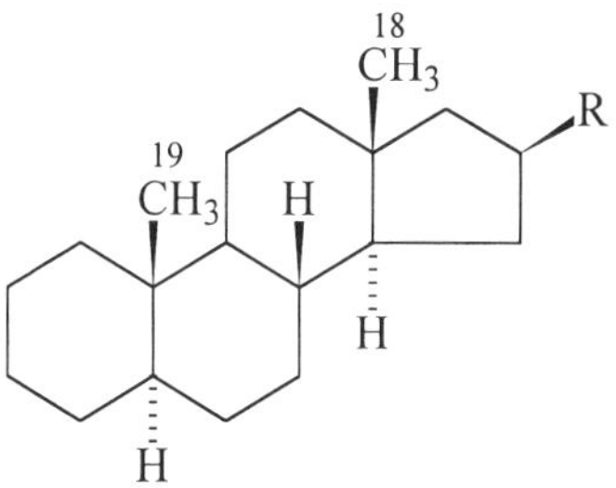

Die *Hofmann-Löffler-Freytag-Reaktion*[3-7)] verläuft über einen ähnlichen Mechanismus und ist eine brauchbare Methode zur Synthese von Pyrrolidin-Derivaten **11** aus N-Chloraminen **9**:

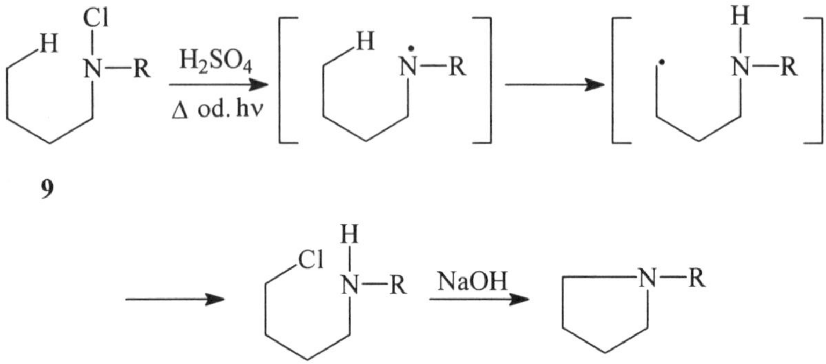

9 **10** **11**

Durch Erhitzen (oder Bestrahlung mit UV-Licht) des in starker Säure (konz. Schwefelsäure oder Trifluoressigsäure) gelösten N-Chloramins **9** wird zunächst das δ-Chloramin **10** als Zwischenprodukt erhalten. Dieses wird jedoch häufig nicht isoliert, sondern reagiert schon beim Aufarbeiten der Reaktionsmischung mit Natronlauge zum Pyrrolidin **11**.

Da die Reaktion bei 25 °C unter Ausschluß von Licht nicht stattfindet und der Initiierung durch Wärme, Licht oder Fe(II)-Ionen bedarf, ist nur ein radikalischer Mechanismus plausibel; Gegenwart von Sauerstoff inhibiert die Umsetzung. Weiterhin läßt sich die hohe Spezifität der Reaktion ausschließlich am δ-Kohlenstoffatom nur durch einen intramolekularen Abstraktionsschritt erklären. Der Mechanismus wird außerdem durch die in einigen Fällen isolierbaren, intermediären δ-Chloramine **10** gestützt.

Die erforderlichen N-Chloramine **9** sind leicht durch Umsetzung von Aminen mit Natriumhypochlorit oder N-Chlorsuccinimid erhältlich. Die Hofmann-Löffler-Freytag-Reaktion ist sowohl mit N-Chlor- als auch mit N-Bromaminen beschrieben; allerdings geben N-Chloramine in der Regel die besseren Ausbeuten. Neben sekundären Aminen lassen sich auch primäre Amine umsetzen; hier erfolgt die Reaktion nur durch Initiierung mit Fe(II)-Ionen.

Wie auch bei der Barton-Reaktion liegt das Anwendungsgebiet hauptsächlich im Bereich der Steroidchemie. Ein interessantes Beispiel ist die Synthese von Nikotin **12** nach *Löffler*:[6)]

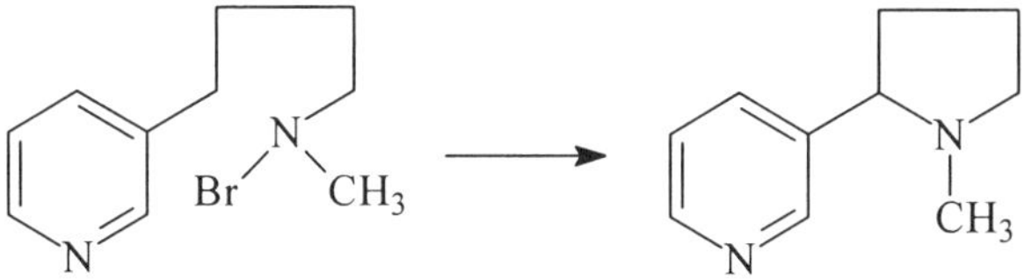

12

Die überwiegende Zahl präparativ nützlicher Reaktionen beruht entweder auf dem Vorhandensein einer guten austretenden Gruppe oder auf der Aktivierung einer Kohlenstoff-Wasserstoff-Bindung durch eine benachbarte Funktionalität. Radikalreaktionen dagegen sind häufig wenig selektiv und von Nebenreaktionen begleitet.

Im Gegensatz hierzu sind die Barton- und die Hofmann-Löffler-Freytag-Reaktion - sowie die daneben existierenden weiteren Umsetzungen, die auf einem ähnlichen Prinzip beruhen - als intramolekulare Radikalreaktionen geeignet, funktionelle Gruppen an spezifischen, nicht-aktivierten Kohlenstoff-Wasserstoff-Bindungen einzuführen.

1) D. H. R. Barton, J. M. Beaton, L. E. Geller, M. M. Pechet, *J. Am. Chem. Soc.* **1960**, *82*, 2640-2641.
2) D. H. R. Barton, *Pure Appl. Chem.* **1968**, *16*, 1-15.
3) W. Carruthers: *Some modern methods of organic synthesis,* Cambridge University Press, Cambridge, **1986**, S. 263-279.
4) A. W. Hofmann, *Ber. Dtsch. Chem. Ges.* **1883**, *16*, 558-560.
5) K. Löffler, C. Freytag, *Ber. Dtsch. Chem. Ges.* **1909**, *42*, 3427-3431.
6) M. E. Wolff, *Chem. Rev.* **1963**, *63*, 55-64.
7) L. Stella, *Angew. Chem.* **1983**, *95*, 368-380; *Angew. Chem. Int. Ed. Engl.* **1983**, *22*, 337-350.

Beckmann-Umlagerung

Umlagerung von Oximen zu substituierten Carbonsäureamiden

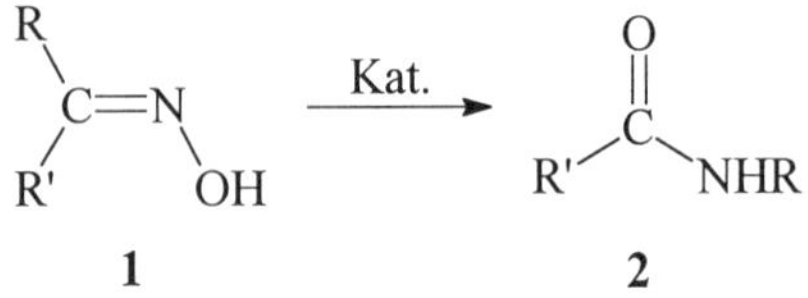

Die sauer katalysierte Umlagerung von Oximen **1** zu N-substituierten Carbonsäureamiden **2** bezeichnet man als *Beckmann-Umlagerung*[1-2]. Üblicherweise werden Ketoxime umgesetzt, Aldoxime reagieren deutlich schlechter.

Im ersten Reaktionsschritt wird die Hydroxygruppe protoniert, wodurch man ein Oxonium-Ion **3** erhält, aus dem leicht Wasser abgespalten werden kann. Die Verschiebung des Restes R (mit Bindungselektronenpaar) und die Wasserabspaltung erfolgen synchron:[3]

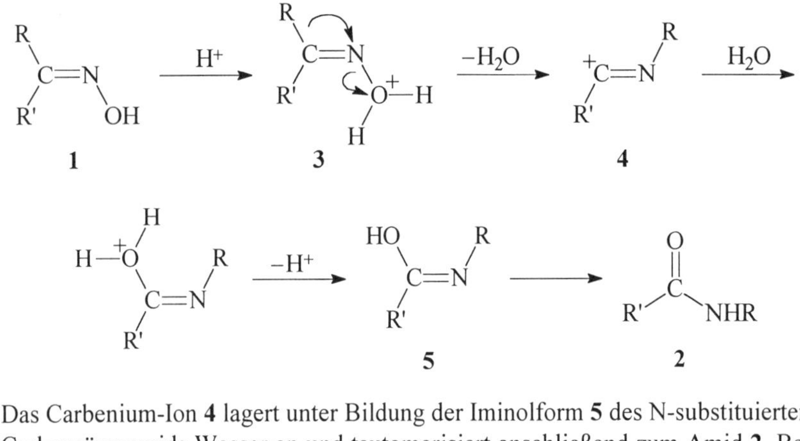

Das Carbenium-Ion **4** lagert unter Bildung der Iminolform **5** des N-substituierten Carbonsäureamids Wasser an und tautomerisiert anschließend zum Amid **2**. Bei diesen Reaktionsschritten entspricht die Beckmann-Umlagerung ganz der →*Schmidt-Reaktion*. Als Nebenreaktion beobachtet man manchmal die Bildung von Nitrilen.

Als Katalysatoren lassen sich unter anderem Schwefelsäure, Salzsäure, flüssiges Schwefeldioxid, Thionylchlorid, Phosphorpentachlorid und sogar Kieselgel[4] verwenden. Setzt man Phosphorpentachlorid (Thionylchlorid usw.) als Katalysator ein, so erhält man zunächst einen Ester. Im ersten Schritt muß stets aus der Hydroxylgruppe des Oxims **1** eine gute Abgangsgruppe generiert werden:

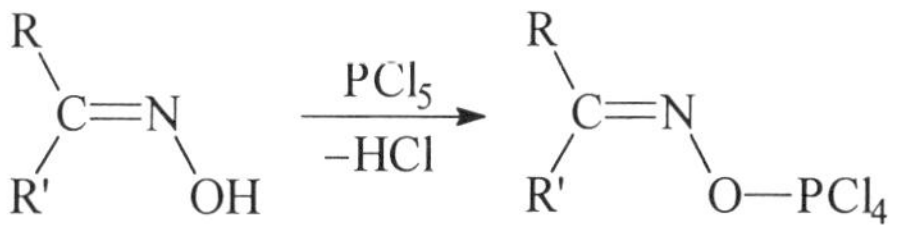

1

Die Stereochemie der Beckmann-Umlagerung ist für die Vorhersage des Produktes wichtig; die zur Abgangsgruppe *anti*-ständige Gruppe wird verschoben:

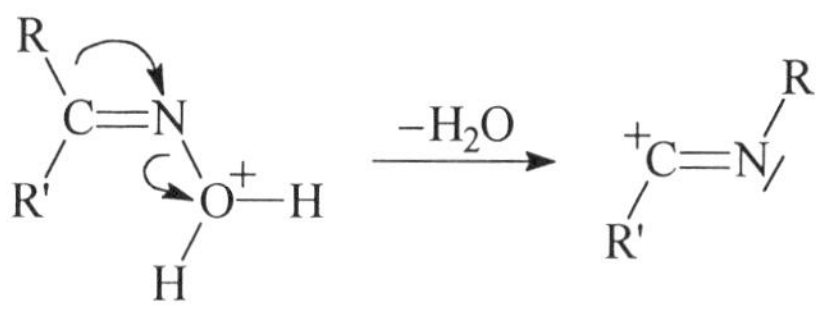

In einigen Fällen erhält man auch ein *E*/*Z*-Gemisch der beiden möglichen Amide, was sich aber durch die Isomerisierung des Oxims unter den Reaktionsbedingungen erklären läßt.

Bei Aldoximen (R = H) läßt sich nur selten eine Wanderung des Wasserstoffatoms beobachten. Die Beckmann-Reaktion bietet somit keinen Zugang zu unsubstituierten Aminen.

Cyclische Oxime **6** führen unter Ringerweiterung zu Lactamen **7**:

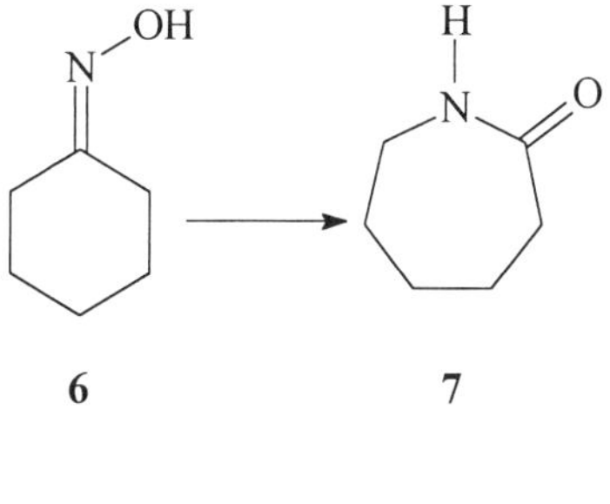

6 **7**

Diese Reaktion wird großtechnisch durchgeführt, da ε-Caprolactam **7** als Monomer für die Polymerisation zu Grundstoffen der Textilindustrie (*Perlon*) verwendet wird.

Die Reste R und R' können sowohl Alkyl- oder Arylgruppen als auch Wasserstoff repräsentieren.[3] Die Reaktionsbedingungen (z. B. konzentrierte Schwefelsäure bei 120 °C) sind relativ drastisch, was die Anwendungsbreite auf weniger empfindliche Substrate einschränkt. Die benötigten Oxime lassen sich leicht aus Aldehyden und Ketonen mit Hydroxylamin herstellen.

1) E. Beckmann, *Ber. Dtsch. Chem. Ges.* **1886**, *19*, 988-993.
2) L. G. Donaruma, W. Z. Heldt, *Org. React.* **1960**, *11*, 1-156.
3) M. I. Vinnik, N. G. Zarakhani, *Russ. Chem. Rev.* **1967**, *36*, 51-64.
4) A. Costa, R. Mestres, J. M. Riego, *Synth. Commun.* **1982**, *12*, 1003-1006.

Benzidin-Umlagerung

Umlagerung von Hydrazobenzol zu Benzidin

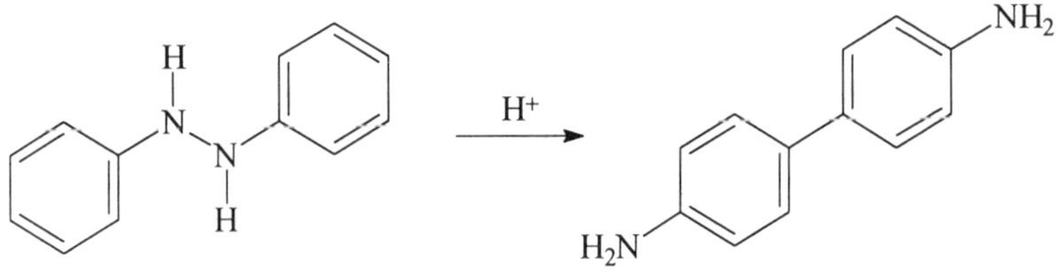

1 **2**

Hydrazobenzol **1** (1,2-Diphenylhydrazin) geht beim Erhitzen in saurem Milieu in Benzidin **2** (4,4'-Diaminobiphenyl) über.[1,2] Diese ungewöhnliche Reaktion wird als *Benzidin-Umlagerung*[3,4] bezeichnet und ist außer bei der Stammverbindung, die für die Namengebung verantwortlich ist, noch bei entsprechend substituierten Diphenylhydrazinen möglich.

Die beste Übereinstimmung mit den experimentellen Daten liefert der Mechanismus über eine 5,5-sigmatrope Umlagerung.[5,6] Im ersten Reaktionsschritt wird das Hydrazobenzol **1** protoniert, wodurch das Salz **3** gebildet wird, bei dem die beiden Phenylreste eine Konformation einnehmen können, die eine Umlagerung ermöglicht:

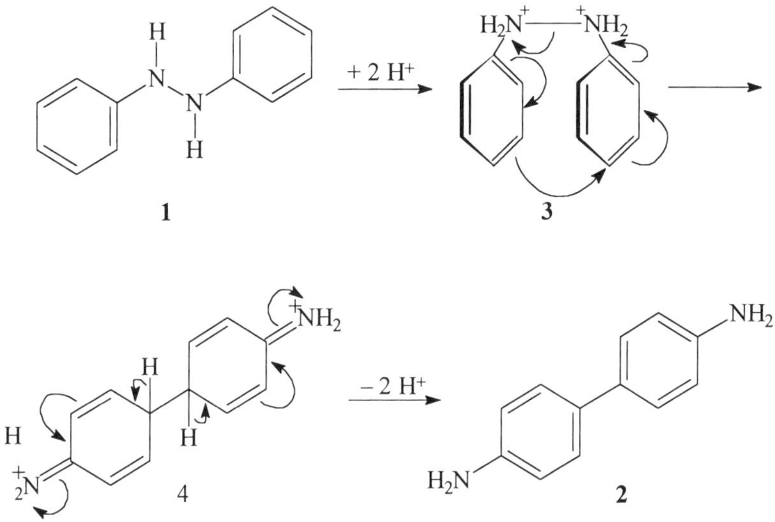

Die Reaktion kann erster oder zweiter Ordnung in bezug auf die Wasserstoffionenkonzentration sein. In schwach saurer Lösung wird eine Reaktion erster Ordnung beobachtet, bei höherer Protonenkonzentration verläuft die Umlagerung zweiter Ordnung. Dieses deutet darauf hin, daß sowohl das mono- als auch das diprotonierte Hydrazobenzol umlagern können.

Abschließend stabilisiert sich das Dikation **4**, welches als Intermediat nachgewiesen werden konnte,[7)] durch Deprotonierung zum Benzidin **2**. Durch Kreuzungsexperimente konnte gezeigt werden, daß es sich nicht um einen Dissoziations-Rekombinations-Mechanismus handelt. Als Nebenprodukte bilden sich aus Hydrazobenzol **1** noch zu ca. 30 % 2,4'-Diaminobiphenyl **5** und in geringen Mengen 2,2'-Diaminobiphenyl **6** und *o*- und *p*-Semidin **7** und **8**:

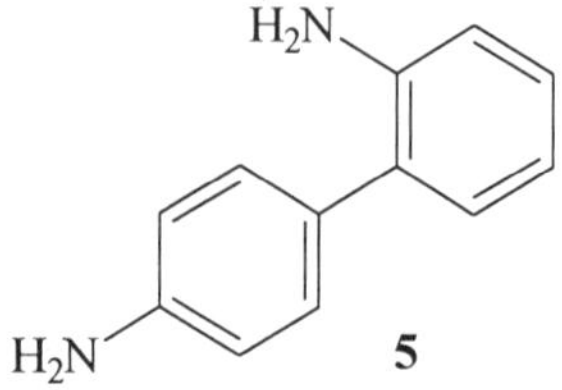

5

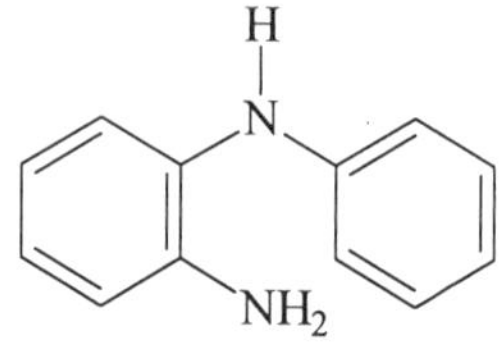

7

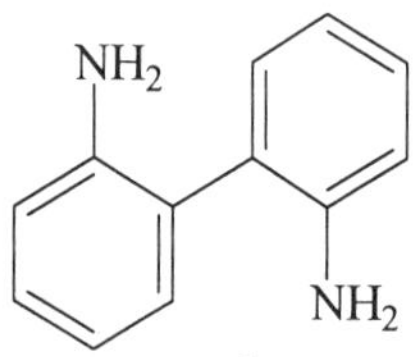

6

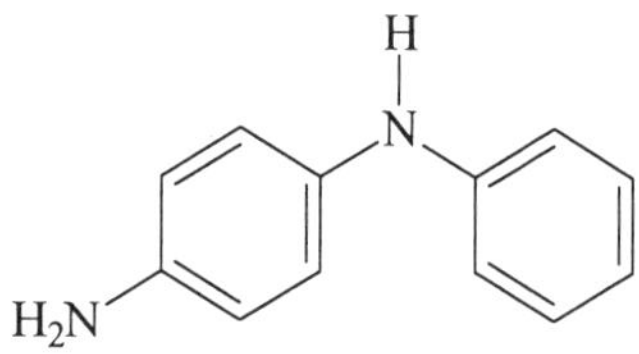

8

Die Umlagerung erfolgt in Gegenwart starker Mineralsäuren (im allgemeinen Salz- oder Schwefelsäure) in wäßriger oder wäßrig-alkoholischer Lösung schon bei Zimmertemperatur, gelegentlich ist leichtes Erwärmen notwendig.[3]

Die Benzidin-Umlagerung ist in erster Linie von mechanistischem Interesse. Die präparative Anwendung ist durch die zahlreichen Nebenprodukte und die damit verbundene schlechte Ausbeute stark eingeschränkt; weiterhin ist Benzidin krebserregend.[8]

1) N. Zinin, *J. Prakt. Chem.* **1845**, *36*, 93-107.
2) P. Jacobsen, *Justus Liebigs Ann. Chem.* **1922**, *428*, 76-121.
3) F. Möller, *Methoden Org. Chem. (Houben-Weyl)* **1957**, Bd. 11/1, S. 839-848.
4) R. A. Cox, E. Buncel in *The Chemistry of the Hydrazo, Azo, and Azoxy Groups* (Hrsg.: S. Patai), Wiley, New York, **1975**, Bd. 2, S. 775-807.
5) H. J. Shine, H. Zmuda, K, H, Kwart, A. G. Horgan, C. Collins, B. E. Maxwell, *J. Am. Chem. Soc.* **1981**, *103*, 955-956.
6) H. J. Shine, H. Zmuda, K, H, Kwart, A. G. Horgan, M. Brechbiel, *J. Am. Chem. Soc.* **1982**, *104*, 2501-2509.
7) G. A. Olah, K. Dunne, D. P. Kelly, Y. K. Mo, *J. Am. Chem. Soc.* **1972**, *94*, 7438-7447.
8) Deutsche Forschungsgemeinschaft, *Maximale Arbeitsplatzkonzentration und biologische Arbeitsstofftoleranzwerte*, VCH, Weinheim, **1981**, S. 21.

Benzilsäure-Umlagerung

Umlagerung von 1,2-Diketonen zu α-Hydroxycarbonsäuren

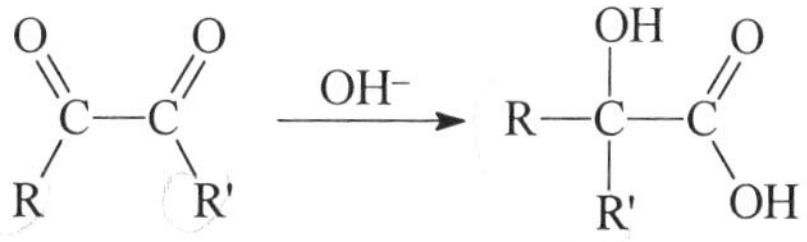

1 **2**

Behandelt man ein 1,2-Diketon **1** mit Base, so kann dieses zu einem α-Hydroxycarbonsäuresalz umlagern,[1-3] das sich durch Protonieren in die freie Carbonsäure **2** überführen läßt. Das bekannteste Beispiel ist die Umlagerung von Benzil (R = R' = Phenyl) zu Benzilsäure (2-Hydroxy-2,2-diphenylethansäure). Die Substituenten dürfen keine α-Wasserstoffatome besitzen, da sonst andere Reaktionen - wie zum Beispiel die →*Aldolreaktion* - ablaufen können .

Die Reaktion wird durch Addition eines Hydroxid-Ions an eine der beiden Carbonylgruppen eingeleitet. Anschließend wandert der Alkylrest R unter Mitnahme der Bindungselektronen an das benachbarte Kohlenstoffatom (1,2-Alkylverschiebung). Der Elektronenüberschuß wird durch die Verschiebung des π-Elektronenpaars aus der Carbonylbindung hin zum Sauerstoff ausgeglichen:

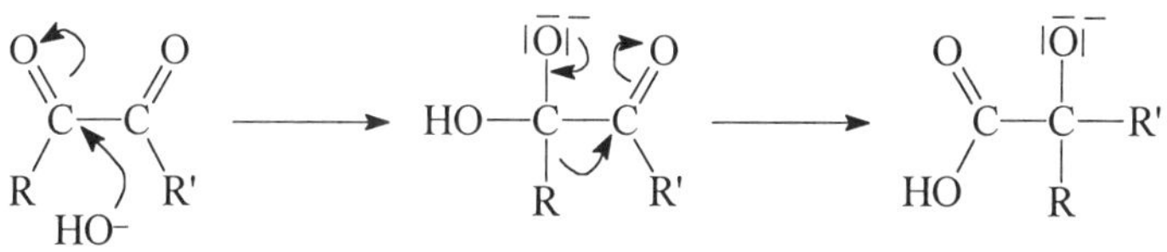

1

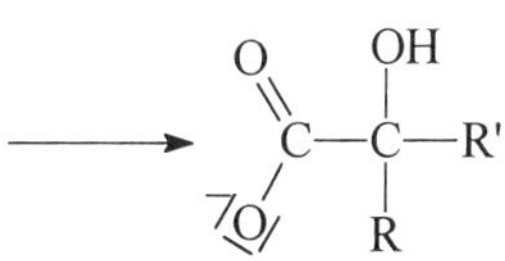

3

Abschließend bildet sich durch Wanderung eines Protons das Carboxylat-Anion **3**. Besonders interessant ist die Benzidin-Umlagerung bei cyclischen Diketonen **4**, weil sie hier zu einer Ringkontraktion führt:[4)]

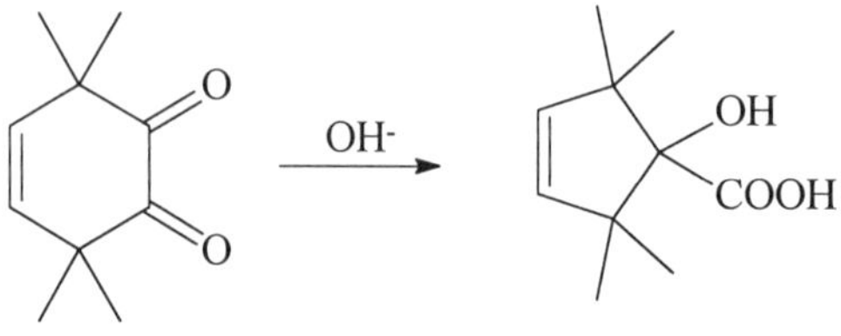

4

Eine Variante stellt die *Benzilsäureester-Umlagerung*[2,3)] dar. Als Basen werden Alkoholate eingesetzt, allerdings dürfen diese nicht leicht oxidierbar sein; als Produkte erhält man direkt die entsprechenden Carbonsäureester **5**:

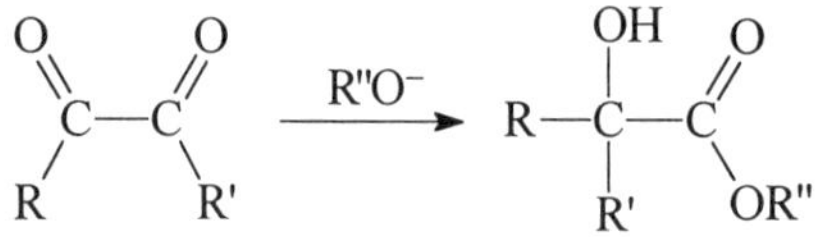

1 **5**

Außer Arylresten (auch substituierten) sind einige aliphatische Substituenten sowie cyclische und heterocyclische Diketone als Substrate möglich. Dennoch ist die Benzilsäure-Umlagerung nur von begrenzter präparativer Bedeutung.

1) N. Zinin, *Justus Liebigs Ann. Chem.* **1839**, *31*, 329-332.
2) S. Selman, J. F. Eastham, *Q. Rev. Chem. Soc.* **1960**, *14*, 221-235.
3) C. J. Collins, J. F. Eastham in *The Chemistry of the Carbonyl Group* (Hrsg.: S. Patai), Wiley, New York, **1966**, S. 783-787.
4) A. Schaltegger, P. Bigler, *Helv. Chim. Acta* **1986**, *69*, 1666-1670.

Benzoin-Kondensation

Benzoine aus aromatischen Aldehyden

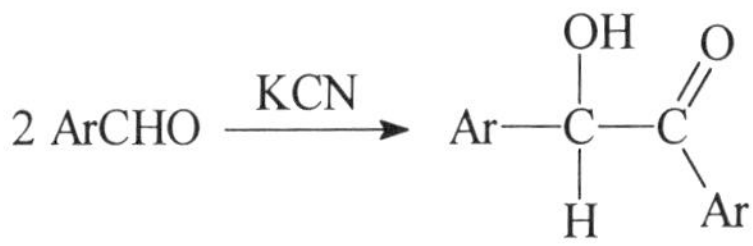

1 **2**

Behandelt man aromatische Aldehyde **1** mit Cyanid-Ionen, erhält man α-Hydroxycarbonylverbindungen, die auch als Benzoine **2** bezeichnet werden.[1,2] Diese Reaktion, die man *Benzoin-Kondensation* nennt, verläuft in dieser Form nur mit einigen aromatischen Aldehyden sowie mit Glyoxalen (RCOCHO).

An ein Molekül des Aldehyds **1** addiert zunächst ein Cyanid-Ion unter Bildung des Anions **3**. Durch die Cyanogruppe wird die Acidität des Aldehydwasserstoffs erhöht und es bildet sich das tautomere Carbanion **4**, welches an ein zweites Aldehydmolekül addiert:

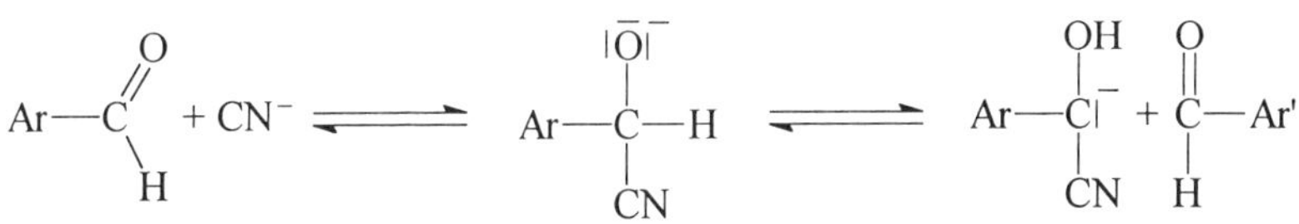

1 **3** **4**

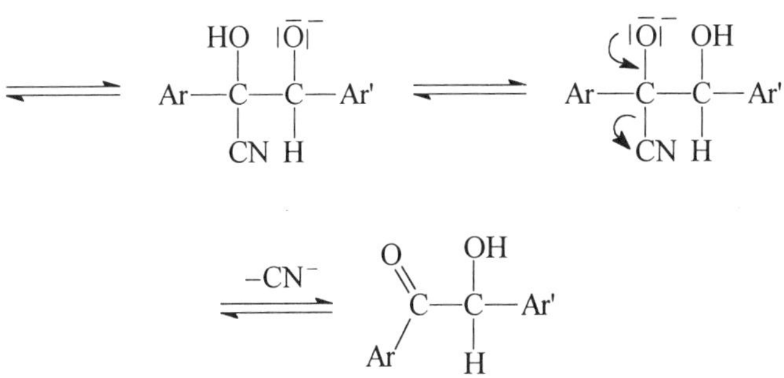

2

In den darauffolgenden Schritten stabilisiert sich das Molekül durch Abspaltung der Cyanogruppe und man erhält das Benzoin **2**.

Offensichtlich haben die beiden Aldehydmoleküle hier unterschiedliche Funktionen: Das erste überträgt seinen Aldehydwasserstoff im Verlauf der Reaktion auf das zweite, weshalb man die Moleküle auch *Donor* und *Akzeptor* nennt.

Die zentrale Rolle bei dieser Reaktion spielt das Cyanid-Ion; es besitzt hier gleich drei Funktionen: Neben der nucleophilen Addition ermöglicht die elektronenziehende Wirkung die Abspaltung des aldehydischen Protons, und zum dritten ist es eine gute Abgangsgruppe. Diese Eigenschaften machen es zu einem hochspezifischen Katalysator für die Benzoinkondensation.

Als Ersatz katalysieren auch einige Thiazolium-Salze **5** die Reaktion,[3)] die dann sogar mit aliphatischen Edukten möglich ist. Für diese Variante wird der folgende Mechanismus angenommen:

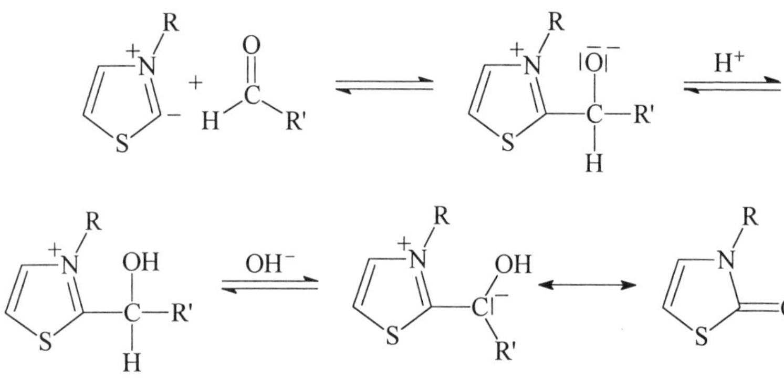

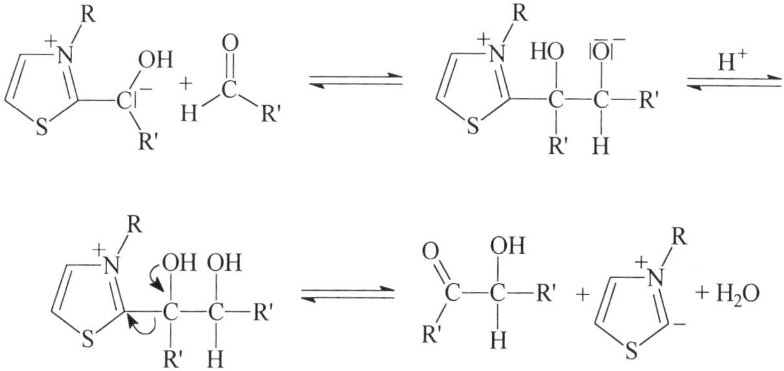

Gekreuzte Benzoinkondensationen sind präparativ dann sinnvoll, wenn einer der Aldehyde nicht selbst kondensiert, weil er entweder nur die Donor- oder die Akzeptorfunktion erfüllen kann. Beispielsweise verhält sich *p*-Dimethylaminobenzaldehyd nur als Donor und kann mit Akzeptor-Aldehyden, z. B. Benzaldehyd, kondensiert werden.

1) H. Staudinger, *Ber. Dtsch. Chem. Ges.* **1913**, *46*, 3535-3538.
2) W. S. Ide, J. S. Buck, *Org. React.* **1948**, *4*, 269-304.
3) H. Stetter, R. Y. Rämsch, H. Kuhlmann, *Synthesis* **1976**, 733-735.

Bergman-Cyclisierung

Cyclisierung von Endiinen unter Aromatenbildung

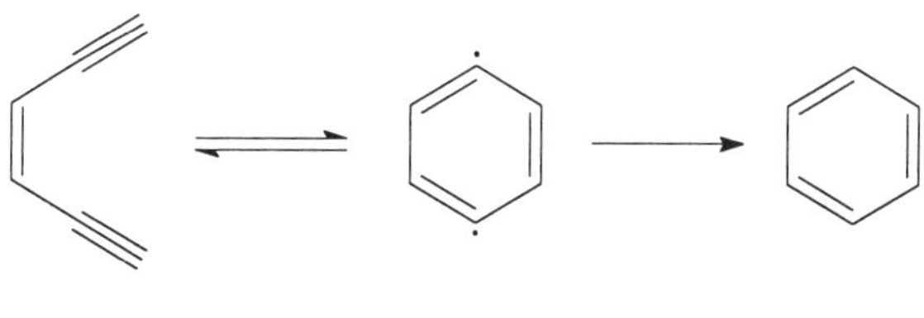

1 **2** **3**

Die Cycloaromatisierung von Endiinen, die eine Struktur wie **1** besitzen, erfolgt über ein benzoides 1,4-Diradikal **2** und wird allgemein als *Bergman-Cyclisierung*[1-3] bezeichnet. Es handelt sich hierbei um eine sehr junge Reaktion, die gerade in den letzten Jahren an Bedeutung gewonnen hat. Das ungewöhnliche Endiin-Strukturelement **1** wurde in Naturstoffen (z. B. Calicheamicin, Esperamicin) gefunden, die eine beachtliche biologische Aktivität aufweisen.[4,5]

Beim Erhitzen lagert das Endiin **1a** reversibel zu dem 1,4-Diyl **2a** um. Dieses kann zu dem Endiin **1b** umlagern oder in Gegenwart eines Wasserstoffdonators (häufig 1,4-Cyclohexadien) zum Aromaten **3a** reagieren:[2]

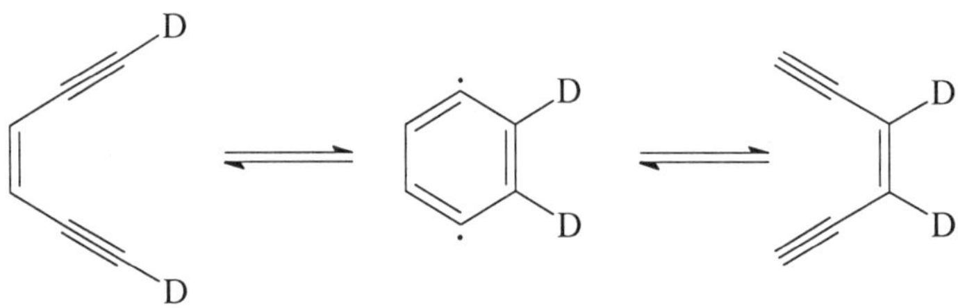

1a **2a** **1b**

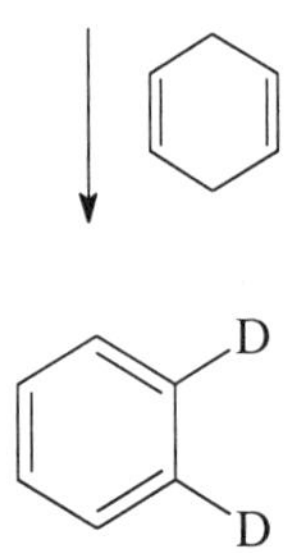

3a

Wichtig für die Bergman-Cyclisierung ist der Abstand zwischen den beiden Dreifachbindungen. Ist die Entfernung zu groß, so kann keine Reaktion erfolgen. Durch Einbau des Endiin-Elements in einen entsprechend großen, substituierten Ring lassen sich optimale Reaktionsbedingungen einstellen.

Die biologische Aktivität des *Calicheamicins* **4** (vereinfachte Schreibweise) beruht auf der Spaltung der DNA. Zu diesem Zweck muß das Molekül zunächst zum Reaktionsort transportiert werden. Dort angelangt wird durch eine chemische Reaktion der Abstand zwischen den Dreifachbindungen verringert,[4,5] woraufhin die Bergman-Cyclisierung zum benzoiden Diradikal **5** erfolgt. Dieses ist in der Lage, die DNA zu spalten:

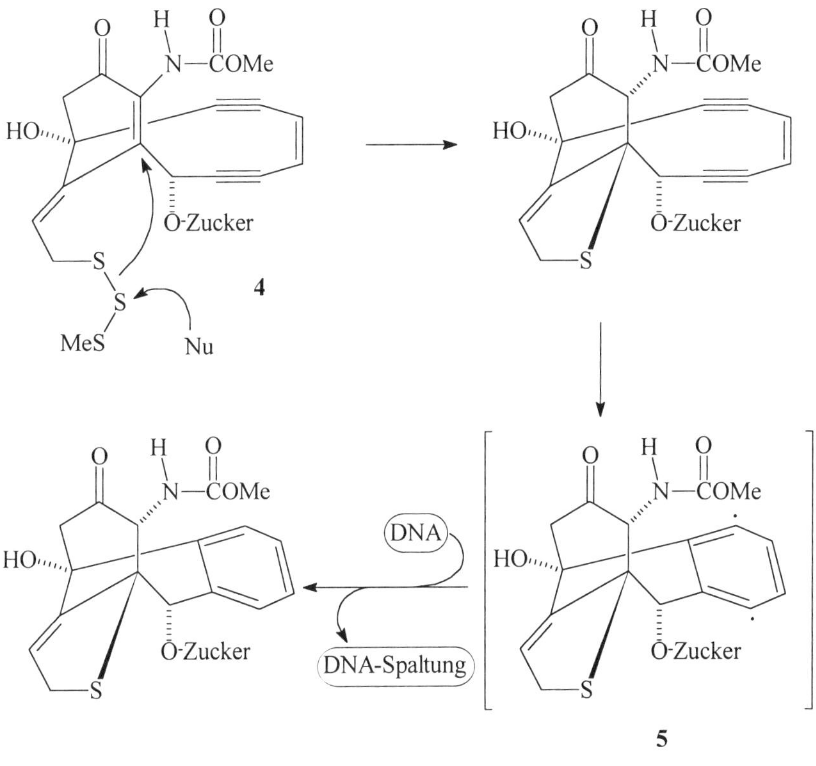

Myers entdeckte an dem pharmakologisch wirksamen Naturstoff *Neocarzinostatin*[6] **8** eine verwandte Reaktion. Wie bei der Bergman-Cyclisierung wird ein diradikalisches Intermediat durchlaufen, welches nach dem oben beschriebenen Transportmechanismus erst am Reaktionsort durch einen chemischen Aktivierungsschritt generiert wird und dort die DNA spalten kann. Aufgrund dieser Eigenschaften und der unterschiedlichen Aktivität zu verschiedenen DNA-Strängen ist Neocarzinostatin ein potentielles Antitumormittel.

Das Stammsystem für die *Myers-Umlagerung* ist das Heptatrienin **6**, das zum Diradikal **7** reagiert:

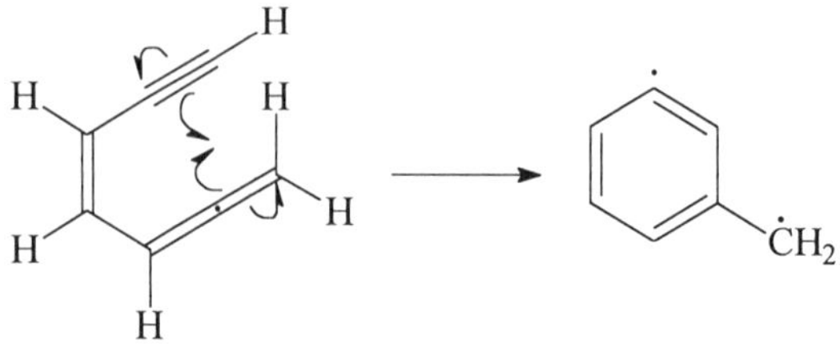

6 **7**

Aus dem Neocarzinostatin (stark vereinfacht geschrieben) **8** wird zunächst das Cyclisierungsedukt **9** erzeugt, das eine kumulierte Trieneinheit aufweist. Über das Diradikal **10** wird durch Wasserstoffabstraktion das Cyclisierungsprodukt **11** gebildet:

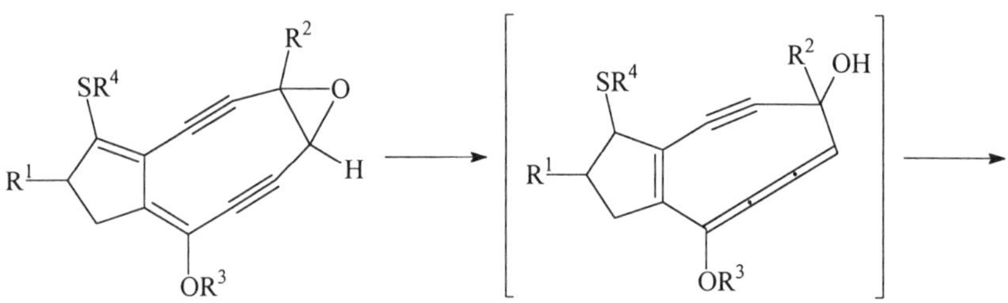

8 **9**

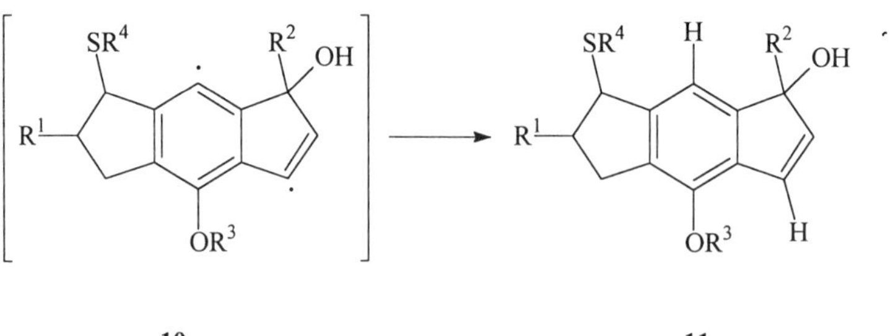

10 **11**

Die präparative Bedeutung von Bergman-Cyclisierung und Myers-Reaktion ist zur Zeit noch gering, doch aufgrund der bedeutenden biologischen Aktivität[4] von Verbindungen, die solche Reaktionen durchlaufen können, besteht ein großes mechanistisches Interesse an diesen Cyclisierungen zur Untersuchung der Wirkungsweise bei der DNA-Spaltung.

1) R. G. Bergman, R. R. Jones, *J. Am. Chem. Soc.* **1972**, *94*, 660-661.
2) R. G. Bergman, *Acc. Chem. Res.* **1973**, *6*, 25-31.
3) R. Gleiter, D. Kratz, *Angew. Chem.* **1993**, *105*, 884-887; *Angew. Chem. Int. Ed. Engl.* **1993**, *32*, 842.
4) K. C. Nicolaou, W.-M. Dai, *Angew. Chem.* **1991**, *103*, 1453-1481; *Angew. Chem. Int. Ed. Engl.* **1991**, *30*, 1387.
5) K. C. Nicolaou, G. Zuccarello, C. Riemer, V. A. Esterez, W.-M. Dai, *J. Am. Chem. Soc.* **1992**, *114*, 7360-7371.
6) A. G. Myers, P. J. Proteau, T. M. Handel, *J. Am. Chem. Soc.* **1988**, *110*, 7212-7214.
7) A. G. Myers, P. S. Dragovich, E. Y. Kuo, *J. Am. Chem. Soc.* **1992**, *114*, 9369-9386.

Birch-Reduktion

Partielle Reduktion aromatischer Verbindungen

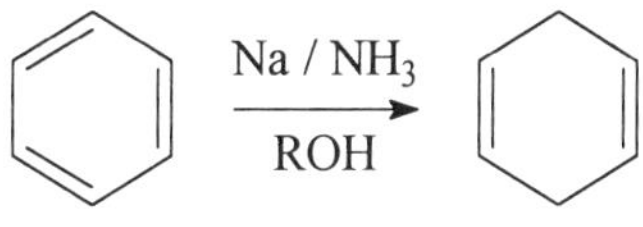

1 **2**

Die Reduktion aromatischer Verbindungen **1** mit Alkalimetallen in flüssigem Ammoniak in Gegenwart eines Alkohols wird als *Birch-Reduktion* bezeichnet und liefert selektiv das in 1,4-Position hydrierte Produkt **2**.

Alkalimetalle sind in der Lage, in flüssigem Ammoniak ein Elektron an das Solvens zu übertragen; man spricht dann von solvatisierten Elektronen. Diese reduzieren den Aromaten **1** unter Bildung eines Radikal-Anons **3**:

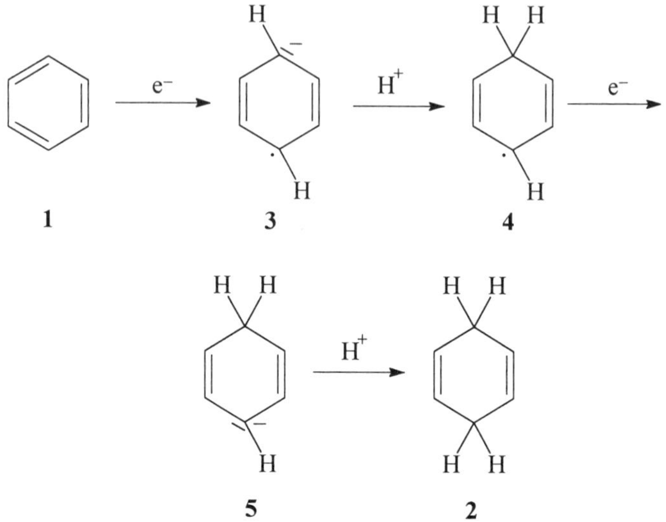

Durch ESR-Spektroskopie konnten Hinweise auf die Existenz dieses Radikals **3** gefunden und somit der Mechanismus gestützt werden. Der Alkohol protoniert das Radikal-Anion **3**, wodurch ein zweites Radikal **4** entsteht, das durch ein solvatisiertes Elektron zum Carbanion **5** reduziert wird. Dieses reagiert mit dem Alkohol zu der 1,4-Dihydroverbindung **2**. Der Alkohol fungiert somit als Protonen-, das Alkalimetall als Elektronenquelle.

Die negative Ladung im Cyclohexadienyl-Anion **5** ist über mehrere Kohlenstoffatome verteilt, was durch die folgenden Resonanzstrukturen verdeutlicht werden kann:

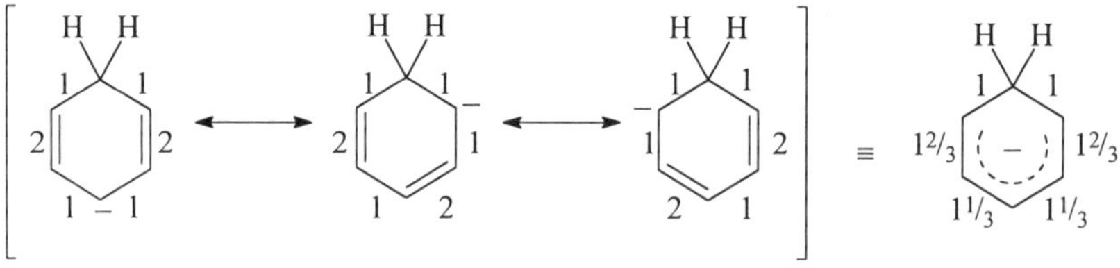

Überraschend ist auf den ersten Blick die Bildung des 1,4-Diens anstelle des thermodynamisch stabileren konjugierten 1,3-Diens. Eine Erklärung ergibt sich aus dem *principle of least motion*[4)], wonach solche Reaktionswege favorisiert werden, die die geringste Änderung der Atompositionen und Elektronenverteilung beinhalten. Die vereinfachte *Valence-bond-Betrachtung* der Bindungsordnungen (eins für Einfachbindung, zwei für Doppelbindung) des Carbanions **5** zeigt die geringeren Änderungen bei der Reaktion zum 1,4-Dien **2** (Δ = 4/3) verglichen mit dem 1,3-Dien **6** (Δ = 2):

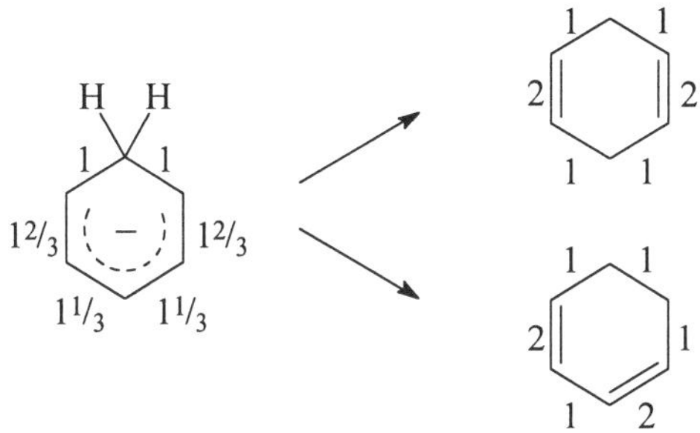

2

6

Bei der Birch-Reduktion monosubstituierter Aromaten kontrollieren die Substituenten die Reduktionsrichtung. Elektronen-Donatoren (wie Alkyl- und Alkoxyreste) führen zu Produkten mit dem Substituenten an einem Alkenkohlenstoffatom. So reagiert Methoxybenzol (Anisol) **7** zu 1-Methoxy-1,4-cyclohexadien **8**:

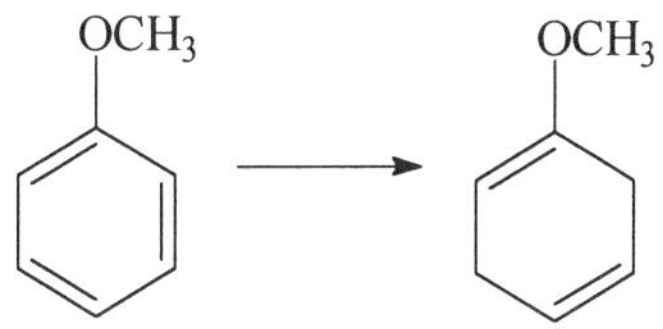

7 **8**

Elektronen-Akzeptor-Substituenten hingegen sind im Produkt an ein gesättigtes Kohlenstoffatom gebunden. Benzoesäure **9** wird entsprechend zur 2,5-Cyclohexadiencarbonsäure **10** reduziert:

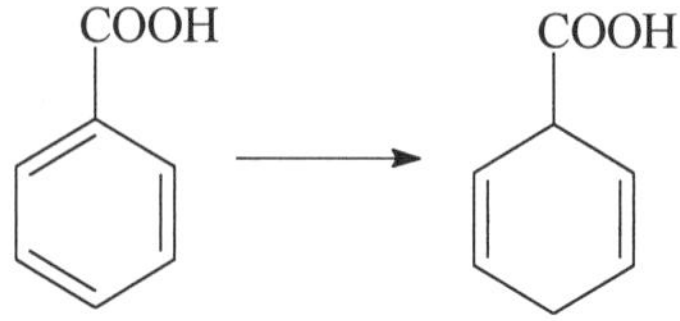

9 **10**

Die Birch-Reduktion ist als Verfahren zur partiellen Reduktion aromatischer Verbindungen konkurrenzlos. Eine katalytische Hydrierung würde jeweils zu vollständig hydrierten Produkten führen. Normale Olefine werden unter den Birch-Bedingungen nicht reduziert, konjugierte Olefine hingegen reagieren. Weiterhin können Halogene, Nitrogruppen, Ketone und Aldehyde reduziert werden. Teilweise ergibt sich ein Problem aus der schlechten Löslichkeit der Aromaten in flüssigem Ammoniak, dieses läßt sich durch Co-Solventien (Alkohole, Ester) umgehen. Die Ausbeuten sind im allgemeinen gut bis sehr gut, bei kondensierten Aromaten erhält man oft Isomerengemische.

1) A. J. Birch, *J. Chem. Soc.* **1944**, 430-436.
2) P. W. Rabideau, Z. Marcinow, *Org. React.* **1992**, *42*, 1-334.
3) P. W. Rabideau, *Tetrahedron* **1989**, *45*, 1579-1603.
4) J. Hine, *J. Org. Chem.* **1966**, *31*, 1236-1244.
5) H. E. Zimmerman, P. A. Wang, *J. Am. Chem. Soc.* **1990**, *112*, 1280-1281.

Blanc-Reaktion

Chlormethylierung von Aromaten

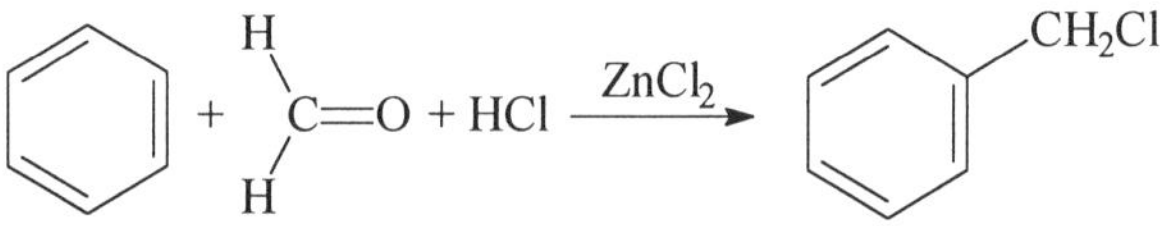

1 **2** **3**

Als *Blanc-Reaktion*[1,2] bezeichnet man die Chlormethylierung von Aromaten. Zu diesem Zweck werden die aromatischen Edukte **1** in Gegenwart eines Katalysators mit Formaldehyd **2** und Chlorwasserstoffgas behandelt, wodurch in einer Substitutionsreaktion eine Chlormethylgruppe eingeführt wird.

Im ersten Reaktionsschritt wird Formaldehyd **2** protoniert, was dessen Reaktivität für die anschließende elektrophile aromatische Substitution deutlich steigert. Das so gebildete Kation **4** rearomatisiert zum Hydroxymethylaromaten **5**, der mit Chlorwasserstoff zum chlormethylierten Produkt **3** reagiert:[3)]

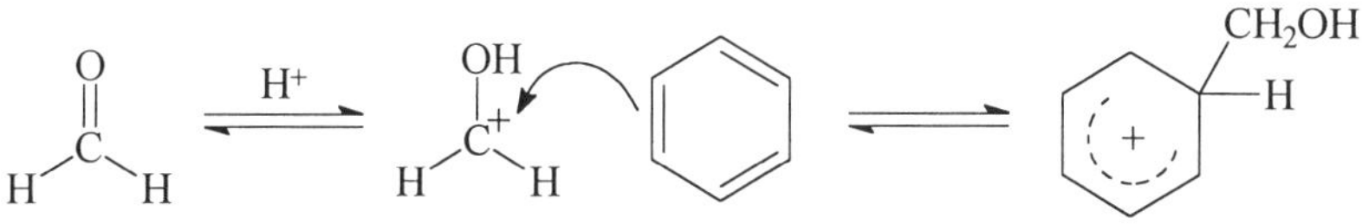

2 **1** **4**

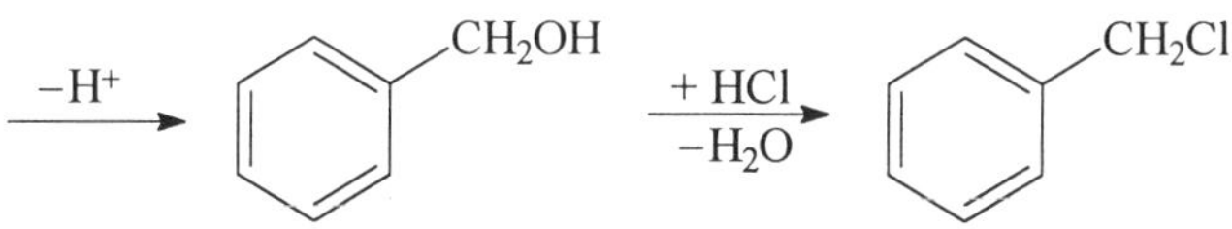

5 **3**

Der geschwindigkeitsbestimmende Schritt ist die elektrophile aromatische Substitution, die hier deutliche Verwandtschaft zur →*Friedel-Crafts-Acylierung* zeigt. Gemeinsam ist beiden Reaktionen auch der Einsatz von Lewis-Säure-Katalysatoren; bei der Blanc-Reaktion wird im allgemeinen Zinkchlorid verwendet.[2)] Für diesen Fall kann die Bildung der elektrophilen Spezies wie folgt formuliert werden:[3)]

$$CH_2O + HCl + ZnCl_2 \longrightarrow CH_2OH^+ \, ZnCl_3^-$$

Elektronenreiche Aromaten reagieren auch ohne Katalysator. Moderne Varianten verwenden Chlormethylether[4)] ($ClCH_2OMe$, $(ClCH_2)_2O$, usw.) oder Methoxyacetylchlorid[5)]. Diese Reagenzien sind reaktiver und liefern bessere Ausbeuten.

Die Chlormethylierung ist eine in der Aromatenchemie allgemein anwendbare Methode; Benzol, Naphthalin, Anthracen, Phenanthren, Biphenyle und viele ihrer Derivate können umgesetzt werden. Ketone wie Benzophenon sind zu stark desaktiviert, Phenole hingegen sind so reaktiv, daß die Chlormethylierung zu polymeren Produkten führt.[2)] Die entstehenden Benzylchloride können leicht weiter umgesetzt werden, beispielsweise zu Aldehyden.

Eine wichtige Nebenreaktion ist die Bildung von Diarylmethylderivaten (Ar_2CH_2), weiterhin treten mehrfach substituierte Verbindungen als Nebenprodukte auf. Außer Chlorwasserstoff wurden auch Bromwasserstoff und Iodwasserstoff erfolgreich mit Formaldehyd und Aromaten umgesetzt. Andere Aldehyde lassen sich ebenfalls einsetzen, als Blanc-Reaktion bezeichnet man aber lediglich die Chlormethylierung.

1) M. G. Blanc, *Bull. Soc. Chim. Fr.* **1923**, *33*, 313-319.
2) R. C. Fuson, C. H. McKeever, *Org. React.* **1942**, *1*, 63-90.
3) L. I. Belenkii, Yu. B. Volkenshtein, I. B. Karmanova, *Russ. Chem. Rev.* **1977**, *46*, 891-903.
4) G. A. Olah, D. A. Beal, J. A. Olah, *J. Org. Chem.* **1976**, *41*, 1627-1631.
5) A. McKilloq, F. A. Madjdabadi, D. A. Long, *Tetrahedron Lett.* **1983**, *24*, 1933-1936.

Bucherer-Reaktion

Überführung von Naphtholen in Naphthylamine und umgekehrt

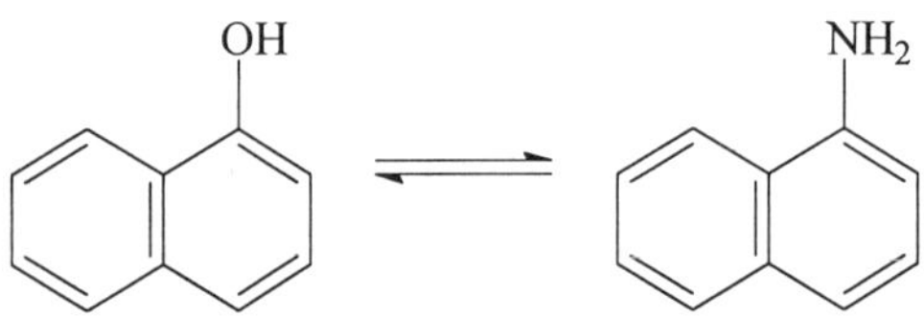

1 **2**

Eine der wichtigsten Reaktionen der Naphthalinchemie ist die *Bucherer-Reaktion*[1-3], d. h. die Umwandlung von Naphtholen **1** zu Naphthylaminen **2** sowie deren Rückreaktion. Man führt die Reaktion in wäßrigem Medium unter katalytischer Wirkung von Sulfit- oder Hydrogensulfit-Ionen durch. In der Benzolchemie gibt es kein entsprechendes Gegenstück, wodurch die Anwendungsbreite stark eingeschränkt wird.

Im ersten Reaktionsschritt wird das Naphthol **1** an einem Kohlenstoffatom mit hoher Elektronendichte (2- oder 4-Position) protoniert. An das so gebildete resonanzstabilisierte Kation **3** addiert ein Hydrogensulfit-Anion in 3-Position: Anschließend erfolgt Tautomerisierung zum energetisch günstigeren Tetralonsulfonat **4**, das nucleophil vom Amin (in diesem Fall Ammoniak) angegriffen wird. Durch Dehydratisierung erhält man das ebenfalls resonanzstabilisiert Kation **5**. Deprotonierung liefert das Enamin **6**, das durch Hydrogensulfitabspaltung zum Naphthylamin **2** rearomatisiert:[4)]

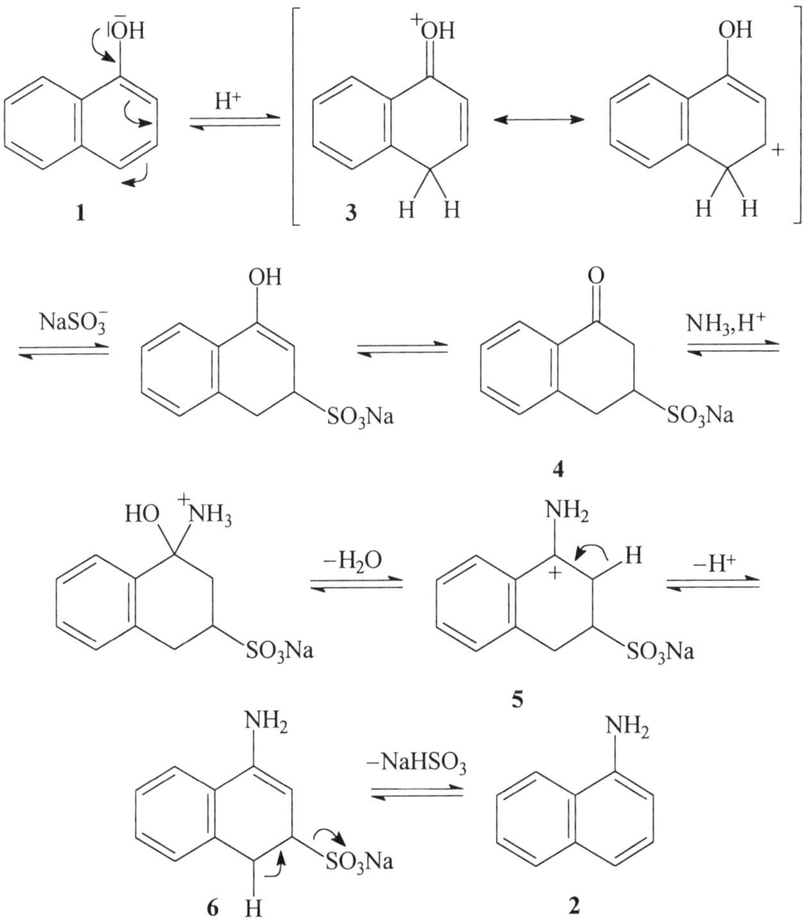

Alle Schritte der Bucherer-Reaktion sind reversibel, so daß auch die Rückreaktion präparativ genutzt werden kann, wobei die Lage des Gleichgewichts von der Konzentration an freiem Ammoniak abhängt.[3)]

Wie schon erwähnt, ist die Anwendungsbreite der Bucherer-Reaktion sehr gering, so gelingt sie bei substituierten Benzolen nur in Ausnahmefällen, während sie in der Anthracen- und Phenanthrenchemie im allgemeinen erfolgreich verläuft. Naphthylamine lassen sich in die entsprechenden Hydroxylverbindungen überführen, und diese können wiederum zu primären, sekundären und tertiären Aminen umgesetzt werden (*Transaminierung*). Naphthylamine spielen als Zwischenprodukte für die Herstellung von Farbstoffen eine Rolle. Auch Derivate der Tetralonsulfonsäure, die über die Bucherer-Reaktion gut zugänglich sind, besitzen eine gewisse präparative Bedeutung.[4]

1) H. T. Bucherer, *J. Prakt. Chem.* **1904**, *69*, 49-91.
2) N. L. Drake, *Org. React.* **1942**, *1*, 105-128.
3) R. Schröter, *Methoden Org. Chem. (Houben-Weyl)* **1957**, Bd. 11/1, S. 143-159.
4) H. Seeboth, *Angew. Chem.* **1967**, *79*, 329-340; *Angew. Chem. Int. Ed. Engl.* **1967**, *6*, 307.

Cannizzaro-Reaktion

Disproportionierung von Aldehyden

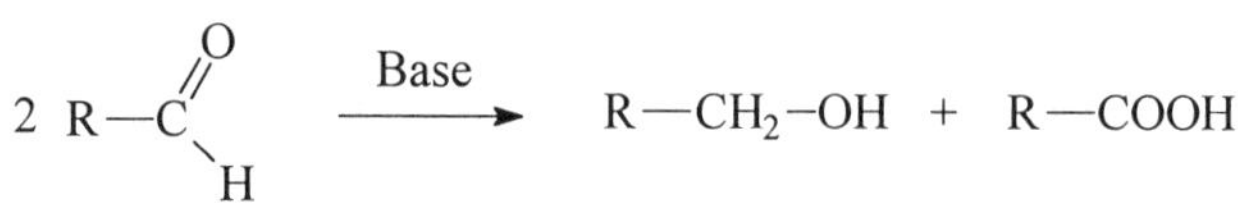

1 **2** **3**

Aldehyde **1** ohne Wasserstoffatom in α-Position gehen bei Behandlung mit starken Basen die *Cannizzaro-Reaktion* ein.[1,2] Hierbei wird ein Aldehydmolekül zum entsprechenden Alkohol **2** reduziert, während ein weiteres unter Oxidation zur Carbonsäure **3** reagiert. Beim Vorhandensein von α-Wasserstoffatomen läuft in der Regel die →*Aldolreaktion* bevorzugt ab.

Der entscheidende Reaktionsschritt ist eine Hydridwanderung. Zunächst wird OH^- an die Carbonylgruppe eines Aldehydmoleküls **1** addiert. In stark basischer Lösung kann das Anion **4** ein Proton abgeben und wird zum Dianion **5**:

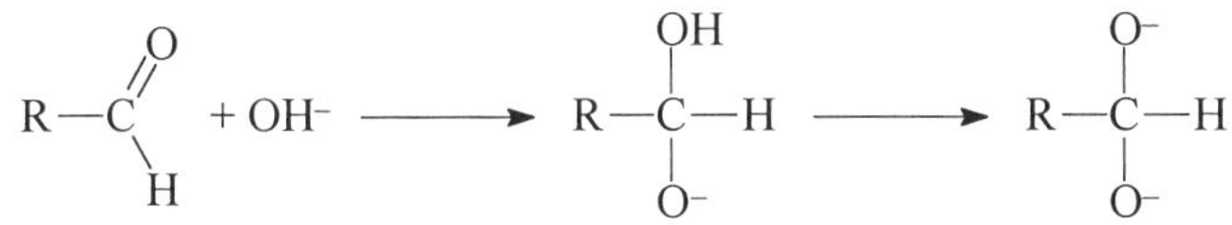

1 **4** **5**

Die weitere Reaktion kann von beiden Spezies aus erfolgen. Durch den starken elektronenschiebenden Charakter des einen (oder sogar beider) O^--Substituenten wird die Abspaltung des Aldehydwasserstoffs zusammen mit seinem Elektronenpaar ermöglicht. Hierdurch wird ein weiteres Molekül des Aldehyds **1** angegriffen:

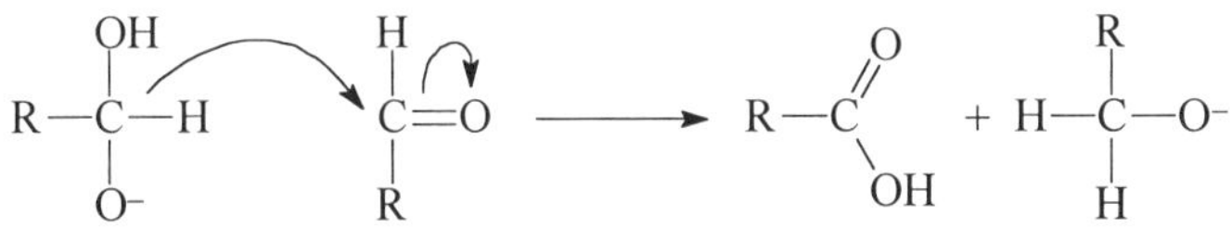

4 **1**

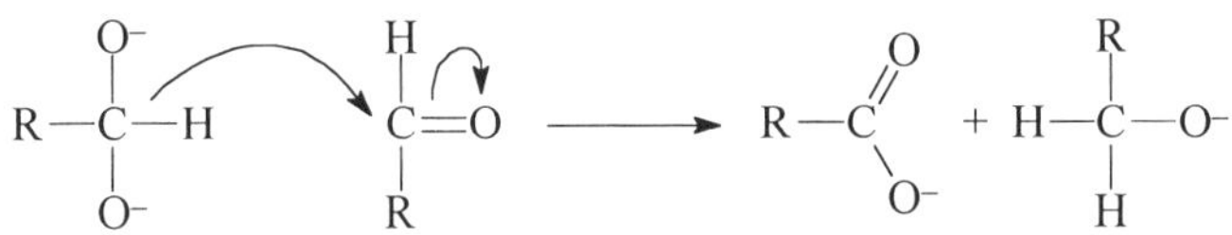

5 **1**

Dieser Mechanismus wird durch Untersuchungen in deuterierten Lösungsmitteln bestätigt. Da der resultierende Alkohol **2** kein Deuterium enthält, stammt der übertragene Wasserstoff aus dem Substrat und nicht aus dem Solvens.

Die präparative Bedeutung der Reaktion wird insbesondere durch den Umstand eingeschränkt, daß die Ausbeuten an Alkohol bzw. Carbonsäure auf 50 % begrenzt sind. Dennoch lassen sich Alkohole in guten Ausbeuten fast immer erhalten, wenn man die Reaktion in Gegenwart von Formaldehyd durchführt. Dieser wird zur Ameisensäure oxidiert und reduziert dabei den anderen Aldehyd zum gewünschten Alkohol. Diese Variante bezeichnet man als *gekreuzte Cannizzaro-Reaktion*. α-Ketoaldehyde **6** reagieren intramolekular zu α-Hydroxycarbonsäuren:

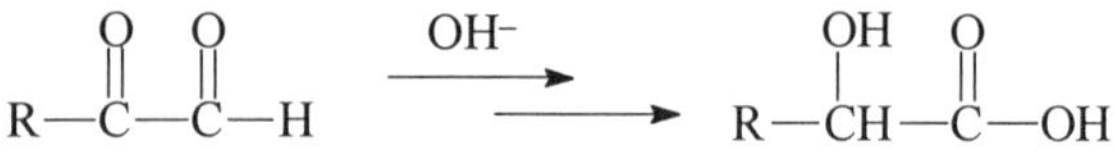

6 **7**

Weiterhin lassen sich durch Verwendung von Rhodium-Phosphin-Katalysatoren 1,4-Dialdehyde **8** in γ-Lactone **9** überführen.[3] Diese Reaktion ist selbst bei Molekülen mit α-Wasserstoffatomen möglich:

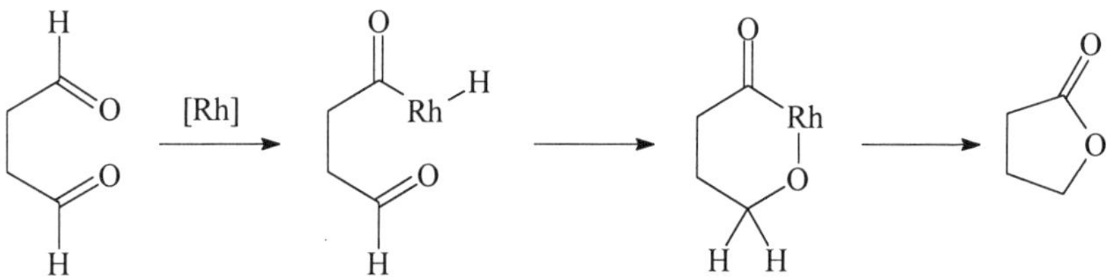

8 **9**

Eine weitere Einschränkung erfährt die Reaktion durch Zersetzung des Substrates im stark alkalischen Medium; beispielsweise reagieren Trihalogenacetaldehyde entsprechend der →*Haloform-Reaktion*.

Mechanistisch eng verwandt ist die →*Benzilsäure-Umlagerung*, bei der statt eines Wasserstoffatoms auf ähnliche Weise ein Alkyl- bzw. Arylrest wandert.

1) S. Cannizzaro, *Justus Liebigs Ann. Chem.* **1853**, *88*, 129-130.
2) T. A. Geissman, *Org. React.* **1944**, *2*, 94-113.
3) S. H. Bergens, D. P. Fairlie, B. Bosnich, *Organometallics* **1990**, *9*, 566-571.

Chugaev-Reaktion

Olefinbildung durch Eliminierung von Xanthogensäureestern

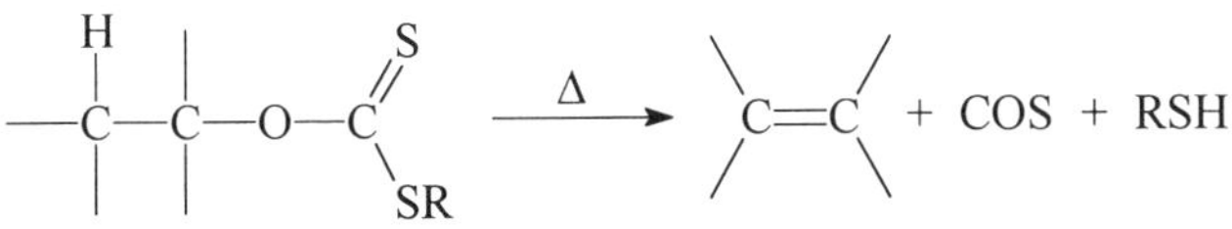

1 **2** **3** **4**

Durch die Thermolyse von Xanthogenaten **1** können Olefine **2** erhalten werden. Außerdem werden das gasförmige Kohlenoxidsulfid **3** und ein Mercaptan **4** gebildet. Man bezeichnet den Prozeß als *Chugaev-Reaktion*[1-3]; eine andere häufige Schreibweise für ihren russischen Entdecker ist *Tschugaeff*.

Die für die Reaktion erforderlichen Xanthogensäureester **1** können durch Behandlung von Alkoholen **5** mit NaOH und Schwefelkohlenstoff und anschließende Alkylierung des Natriumxanthogenats **6** - im allgemeinen mit Methyliodid - erhalten werden:

5 **6** **1**

Die Pyrolysereaktion wird im allgemeinen im Temperaturbereich zwischen 100 und 250 °C durchgeführt. Ähnlich wie bei der →*Esterpyrolyse* handelt es sich auch hier um einen E_i-Mechanismus, bei dem ein sechsgliedriger Übergangszustand **7** durchlaufen wird:

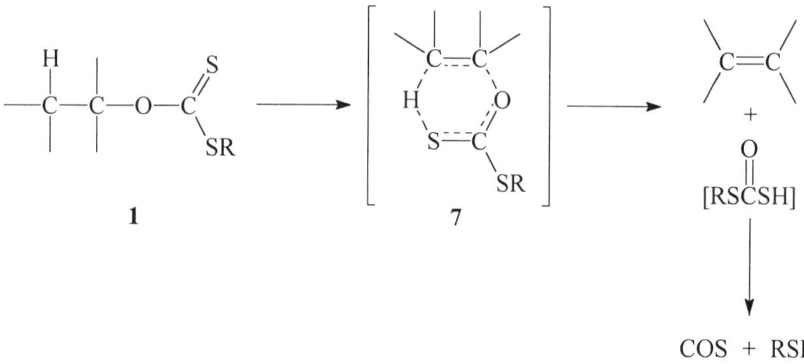

1 **7** **2** **3** **4**

Der Mechanismus dieser *syn*-Eliminierung konnte durch Untersuchungen an ^{34}S- und ^{13}C-markierten Verbindungen experimentell verifiziert werden.[4] Die Reaktion verläuft völlig analog zur Esterpyrolyse, allerdings sind die Reaktionsbedingungen der Chugaev-Eliminierung milder (niedrigere Pyrolysetemperaturen), so daß weniger Nebenreaktionen und Umlagerungsprodukte auftreten. Die Chugaev-Reaktion wird deshalb häufiger angewendet als die Esterpyrolyse.

Die Pyrolyse von Xanthogenaten primärer Alkohole liefert nur ein Olefin. Bei sekundären Alkoholen, sowohl acyclischen als auch alicyclischen, können Regioisomere auftreten. Diese wiederum können geometrische Isomerie aufweisen. Während aus acyclischen Edukten im allgemeinen die statistisch zu erwartenden Olefine bevorzugt erhalten werden, ist die Produktbildung bei alicyclischen Substraten häufig durch die Stereochemie festgelegt; das β-Wasserstoffatom und die Xanthogenat-Gruppe müssen im Übergangszustand coplanar sein. Ist mehr als ein β-Wasserstoffatom vorhanden, können *E*- und *Z*-Isomer gebildet werden, wobei die Selektivität häufig sterisch bedingt ist.

Ein Beispiel für diese Auswirkung sterischer Faktoren auf die Eliminierung ist die Pyrolyse der Xanthogenate von *erythro*- und *threo*-1,2-Diphenyl-1-propanol. Der *erythro*-Alkohol **8** liefert lediglich *E*-Methylstilben **9**, während aus der *threo*-Verbindung **10** nur das *Z*-Isomer **11** gebildet wird. Hierdurch läßt sich auch eindeutig zeigen, daß es sich um *syn*-Eliminierungen mit cyclischem Übergangszustand handeln muß:[5]

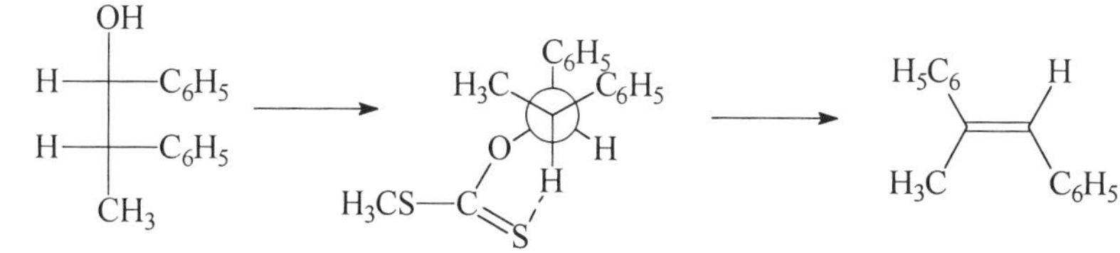

8 **9**

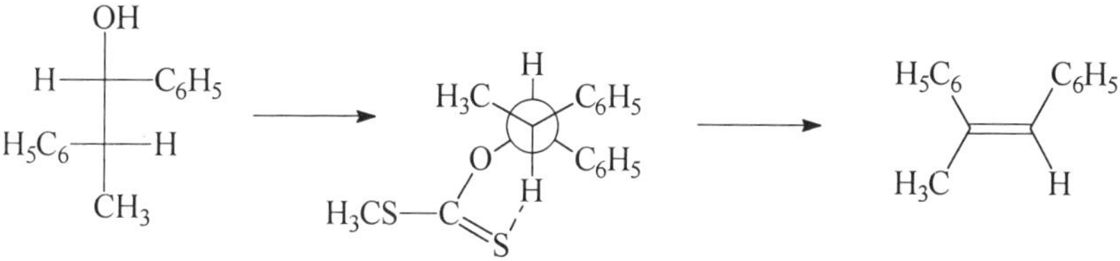

10 **11**

Die Chugaev-Eliminierung ist deshalb besonders wertvoll, weil sie ohne Umlagerung des Kohlenstoffgerüstes abläuft. Es ist eine Anzahl von Xanthogensäureester-Pyrolysen beschrieben,[2)] bei denen äquivalente, nicht thermolytische Eliminierungen zu Umlagerungsprodukten führen. Allerdings wird die präparative Anwendbarkeit der Chugaev-Reaktion dann eingeschränkt, wenn die Eliminierung in mehrere Richtungen möglich ist und mehr als ein β-Wasserstoffatom je Kohlenstoffatom zur Verfügung steht, da man dann häufig komplexe Mischungen von Olefinen erhält. So führt die Thermolyse des Xanthogenats **12** von 3-Hexanol zu 28 % *E*-3-Hexen **13**, 13 % *Z*-3-Hexen **14**, 29 % *E*-2-Hexen **15** und 13 % *Z*-2-Hexen **16**:[6)]

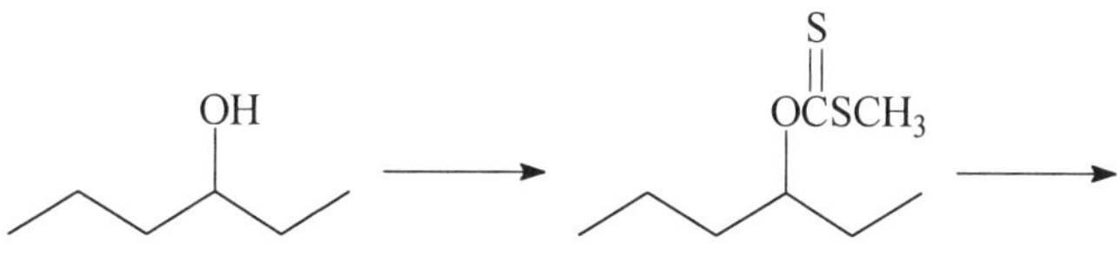

12

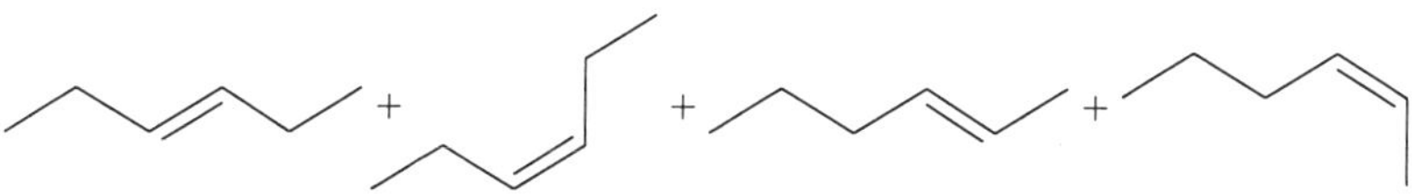

13 **14** **15** **16**

Bei alicyclischen Alkoholen tritt auch hier - wie bei der Esterpyrolyse und der →*Cope-Eliminierung* - das Problem auf, daß ein cyclischer Übergangszustand für die Eliminierung erforderlich ist.

1) L. Tschugaeff, *Ber. Dtsch. Chem. Ges.* **1899**, *32*, 3332-3335.
2) H. R. Nace, *Org. React.* **1962**, *12*, 57-100.
3) C. H. DePuy, R. W. King, *Chem. Rev.* **1960**, *60*, 431-457.
4) R. F. W. Bader, A. N. Bourns, *Can. J. Chem.* **1961**, *39*, 346-358.
5) D. J. Cram, F. A. A. Elhafez, *J. Am. Chem. Soc.* **1952**, *74*, 5828-5835.
6) R. A. Benkeser, J. J. Hazdra, M. L. Burrous, *J. Am. Chem. Soc.* **1959**, *81*, 5374-5379.

Claisen-Esterkondensation

Kondensation von Carbonsäureestern zu β-Ketoestern

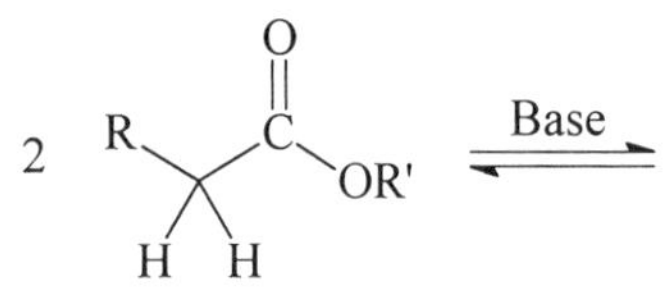

1 **2**

Werden Carbonsäureester **1**, die ein α-Wasserstoffatom besitzen, mit starken Basen behandelt, kann Kondensation zu β-Ketoestern **2** stattfinden. Diese Reaktion wird als *Claisen-Esterkondensation* - oft auch als *Acetessigester-Kondensation* - bezeichnet;[1,2] die intramolekulare Variante nennt man *Dieckmann-Kondensation*:[3,4]

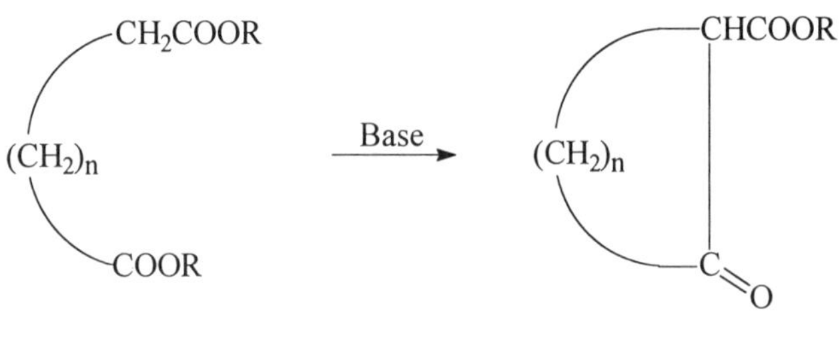

Der Mechanismus für die Claisen- und die Dieckmann-Kondensation verläuft über ein Anion **3**, das aus dem Ester **1** durch die Base erzeugt wird:

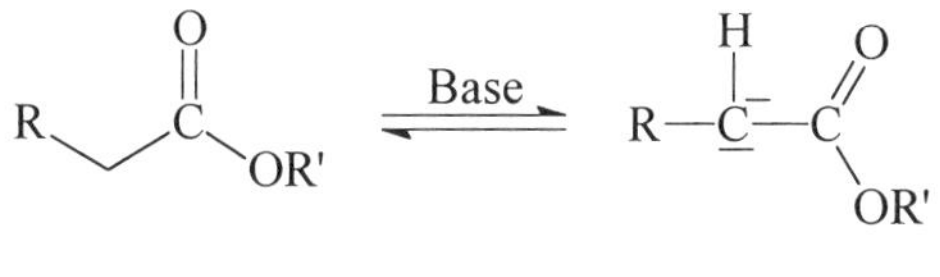

1 **3**

Das so gebildete Anion **3** addiert an ein weiteres Molekül des Esters **1**. Das resultierende Anion **4** stabilisiert sich daraufhin unter Abspaltung eines Alkoxid-Ions R'O$^-$ **5** zum β-Ketoester **2**:

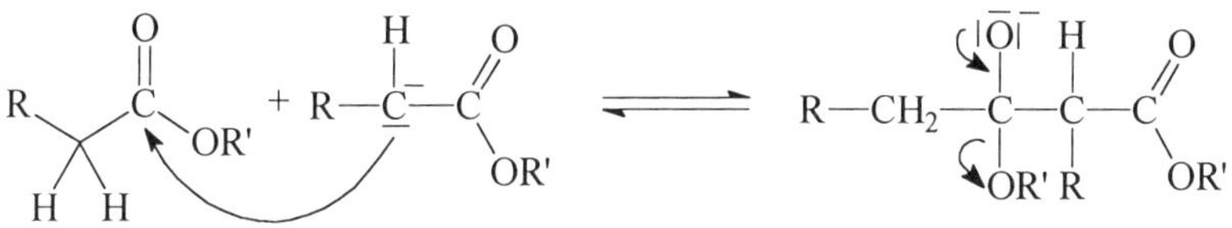

1 **3** **4**

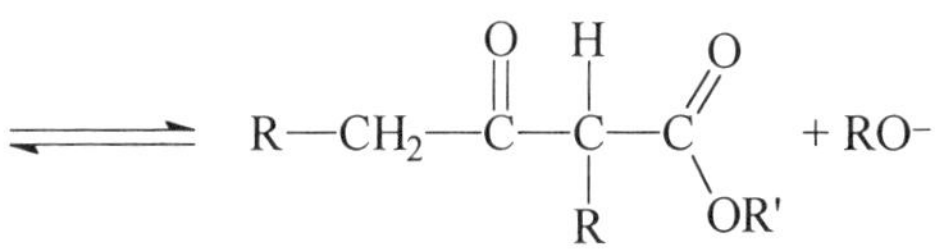

2 **5**

Alle Reaktionsschritte sind Gleichgewichtsreaktionen, deren Gleichgewichte auf der linken Seite liegen. Die Reaktion kann dennoch mit guten Ausbeuten durchgeführt werden, da der resultierende β-Ketoester **2** durch das abgespaltene Alkoxid **5** in die konjugate Base **6** übergeführt wird. Der Ester ist acider als der Alkohol R'OH 7:

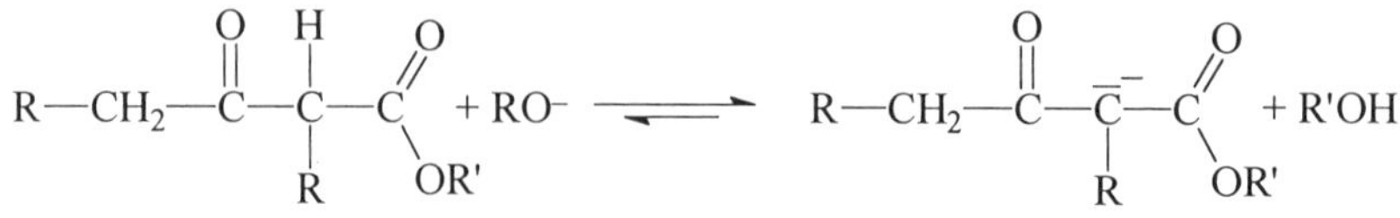

2 **5** **6** **7**

Unterstützt wird dieser Befund dadurch, daß Ester mit nur einem Wasserstoffatom in α-Position wie **8** die Reaktion nicht eingehen, da sich das Reaktionsprodukt **9** in diesem Fall nicht durch Resonanz stabilisieren kann. Das Gleichgewicht liegt dadurch auf der linken Seite:

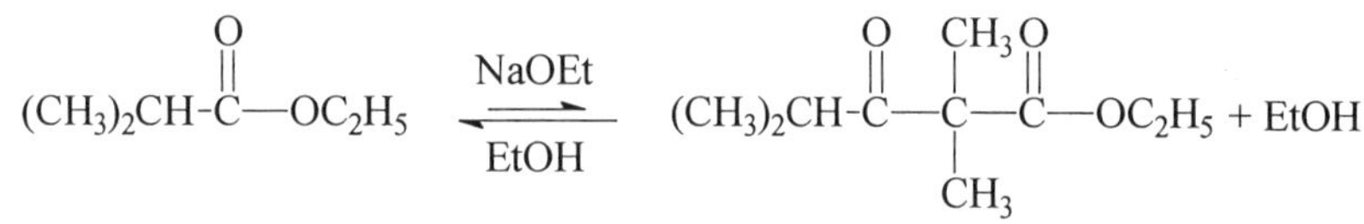

8 **9**

Behandelt man Ketoester wie **9** mit starken Basen, so findet nach dem gleichen Mechanismus, allerdings in umgekehrter Reihenfolge, eine *retro-Claisen-Kondensation* statt. Die erfolgreiche Umsetzung von Estern mit nur einem Wasserstoffatom ist aber bei der Verwendung von Lithiumdiisopropylamid (LDA) als Base in mäßigen Ausbeuten möglich.[5)]

Die am häufigsten eingesetzte Base ist Natriumethanolat, für einige Substrate sind allerdings stärkere Basen wie Natriumamid oder -hydrid erforderlich.

Führt man die Claisen-Kondensation mit einem Gemisch zweier verschiedener Ester mit α-Wasserstoffatomen aus, erhält man ein Gemisch aller vier möglichen Produkte, so daß die Reaktion selten präparativ nützlich ist. Enthält nur einer der Ester ein α-Wasserstoffatom, ist die gekreuzte Kondensation jedoch häufig mit befriedigenden bis guten Ausbeuten möglich.

Die Dieckmann-Kondensation ist am erfolgreichsten bei der Synthese fünf- bis siebengliedriger Ringe; für größere Ringe sind die Ausbeuten schlecht. Häufig ist die →*Acyloin-Kondensation* hier die schnellere Konkurrenzreaktion. Bei der Verwendung asymmetrischer Ester sind zwei Reaktionsprodukte möglich. Regioselektivität kann aber dadurch erhalten werden, daß man die Reaktion an festen Phasen - hier Polystyrol **10** - durchführt:[6)]

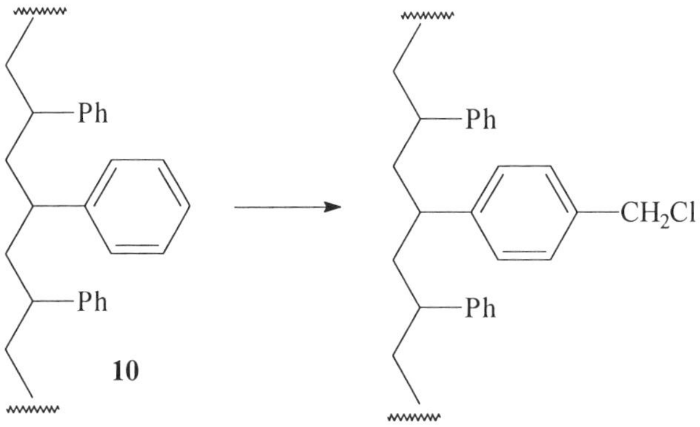

10

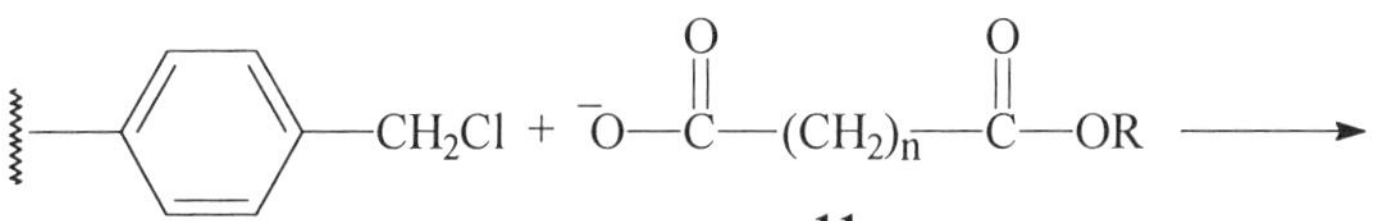

11

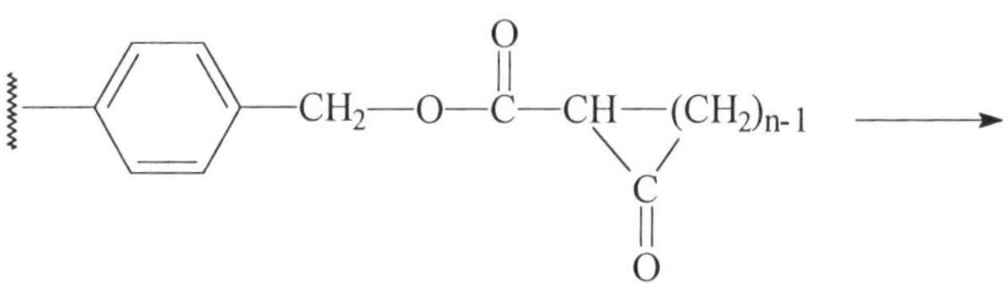

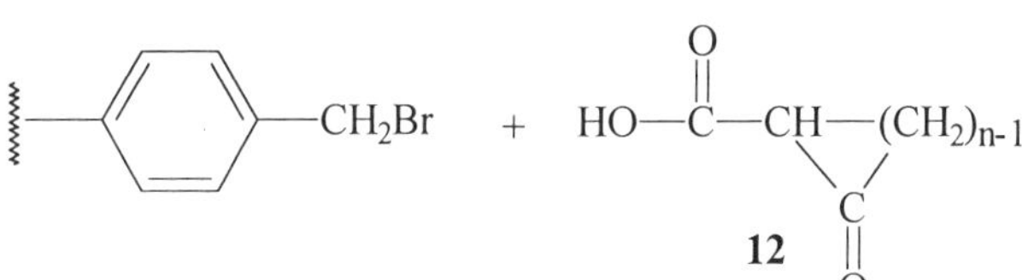

12

Zunächst wird durch Chlormethylierung des Polystyrols **10** (→*Blanc-Reaktion)* die Vernetzung mit dem Ester **11** ermöglicht. Durch die Zugabe der Base wird daraufhin die Dieckmann-Kondensation eingeleitet. Ansäuern nach erfolgtem Ringschluß führt schließlich zur Ablösung des Reaktionsprodukts **12** vom Polymer.

1) L. Claisen, O. Lowman, *Ber. Dtsch. Chem. Ges.* **1887**, *20*, 651-657.
2) C. R. Hauser, B. E. Hudson, *Org. React.* **1942**, *1*, 266-302.
3) W. Dieckmann, *Ber. Dtsch. Chem. Ges.* **1900**, *33*, 2670-2684.

4) J. P. Schaefer, J. J. Bloomfield, *Org. React.* **1967**, *15*, 1-203.
5) M. Hamell, R. Levine, *J. Org. Chem.* **1950**, *15*, 162-168.
6) J. I. Crowley, H. Rappoport, *J. Org. Chem.* **1980**, *45*, 3215-3227.

Claisen-Umlagerung

Umlagerung von Allylvinylethern bzw. von Allylarylethern

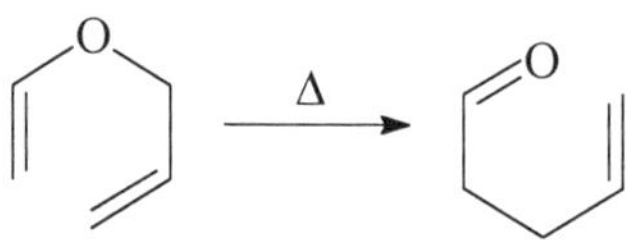

1

Unter der *Claisen-Umlagerung*[1-3] versteht man die thermische Umlagerung von Allylaryl- bzw. von Allylvinylethern. Eng verwandt ist die →*Cope-Umlagerung*, wobei man die Claisen-Umlagerung als deren Oxo-Variante auffassen kann. Die Reaktion wurde von Claisen an Allylvinylethern **1** entdeckt, gebräuchlicher ist aber die Umlagerung von Allylarylethern **2** zu *o*-Allylphenolen **3**:

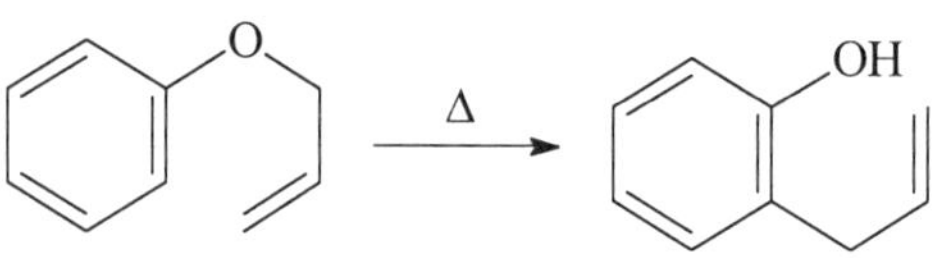

2 **3**

Bei dem Mechanismus[3-5] der Claisen-Reaktion handelt es sich um eine konzertiert verlaufende, pericyclische [3.3]sigmatrope Umlagerung. Es wird eine Kohlenstoff-Sauerstoff-Bindung gebrochen und dafür eine C-C-Bindung geknüpft. Abschließend rearomatisiert Verbindung **4** zum Allylphenol **3**:

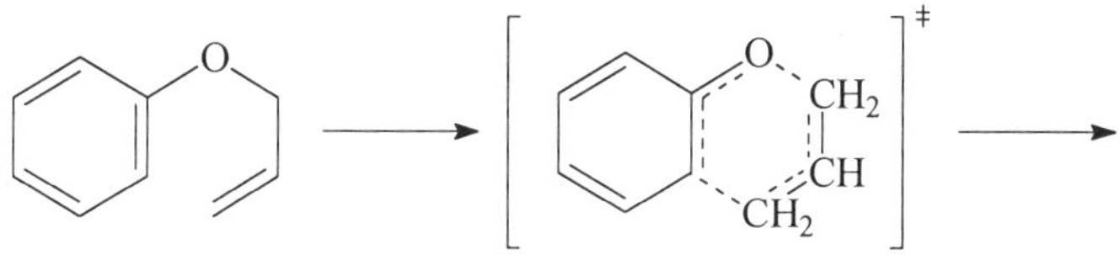

2

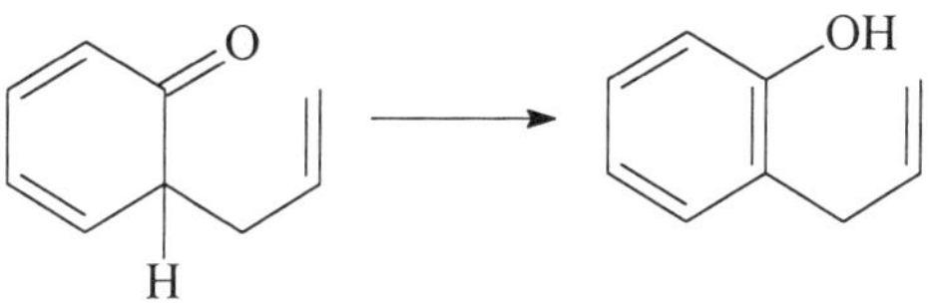

4 **3**

Sind beide *ortho*-Positionen durch Substituenten blockiert, wandert die Allylgruppe in die *para*-Stellung. Diese Variante wird als *para-Claisen-Umlagerung* bezeichnet. Das Produkt läßt sich zunächst durch eine Claisen-Umlagerung in die *ortho*-Position erklären, wobei eine Rearomatisierung zu einem stabilen Allylphenol nicht möglich ist. Im nächsten Schritt erfolgt eine Cope-Umlagerung mit anschließender Tautomerisierung zum *para*-Produkt **6**:

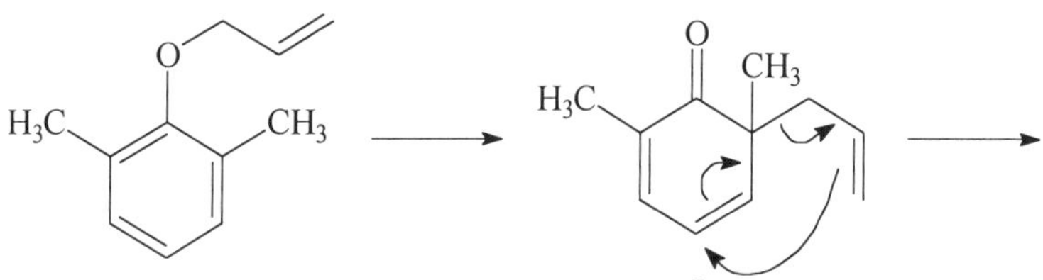

5

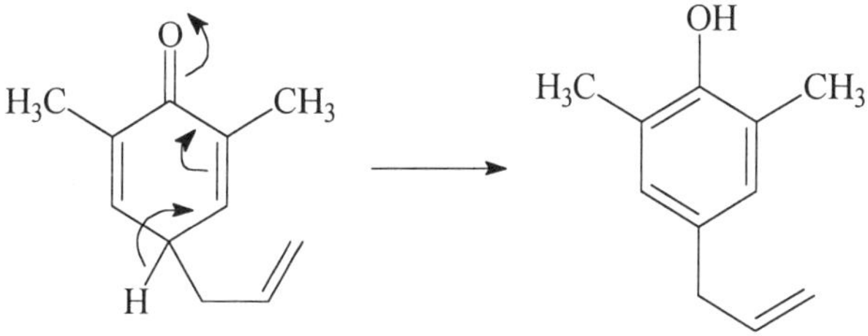

6

Verbindung **5** läßt sich durch eine →*Diels-Alder-Reaktion* mit Maleinsäureanhydrid abfangen und somit als Intermediat nachweisen. Ein weiterer Beleg für einen Mechanismus mit zwei aufeinander folgenden Allylumlagerungen läßt sich durch ^{14}C-Markierung erbringen. Sind sowohl die *ortho*- als auch die *para*-Position durch Substituenten besetzt, so erfolgt keine Umlagerung.

Die Stereochemie wird durch die Geometrie des Übergangszustands festgelegt, wobei die Claisen-Umlagerung die Sesselkonformation bevorzugt.[3,5] Aufgrund dieser günstigen Anordnung läuft die Reaktion streng intramolekular ab. Es ist dadurch möglich, eine Vorhersage über die Stereochemie der Reaktion und somit über die Konfiguration der Produkte zu machen, was für stereoselektive Naturstoffsynthesen[6,7] genutzt wird.

Zur Vergrößerung der Anwendungsbreite der Claisen-Umlagerung wurden eine Reihe von Varianten entwickelt, so unter Beteiligung eines Stickstoffatoms die sogenannte *Amino-Claisen-Umlagerung*[2], bei der der Sauerstoff durch Stickstoff ersetzt ist, oder eine Acetylenvariante. Diese gestattet die Umsetzung von Vinylpropargylethern **7** zu 3,4-Pentadienalen **8**:[8]

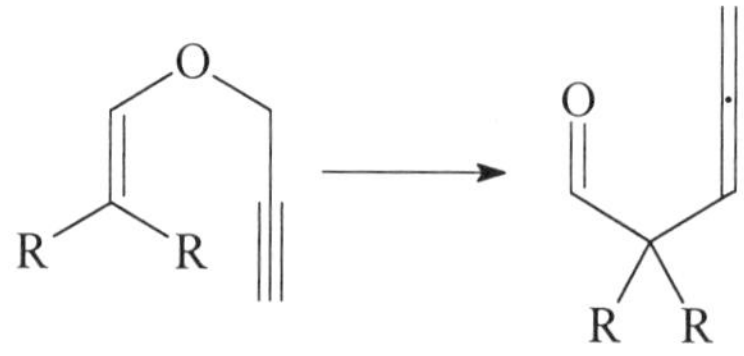

7 **8**

Die Umlagerung von Allylestern **9** bzw. O-Silylenolaten, die als *Ireland-Claisen-Umlagerung*[9-11] bezeichnet wird, ist die wohl wichtigste Variante. Es handelt sich um eine C-C-Verknüpfungsreaktion, wobei ein Vorteil darin zu sehen ist, daß die Reaktionspartner zuvor durch eine Veresterung aneinander gebunden werden können.

Durch die Wahl der Reaktionsbedingungen, Zusatz von Hexamethylphosphoramid (HMPT), läßt sich die Bildung der Enolate und somit die Stereochemie der Produkte beeinflussen. In Tetrahydrofuran wird bevorzugt das *E*-Enolat **10**, in einem Gemisch aus THF mit 23 % HMPT hingegen das *Z*-Produkt **11** gebildet. Das *E*-Enolat **10** führt nach Umlagerung und Abspaltung des Silylrests (*tert*-

Butyldimethylsilylrest, TBDMS) zur *erythro*-γ,δ-ungesättigten Carbonsäure **12**, entsprechend läßt sich das *threo*-Produkt **13** aus dem *Z*-Enolat erhalten:

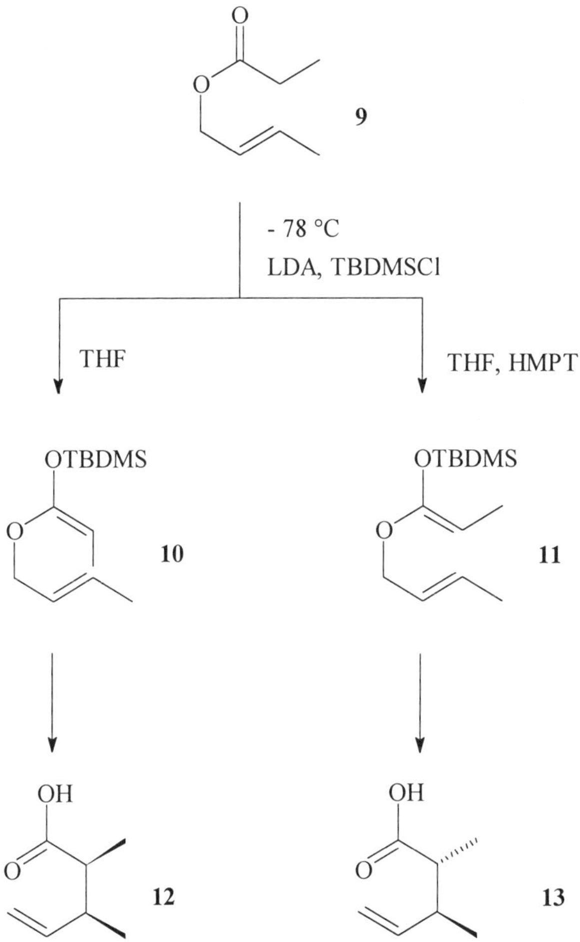

erythro *threo*

Eine Weiterentwicklung der Ireland-Claisen-Umlagerung, unter Einsatz von optisch aktiven Borenolaten anstelle der Silylreste, gestattet, die Reaktion hochgradig enantio- und diastereoselektiv durchzuführen.[12]

1) L. Claisen, *Ber. Dtsch. Chem. Ges.* **1912**, *45*, 3157-3166.
2) S. J. Rhoads, N. R. Raulins, *Org. React.* **1975**, *22*, 1-252.
3) J. J. Gajewski, *Acc. Chem. Res.* **1997**, *30*, 219-225.
4) B. Ganem, *Angew. Chem.* **1996**, *108*, 1014-1023; *Angew. Chem. Int. Ed. Engl.* **1996**, *35*, 936.
5) F. E. Ziegler, *Chem. Rev.* **1988**, *88*, 1423-1452.
6) Y. Hirano, C. Djerassi, *J. Org. Chem.* **1982**, *47*, 2420-2426.
7) S. D. Burke, G. J. Pacofsky, *Tetrahedron Lett.* **1986**, *27*, 445-448.
8) A. Viola, J. J. Collins, N. Filipp, *Tetrahedron* **1981**, *37*, 3785-3791.
9) R. E. Ireland, R. H. Mueller, *J. Am. Chem. Soc.* **1972**, *94*, 5897-5898.
10) R. E. Ireland, R. H. Mueller, A. K. Willard, *J. Am. Chem. Soc.* **1976**, *98*, 2868-2877.
11) A. G. Cameron, D. W. Knight, *J. Chem. Soc., Perkin Trans. 1,* **1986**, 161-167.
12) E. J. Corey, D.-H. Lee, *J. Am. Chem. Soc.* **1991**, *113*, 4026-4028.

Clemmensen-Reduktion

Reduktion von Aldehyden und Ketonen

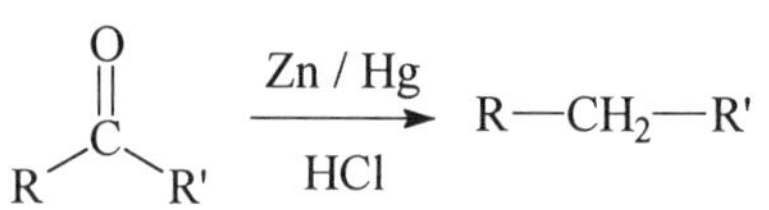

1 **2**

Durch die *Clemmensen-Reduktion*[1,2] lassen sich Aldehyde und Ketone **1** zu den entsprechenden Kohlenwasserstoffen **2** desoxygenieren. Als Reagenzien werden amalgamiertes Zink und Chlorwasserstoff (als konzentrierte Salzsäure oder als Gas) eingesetzt.

Die Umsetzungen der verschiedenen Substrate bei unterschiedlichen Bedingungen lassen sich nicht durch einen einheitlichen Reaktionsablauf erklären. Da die entsprechenden - auf einem unabhängigen Weg synthetisierten - Alkohole unter den Clemmensen-Bedingungen im allgemeinen nicht reduziert werden, werden diese nicht mehr als Intermediate diskutiert.[3]

Die Clemmensen-Reduktion läßt sich durch eine Reihe von Ein-Elektronen- und Protonenübertragungen erklären. Es handelt sich um eine heterogene Reaktion, die an der Zinkoberfläche stattfindet. Zunächst wird ein Elektron vom Zink auf das Keton **1** übertragen, wodurch ein Radikal **3** resultiert, das vermutlich zum Zink-Carben-Intermediat **4** weiterreagiert:[3]

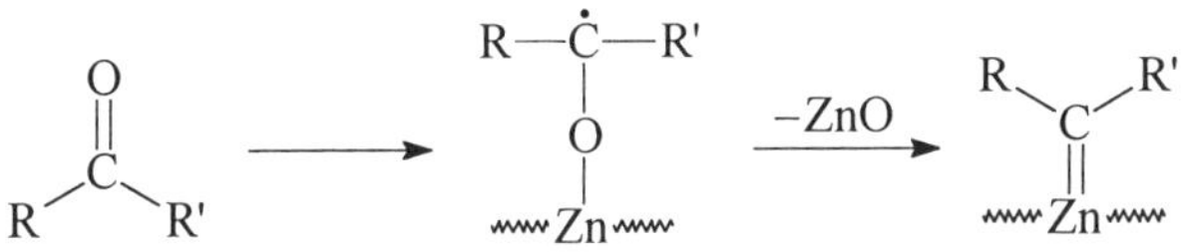

1 **3** **4**

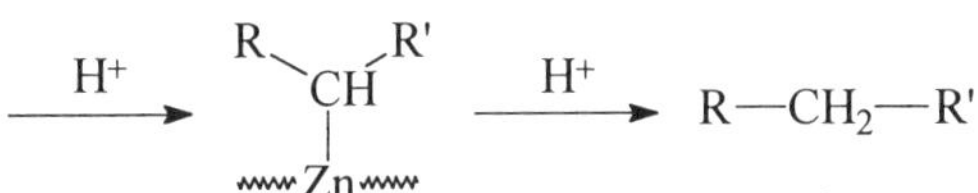

2

Durch Addition zweier Protonen entsteht schließlich das reduzierte Produkt **2**.

Alternativ wird ein Mechanismus über das α-Hydroxyalkylzinkchlorid **5** diskutiert:[2]

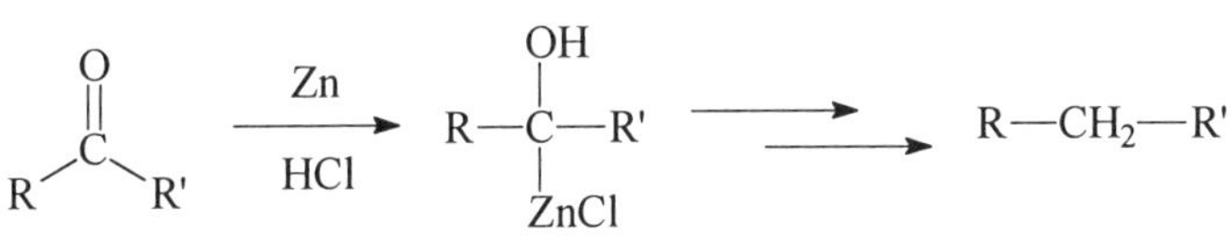

1 **5** **2**

Eine Variante[4] verwendet aktiviertes Zink und trockenes Chlorwasserstoffgas in einem organischen Lösungsmittel wie Essigsäure. Unter diesen Bedingungen erfolgt die Reaktion bei deutlich niedrigeren Temperaturen als bei der klassischen Durchführung.

Eine weitere wichtige Reaktion zur Reduktion von Ketonen und Aldehyden zu den entsprechenden Alkanen ist die →*Wolff-Kishner-Reduktion*. Diese wird unter basischen Bedingungen durchgeführt und kann entsprechend als Ergänzung für die Reduktion säureempfindlicher Substrate aufgefaßt werden. Die präparative Durchführung der Clemmensen-Reduktion ist einfacher, doch eignet sich für Moleküle mit großem Molekulargewicht erfahrungsgemäß die Wolff-Kishner-Reduktion besser.

1) E. Clemmensen, *Ber. Dtsch. Chem. Ges.* **1913**, *46*, 1837-1843.
2) E. Vedejs, *Org. React.* **1975**, *22*, 401-422.
3) J. Burdon, R. C. Price, *J. Chem. Soc., Chem. Commun.* **1986**, 893-894.
4) M. L. DiVona, V. Rosnati, *J. Org. Chem.* **1991**, *56*, 4269-4273.

Cope-Eliminierung

Eliminierung von Aminoxiden zu Olefinen

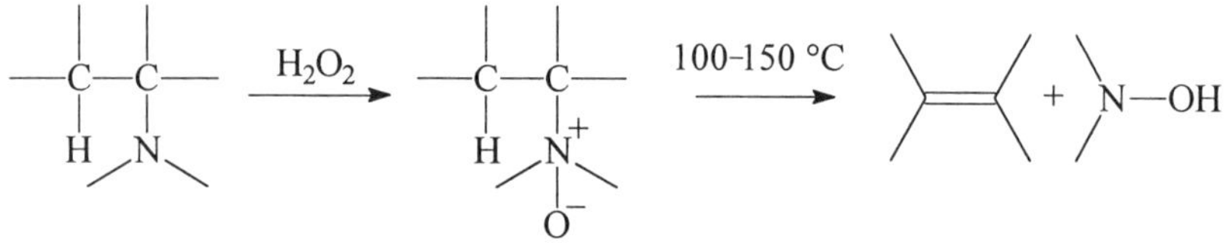

1 **2** **3** **4**

Aminoxide **2**, die durch Oxidation von Aminen **1** zugänglich sind, reagieren beim Erhitzen zu Olefinen **3** sowie Hydroxylamin-Derivaten **4**. Diese Reaktion wird als *Cope-Eliminierung*[1-3] bezeichnet und stellt eine Alternative zum →*Hofmann-Abbau* quartärer Ammonium-Salze dar.

Für die Reaktion nimmt man wie auch bei der →*Esterpyrolyse* einen E_i-Mechanismus an, bei dem in diesem Fall allerdings ein fünfgliedriger Übergangszustand **5** durchlaufen wird:

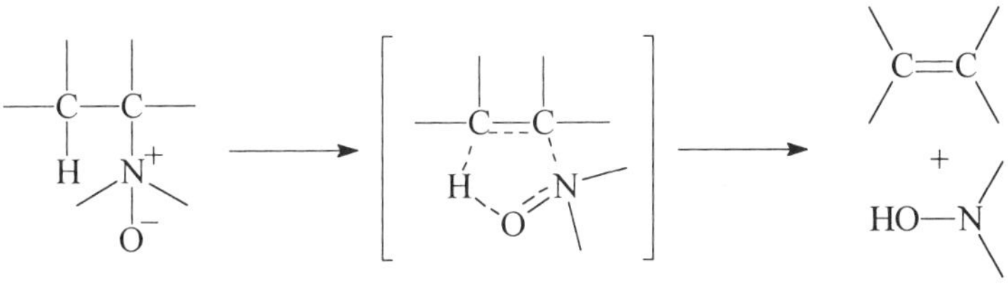

3

4

2 5

Der Mechanismus konnte durch die Pyrolyse der *threo-* und *erythro*-Derivate von 2-Amino-3-phenylbutan gestützt werden: Während das *threo*-Aminoxid **6** mit einer Selektivität von 400:1 *E*-2-Phenyl-2-buten **7** liefert, erhält man aus der *erythro*-Verbindung **8** das *Z*-Olefin **9** mit einer Selektivität von 20:1:

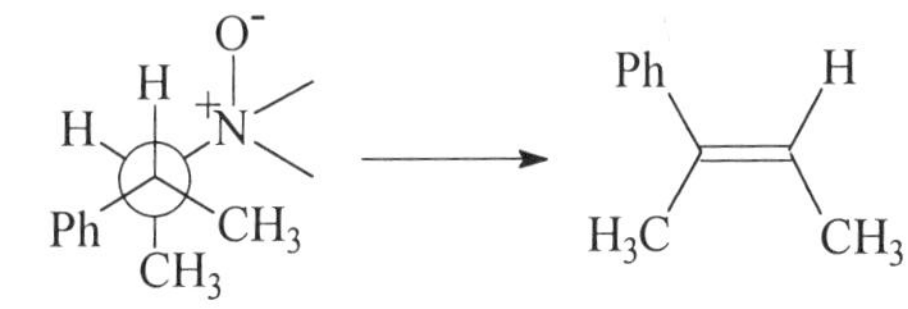

6 **7**

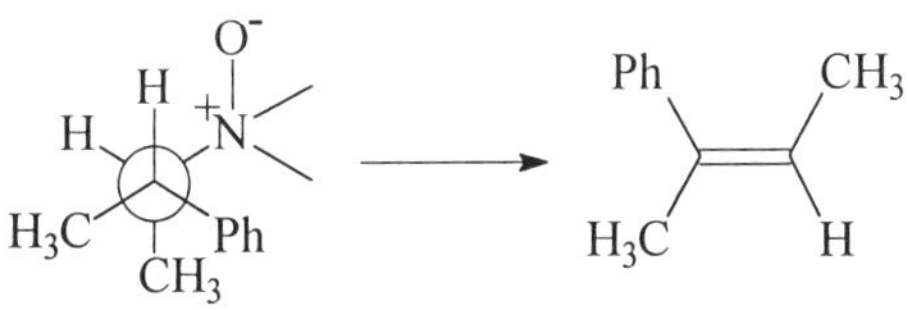

8 **9**

Die erhöhte Selektivität bei der Eliminierung der *threo*-Verbindung ist auf eine geringere sterische Hinderung des entsprechenden fünfgliedrigen Übergangszustands zurückzuführen.

Für die Regioselektivität gelten ähnliche Überlegungen wie bei der Esterpyrolyse. Bei einfachen, alkylsubstituierten Aminoxiden findet man vorwiegend statistische Verteilung der Reaktionsprodukte. Dagegen bestimmt die Möglichkeit, einen planaren, fünfgliedrigen Übergangszustand zu erreichen, zusätzlich das Reaktionsverhalten cyclischer Aminoxide, wie am Beispiel von Dimethylmenthylaminoxid **10** und Dimethylneomenthylaminoxid **11** gezeigt werden konnte:

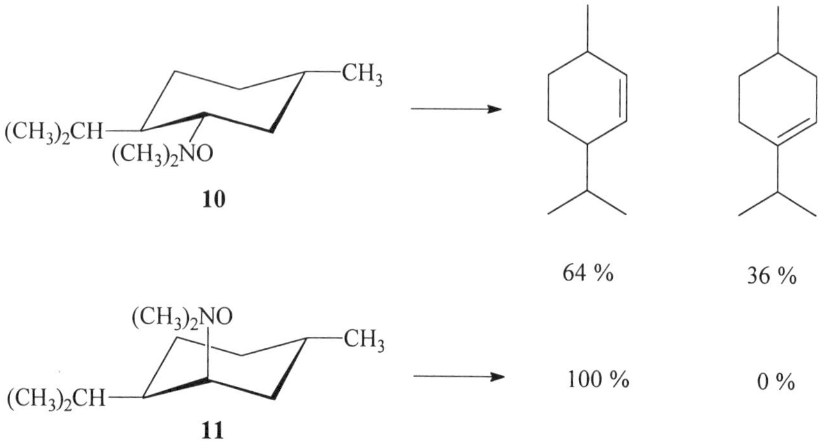

Verbindungen, insbesondere sechsgliedrige Heterocyclen wie N-Methylpiperidinoxid, die bei der Eliminierung nicht den erforderlichen planaren fünfgliedrigen Übergangszustand erreichen können, gehen die Cope-Eliminierung aus diesem Grund im allgemeinen nicht ein.

Normalerweise treten keine Nebenreaktionen auf; in Ausnahmefällen findet man Isomerisierung durch die Wanderung von Doppelbindungen, wenn hierdurch ein konjugiertes System erreicht werden kann:

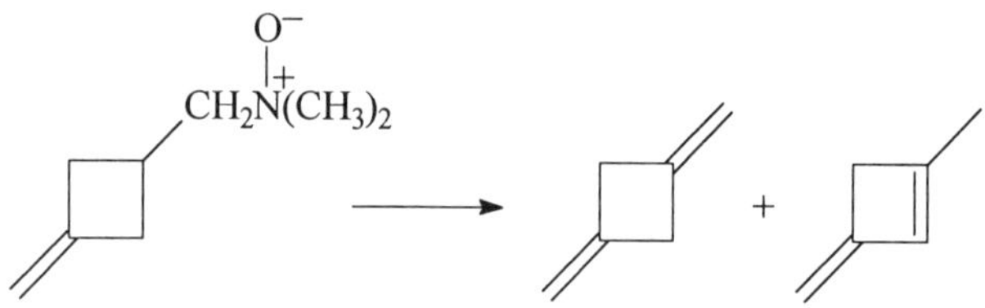

Weiterhin ist Reaktion zu O-substituierten Hydroxylaminen **12**, vor allem durch Wanderung eines Allyl- oder Benzylrestes, möglich:

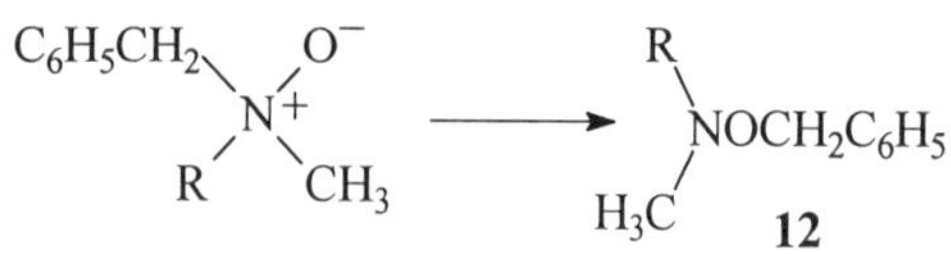

Neben der Herstellung von Olefinen bietet die Cope-Eliminierung einen präparativen Zugang zu N,N-disubstituierten Hydroxylaminen.

1) A. C. Cope, T. T. Foster, P. H. Towle, *J. Am. Chem. Soc.* **1949**, *71*, 3929-3935.
2) A. C. Cope, E. R. Trumbull, *Org. React.* **1960**, *11*, 317-493.
3) C. H. DePuy, R. W. King, *Chem. Rev.* **1960**, *60*, 431-457.

Cope-Umlagerung

Isomerisierung von 1,5-Dienen

1 **2**

Als *Cope-Umlagerung*[1,2] (nicht zu verwechseln mit der Pyrolyse von Aminoxiden, die ebenfalls nach *A. C. Cope* benannt ist) bezeichnet man die thermische Umsetzung von 1,5-Dienen **1** zu entsprechenden isomeren 1,5-Dienen **2**.

Es handelt sich um eine konzertiert verlaufende [3.3]sigmatrope Umlagerung (→*Claisen-Umlagerung*), bei der eine Kohlenstoff-Kohlenstoffbindung gelöst und dafür eine neue geknüpft wird. Die Reaktion ist reversibel; das thermodynamisch stabilere Isomer wird bevorzugt gebildet:

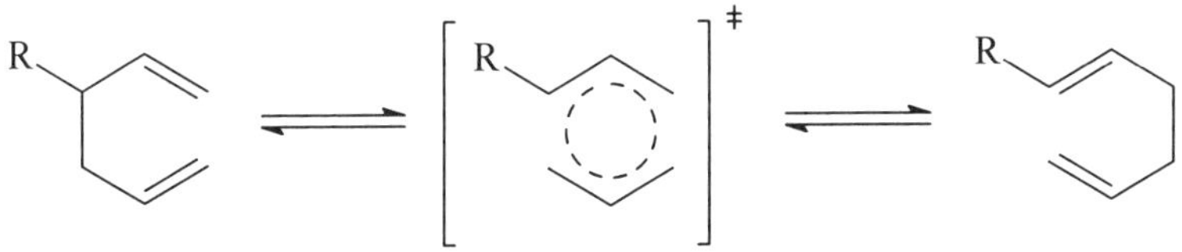

1 **3** **2**

Das Dien durchläuft einen sechsgliedrigen Übergangszustand **3**, wobei die Sesselkonformation bevorzugt wird:[3)]

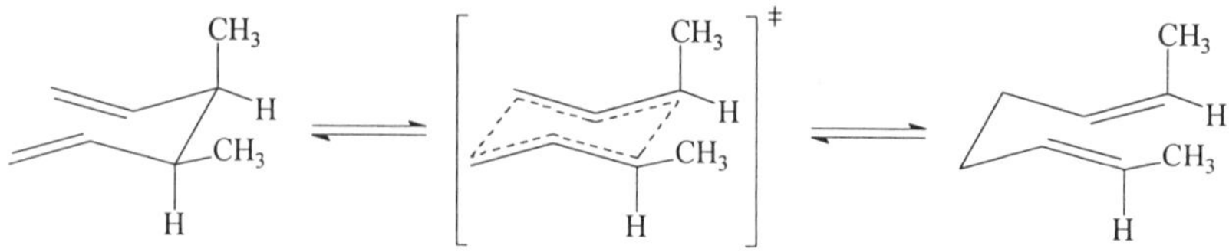

4 **5**

Einen Beweis liefert die *meso*-Form von 3,4-Dimethylhexa-1,5-dien **4**, die fast quantitativ zum *E*-*Z*-Umlagerungsprodukt **5** führt. Würde der Übergangszustand eine Wannenkonformation einnehmen, so sollten das *Z*-*Z*- bzw. das *E*-*E*-Produkt gebildet werden.[4)]

Bei Donorsubstituenten in 3-Position lassen sich die experimentellen Daten besser durch einen Diradikalmechanismus[5)] erklären, wobei zunächst die neue Bindung geknüpft wird, es entsteht ein Diradikal **6**, das anschließend zum Dien **2** weiterreagiert:

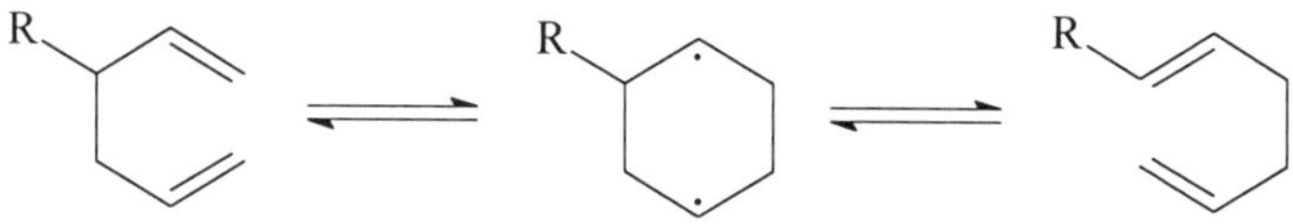

1 **6** **2**

Die Isomerisierung von 1,5-Hexadien läßt keine Unterscheidung zwischen Edukt und Produkt zu; hier spricht man von einer degenerierten Cope-Umlagerung. Ein weiteres Beispiel hierfür stellt die *Automerisierung* von Bicyclo[5.1.0]octadien **7** dar:

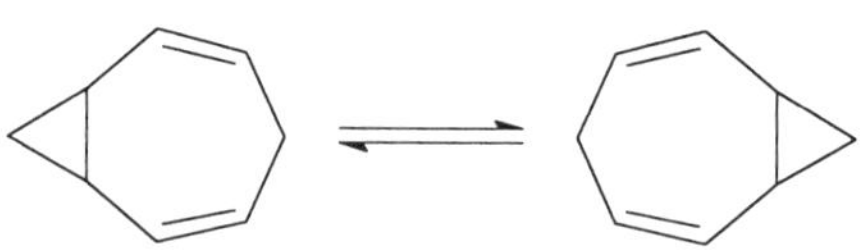

7 **7**

Die Cope-Reaktion läuft besonders leicht ab (tiefere Temperaturen), wenn das Edukt in 3- oder 4-Position einen Substituenten trägt, mit dem die neue Doppelbindung ein konjugiertes System ausbilden kann. Erhitzt man ein 3-Hydroxy-1,5-dien **8**, so ist die Reaktion nicht reversibel, da das Cope-Produkt **9** zu einem

Aldehyd oder Keton **10** tautomerisiert und damit dem Gleichgewicht entzogen wird:

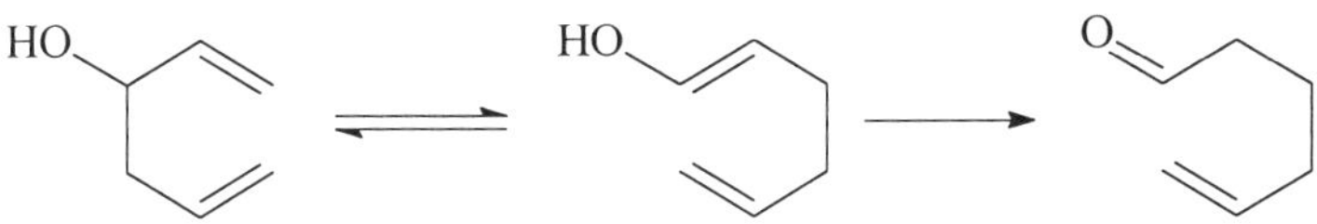

8 **9** 10

Diese Variante wird als *Oxy-Cope-Umlagerung*[6] bezeichnet. Auch Systeme, die Stickstoff oder Schwefel enthalten, können Cope-Umlagerungen[7] eingehen, wobei die Abgrenzung zur Claisen-Umlagerung manchmal schwerfällt.

In einigen Fällen ist eine Katalyse der Cope-Umlagerung durch Übergangsmetallverbindungen möglich,[7] so daß die Reaktion bereits bei Raumtemperatur abläuft. Die unkatalysierte Umlagerung erfordert Temperaturen von ca. 150-250°C.

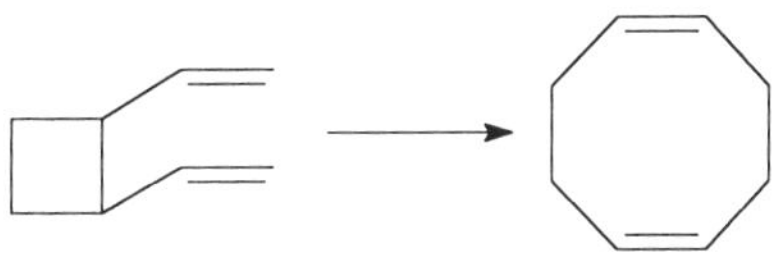

11 **12**

Die Cope-Umlagerung ist von beachtlicher präparativer Bedeutung,[6] so für den Aufbau von Sieben- und Achtringen **12** aus Divinylcyclopropanen bzw. -cyclobutanen **11** sowie für einige Naturstoffsynthesen. Beim zweiten Reaktionsschritt der *para-Claisen-Umlagerung* handelt es sich ebenfalls um eine Cope-Umlagerung.

1) A. C. Cope, E. M. Hardy, *J. Am. Chem. Soc.* **1940**, *62*, 441-444.
2) S. J. Rhoads, N. R. Raulins, *Org. React.* **1975**, *22*, 1-252.
3) R. Hoffmann, R. B. Woodward, *J. Am. Chem. Soc.* **1965**, *87*, 4389-4390.
4) W. v. E. Doering, W. R. Roth, *Tetrahedron* **1962** , ***18***, 67-74.
5) M. Dollinger, W. Henning, W. Kirmse, *Chem. Ber.* **1982**, *115*, 2309-2325.
6) L. A. Paquette, *Angew. Chem.* **1990**, *102*, 642-660; *Angew. Chem. Int. Ed. Engl.* **1990**, *29*, 609.
7) R. P. Lutz, *Chem. Rev.* **1984**, *84*, 205-247.

Corey-Winter-Fragmentierung

Olefinsynthese durch Eliminierung vicinaler Diole

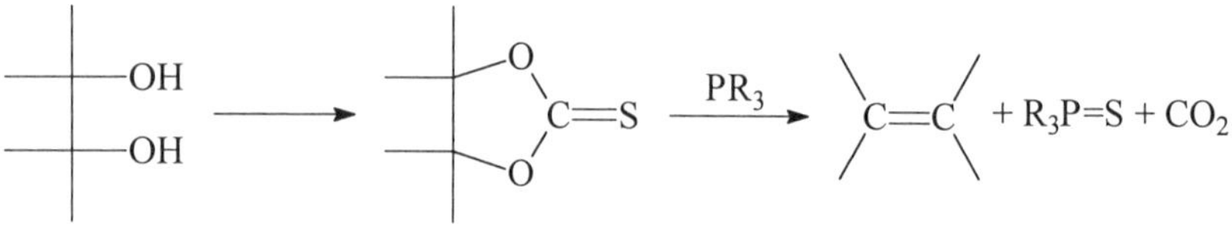

1 2 3

Durch die *Corey-Winter-Fragmentierung*[1,2] sind Olefine **3** aus vicinalen Diolen **1** zugänglich. Bei diesem Verfahren werden cyclische Thionocarbonate **2** durch Behandlung mit dreiwertigen Phosphorverbindungen gespalten.

Um das cyclische Thionocarbonat **2** (1,3-Dioxolan-2-thion) zu erhalten, kann das Diol **1** mit Thiophosgen **4** in Gegenwart von 4-Dimethylaminopyridin (DMAP) umgesetzt werden:

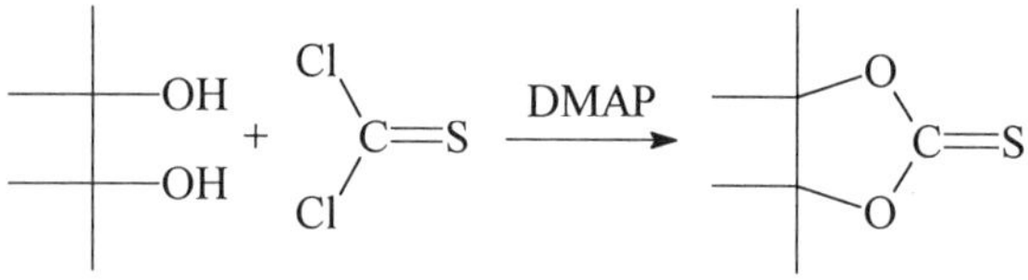

1 4 2

Daneben existieren einige weitere Methoden zur Synthese dieser Verbindungen.[2]

Die *syn*-Eliminierung zum Olefin erfolgt durch Erhitzen des Thionocarbonats **2** mit Trimethylphosphit **5** oder anderen trivalenten Phosphorverbindungen. Nucleophiler Angriff des Phosphors am Schwefel liefert das Zwitterion **6**, das wahrscheinlich über Cyclisierung und Desulfurierung zum Ylid **7** reagiert. Alternativ kann das Ylid auch über das Carbena-1,3-dioxolan **8** gebildet werden, experimentell kann zwischen beiden Reaktionswegen nicht unterschieden werden. Daraufhin erfolgt konzertierte 1,3-dipolare Cycloreversion (→*1,3-dipolare Cycloaddition*), die stereospezifisch das Olefin **3** und die instabile Verbindung **9** liefert, die schließlich in Kohlendioxid und Trialkylphosphit zerfällt. Letzteres fällt in Form eines Thiophosphats, R_3PS, an.

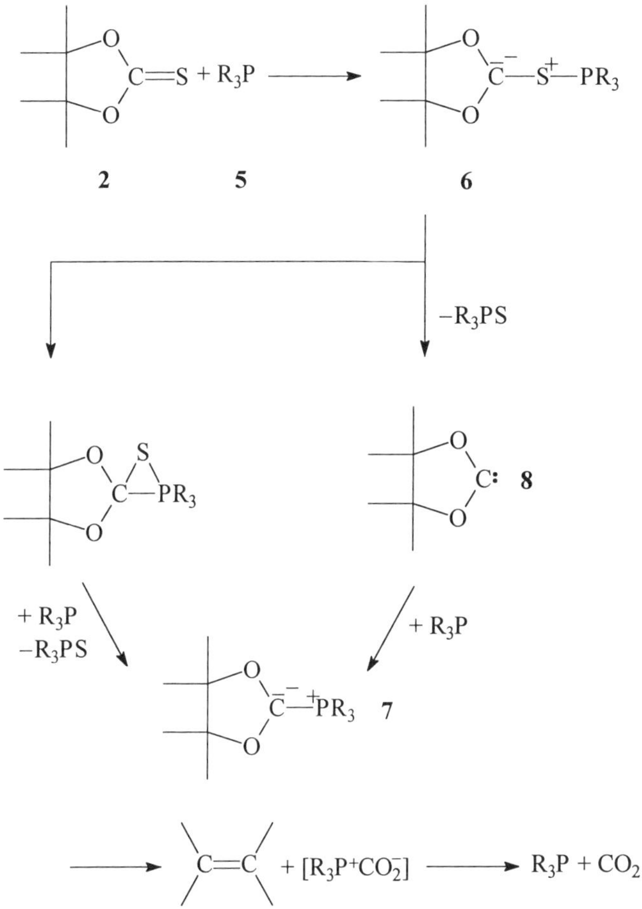

Die Methode ist sehr nützlich, um Olefine zu erhalten, die auf andere Weise schwer zugänglich sind. Beispielsweise bietet sie sich für die Synthese sterisch gehinderter Systeme an, da der Angriff des Phosphors am Schwefel in relativ weiter Entfernung zu den sterisch anspruchsvollen Substituenten erfolgt. Außerdem liefert die C-C-Verknüpfung über die →*Acyloin-Kondensation* nach Reduktion vicinale Diole. Auf diesem Weg erfolgte die Synthese des Twistens **10**:[3]

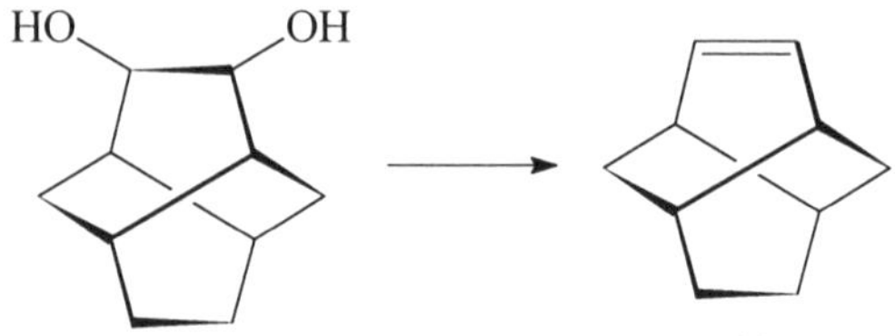

10

Weiterhin sind auch Olefine mit Doppelbindungen zu Brückenkopfatomen wie das Bicyclo[3.2.1]octen-1 **11** zugänglich, das allerdings lediglich als Diels-Alder-Addukt nachgewiesen werden konnte:[4)]

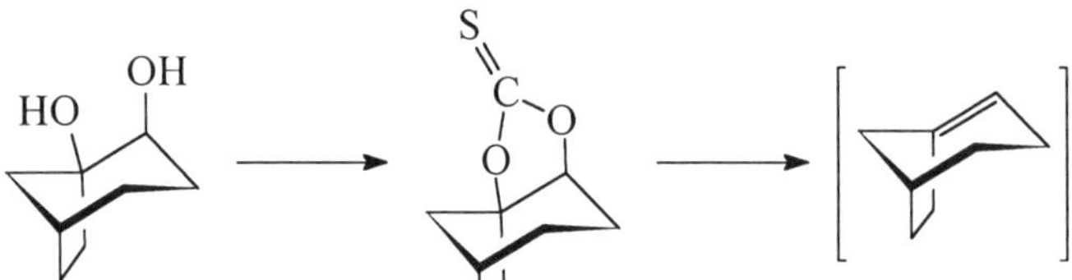

11

Entsprechend der *Bredtschen Regel* sind solche Olefine mit geringer Ringgröße instabil, und Eliminierungen liefern normalerweise die entsprechenden Isomere ohne Doppelbindung zum Brückenkopfatom.

1) E. J. Corey, R. A. E. Winter, *J. Am. Chem. Soc.* **1963**, *85*, 2677-2678.
2) E. Block, *Org. React.* **1983**, *30*, 457-566.
3) M. Tichý, J. Sicher, *Tetrahedron Lett.* **1969**, 4609-4613.
4) J. A. Chong, J. R. Wiseman, *J. Am. Chem. Soc.* **1972**, *94*, 8627-8629.

Curtius-Reaktion

Abbau von Säureaziden zu Isocyanaten

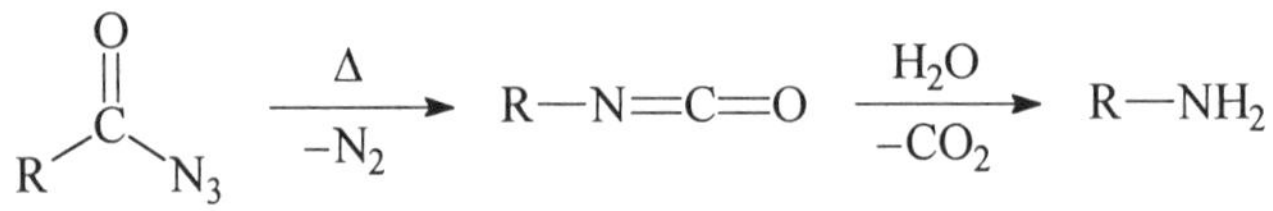

1 **2** **3**

Die thermische Zersetzung eines Säureazids **1** zu einem Isocyanat **2** unter Stickstoffabspaltung bezeichnet man als *Curtius-Reaktion*[1,2] oder *Curtius-Abbau*. Sie ist eng mit der →*Lossen*- und der →*Hofmann-Reaktion* verwandt, und wie diese bietet sie die Möglichkeit zur Herstellung eines Isocyanats und zur weiteren Umsetzung zu einem primären Amin **3**. Die Curtius-Reaktion läßt sich somit nutzen, um Carboxy- in Aminogruppen zu überführen.

Die benötigten Säureazide **1** lassen sich in der Regel problemlos aus dem entsprechenden Säurechlorid **4** und Azid-Ionen (z. B. aus Natriumazid) oder aus einem Säurehydrazid **5** mit Salpetriger Säure herstellen:

4 **1**

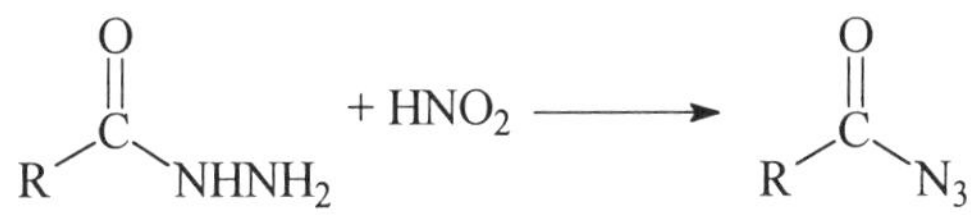

5 **1**

Bei der Abspaltung des Stickstoffs und der Umlagerung des Restes R handelt es sich im allgemeinen um eine konzertierte Reaktion,[3] was durch die Beobachtung gestützt wird, daß bisher kein Hinweis auf die Bildung einer Nitrenzwischenstufe (RCON) gefunden werden konnte:[4]

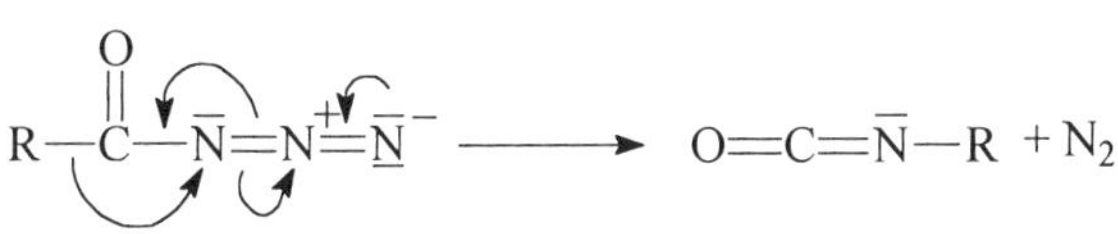

1 **2**

Die Curtius-Umlagerung läßt sich durch Lewis- oder Protonensäuren katalysieren, was aber zur Erzielung guter Resultate nicht immer erforderlich ist. Aus inerten, wasserfreien Lösungsmitteln (Benzol, Chloroform usw.) kann man das Isocyanat isolieren; in wäßrigen Lösungen wird sofort das Amin gebildet. Die Herstellung der Isocyanate sehr reaktiver Säureazide gelingt nicht, da hier die Stickstoffabspaltung schon bei der Azidbildung (wäßrige Lösung) erfolgt und das so gebildete Isocyanat hydrolysiert wird.

Ausgehend vom Isocyanat ergeben sich verschiedene Reaktionsmöglichkeiten. Üblicherweise wird in wäßriger Lösung zunächst unter Bildung einer Carbaminsäure **6** Wasser addiert. Anschließend decarboxyliert diese unter den Reaktionsbedingungen instabile Verbindung zum Amin **3**. In alkoholischer Lösung reagiert ein Isocyanat zu einem Carbamat **7**:

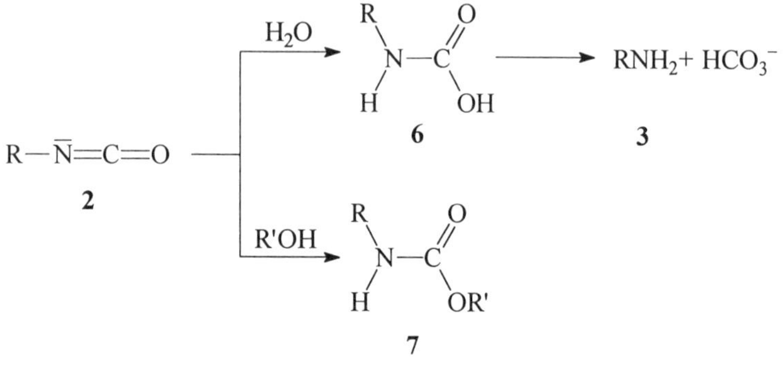

Säureazide können auch photolytisch zersetzt werden; die Reaktion läuft dann bei Raumtemperatur ab. In diesem Fall konnten Nitrene **8** als Intermediate nachgewiesen werden:[3)]

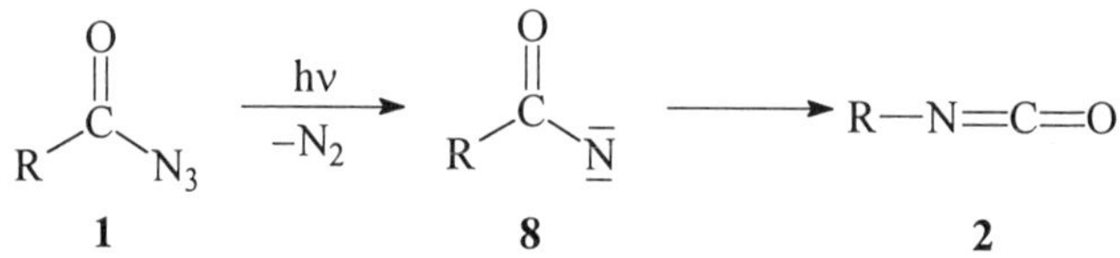

Die Curtius-Umlagerung als generell anwendbare Reaktion ist ein präparativ wichtiges Verfahren zur Gewinnung von Isocyanaten und ihren Folgeprodukten.[5)] Bei dem Rest R kann es sich um Alkyl-, Aryl-, alicyclische, heterocyclische und ungesättigte Reste handeln, die meisten funktionellen Gruppen stören die Reaktion nicht.

1) T. Curtius, *Ber. Dtsch. Chem. Ges.* **1890**, *23*, 3023-3041.
2) P. A. S. Smith, *Org. React.* **1946**, *3*, 337-449.
3) A. Rauk, P. Alewood, *Can. J. Chem.* **1977**, *55*, 1498-1510.
4) W. Lwowski, *Angew. Chem.* **1967**, *79*, 922-931; *Angew. Chem. Int. Ed. Engl.* **1967**, *6*, 897..
5) N. A. LeBel, R. M. Cherluck, E. A. Curtis, *Synthesis* **1973**, 678-679.

1,3-Dipolare Cycloaddition

Cycloaddition zu einem fünfgliedrigen Heterocyclus

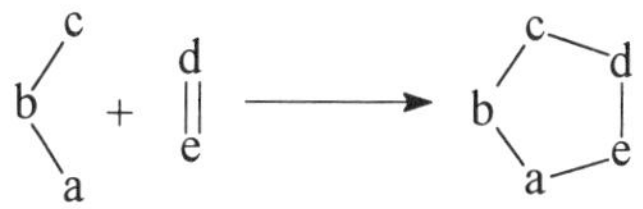

1 **2** **3**

Von *Huisgen*[1,2] wurde 1963 die *1,3-dipolare Cycloaddition*[3-5] als Reaktionsprinzip zum Aufbau von Heterocyclen systematisiert. Man versteht darunter die Addition eines 1,3-Dipols **1**, der aus den verschiedenen Kombinationen von Kohlenstoff-, Stickstoff- und Sauerstoffatomen bestehen kann und vier nicht dienische π-Elektronen umfaßt, an eine Mehrfachbindung, häufig eine Doppelbindung **2**. Als Produkt erhält man einen fünfgliedrigen Heterocyclus **3**. Damit ist die 1,3-dipolare Cycloaddition eng mit der →*Diels-Alder-Reaktion* verwandt, da es sich in beiden Fällen um eine [4+2]Cycloaddition handelt.

Wie bei der Diels-Alder-Reaktion liegt der 1,3-dipolaren Cycloaddition ein konzertierter Elementarprozeß mit einem cyclischen aktivierten Komplex zugrunde, doch sind die Übergangszustände weniger symmetrisch und stärker polar; die Symmetriebeziehungen der Grenzorbitale sind aber dennoch gleich. Für die dipolare Verbindung (hier Diazomethan **4**) lassen sich verschiedene Grenzstrukturen schreiben:

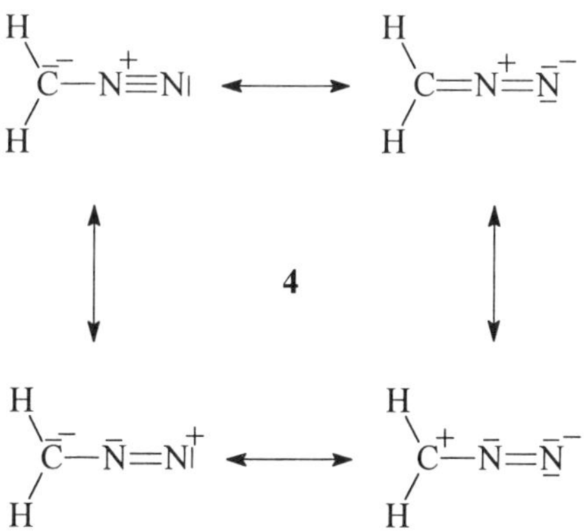

Die Addition von Diazomethan **4** an ein Olefin (hier Methylacrylat) **5** führt zu dem Dihydropyrazolderivat **6**:

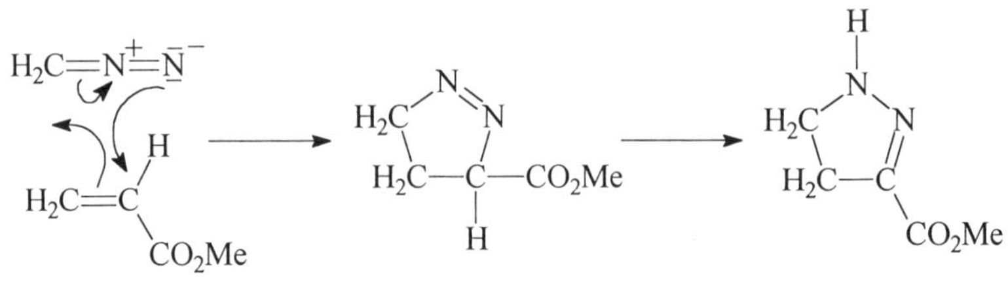

5 **6**

Dieser Mechanismus (ein Verschieben der Elektronen) darf nur als vereinfachtes Modell angesehen werden, ein tiefgreifendes Verständnis ergibt sich aus der Betrachtung der Grenzorbitale[6)], deren Kenntnis, im besonderen ihrer Polarisation, auch eine Vorhersage der Regioselektivität gestattet.

Bei der Dipol-Komponente sind die verschiedensten Kombinationen von Kohlenstoff, Stickstoff und Sauerstoff, selten auch Schwefel, möglich. Das wohl bekannteste Beispiel ist das Ozon (→*Ozonolyse*), bei dessen Addition an ein Olefin es sich um eine 1,3-dipolare Cycloadditon handelt.

Wichtige Beispiele für 1,3-Dipole:[4,7)]

Diazoalkane

Azide

Nitriloxide

Azomethinylide

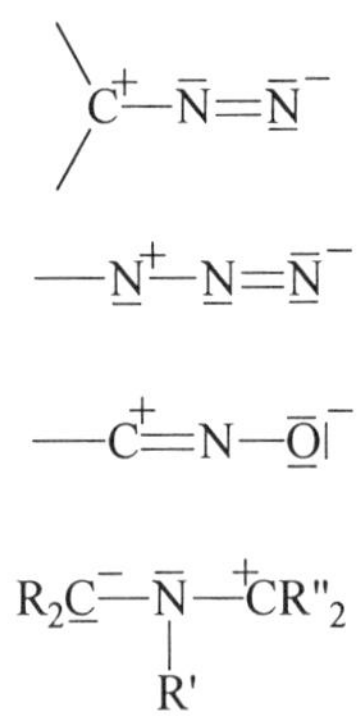

Ozon 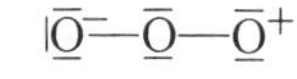

Nitrone 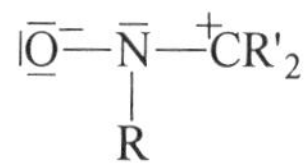

Häufig sind dipolare Verbindungen hoch reaktiv und müssen daher *in situ* generiert werden.

Bei der 2-π-Elektronen-Komponente, dem sogenannten *Dipolarophil* **2** (analog dem Dienophil der Diels-Alder-Reaktion), können außer Alkenen auch Alkine verwendet werden. Nicht alle Olefine sind gleich gut geeignet; in der Regel sind solche Dipolarophile reaktiv, die auch gute Dienophile sind.

Interessante Perspektiven ergeben sich aus der Nutzung der Reversibilität.[8] So führt die Reaktionsfolge Cycloaddition/Cycloreversion häufig nicht zu den ursprünglichen Reaktanden:

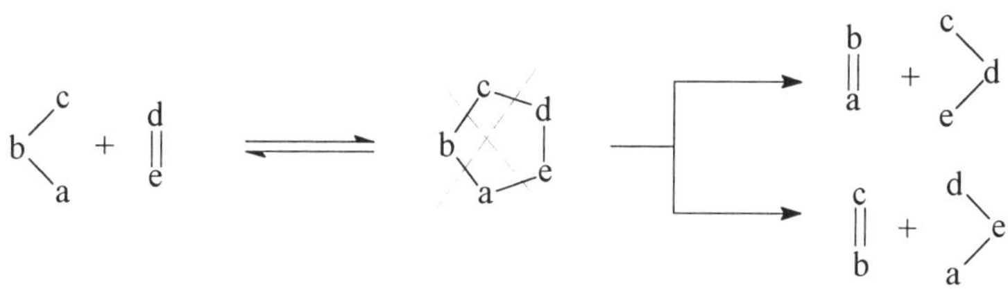

Dabei ergeben sich neue Kombinationen von Dipol und Dipolarophil. In Anlehnung an die →*Alkenmetathese* wird diese Reaktion auch als *1,3-Dipolmetathese* bezeichnet.

Ungewöhnliche Bicyclen erhält man, indem man Cyclopropene als Dipolarophile einsetzt. Die Reaktion von 3,3-Dimethylcyclopropen **7** mit Diazomethan **4** ergibt in 85 %iger Ausbeute den Heterobicyclus **8**:[9]

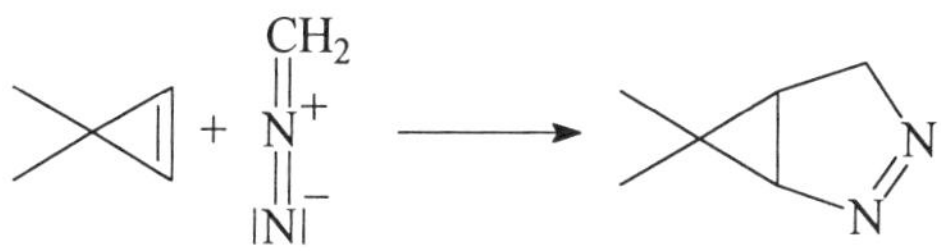

7 **4** **8**

Die Bedeutung der 1,3-dipolaren Cycloaddition erwächst aus den vielfältigen Kombinationsmöglichkeiten bei der Synthese von Fünfring-Heterocyclen, die Bestandteil zahlreicher Naturstoffe sind. Durch die intramolekulare Variante[10] ergeben sich weitere Möglichkeiten, es läßt sich in einem Reaktionsschritt gleich ein Bicyclus aufbauen, was in der Naturstoffchemie sehr wertvoll sein kann. So führt die intramolekulare Cycloaddition von **9** mit 80 %iger Ausbeute zu dem Tricyclus **10**:[11]

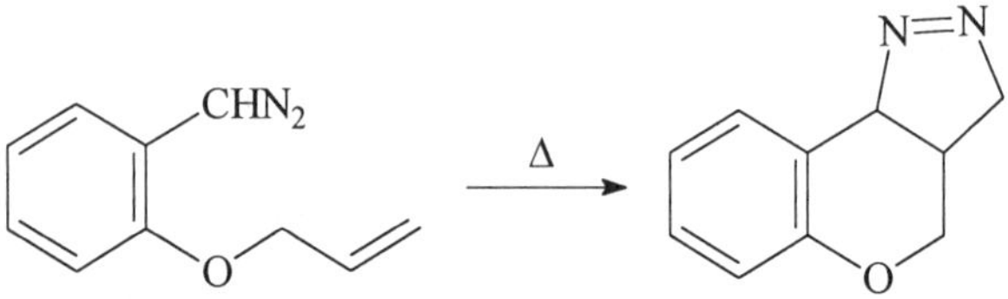

9 **10**

Wie die Diels-Alder-Reaktion zeigt auch die 1,3-dipolare Cycloaddition nur geringe Lösungsmitteleffekte, hingegen ist die Druckabhängigkeit[12] beachtlich. Als Solvens verwendet man in erster Linie inerte Lösungsmittel wie Benzol, Toluol und Xylol oder verzichtet ganz darauf und arbeitet in Substanz. Die Reaktionsbedingungen variieren je nach der Reaktivität der verwendeten Substrate von Minuten bei Raumtemperatur bis zu Tagen bei mehr als 100 °C.

1) R. Huisgen, *Angew. Chem.* **1963**, *75*, 604-637; *Angew. Chem. Int. Ed. Engl.* **1963**, *14*, 565.
2) R. Huisgen, *Angew. Chem.* **1963**, *75*, 742-754; *Angew. Chem. Int. Ed. Engl.* **1963**, *14*, 633.
3) R. Huisgen in *1,3-Dipolar Cycloaddition Chemistry*, (Hrsg.: A. Padwa) Wiley, New York, **1984**, Bd. 1, S. 1-176.
4) W. Carruthers, *Cycloaddition Reactions in Organic Synthesis*, Pergamon Press, Oxford, **1990**, S. 269-331.
5) P. N. Confalone, E. M. Huie, *Org. React.* **1988**, *36*, 1-173.
6) I. Fleming, *Grenzorbitale und Reaktionen organischer Verbindungen*, VCH, Weinheim, **1979**, S. 172-188.
7) B. Stanovnik, *Tetrahedron* **1991**, *47*, 2925-2945.
8) G. Bianchi, C. De Micheli, R. Gandolfi, *Angew. Chem.* **1979**, *91*, 781-798; *Angew. Chem. Int. Ed. Engl.* **1979**, *18*, 673.
9) M. L. Deem, *Synthesis* **1982**, 701-716.
10) A. Padwa, *Angew. Chem.* **1976**, *88*, 131-144; *Angew. Chem. Int. Ed. Engl.* **1976**, *15*, 123.

11) W. Kirmse, H. Dietrich, *Chem. Ber.* **1967**, *100*, 2710-2718.
12) K. Matsumoto, A. Sera, *Synthesis* **1985**, 999-1027.

[2+2]Cycloaddition

Photochemische Dimerisierung von Alkenen

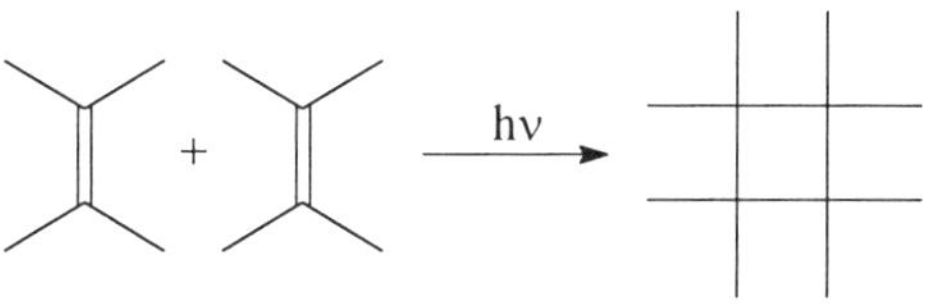

1 **1** **2**

Die thermische *[2+2]Cycloaddition* von Alkenen **1** ist nach den *Woodward-Hoffmann-Regeln*[1] suprafacial symmetrieverboten und kann nur in speziellen Fällen erfolgreich durchgeführt werden. Hingegen ist das photochemische Pendant erlaubt und wird als präparativ wertvolle Methode zur Bildung von Vierringsystemen **2** vielfältig genutzt.[2-4]

Bei der Diskussion des Mechanismus[5] können für die photochemische [2+2]Cycloaddition zwei Fälle unterschieden werden: zum einen die direkte Aktivierung eines Alkens durch Bestrahlung, was durch die kurzwellige Absorption dieser Verbindungen präparativ erschwert wird, und zum anderen die sensibilisierte Reaktion. Bei letzterer wird ein Sensibilisator (z. B. ein Aldehyd oder Keton) zugesetzt, welcher langwelliger absorbiert als das Alken. Der Sensibilisator regt den Triplettzustand eines Alkenmoleküls an, wodurch dieses mit einem zweiten Alkenmolekül zum Dimer reagieren kann, während der Sensibilisator wieder in den Grundzustand übergeht.

Bestrahlt man Butadien **3** in Gegenwart eines Sensibilisators[2] (z. B. Benzophenon), so werden über die Diradikalintermediate **4** und **5** die beiden isomeren Divinylcyclobutane **6** und **7** gebildet, als Nebenprodukt erhält man noch das [4+2]Cycloadditionsprodukt 4-Vinylcyclohexen:

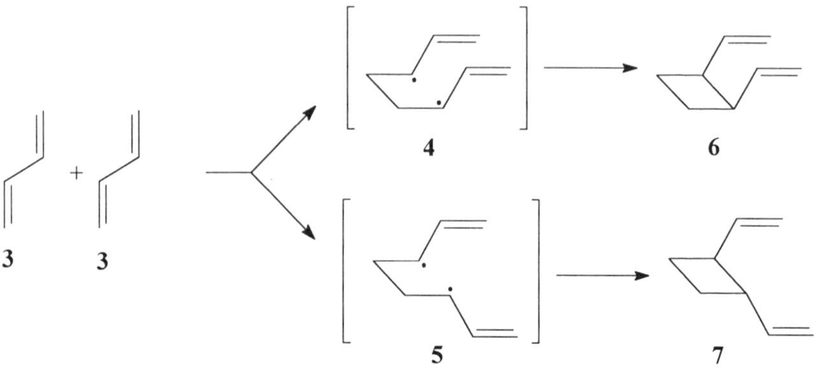

Die Bestrahlung von *Z*-2-Buten **8** führt auch ohne Sensibilisator zu einem Dimer.[6] Die Reaktion erfolgt ausgehend von einem Singulettzustand, wobei man von einem konzertierten Mechanismus ausgehen kann. Die Bindungsbildung erfolgt suprafacial an beiden Komponenten, so daß nur die beiden Tetramethylbutane **9** und **10** gebildet werden können:

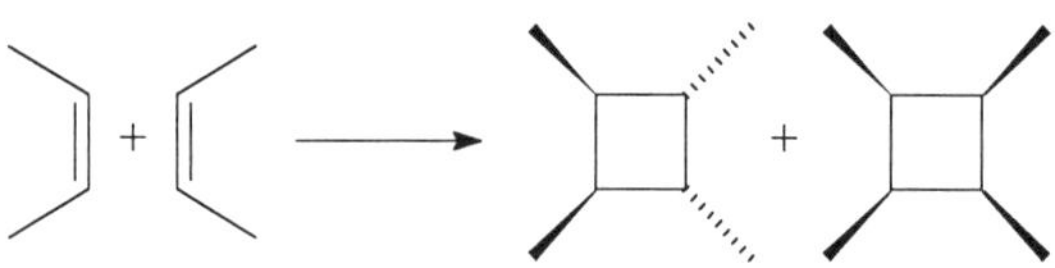

8 **8** **9** **10**

Auch ungleiche Partner lassen sich in einer [2+2]Cycloaddition zu einem Cyclobutanderivat vereinigen. Ist der eine Partner ein α,β-ungesättigtes Keton[7] **11**, so läßt sich dieses leichter anregen als das Alken **12**. Es reagiert folglich die angeregte Carbonylverbindung mit dem Grundzustandsolefin. Als Konkurrenzreaktion kann die →*Paterno-Büchi-Reaktion* bei α,β-ungesättigten Ketonen zur Oxetanbildung führen,[3] was hier jedoch nicht berücksichtigt werden soll:

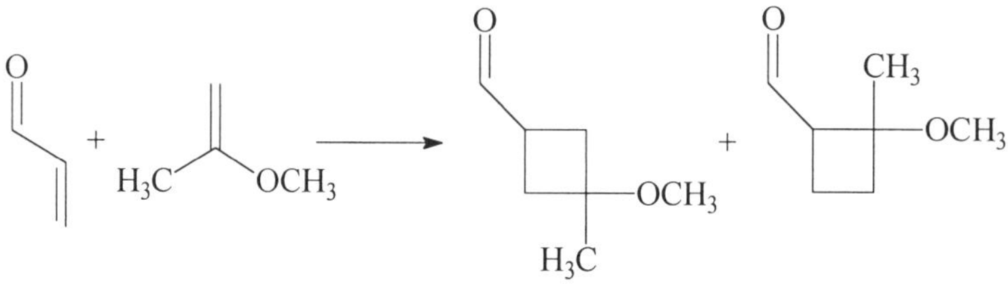

11 **12** **13** **14**

Es muß in diesem Fall sowohl mit dem Auftreten von Regio- als auch von Stereoisomeren gerechnet werden.[8] Das Regioisomer **13** wird mit 98,5 % als Hauptprodukt gebildet.[7]

Die intramolekulare Variante[7] führt zur Bildung von mehr als einem neuen Ring, ein interessantes Beispiel hierfür ist die Kaskade aus einer inter- und einer intramolekularen [2+2]Cycloaddition, durch die *Musso et al.*[9] aus 3,6-Dihydrophthalsäureanhydrid **15** zu Tetraasteran **16** gelangen konnten:

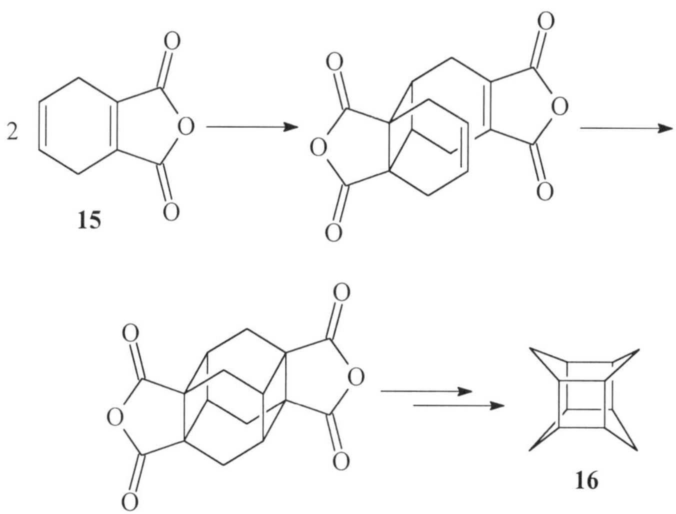

15

16

Die thermische [2+2]Cycloaddition[10] ist auf aktivierte Alkene beschränkt, so lassen sich Tetrafluorethen, Tetrachlorethen, Allene **17**, Ketene, Enamine usw. mit sich selbst oder anderen Olefinen zur Reaktion bringen:

$2\ H_2C{=}C{=}CH_2 \longrightarrow$ 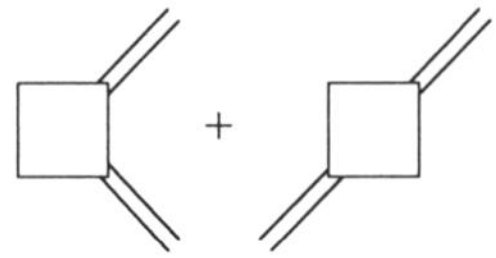

17

Die photochemische [2+2]Cycloaddition ist präparativ die wichtigste Photoreaktion überhaupt, wobei die Reaktion von Enonen besonders wichtig ist.[7] Die Cycloaddition ist fast immer die Reaktion der Wahl, wenn es darum geht, Moleküle mit Cyclobutan-Subsystemen herzustellen.

Durch geeignete Substituenten läßt sich Einfluß auf Regio- und Stereoselektivität nehmen, wodurch gerade die Naturstoffchemie ein großes Anwendungsge-biet darstellt. Es handelt sich um eine vielseitige Reaktion, die aber aufgrund von Selektivitätsproblemen der genauen Planung bedarf.

1) R. B. Woodward, R. Hoffmann, *Die Erhaltung der Orbitalsymmetrie*, VCH, Weinheim, **1970**.
2) N. J. Turro, *Modern Molecular Photochemistry*, Benjamin/Cunnings Publishing Co., London, **1978**, S. 419-465.
3) J. Ninomiya, T. Naito, *Photochemical Synthesis*, Academic Press, New York, **1989**, S. 59-109.
4) M. T. Crimmins, T. L. Reinhold, *Org. React.* **1993**, *44*, 297-588.
5) D. I. Schuster, G. Lem, N. A. Kaprinidis, *Chem. Rev.* **1993**, *93*, 3-22.
6) Y. Yamazaki, R. J. Cvetanovic, *J. Am. Chem. Soc.* **1969**, *91*, 520-522.
7) M. Demuth, G. Mikhail, *Synthesis* **1989**, 145-162.
8) K. Y. Burstein, E. P. Serebryakov, *Tetrahedron* **1978**, *34*, 3233-3238.
9) H.-G. Fritz, H.-M. Hutmacher, H. Musso, G. Ahlgren, B. Akermark, R. Karlsson, *Chem. Ber.* **1976**, *109*, 3781-3792.
10) J. D. Roberts, C. M. Shorts, *Org. React.* **1962**, *12*, 1-56.

Darzens-Glycidester-Kondensation

α,β-Epoxycarbonsäureester aus Carbonylverbindungen und α-Halogenestern

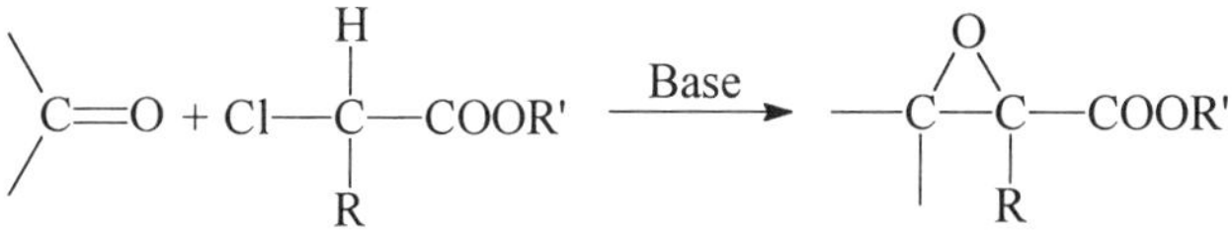

1 **2** **3**

Aldehyde und Ketone **1** kondensieren mit α-Halogenestern **2** zu α,β-Epoxycarbonsäureestern **3**, die man auch als Glycidester bezeichnet.[1-3]

Die Reaktion besteht aus einer →*Knoevenagel*-artigen Kondensation der Carbonylverbindung **1** mit dem α-Halogenester **2** und einer anschließenden intramolekularen S_N2-Reaktion zum Epoxid **3**:

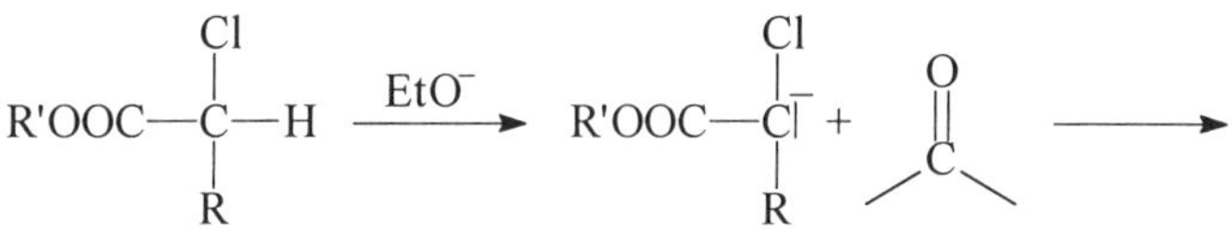

2 **1**

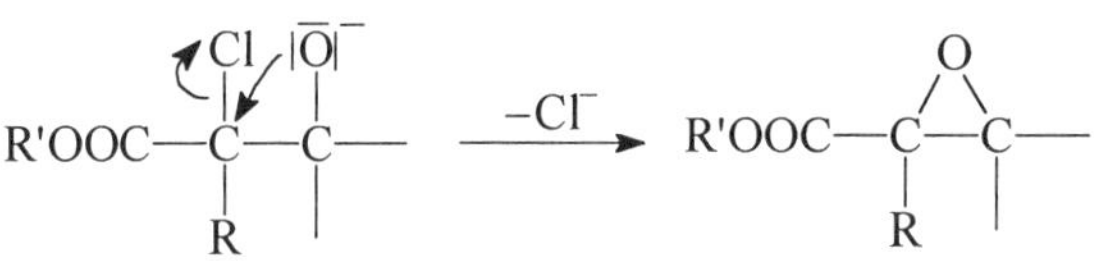

4 **3**

Das intermediäre Halogenalkoxid **4** wird normalerweise nicht isoliert, obwohl dieses als Nachweis für den Mechanismus gelingt. Häufig wird als Base Natriumethanolat verwendet, aber auch andere, insbesondere Natriumamid.

Aromatische Aldehyde und Ketone ergeben gewöhnlich gute Ausbeuten, aliphatische Carbonylverbindungen reagieren sehr schlecht. Durch die Behandlung des Esters **2** mit Lithiumdiisopropylamid (LDA) in Tetrahydrofuran bei -78 °C können auch aliphatische Edukte in guten Ausbeuten (80 %) die Reaktion eingehen.

Außer α-Halogencarbonsäureestern **2** kann man auch α-Halogenketone, -nitrile, -sulfone oder -amide einsetzen. Interessant ist die Darstellung von Glycidestern, weil sie leicht in kettenverlängerte Aldehyde **5** überführt werden können:

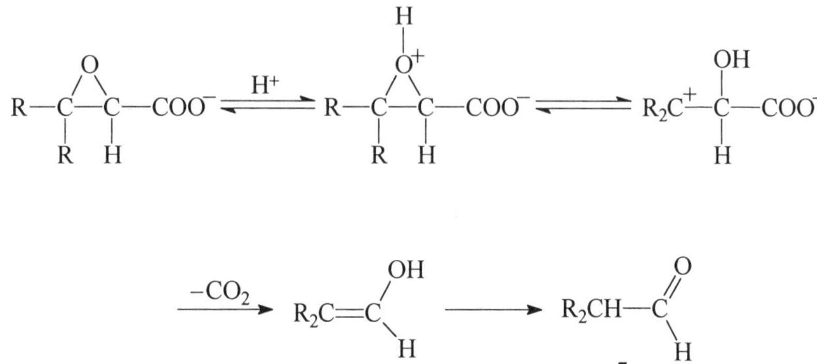

5

Durch Behandlung eines Imins **6** mit einem α-Halogenester **2** können Aziridine **7** erhalten werden:[4)]

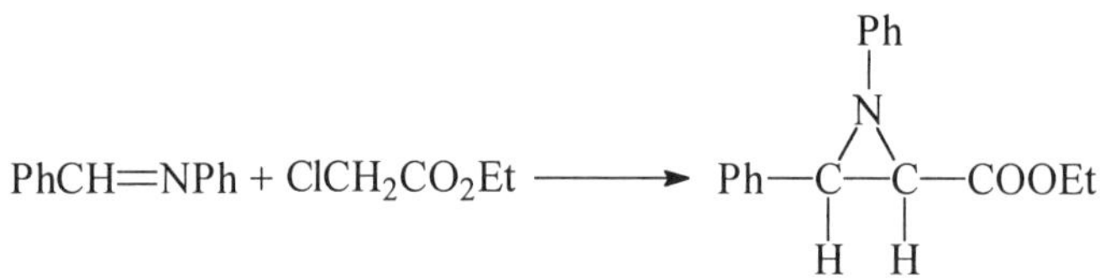

6 **2** **7**

Diese Reaktion verläuft allerdings im allgemeinen unter schlechten Ausbeuten (< 50 %), dennoch stellt sie einen allgemeinen Zugang zu Aziridinsystemen, insbesondere von Aziridincarbonsäureestern **7**, dar.

1) E. Erlenmeyer, *Justus Liebigs Ann. Chem.* **1892**, *271*, 137-163.
2) M. S. Newman, B. J. Magerlein, *Org. React.* **1949**, *5*, 413-440.
3) G. Berti, *Top. Stereochem.* **1973**, *7*, 210-218.
4) J. A. Deyrup, *J. Org. Chem.* **1969**, *34*, 2724-2727.

Delépine-Reaktion

Primäre Amine durch Reaktion von Alkylhalogeniden mit Hexamethylentetramin

$$R—CH_2—X + (CH_2)_6N_4 \longrightarrow R—CH_2—NH_2$$

1 **2** **3**

Primäre Amine **3** lassen sich durch Umsetzen von Alkylhalogeniden **1** mit Hexamethylentetramin **2** (ein weiterer Name ist *Urotropin*) ohne Nebenreaktionen zu höher substituierten Aminen gewinnen. Die Reaktion wird als *Delépine-Reaktion*[1,2] bezeichnet; vergleichbar ist die →*Gabriel-Synthese*.

Alkylhalogenide **1** reagieren mit Hexamethylentetramin **2** zunächst zu quartären Salzen **4**, die aus der Reaktionsmischung auskristallisieren:

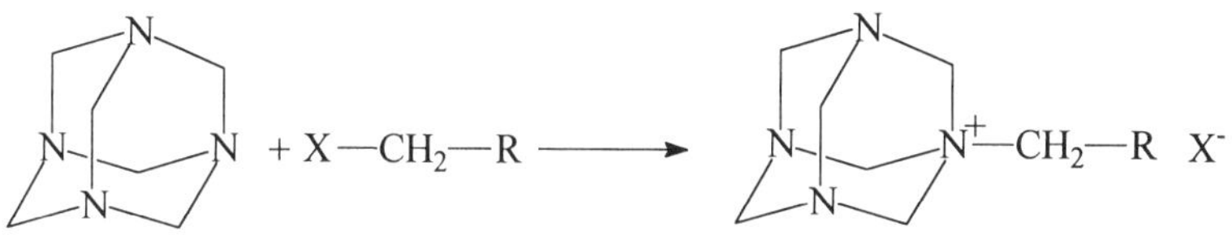

2 **1** **4**

Diese Hexaminium-Salze **4** können durch Erhitzen unter Rückfluß in einer Mischung aus konzentrierter Salzsäure und Ethanol zu dem gewünschten primären Amin zersetzt werden. Als weiteres Produkt bildet sich Formaldehyd, der mit dem Lösungsmittel Ethanol zum Formaldehyddiethylacetal weiterreagiert:

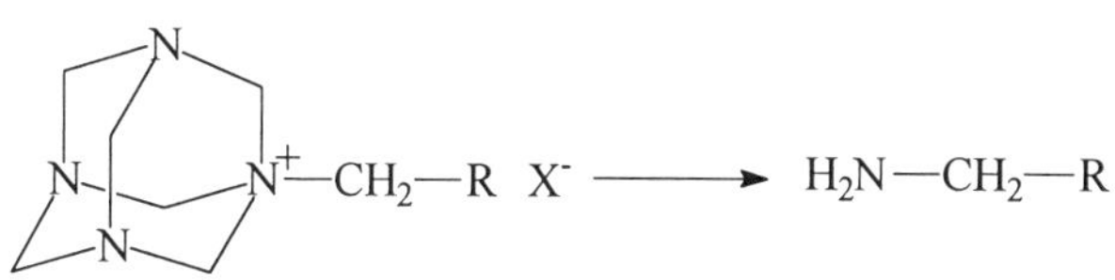

4

Neben dem bereits erwähnten selektiven Zugang zu primären Aminen sind als weitere Vorteile der Reaktion leicht zugängliche Reagenzien, einfache Reaktionsbedingungen sowie kurze Reaktionszeiten zu nennen.

1) M. Delépine, *Bull. Soc. Chim. Fr.* **1895**, *13*, 352-361.
2) N. Blazevic, D. Kolbah, B. Belin, V. Sunjic, F. Kafjez, *Synthesis* **1979**, 161-176.

Diazotierung

Diazoniumsalze aus primären aromatischen Aminen

$$\underset{\mathbf{1}}{Ar{-}NH_2} + \underset{\mathbf{2}}{HONO} \longrightarrow \underset{\mathbf{3}}{ArN\overset{+}{\equiv}N|}$$

Die Nitrosierung primärer aromatischer Amine **1** mit Salpetriger Säure **2** führt zur Bildung von Diazonium-Kationen **3**.[1-3]

Die nitrosierende Spezies ist hierbei nicht Salpetrige Säure **2**, sondern N_2O_3 **4**, welches in schwach saurer Lösung gebildet wird. Als Überträger des Nitryl-Ions, NO^+, sind außer N_2O_3 auch andere Spezies wie NOCl oder $H_2NO_2{}^+$ denkbar. In stark saurer Lösung kann sogar freies NO^+ vorkommen. Das im ersten Schritt gebildete N_2O_3 **4** greift anschließend das freie Amin **1** an:

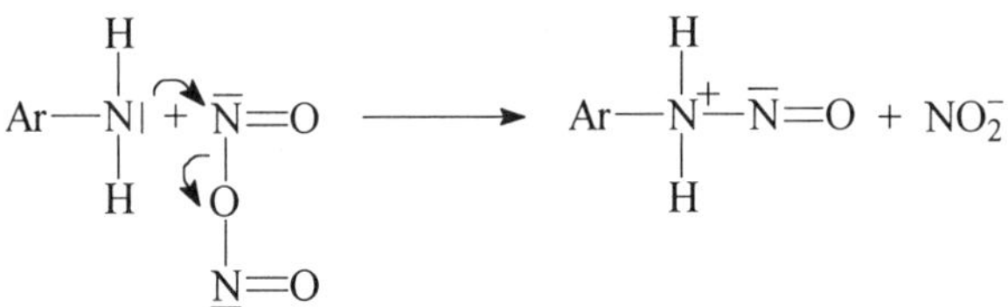

1 **4** **5**

Obwohl die Diazotierung in saurer Lösung stattfindet, wird nicht das Ammoniumsalz des Amins, $ArNH_3{}^+X^-$, sondern das freie Amin selbst angegriffen.[1] Da aromatische Amine vergleichsweise schwache Basen sind, ist auch in relativ saurer Lösung ein geringer Anteil an unprotoniertem Amin vorhanden.

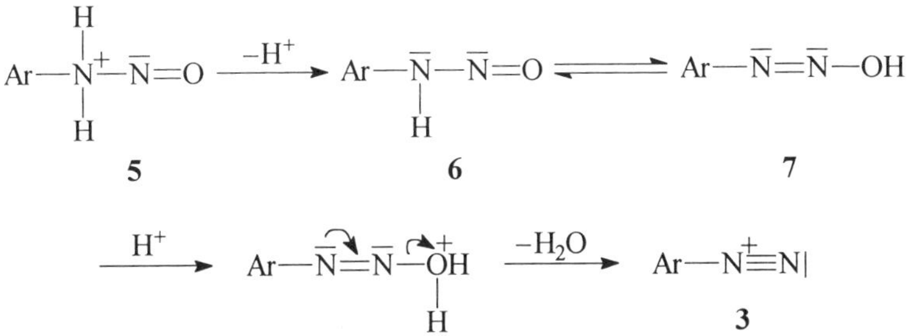

Das Kation **5** stabilisiert sich unter Abgabe eines Protons zum Nitrosamin **6**, welches zum Diazohydroxid **7** tautomerisiert. Im letzten Schritt wird schließlich das Diazonium-Ion **3** durch Protonierung und nachfolgende Wasserabspaltung gebildet.

Die Diazotierung findet prinzipiell auch bei primären aliphatischen Aminen statt, doch sind deren Diazonium-Ionen im allgemeinen so instabil, daß sie sofort unter Stickstoffabspaltung in Carbenium-Ionen übergehen. Die Stabilität aromatischer Diazonium-Ionen resultiert aus der Resonanzstabilisierung durch den aromatischen Ring:

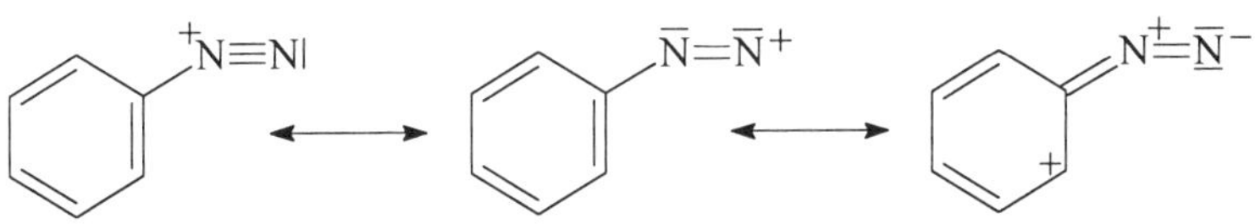

Doch sind auch aromatische Diazoniumverbindungen im allgemeinen nur bei Temperaturen unter 5 °C stabil, so daß sie gewöhnlich in wäßriger Lösung hergestellt und weiter umgesetzt werden, ohne sie zu isolieren.[5] Durch Komplexierung mit Kronenethern lassen sich Aryldiazonium-Verbindungen stärker stabilisieren.[4,5]

Die meisten funktionellen Gruppen stören die Reaktion nicht. Da aliphatische Amine bei einem pH < 3 nicht reagieren (vollständige Protonierung), ist es sogar möglich, aromatische Amine, die außerdem aliphatische Aminogruppen tragen, selektiv zu diazotieren, ohne letztere zu zerstören.[6]

Diazoverbindungen können auf dieselbe Weise erhalten werden, wenn man ein primäres aliphatisches Amin **8** mit elektronenziehendem Substituenten (z. B. Z = COOR, CN, CHO, COR) sowie α-ständigem Wasserstoff einsetzt:[7]

$$Z{-}CH_2{-}NH_2 + HONO \longrightarrow Z{-}CH{=}\overset{+}{N}{=}\underline{\overline{N}}^{-}$$

8 **2** **9**

Diazoniumsalze sind wichtige Zwischenstufen für organische Synthesen, beispielsweise für →*Sandmeyer-Reaktionen.* Die wichtigste Reaktion ist allerdings die Kondensation mit Phenolen oder aromatischen Aminen (→*Azokupplung*) zu Azofarbstoffen.

1) B. C. Challis, A. R. Butler in *The Chemistry of the Amino Group* (Hrsg.: S. Patai), Wiley, New York, **1968**, S. 305-320.
2) K. Schank in *The Chemistry of the Diazonium and Diazo Groups* (Hrsg.: S. Patai), Wiley, New York, **1978**, Bd. 2, S. 645-657.
3) J. H. Ridd, *Q. Rev. Chem. Soc.* **1961**, *15*, 418-441.
4) S. H. Korzeniowski, A. Leopold, J. R. Beadle, M. F. Ahern, W. A. Sheppard, R. K. Khanna, G. W. Gokel, *J. Org. Chem.* **1981**, *46*, 2153-2159.
5) R. A. Bartsch in *The Chemistry of Functional Groups, Supp. C* (Hrsg.: S. Patai, Z. Rappoport), Wiley, New York, **1983**, Bd. 1, S. 889-915.
6) N. Kornblum, D. C. Iffland, *J. Am. Chem. Soc.*, **1949**, *71*, 2137-2143.
7) M. Regitz in *The Chemistry of the Diazonium and Diazo Groups* (Hrsg.: S. Patai), Wiley, New York, **1978**, Bd. 2, S. 659-708.

Diels-Alder-Reaktion

[4+2]Cycloaddition

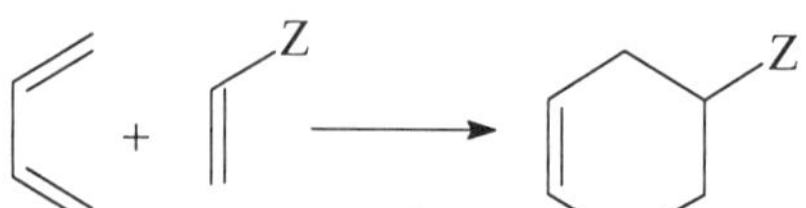

1 **2** **3**

Die *Diels-Alder-Reaktion*[1-4], die Cycloaddition eines konjugierten Diens mit einer Doppel- oder Dreifachbindung (*Dienophil*), stellt eine der bedeutendsten und interessantesten Reaktionen der Organischen Chemie dar. Im allgemeinen wird ein elektronenreiches Dien **1** mit einem elektronenarmen Dienophil **2** (elektronenziehender Substituent Z) zu einem ungesättigten Sechsring **3** umgesetzt. Als klassisches Beispiel kann die Reaktion von Butadien **1** mit Maleinsäureanhydrid **4** angesehen werden:

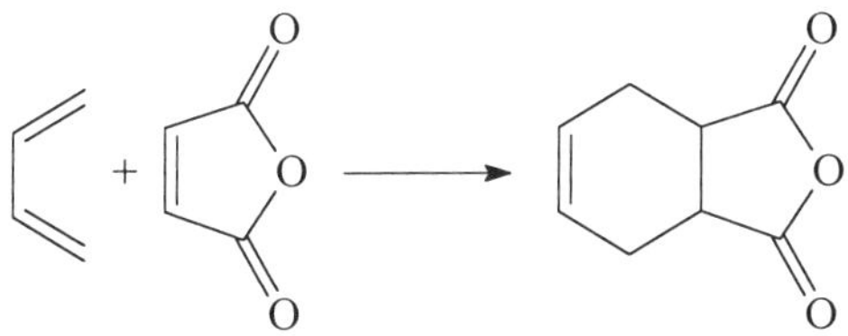

1 **4**

Die Anwendungsbreite ist beachtlich. So müssen nicht alle am Ringschluß beteiligten Atome Kohlenstoff sein, was für die Synthese von Heterocyclen genutzt werden kann.[5] Dank der Reversibilität stellt auch die Rückreaktion, die *Retro-Diels-Alder-Reaktion*[6,7], ein präparativ interessantes Verfahren dar. Die Nützlichkeit der Diels-Alder-Reaktion wird weiterhin durch die hohe Regio- und Stereoselektivität begründet.[8-10]

Bei der Diskussion des Mechanismus[9,11] sind vielfältige Aspekte zu berücksichtigen. So stellt die cisoide Konformation des Butadiens **1**, die im Gleichgewicht mit der thermodynamisch stabileren transoiden Konformation vorliegt, eine Voraussetzung für die Diels-Alder-Reaktion dar. Besonders begünstigt sind Diene, bei denen die cisoide Geometrie wie im Cyclopentadien **5** durch einen Ring fixiert ist. Diese Verbindung ist so reaktiv, daß sie unter Dimerisierung eine Diels-Alder-Reaktion eingeht:

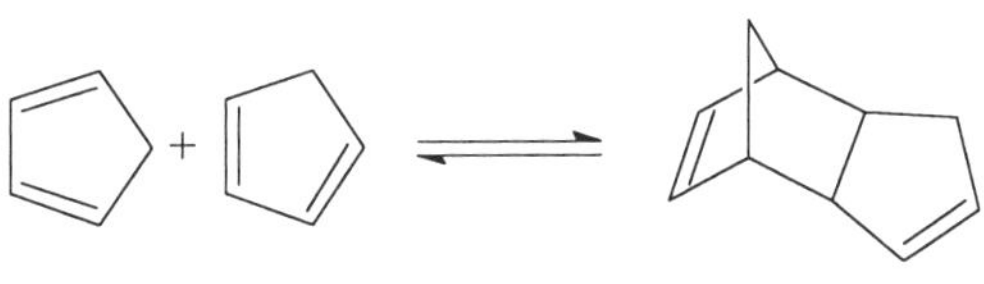

5 **5**

Da bei höheren Temperaturen das Gleichgewicht auf der linken Seite liegt, erhitzt man zur Gewinnung des Cyclopentadiens das Dimer kräftig und destilliert das sich bildende Monomer ab (*Crackdestillation)*.

Beim *Z,Z*-Isomer **6** stören Substituenten in 1,4-Position die Reaktion, indem sie durch sterische Wechselwirkungen das Gleichgewicht weit auf die Seite des transoiden Konformers verschieben:

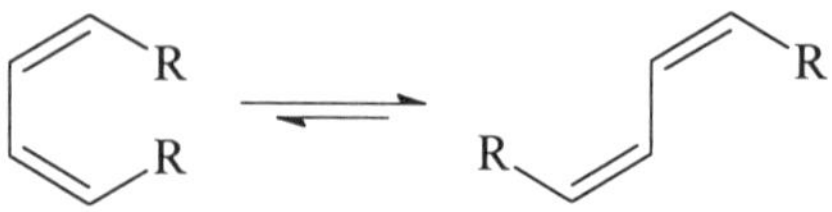

6

Die hochgradige Stereoselektivität spricht für einen konzertierten Mechanismus, bei dem simultan drei π-Bindungen gelöst und zwei σ- sowie eine π-Bindung geknüpft werden. Es handelt sich um eine *pericyclische Reaktion*, wobei ein aromatischer Übergangszustand **9** durchlaufen wird. Die Anordnung der Substituenten in Dien **7** und Dienophil **8** bleibt im Produkt **10** erhalten (*syn*-Addition):

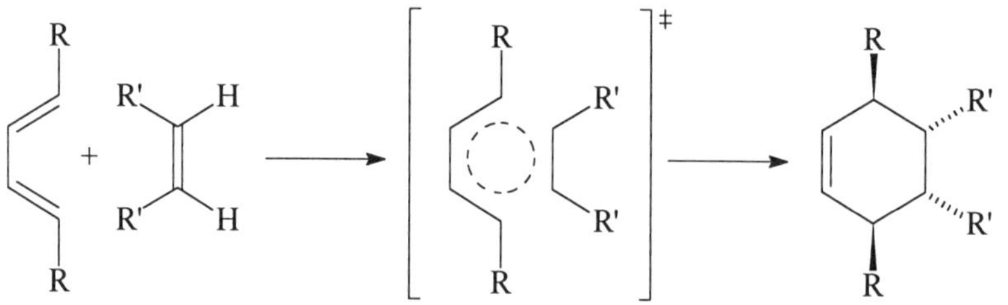

7 **8** **9** **10**

Das Verständnis, weshalb [4+2]Cycloadditionen thermisch leicht ablaufen, während →*[2+2]Cycloadditionen* photochemisch erfolgen, erschließt sich aus den *Woodward-Hoffmann-Regeln*[12)], wonach [4+2]Cycloadditionen als pericyclische Reaktion aus dem Grundzustand symmetrieerlaubt sind.

Setzt man als Dien **11a,b** wie auch als Dienophil **12** unsymmetrische Verbindungen ein, so können je zwei verschiedene Regioisomere **13a,b** und **14a,b** gebildet werden, wobei eines als Hauptprodukt **13a,b** entsteht:

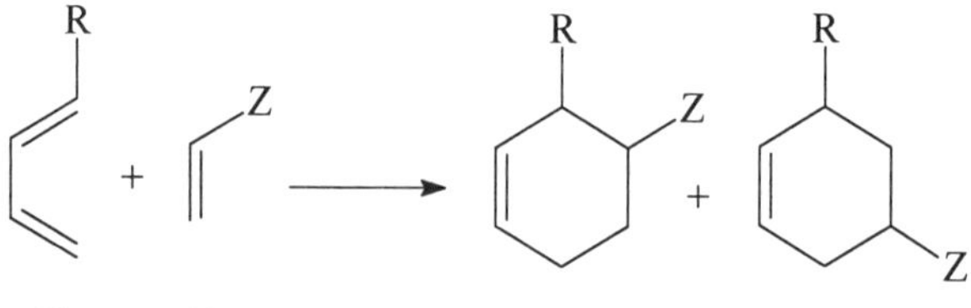

11a **12** **13a** **14a**

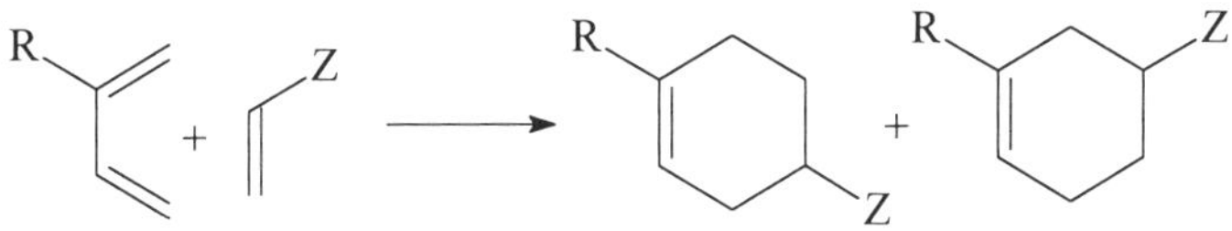

11b **12** **13b** **14b**

Eine Erklärung für diese Regioselektivität[9] ergibt sich aus einer Betrachtung der Grenzorbital-Koeffizienten der Edukte.[13]

Bei der Umsetzung substituierter 1,3-Diene (hier Cyclopentadien) **5** bzw. Dienophil (hier Acrylsäure) **15** können zwei diastereomere Produkte entstehen (*Alder-Regel*). Die Übergangszustände wie auch die Produkte werden mit den Präfixen *endo* bzw. *exo* bezeichnet. Das thermodynamisch stabilere *exo*-Produkt **17** wird nur in untergeordnetem Maße gebildet; kinetisch kontrolliert entsteht das *endo*-Addukt **16** als Hauptprodukt, die Ursache sind sekundäre Orbitalwechselwirkungen (*endo-Regel*).[11,13]

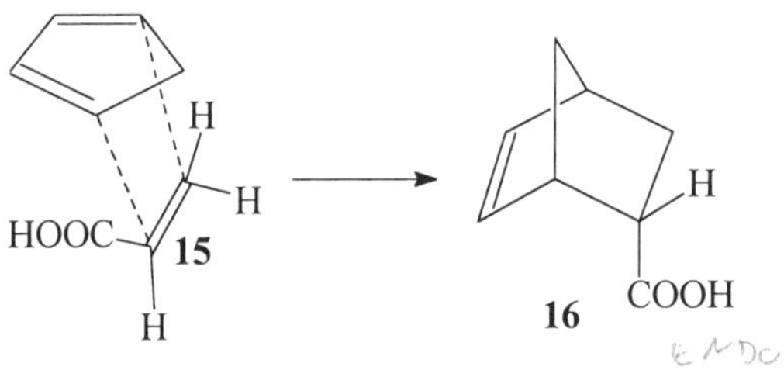

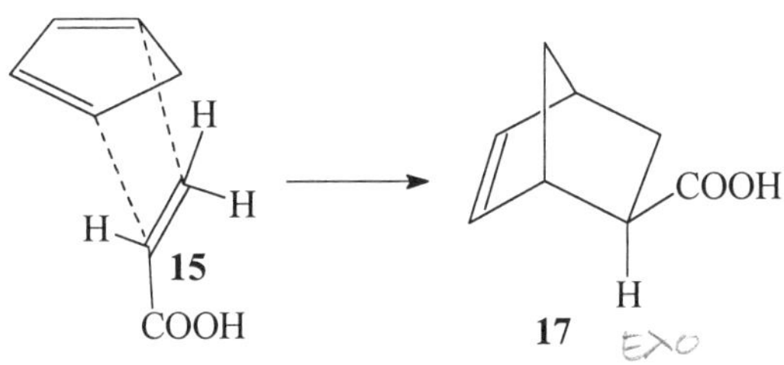

Obwohl der überwiegende Teil der Diels-Alder-Reaktionen nach dem oben beschriebenen konzertierten Mechanismus abläuft, lassen sich in einigen Fällen die kinetischen Daten besser durch ein diradikalisches Intermediat **18** erklären:[9]

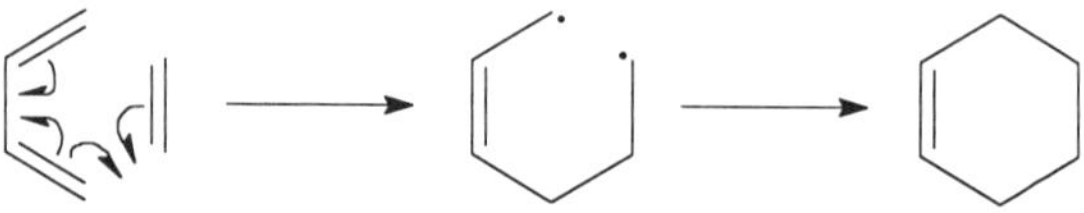

18

Weiterhin können Diels-Alder-Reaktionen nach einem ionischen Mechanismus ablaufen.[14]

Das Dienophil sollte elektronenarm sein, da elektronenziehende Substituenten die Reaktionsgeschwindigkeit erhöhen. Entsprechend sind Ethen und einfache alkylsubstituierte Alkene weniger geeignet. Bei dem Substituenten Z kann es sich um CHO, COR, COOH, COOR, CN, Ar, NO_2, Halogen, C=C usw. handeln. Gute Dienophile sind Maleinsäureanhydrid, Acrolein, Acrylnitril, Dehydrobenzol, Tetracyanethylen (TCNE)[15], Acetylendicarbonsäureester und andere. Die Diene hingegen sollten elektronenreich sein; sie dürfen folglich keine elektronenziehenden Substituenten tragen.

Während Benzol und Naphthalin wegen ihres stärkeren aromatischen Charakters als Diene ungeeignet sind, kann Anthracen **19** mit reaktiven Dienophilen, wie hier Dehydrobenzol **20**, umgesetzt werden:

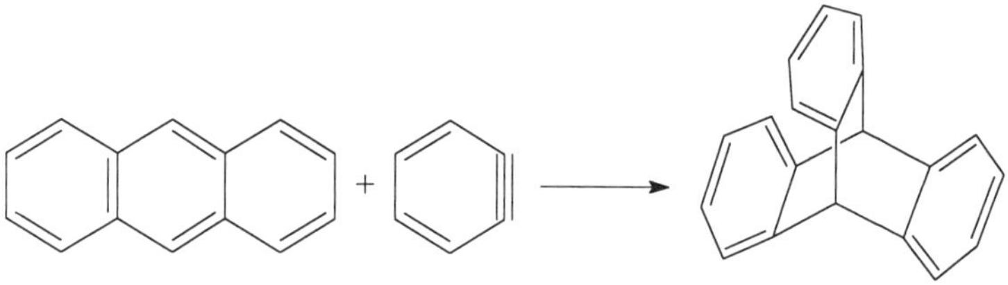

19 **20**

Es sind auch Diels-Alder-Reaktionen bekannt, bei denen die elektronischen Verhältnisse gerade umgekehrt sind. Diese Reaktionen werden als Diels-Alder-Reaktionen mit *inversem Elektronenbedarf* bezeichnet.[9] So läßt sich Hexachlorcyclopentadien **21** als elektronenarmes Dien mit dem elektronenreichen Styrol **22** umsetzen:[16]

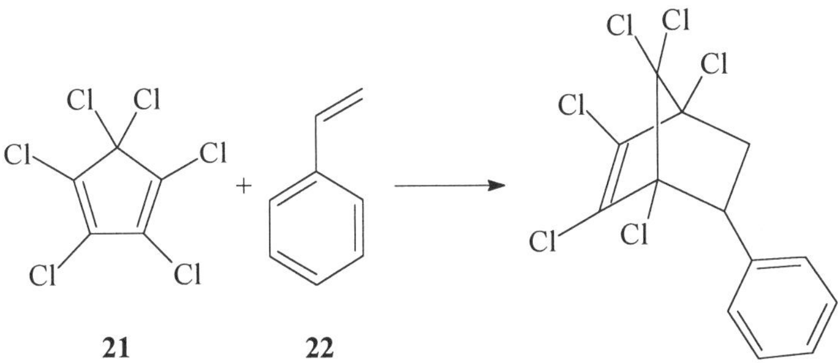

21 **22**

Der Lösungsmitteleinfluß[17)] ist bei Diels-Alder-Reaktionen im allgemeinen gering, was zusätzlich für einen konzertierten Mechanismus spricht. Hingegen kann die *Druckabhängigkeit*[18,19)], die auch gezielt zur Verbesserung der Stereoselektivität genutzt wird, beachtlich sein. Auch die Beeinflussung der Reaktion durch eine fünfmolare Lithiumperchloratlösung in Ether[20)] wird auf eine Druckabhängigkeit (innerer Druck) und nicht auf Lösungsmitteleffekte zurückgeführt.

Katalysatoren sind bei der Diels-Alder-Reaktion wegen der oft ohnehin hohen Ausbeuten im allgemeinen nicht notwendig. Dennoch sind Lewis-Säure-Katalysatoren[4)] ($TiCl_4$, $AlCl_3$, BF_3-Etherat) erfolgreich eingesetzt worden, mit dem Erfolg einer deutlich verbesserten Regio- und Stereoselektivität.[21)] Ein Problem kann sich aus einer möglichen Katalyse von Polymerisationsreaktionen der Diene ergeben, was den Einsatz dieser Katalysatoren begrenzt.

Durch die Diels-Alder-Reaktion mit Dreifachbindungsdienophilen erschließt sich ein Zugang zu 1,4-Cyclohexadienen und damit auch zu Aromaten. Ein Beispiel für die Umsetzung einer Dreifachbindung stellt die Synthese substituierter [2.2]Paracyclophane nach *Hopf et al.*[22)] dar: Setzt man 1,2,4,5-Hexatetraen **23** mit Acetylendicarbonsäuremethylester **24** (ein elektronenarmes Acetylen) um, so erhält man nach Dimerisierung des reaktiven Intermediats **25** ein substituiertes [2.2]Paracyclophan **26**:

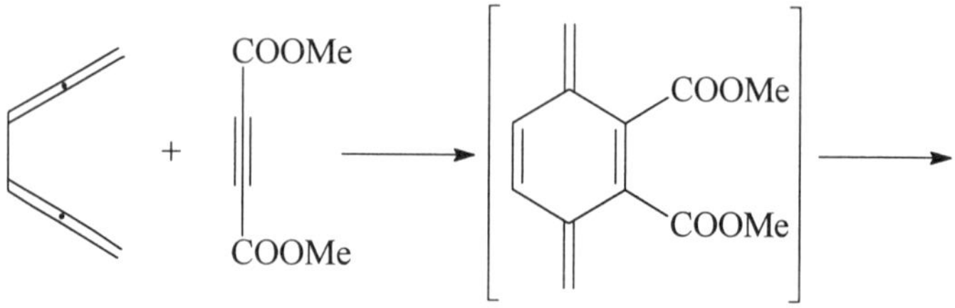

23 **24** **25**

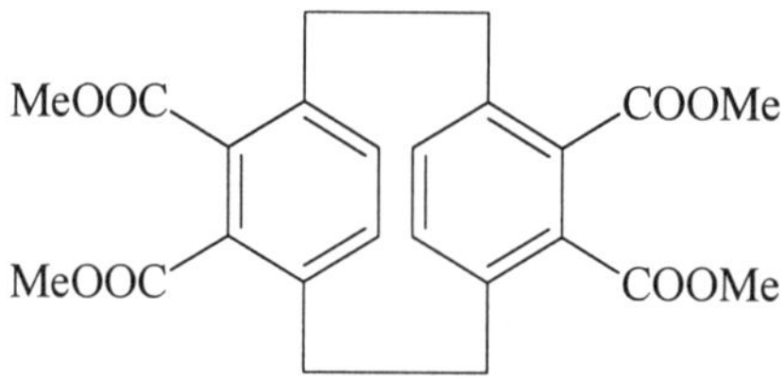

26

Für intramolekulare Diels-Alder-Reaktionen[23] gibt es zahllose Beispiele, besonders gut eignet sich diese Variante für die Naturstoffchemie (z. B. Steroidsynthesen), wo die Stereoselektivität von herausragender Bedeutung ist. Bei der Synthese des Pagodans **30** nach *Prinzbach et al.*[24], einem Beispiel aus der Kohlenwasserstoffchemie, ist der Schlüsselschritt eine *Domino-Reaktion*[25,26] bestehend aus einer inter- und einer intramolekularen Diels-Alder-Reaktion. Wird das Bis-Dien **27** mit Maleinsäureanhydrid **4** umgesetzt, so erfolgt zunächst die intermolekulare Reaktion zu dem Intermediat **28**, das nicht isoliert werden kann, sondern intramolekular zu der Pagodan-Vorstufe **29** reagiert:

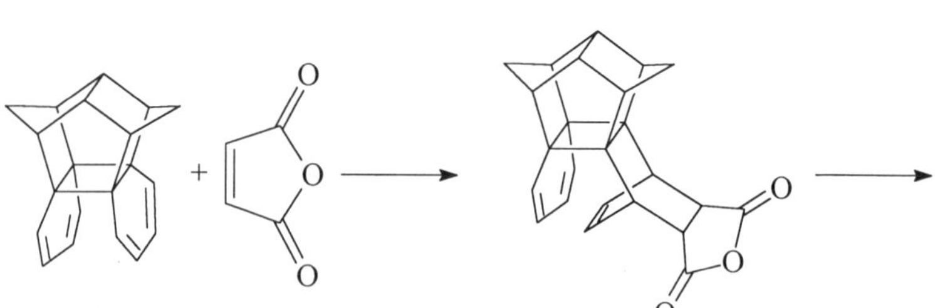

27 **4** **28**

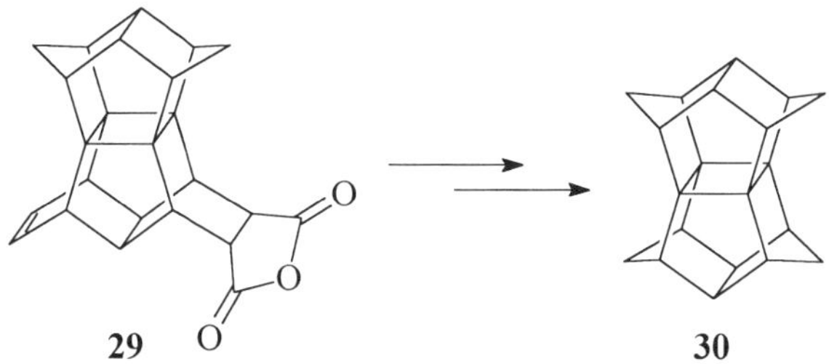

29 **30**

Die beachtliche Vielseitigkeit der Diels-Alder-Reaktion zeigt sich besonders deutlich bei der Hetero-Variante[5,27]. So wird bei den Ringatomen der Ersatz von mehreren Kohlenstoffatomen toleriert. Bei den Heteroatomen kann es sich um Stickstoff, Sauerstoff und Schwefel handeln. Ein Beispiel, das die vielfältigen Möglichkeiten und den beachtlichen präparativen Nutzen verdeutlicht, stellt die intramolekulare *Hetero-Diels-Alder-Reaktion* zum Bicyclus **31** dar:[5]

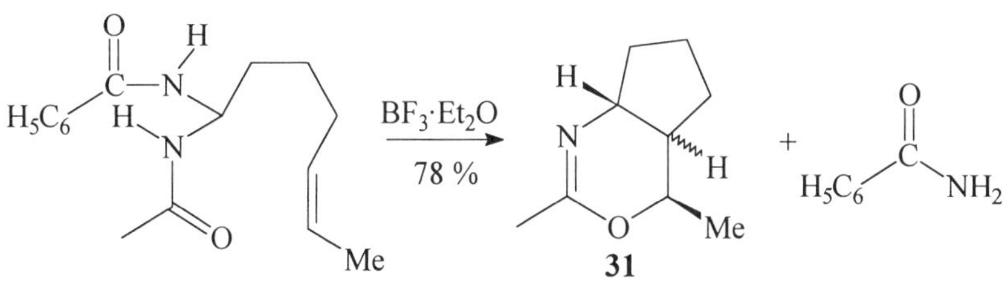

31

Die Diels-Alder-Reaktion ist das mit Abstand wichtigste Verfahren zur Synthese von Sechsringen und damit für die Synthese von kondensierten Aromaten. Die Versuchsdurchführung ist einfach, die Ausbeuten im allgemeinen gut bis quantitativ; Nebenreaktionen spielen nur eine untergeordnete Rolle.

1) O. Diels, K. Alder, *Justus Liebigs Ann. Chem.* **1928**, *460*, 98-122.
2) J. A. Norton, *Chem. Rev.* **1942**, *31*, 319-523.
3) J. G. Martin, R. K. Hill, *Chem. Rev.* **1961**, *61*, 537-562.
4) W. Carruthers, *Cycloaddition Reactions in Organic Synthesis*, Pergamon Press, Oxford, **1990**, S. 1-208.
5) S. M. Weinreb, P. M. Scola, *Chem. Rev.* **1989**, *89*, 1525-1534.
6) A. Ichihara, *Synthesis* **1987**, 207-222.
7) M.-C. Lasne, J.-L. Ripoll, *Synthesis* **1985**, 121-143.
8) D. Craig, *Chem. Soc. Rev.* **1987**, *16*, 187-238.

9) J. Sauer, R. Sustmann, *Angew. Chem.* **1980**, *92*, 773-801; *Angew. Chem. Int. Ed. Engl.* **1980**, *19*, 779.
10) W. Oppolzer, *Angew. Chem.* **1984**, *96*, 840-854; *Angew. Chem. Int. Ed. Engl.* **1984**, *23*, 876..
11) J. Sauer, *Angew. Chem.* **1967**, *79*, 76-94; *Angew. Chem. Int. Ed. Engl.* **1967**, *6*, 16..
12) R. B. Woodward, R. Hoffmann, *Die Erhaltung der Orbitalsymmetrie*, VCH, Weinheim, **1970**.
13) I. Fleming, *Grenzorbitale und Reaktionen organischer Verbindungen*, VCH, Weinheim, **1979**, S. 123-172.
14) P. G. Gassman, D. B. Gorman, *J. Am. Chem. Soc.* **1990**, *112*, 8624-8626.
15) A. J. Fatiadi, *Synthesis* **1987**, 749-789.
16) J. Sauer, H. Wiest, *Angew. Chem.* **1962**, *74*, 353; *Angew. Chem. Int. Ed. Engl.* **1962**, *1*, 268.
17) C. Cativiela, J. I. Garcia, J. A. Mayoral, L. Salvatella, *Chem. Soc. Rev.* **1996**, *25*, 209-218.
18) K. Matsumoto, A. Sera, *Synthesis* **1985**, 999-1027.
19) L. F. Tietze, T. Hübsch, J. Oelze, C. Ott, W. Tost, G. Wörner, M. Buback, *Chem. Ber.* **1992**, *125*, 2249-2258.
20) H. Waldmann, *Angew. Chem.* **1991**, *103*, 1335-1337; *Angew. Chem. Int. Ed. Engl.* **1991**, *30*, 1306.
21) H. B. Kagan, O. Riant, *Chem. Rev.* **1992**, *92*, 1007-1019.
22) H. Hopf, G. Weber, K. Menke, *Chem. Ber.* **1980**, *113*, 531-541.
23) E. Ciganek, *Org. React.* **1984**, *32*, 1-374.
24) W.-D. Fessner, C. Grund, H. Prinzbach, *Tetrahedron Lett.* **1989**, *30*, 3133-3136.
25) L. F. Tietze, U. Beifuss, *Angew. Chem.* **1993**, *105*, 137-170; *Angew. Chem. Int. Ed. Engl.* **1993**, *32*, 131.
26) J. A. Winkler, *Chem. Rev.* **1996**, *96*, 167-176.
27) H. Waldmann, *Synthesis* **1996**, 535-551.

Di-π-Methan-Umlagerung

Photochemische Umlagerung von 1,4-Dienen zu Vinylcyclopropanen

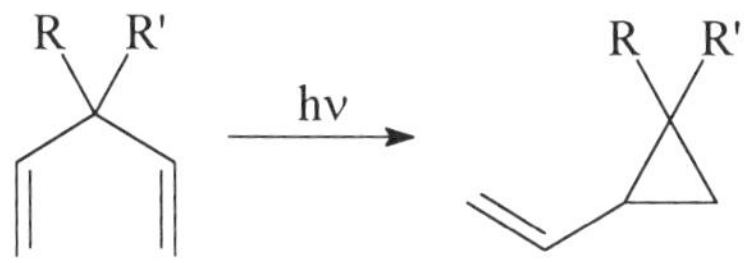

1 **2**

Die photochemische Isomerisierung von in 3-Position substituierten 1,4-Dienen **1** führt zu Vinylcyclopropanen **2** und wird als *Di-π-Methan-Umlagerung*[1,2] bezeichnet. Sie liefert somit die Edukte für die →*Vinylcyclopropan-Umlagerung*.

Der Mechanismus[2] läßt sich durch die beiden Diradikale **3** und **4** beschreiben, wobei es sich nicht um wirkliche Intermediate handeln muß. Wenigstens ein Substituent in 3-Position ist erforderlich, da hierdurch das Radikal **4** stabilisiert und somit der Bruch der C2-C3-Bindung erleichtert wird:

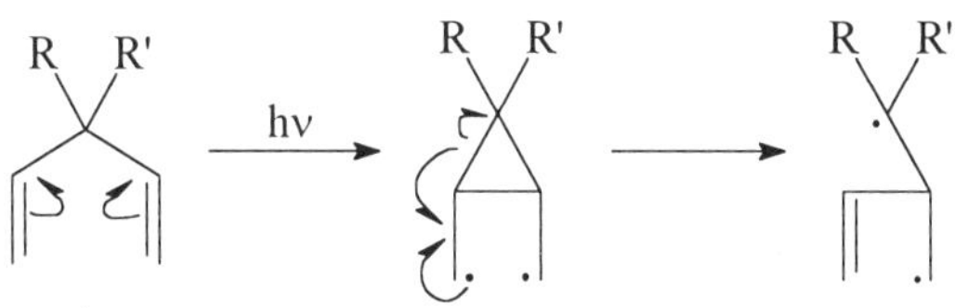

1 **3** **4**

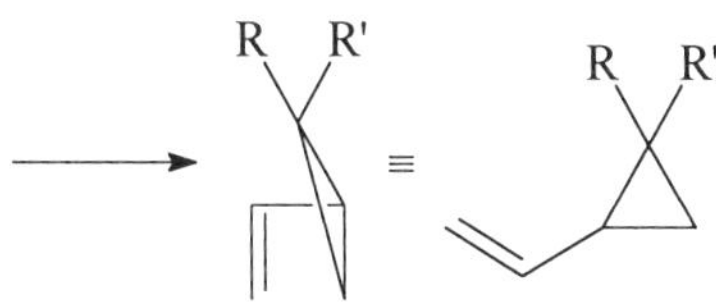

2

Die Umlagerung erfolgt aus dem S_1-Zustand des 1,4-Diens **1**. Der T_1-Zustand führt zu anderen Reaktionen wie beispielsweise der Isomerisierung der Doppelbindung(en). In starren Systemen (cyclische Diene), in denen eine *E*/*Z*-Isomerisierung aus sterischen Gründen erschwert ist, kann die Di-π-Methan-Umlagerung auch aus dem T_1-Zustand erfolgen. Wenn die Umlagerung aus dem S_1-

Zustand erfolgt, ist sie an den Kohlenstoffatomen 1 und 5 stereospezifisch; eine *E*/*Z*-Isomerisierung kann nicht festgestellt werden. *Z*-1,1-Diphenyl-3,3-dimethyl-1,4-hexadien **5** lagert zum entsprechenden *Z*-konfigurierten Vinylcyclopropan **6** um:

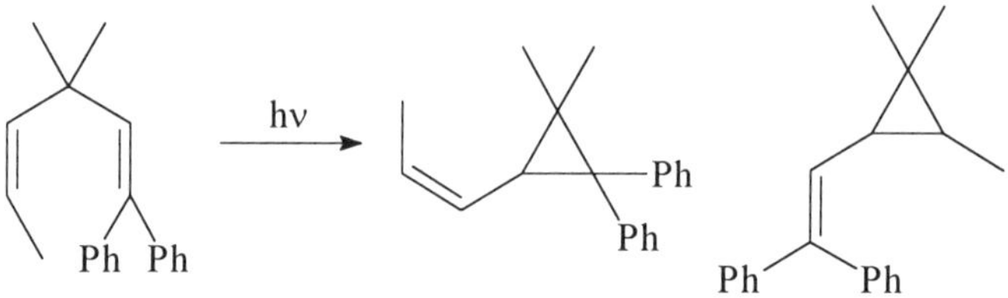

5 **6** **7**

Bei der Umlagerung von Dienen wie **5** können Regioselektivitätsprobleme[4] auftreten. In diesem Fall wird regiospezifisch Verbindung **6** und nicht **7** gebildet. Unterscheiden sich die Substituenten in 1- und 5-Position jedoch nur wenig, so erhält man ein Isomerengemisch.

Bei der Di-π-Methan-Umlagerung handelt es sich um eine relativ junge Reaktion. Eines der ersten Beispiele ist die 1966 von *Zimmerman* und *Grunewald*[1] veröffentlichte Isomerisierung von Barrelen **8** zu Semibullvalen **9**. Diese Umlagerung wird durch Aceton sensibilisiert, womit die Reaktion aus dem T_1-Zustand erfolgt:[5]

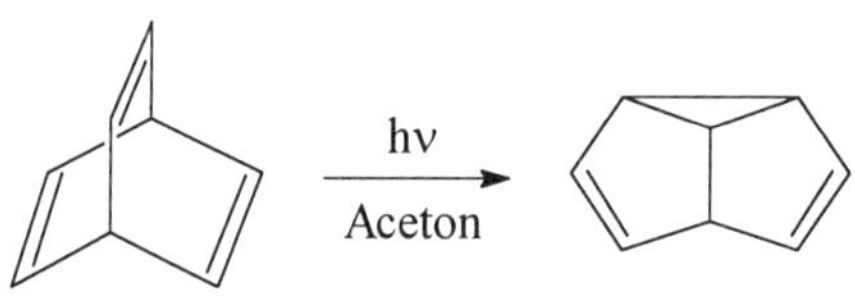

8 **9**

Einen Spezialfall stellt die *Oxa-Di-π-Methan-Umlagerung*[2,6] dar, bei der im Substrat eine C-C-Doppelbindung durch eine C-O-Doppelbindung ersetzt ist. Bei den Verbindungen handelt es sich folglich um β,γ-ungesättigte Ketone; die Umlagerung erfolgt in diesem Fall aus dem Triplett-Zustand. Diese Oxa-Variante liefert den Zugang zu einer Reihe hochgespannter Moleküle mit kleinen Ringen, wie die Bestrahlung von 5-Norbornen-2-on **10** zeigt:

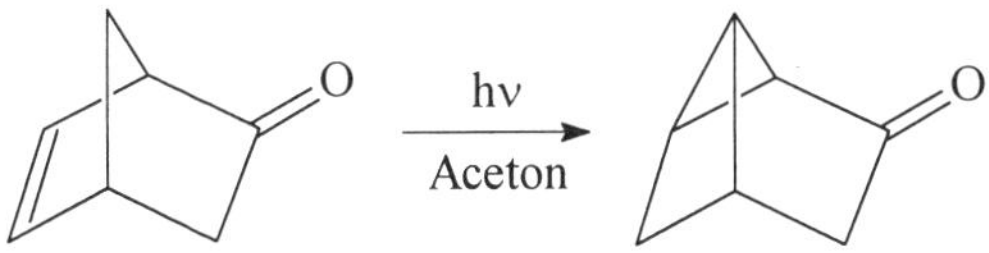

10

Über die Ausbeuten der Di-π-Methan-Umlagerung läßt sich kein einheitliches Urteil fällen; aufgrund der großen strukturellen Vielfalt der Substrate variieren diese von sehr schlecht bis fast quantitativ. Als Sensibilisatoren für die Umlagerung aus Triplettzuständen verwendet man beispielsweise Acetophenon[4] oder Aceton[5].

1) H. E. Zimmerman, G. L. Grunewald, *J. Am. Chem. Soc.* **1966**, *88*, 183-184.
2) H. E. Zimmerman, D. Armesto, *Chem. Rev.* **1996**, *96*, 3065-3112.
3) D. Döpp, H. E. Zimmerman, *Methoden Org. Chem. (Houben-Weyl)* **1975**, Bd. 4/5a, S. 413-432.
4) L. A. Paquette, E. Bay, A. Yeh Ku, N. G. Rondan, K. N. Houk, *J. Org. Chem.* **1982**, *47*, 422-428.
5) H. E. Zimmerman, *Angew. Chem.* **1969**, *81*, 45-55; *Angew. Chem. Int. Ed. Engl.* **1969**, *8*, 1.
6) M. Demuth, G. Mikhail, *Synthesis* **1989**, 145-162.

Dötz-Reaktion

Benzoanellierung über Chrom-Carben-Komplexe

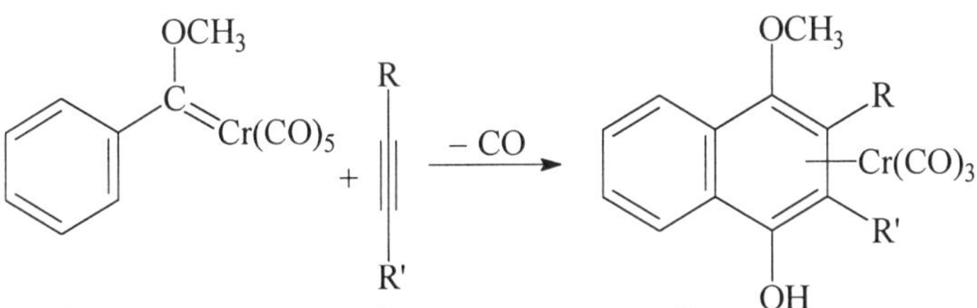

1 **2** **3**

Die Verknüpfung α,β-ungesättigter Chrom-Carben-Komplexe **1** mit einem Alkin **2** unter Komplexierung durch ein Chromzentrum wird als *Dötz-Reaktion*[1-3] bezeichnet. Als Primärprodukt erhält man den Chromtricarbonyl-Komplex eines Hydrochinon-Derivats **3**, der sich problemlos unter Abspaltung des Chroms in ein Chinon- oder Hydrochinonderivat überführen läßt.

Durch photochemisch induzierte Eliminierung eines Carbonyl-Liganden läßt sich in dem α,β-ungesättigten Chrom-Carben-Komplex **1** eine freie Koordinationsstelle erzeugen. Somit wird die Möglichkeit geschaffen, ein Alkin zu komplexieren, es entsteht der Alkin-Carben-Carbonyl-Komplex **4**. Vermutlich erfolgt im nächsten Schritt eine Cycloaddition zum Vierringaddukt **5**. Die anschließende elektrocyclische Ringöffnung unter Insertion von Kohlenmonoxid führt zum Vinylketen-Komplex **6**:[3-5]

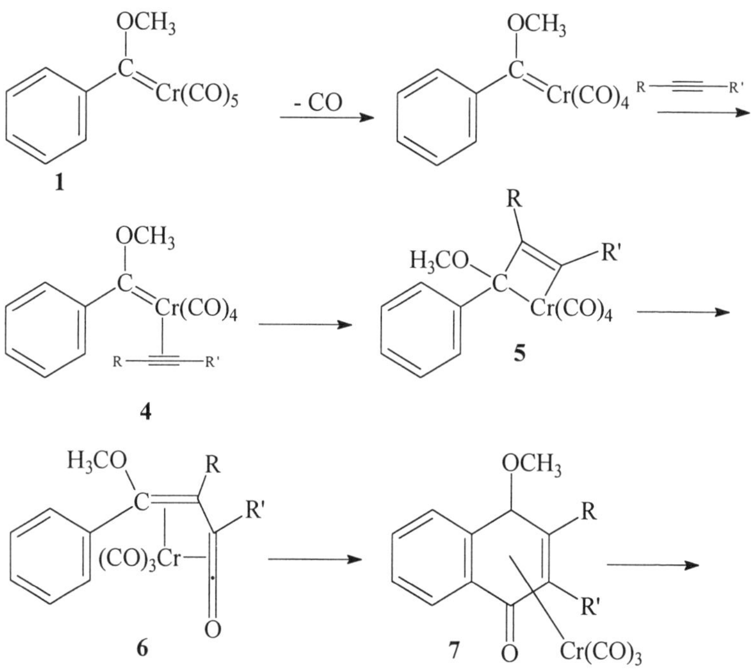

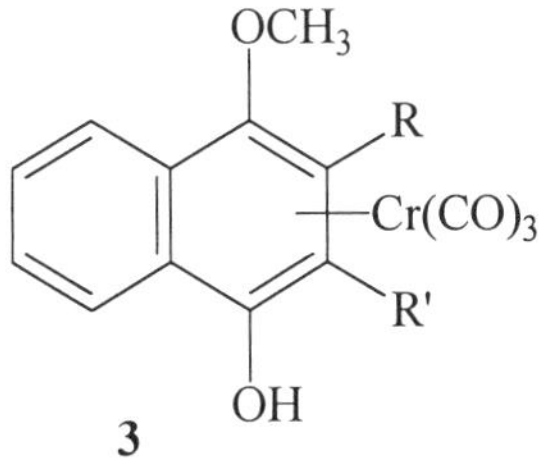

3

Durch elektrocyclischen Ringschluß erhält man den Cyclohexadienon-Komplex **7**, der durch Protonenverschiebung zu dem Chromtricarbonyl-Hydrochinon-Komplex **3** weiterreagiert.

Die geringe Regioselektivität des Alkineinbaus stellt bei unsymmetrischen Acetylenen ein Problem der Dötz-Reaktion dar. Bei Alkinen, deren Alkylsubstituenten sich in der Größe nur gering unterscheiden, erhält man Isomerengemische. Eine Lösung stellt die intramolekulare Reaktion dar, wie sie von *Semmelhack et al.*[6] durchgeführt wurde. Dabei sind die Reaktionspartner durch eine leicht abspaltbare -OCH_2CH_2O-Brücke verknüpft:

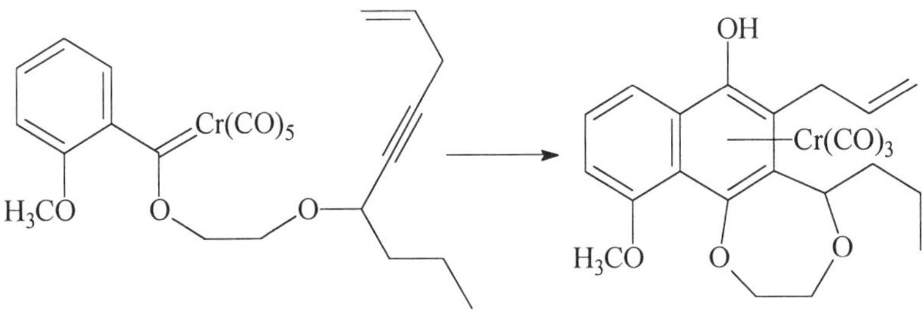

Der präparative Wert der Dötz-Reaktion zeigt sich anschaulich bei der Synthese des Vitamins $K_{1(20)}$ **10** (vereinfachte Darstellung) , das aus dem Chrom-Carben-Komplex **8** und dem Alkin **9** in nur zwei Reaktionsschritten erhalten werden kann, wobei der zweite Schritt aus einer Oxidation unter Abspaltung von Chrom besteht:[7]

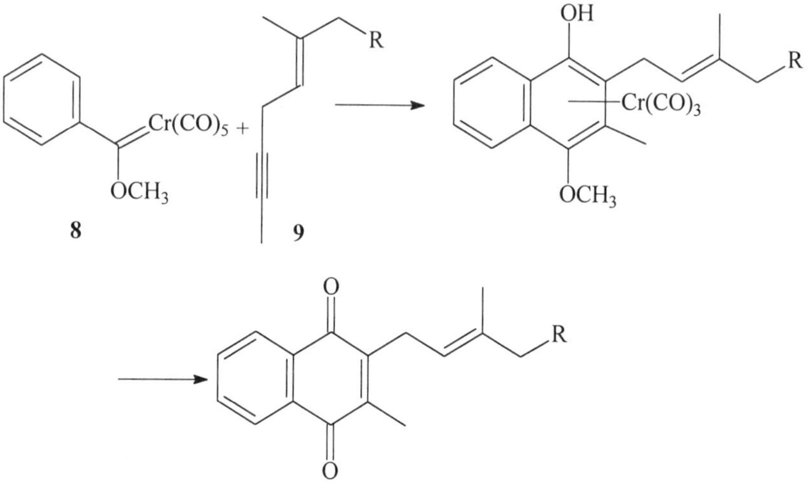

8 9

10

Die Chrom-Carben-Komplexe **13**, die auch als *Fischer-Carben-Komplexe*[3] bezeichnet werden, lassen sich bequem durch Umsetzung von Chromhexacarbonyl **11** mit einer Organolithium-Verbindung **12** und anschließende Alkylierung herstellen:

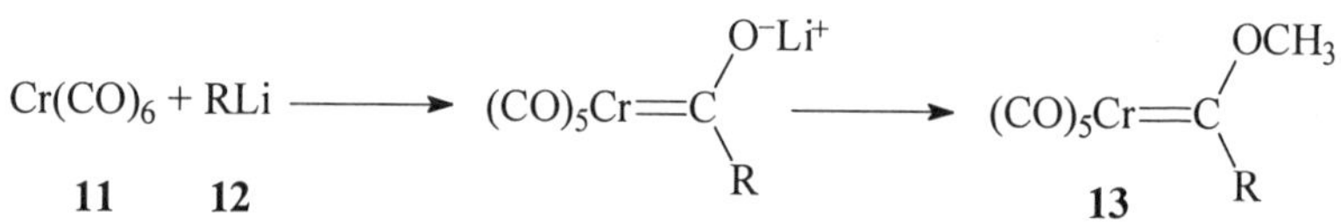

11 **12** **13**

Die α,β-ständige Doppelbindung des Carben-Komplexes **1** ist häufig Bestandteil eines Aromaten oder Heteroaromaten, kann aber auch Teil eines Olefins sein. Die Reaktionsbedingungen der Dötz-Reaktion sind relativ mild, so daß zahlreiche funktionelle Gruppen die Reaktion nicht stören, die Ausbeuten sind häufig gut. Ein Nachteil stellt der Gebrauch von Chromhexacarbonyl dar, einem Stoff, dem man ein krebserzeugendes Potential[8] zuschreibt, den man aber bisher noch nicht durch andere Verbindungen ersetzen kann. Besonderes Interesse verdient die Benzoanellierung für die Synthese der potentiell cytostatisch wirksamen Anthracyclinone.[9]

1) K. H. Dötz, *Angew. Chem.* **1975**, *87*, 672-673; *Angew. Chem. Int. Ed. Engl.* **1975**, *14*, 644.

2) N. E. Schore, *Chem. Rev.* **1988**, *88*, 1081-1119.
3) J. Mulzer, H.-U. Reissig, H.-J. Altenbach, M. Braun, K. Krohn, *Organic Synthesis Highlights*, VCH, Weinheim, **1991**, S. 186-191.
4) K. S. Chan, G. A. Peterson, T. A. Brandvold, K. L. Faron, C. A. Challener, C. Hyldahl, W. D. Wulff, *J. Organomet. Chem.* **1987**, *334*, 9-56.
5) J. S. McCallum, F.-A. Kunng, S. R. Gilbertson, W. D. Wulff, *Organometallics* **1988**, *7*, 2346-2360.
6) M. F. Semmelhack, J. J. Bozell, L. Keller, T. Sato, E. J. Spiess, W. D. Wulff, A. Zask, *Tetrahedron* **1985**, *41*, 5803-5812.
7) K. H. Dötz, *Angew. Chem.* **1984**, *96*, 573-594; *Angew. Chem. Int. Ed. Engl.* **1984**, *23*, 587.
8) L. Roth, *Krebserzeugende Stoffe*, Wissenschaftliche Verlagsgesellschaft, Stuttgart, **1983**, S. 16.
9) K. H. Dötz, M. Popall, *Chem. Ber.* **1988**, *121*, 665-672.

Elbs-Reaktion

Persulfat-Oxidation von Phenolen

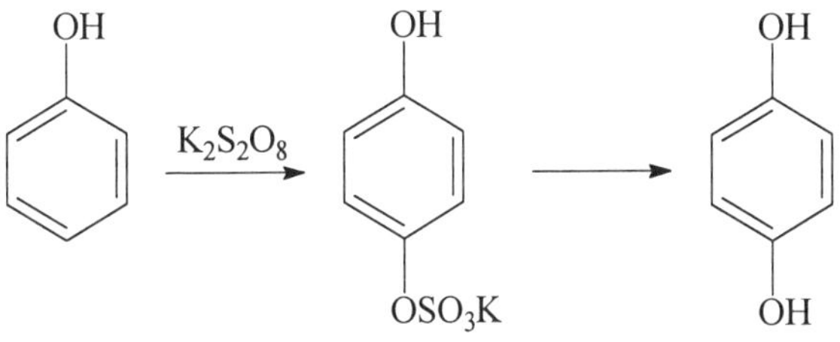

1 **2** **3**

Unter der *Elbs-Reaktion*[1,2] versteht man die Hydroxylierung von Phenolen **1** zu 1,2- bzw. 1,4-Dihydroxybenzolen **3**. Als Oxidationsmittel werden Persulfat-Ionen in alkalischer Lösung eingesetzt.

Durch Basen werden Phenole zu resonanzstabilisierten Phenolaten **4** deprotoniert, womit eine Aktivierung gegenüber elektrophilen Reagenzien in *ortho*- und *para*-Position verbunden ist:

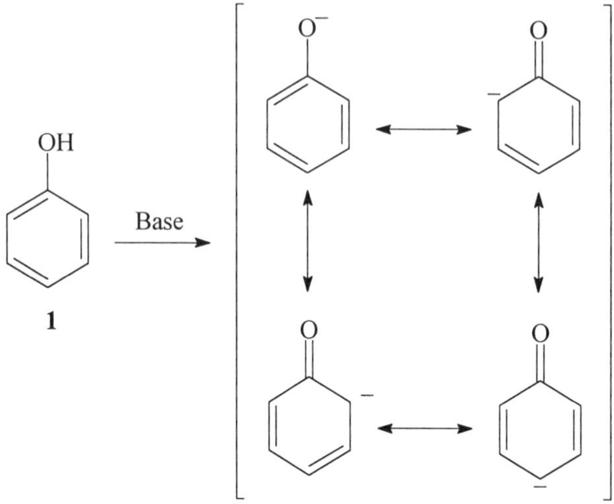

1

4

Der elektrophile Angriff des Persulfats erfolgt bevorzugt in *para*-Stellung unter Bildung des Cyclohexadienons **5**, das durch Protonenabspaltung rearomatisiert. Anschließende Hydrolyse des Intermediats **6** liefert das Dihydroxybenzol **3**:

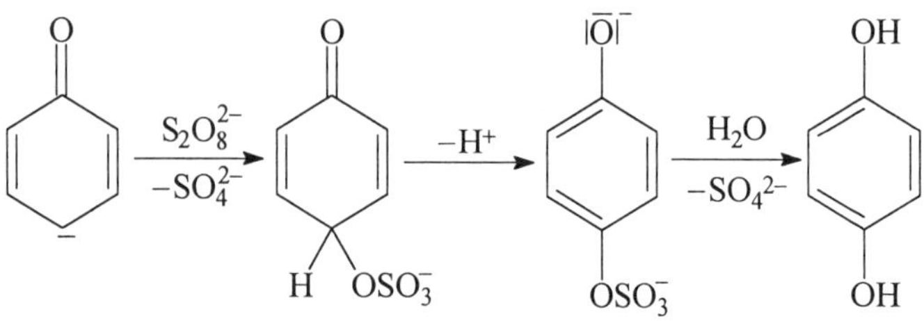

5 **6** **3**

Als Hauptprodukt der Elbs-Reaktion wird das 1,4-Dihydroxybenzol (Hydrochinon) gebildet. Sollte diese Position bereits durch einen Substituenten belegt sein, so erfolgt die Reaktion in einer der beiden *ortho*-Stellungen zu einem Brenzkatechinderivat, jedoch sind die Ausbeuten hierbei deutlich schlechter.

Durch Kupfer-katalysierte Oxidation von Phenolen mit Sauerstoff lassen sich gute Ausbeuten an Brenzkatechinen **7** erzielen, was eine Ergänzung zur üblichen Reaktionsführung darstellt:[3)]

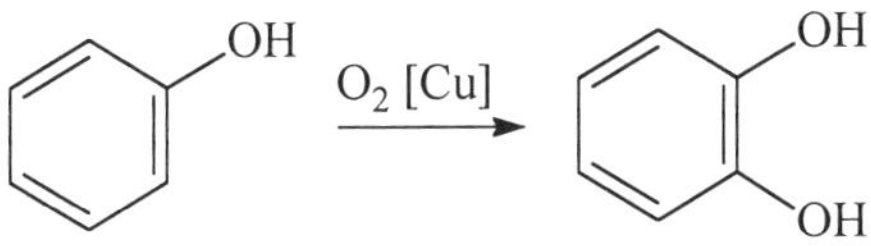

1 **7**

Diese Reaktion, die man als Variante der Elbs-Reaktion auffassen kann, liefert gute bis sehr gute Ausbeuten, was bei der klassischen Durchführung (häufig mit weniger als 50 % Ausbeute) nicht der Fall ist. Trotzdem ist die Elbs-Reaktion ein brauchbares Verfahren zur Herstellung von Dihydroxybenzolen; die Durchführung ist einfach, und die Reaktionsbedingungen sind so mild, daß zahlreiche funktionelle Gruppen nicht angegriffen werden.

1) K. Elbs, *J. Prakt. Chem.* **1893**, 48, 179-185.
2) E. J. Behrman, *Org. React.* **1988**, *35*, 421-511.
3) P. Capdevielle, M. Maumy, *Tetrahedron Lett.* **1982**, *23*, 1573-1576, 1577-1580.

En-Reaktion

Addition einer Doppelbindung an ein Olefin mit allylischem Wasserstoffatom

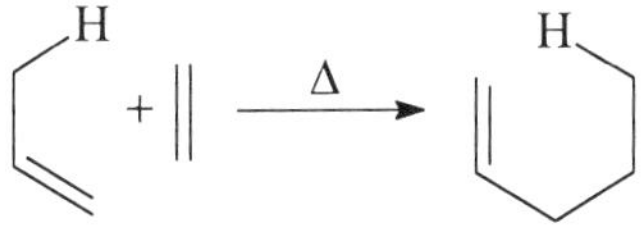

1 **2** **3**

Die *En-Reaktion* wurde erstmals von *Alder*[1)] als Reaktionsprinzip erkannt und systematisch untersucht. Es handelt sich dabei um die thermische Addition einer Doppelbindung (*Enophil*) **2** an ein Olefin mit mindestens einem allylischen

Wasserstoffatom (*En*) **1**,[2] wobei die intramolekulare Variante[3] eine größere Bedeutung als die intermolekulare besitzt.

Der Mechanismus der En-Reaktion ähnelt dem der →*Diels-Alder-Reaktion* und der 1,5-sigmatropen Wasserstoffverschiebung. Allen dreien wird ein sechsgliedriger aromatischer Übergangszustand zugeschrieben.

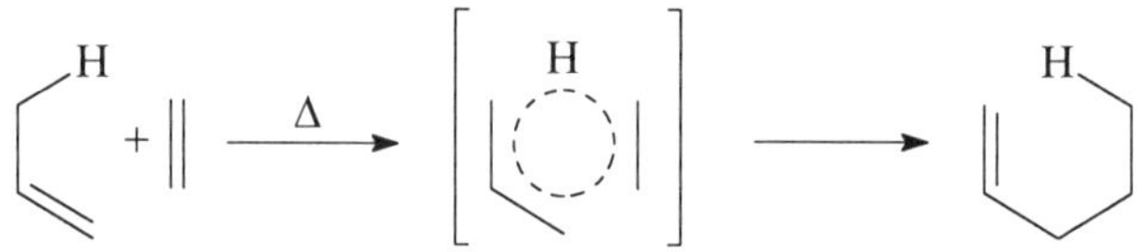

1 **2** **3**

Die Reaktion umfaßt die allylische Wanderung einer Doppelbindung, Übertragung des allylischen Wasserstoffatoms und Bindungsknüpfung zwischen En und Enophil. Die experimentellen Befunde deuten auf einen konzertierten Mechanismus hin. Als alternatives Intermediat könnte ein Diradikal **4** gebildet werden, doch sollte dieses zumindest teilweise zum Cyclobutanderivat **5** reagieren. Läßt sich dieses nicht als Nebenprodukt nachweisen, so kann der diradikalische Reaktionsverlauf ausgeschlossen werden:

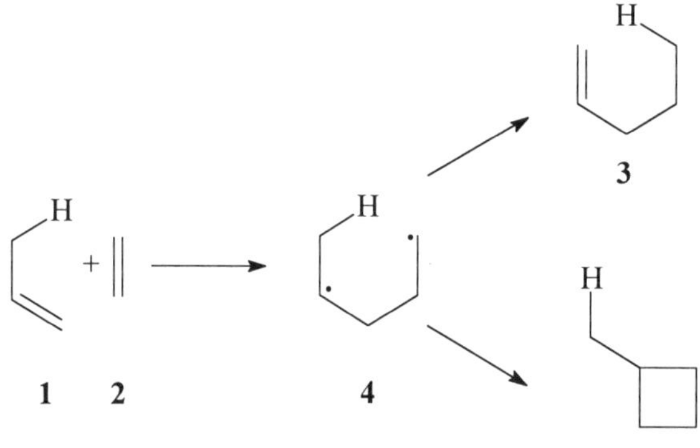

1 **2** **4** **3** **5**

Das Enophil sollte elektronenarm sein; es kann sich um eine C-C-Doppel- bzw. -Dreifachbindung, um eine Carbonylgruppe oder eine Azoverbindung handeln. Das allylische Wasserstoffatom reagiert besonders schnell, wenn es primär ist; ein sekundäres H-Atom wird langsamer abstrahiert, ein tertiäres reagiert noch schlechter. Durch Substituenten am Enophil treten Orientierungsprobleme auf, man erhält häufig ein Isomerengemisch. Der Acrylsäureester **6** reagiert mit Propen **1** zu den beiden Regioisomeren **7** (88 %) und **8** (12 %):

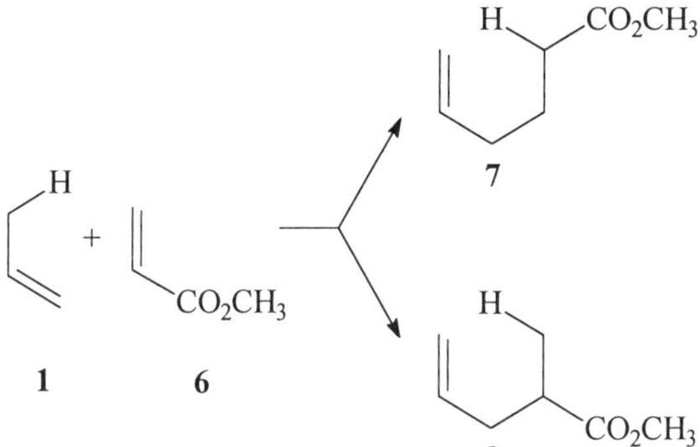

1 **6** **7** **8**

Die intramolekulare Variante ist präparativ von größerer Bedeutung, so sind gerade in den letzten zehn Jahren eine Reihe interessanter Anwendungen gefunden worden.[4-6] Es lassen sich drei Typen der intramolekularen En-Reaktion unterscheiden:[3]

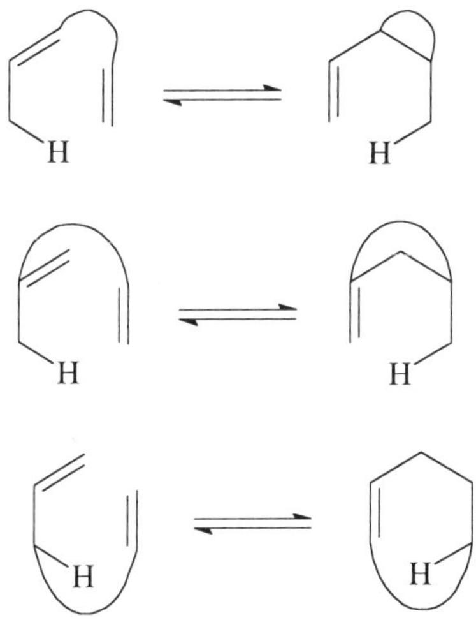

Ein modernes Beispiel ist die intramolekulare *Magnesium-En-Reaktion* des Diens **9** zu dem Fünfringprodukt **10**. Die Reaktion ist regio- und stereoselektiv und stellt den Schlüsselschritt der Synthese des Sesquiterpens 6-Protoilluden[6] dar:

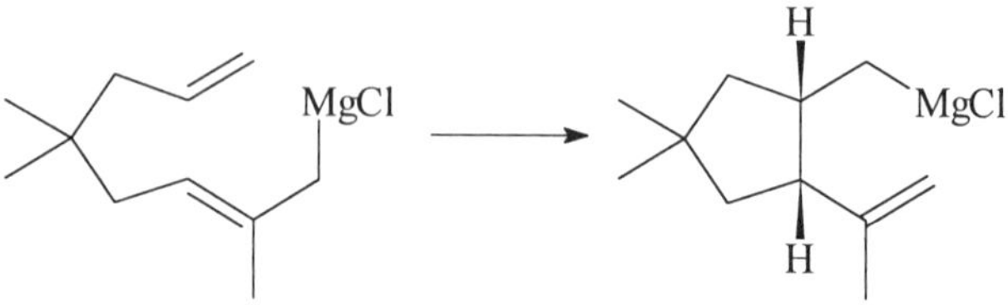

9 **10**

Auch die Rückreaktion, die sogenannte *Retro-En-Reaktion*[7] besitzt eine gewisse präparative Bedeutung; Druckerhöhung begünstigt die En-Reaktion, höhere Temperaturen die Retro-En-Reaktion.[2] Weiterhin kann durch Ringspannungseffekte das Gleichgewicht auf die Seite der Diene verschoben werden. Das Vinylcyclopropan **11** wird in einem synchronen Prozeß unter Ringöffnung zum Dien **12** umgelagert. Es handelt sich formal um die Rückreaktion einer intramolekularen En-Reaktion:

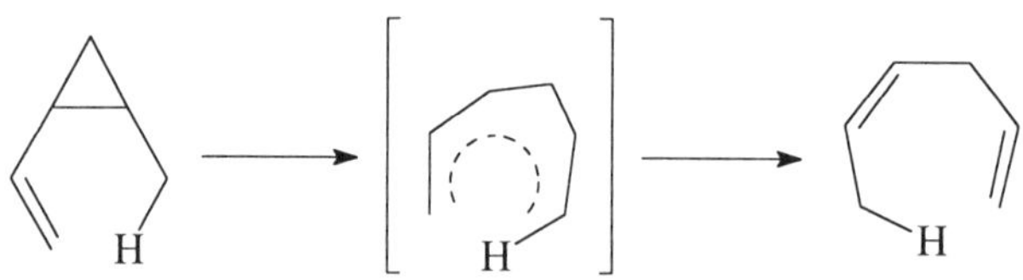

11 **12**

β-Hydroxyalkene sind besonders geeignete Substrate; als Produkte werden eine Carbonylverbindungen freigesetzt. Die Retro-En-Reaktion von β-Hydroxyacetylenen **13** kann präparativ für die Synthese von Allenen genutzt werden:[8]

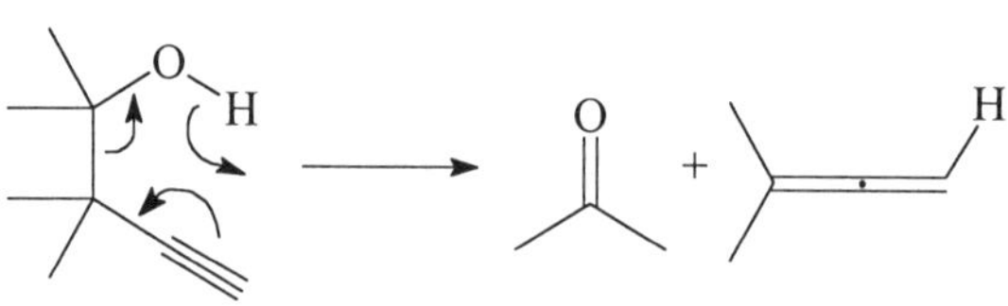

13 **14**

Bei der *Schenk-En-Reaktion*[9] (auch einfach als *Schenk-Reaktion* bezeichnet) handelt es sich um eine Oxo-Variante, bei der ein Olefin **15** durch Singulettsauerstoff in Allylposition oxidiert wird. Die dabei gebildeten Allylhydroperoxide **16** sind wertvolle Synthesebausteine für die präparative Organische Chemie:

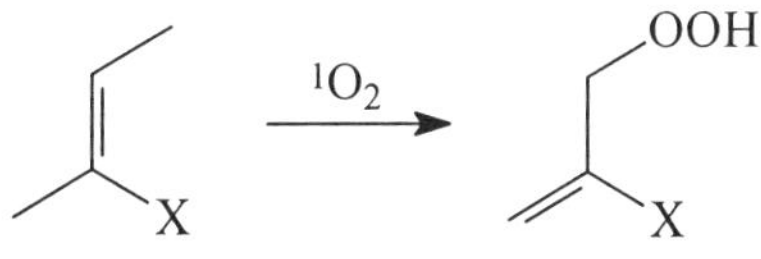

15 **16**

Das Interesse an der Schenk-Reaktion ist in den letzten Jahren deutlich gestiegen, da es gelungen ist, hohe Stereoselektivitäten mit Hilfe dieses Reaktionsprinzips zu verwirklichen.[9)]

Für den Aufbau von Stickstoffheterocyclen und für die Totalsynthese von Alkaloiden ist die *Imino-En-Reaktion*[10)] eine Methode mit großem präparativen Potential. Dessen ungeachtet besitzt sie zum gegenwärtigen Zeitpunkt noch keine große präparative Bedeutung.

Typische Bedingungen für die En-Reaktion einfacher Verbindungen sind 20 h, 220 °C und ein aromatisches Lösungsmittel wie Trichlorbenzol. Die Lewis-Säure-katalysierte (z. B. Eisen(III)-chlorid) intramolekulare Variante ermöglicht, die Reaktion bei -78 °C (in Dichlormethan) durchzuführen.[4)] Die Ausbeuten variieren in Abhängigkeit vom Substrat sehr stark.

1) K. Alder, F. Pascher, A. Schmitz, *Ber. Dtsch. Chem. Ges.* **1943,** *76*, 27-53.
2) H. M. R. Hoffmann, *Angew. Chem.* **1969**, *90*, 597-618; *Angew. Chem. Int. Ed. Engl.* **1969**, *8*, 556.
3) W. Oppolzer, V. Snieckus, *Angew. Chem.* **1978**, *90*, 506-516; *Angew. Chem. Int. Ed. Engl.* **1978**, *17*, 476.
4) L. F. Tietze, U. Beifuß, *Synthesis* **1988**, 359-362.
5) L. F. Tietze, U. Beifuß, *Angew. Chem.* **1985**, *97*, 1067-1069; *Angew. Chem. Int. Ed. Engl.* **1985**, *24*, 1042.
6) W. Oppolzer, A. Nakao, *Tetrahedron Lett.* **1986**, *27*, 5471-5474.
7) J.-L. Ripoll, Y. Vallée, *Synthesis* **1993**, 659-677.
8) A. Viola, J. J. Collins, N. Filipp, *Tetrahedron* **1981**, *37*, 3772-3811.
9) M. Prein, W. Adam, *Angew. Chem.* **1996**, *108*, 519-538; *Angew. Chem. Int. Ed. Engl.* **1996**, *35*, 495.
10) R. M. Borzilleri, S. M. Weinreb, *Synthesis* **1995**, 347-360.

Esterpyrolyse

Olefine durch Pyrolyse von Carbonsäureestern

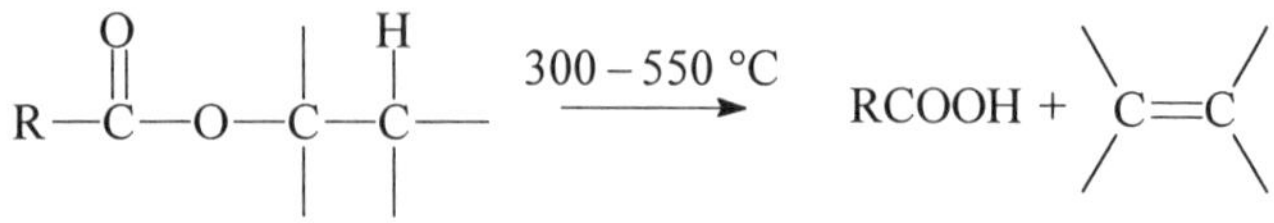

1 2 3

Carbonsäureester **1**, deren Alkylgruppe ein β-Wasserstoffatom enthält, können durch Pyrolyse - häufig in der Gasphase - in die entsprechende Carbonsäure **2** und ein Olefin **3** überführt werden.[1,2] Hierzu ist kein Lösungsmittel erforderlich.

Die Reaktion verläuft nach einem E_i-Mechanismus. Bei dieser Art von Eliminierung verlassen beide austretende Gruppen gleichzeitig das Substratmolekül und gehen währenddessen miteinander eine Bindung ein. Es handelt sich somit um eine *syn*-Eliminierung, die im Fall der Acetat-Pyrolyse über einen sechsgliedrigen Übergangszustand **4** verläuft:

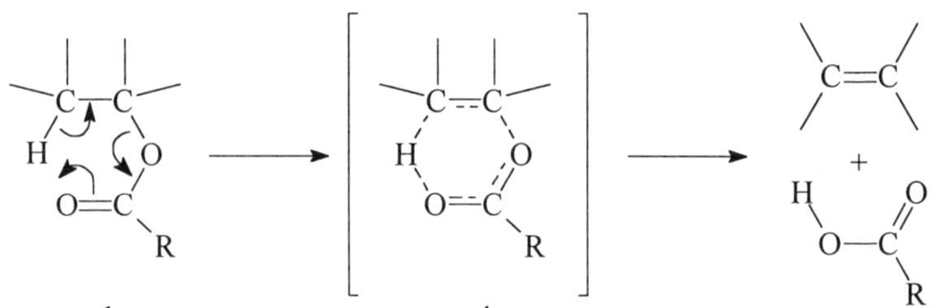

1 4

Für die Orientierung der Doppelbindung gelten dieselben Regeln wie bei anderen Eliminierungen. Entsprechend der *Bredtschen Regel* werden keine Doppelbindungen zu Brückenkopfatomen gebildet. Ist durch die Eliminierung die Bildung eines konjugierten Systems möglich, so wird dieses bevorzugt gebildet. Ansonsten wird oft die *Hofmann-Regel* befolgt (Eliminierung in Richtung des am geringsten substituierten Kohlenstoffatoms).

Da es sich um eine *syn*-Eliminierung handelt, ist ein *cis*-β-Wasserstoffatom erforderlich, was beispielsweise bei cyclischen Substraten eine Rolle spielt. In sechsgliedrigen Ringen muß das β-Wasserstoffatom bei axialer Estergruppe äquatorial stehen. Daher wird bei der Pyrolyse von **5** nur **6** gebildet:[3)]

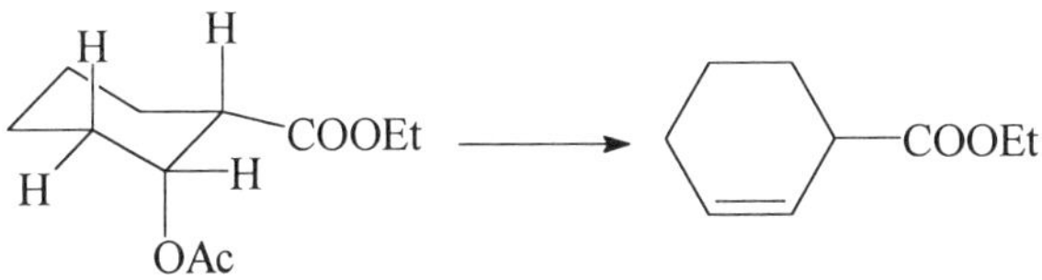

5 **6**

Steht allerdings die Estergruppe äquatorial, ist Eliminierung in beide Richtungen möglich, da ein sechsgliedriger Übergangszustand nicht streng coplanar zu sein braucht. Entsprechend liefert die Pyrolyse von **7** sowohl **8** als auch **6**, wobei die Reaktion zu **8** wegen der Bildung eines konjugierten Systems stark überwiegt:[3)]

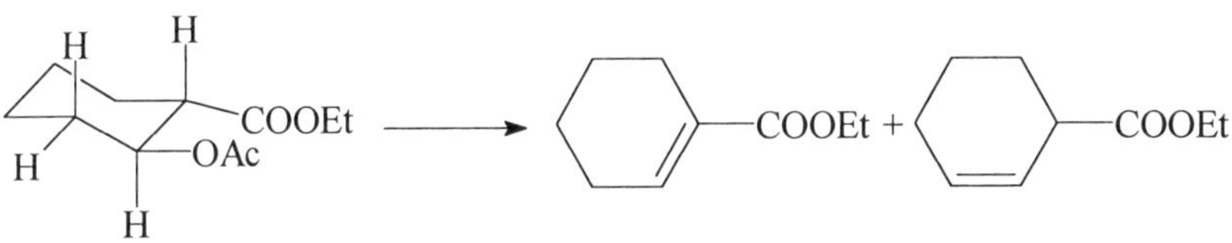

7 **8** (97 %) **6** (3 %)

Da Umlagerungen und Nebenreaktionen selten sind, ist die Reaktion präparativ sehr brauchbar und wird oft anstelle der Eliminierung von Alkoholen durchgeführt. Die Ausbeuten sind in der Regel sehr gut, außerdem ist die Aufarbeitung sehr einfach. Viele Olefine wurden auf diese Weise erstmals synthetisiert. Für höhere Olefine (>C_{10}) stellt die Pyrolyse des Alkohols in Gegenwart von Essigsäureanhydrid häufig die bessere Methode dar.[4)]

Die Pyrolyse von Lactonen **9** führt zu ungesättigten Säuren **10**:[5)]

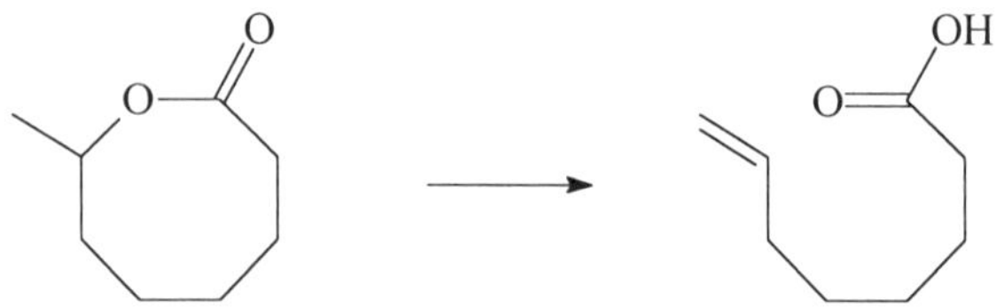

9 **10**

Diese Reaktion verläuft allerdings nur unter der Voraussetzung, daß ein sechsgliedriger Übergangszustand möglich ist; daher ist die Umsetzung mit fünf- und sechsgliedrigen Lactonen nicht möglich, wohl aber mit größeren Vertretern.

1) C. H. DePuy, R. W. King, *Chem. Rev.* **1960**, *60*, 431-457.
2) A. Maccoll in *The Chemistry of Alkenes* (Hrsg.: S. Patai), Wiley, New York, **1964**, S. 217-221.
3) W. A. Bailey, R. A. Baylouny, *J. Am. Chem. Soc.* **1959,** *81*, 2126-2129.
4) D. W. Aubrey, A. Barnatt, W. Gerrard, *Chem. Ind. (London)* **1965**, 681.α
5) W. J. Bailey, C. N. Bird, *J. Org. Chem.* **1977**, *42*, 3895-3899.

Favorskii-Umlagerung

Umlagerung von α-Halogenketonen zu Carbonsäureestern

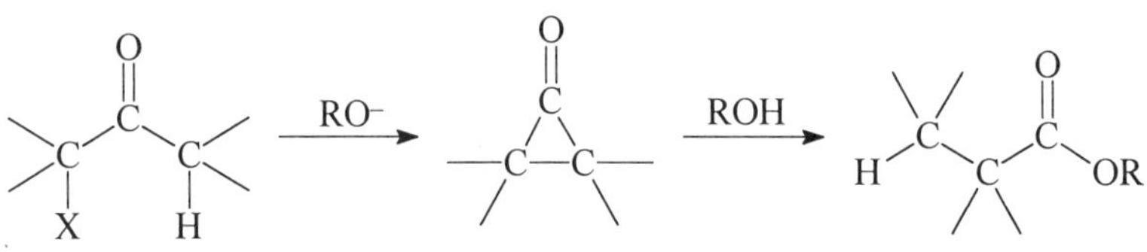

1 **2** **3**

Unter Einwirkung von Basen lagern α-Halogenketone **1** zu Carbonsäuren oder ihren Derivaten **3** um. Dieses wird allgemein als *Favorskii-Umlagerung*[1,2] bezeichnet. Als Base werden Hydroxide, Alkoholate oder Amine verwendet, als Halogene kommen Chlor, Brom und Iod in Frage.

Im ersten Reaktionsschritt[3,4] abstrahiert die Base in α'-Position ein Proton, wodurch ein Carbanion **4** entsteht, das in einer intramolekularen Substitutionsreaktion einen Cyclopropanring **2** bildet. Hierbei fungiert das Halogenid als Abgangsgruppe:

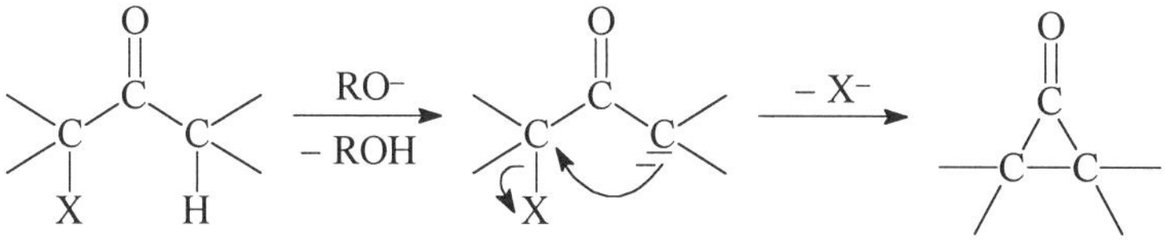

1 **4** **2**

Durch Addition der Base an das Intermediat **2** wird die Ringöffnung eingeleitet. Sind die Reste gleich, so ist **2** symmetrisch, und der Ring kann auf beiden Seiten der Carbonylgruppe geöffnet werden. Ist **2** nicht symmetrisch, wird im allgemeinen die Bindung gebrochen, die zu dem stabileren Carbanion **5** führt:

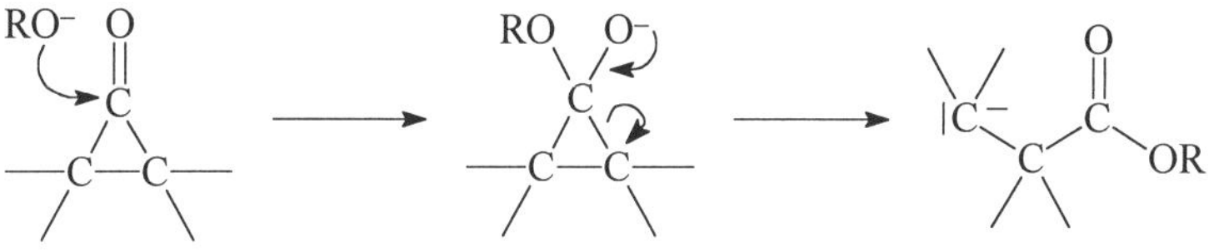

2 **5**

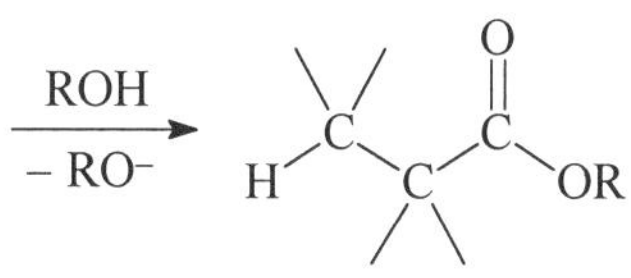

3

Das Carbanion wird protoniert und bildet eine Carbonsäure bzw. ein Derivat **3**: Alkoholate führen zu den entsprechenden Estern, Hydroxide zu den Salzen der Carbonsäure.

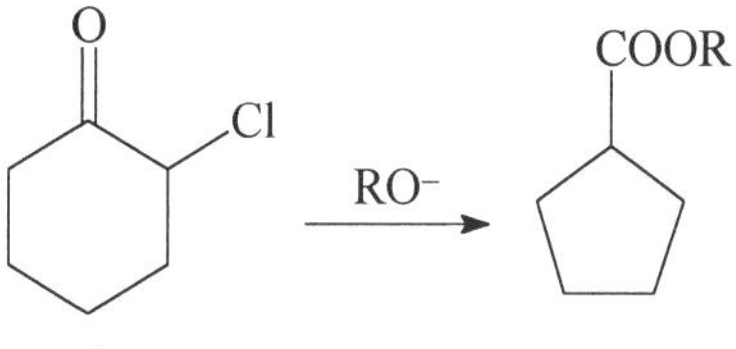

6

Bei cyclischen α-Halogenketonen **6** führt die Favorskii-Reaktion zu einer Ringverengung um ein Kohlenstoffatom. In der Cuban-Synthese von *Eaton* und *Cole*[5] ist dieses eine Schlüsselreaktion zum Aufbau des kubischen Kohlenstoffgerüsts:

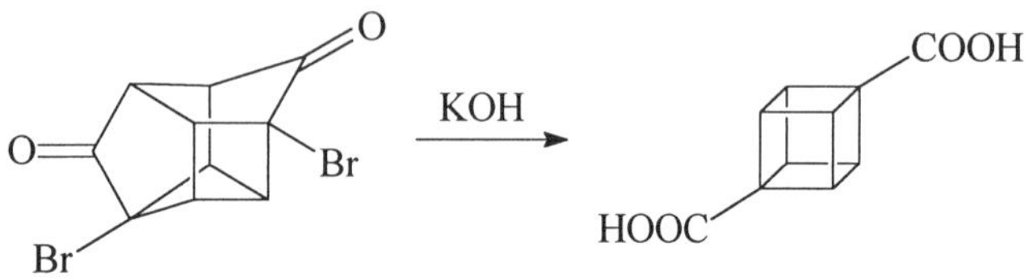

Unter den Bedingungen der Favorskii-Reaktion lagern α,α-Dihalogenketone **7** (oder α,α'-Dihalogenketone) zu α,β-ungesättigen Estern **8** um.[6] Voraussetzung ist, daß die α-Position mindestens ein Wasserstoffatom trägt:

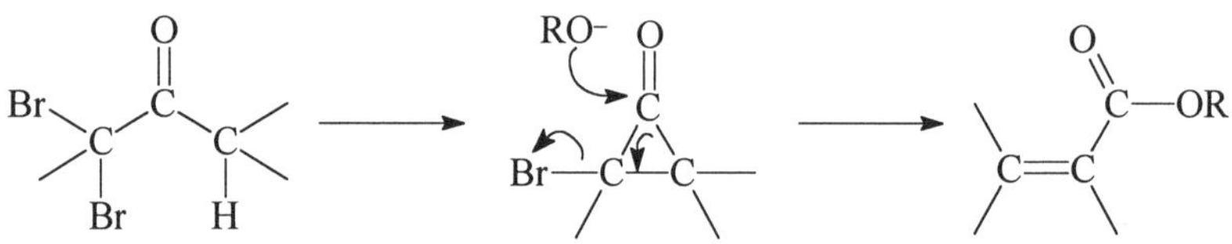

7 **8**

Die Umlagerung unter Ringverengung ist die wohl wichtigste Anwendung der Favorskii-Reaktion, was unter anderem bei Steroidsynthesen genutzt werden kann. Die Ausbeuten variieren von gut bis befriedigend, bevorzugte Lösungsmittel sind Diethylether und Alkohole. Bei acyclischen α-Halogenketonen beeinträchtigen voluminöse Substituenten in α'-Position die Ausbeute, ein *tert.*-Butylrest verhindert die Umlagerung.

1) A. Favorskii, *J. Prakt. Chem.* **1895**, *51*, 533-563.
2) A. S. Kende, *Org. React.* **1960**, *11*, 261-316.
3) C. Rappe in *The Chemistry of the Carbon-Halogen Bond* (Hrsg.: S. Patai), Wiley, New York, **1973**, Bd. 2, S. 1084-1101.
4) H. H. Wasserman, G. M. Clark, P.C. Turley, *Top. Curr. Chem.* **1974**, *47*, 73-156.
5) P. E. Eaton, T. W. Cole, Jr., *J. Am. Chem. Soc.* **1964**, *86*, 962.
6) A. Abad, M. Arnó, J. R. Pedro, E. Seone, *Tetrahedron Lett.* **1981**, 1733-1736.

Finkelstein-Reaktion

Umhalogenierung von Alkylhalogeniden

$$R{-}X \underset{-X^-}{\overset{+Y^-}{\rightleftharpoons}} R{-}Y$$

Die Umhalogenierung von Alkylhalogeniden wird oft auch als *Finkelstein-Reaktion*[1-3] bezeichnet. Für eine präparative Nutzung ist es entscheidend, das Gleichgewicht (auch entgegen der üblichen Reaktivität) zur gewünschten Seite zu verschieben. Dieses kann unter anderem durch Löslichkeitseffekte geschehen.

Bei primären Halogenverbindungen läuft die Finkelstein-Reaktion gemäß eines S_N2-Mechanismus am Alkylhalogenid **1** ab. Als Nucleophil setzt man das zweite Halogenid in Form seines Alkalisalzes ein:[3]

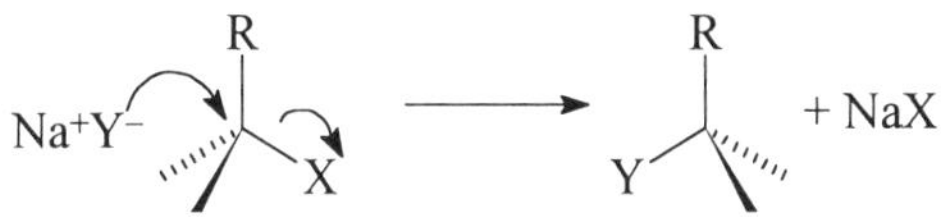

1

Die größte präparative Bedeutung besitzt der Austausch von Chlor oder Brom durch Iod, denn Iodide sind reaktionsfähiger und somit für weitere Synthesen besser geeignet als die entsprechenden Chloride und Bromide. Da einige Iodide nicht oder nur schlecht direkt hergestellt werden können, wählt man den Umweg über die Finkelstein-Reaktion.

Hierfür lassen sich Löslichkeitsunterschiede ausnutzen: Natriumiodid ist im Gegensatz zu Natriumchlorid und -bromid in Aceton gut löslich. Bei der Reaktion fällt das schlecht lösliche Chlorid bzw. Bromid aus und wird somit dem Gleichgewicht entzogen, wodurch die Alkyliodide in guten Ausbeuten zugänglich sind. Alkylbromide lassen sich leichter als die entsprechenden Chloride umhalogenieren. Besonders reaktiv sind α-Halogenketone, α-Halogencarbonsäuren und ihre Derivate sowie Allyl- und Benzylhalogenide.

Sekundäre und tertiäre Halogenide reagieren oft nicht oder nur schlecht. Infolgedessen lassen sich Dichloride mit primär und sekundär gebundenem

Chlor selektiv umhalogenieren. Bei der Finkelstein-Reaktion sind die Geschwindigkeitsverhältnisse somit gerade umgekehrt wie bei der Hydrolyse von Chloriden. Bei sekundären und tertiären Halogeniden kann es sinnvoll sein, einen Lewis-Säure-Katalysator[4] wie $ZnCl_2$, $FeCl_3$ oder Me_3Al einzusetzen.

Bei der Synthese von Alkylfluoriden[5,6] liegt das Gleichgewicht dadurch, daß Fluorid eine sehr schlechte Abgangsgruppe ist, weit rechts; somit läuft die Rückreaktion nicht ab. Als Fluorierungsmittel finden zum Beispiel Kaliumfluorid, Silberfluorid oder wasserfreies Fluorwasserstoffgas Verwendung.

1) W. H. Perkin, B. F. Duppa, *Justus Liebigs Ann. Chem.* **1859**, *112*, 125-127.
2) H. Finkelstein, *Ber. Dtsch. Chem. Ges.* **1910**, *43*, 1528-1535.
3) A. Roedig, *Methoden Org. Chem. (Houben-Weyl)* **1960**, Bd. 5/4 S. 595-605.
4) J. A. Miller, M. J. Nunn, *J. Chem. Soc., Perkin Trans. 1,* **1976**, 416-420.
5) A. L. Henne, *Org. React.* **1944**, *2*, 49-93.
6) S. Rozen, R. Filler, *Tetrahedron* **1985**, *41*, 1111-1153.

Fischer-Indol-Synthese

Indole aus Arylhydrazonen

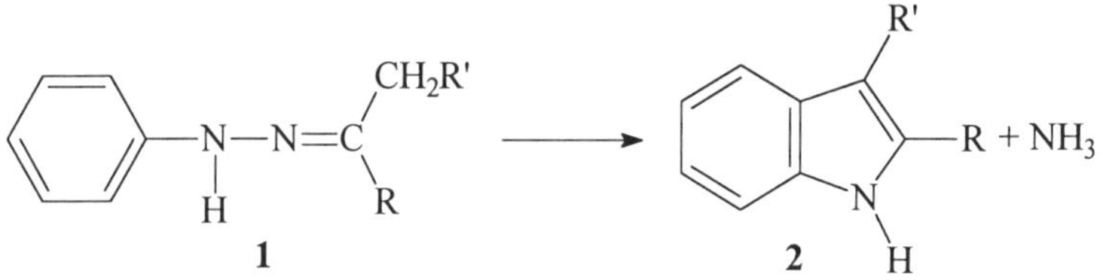

Durch Erhitzen von Arylhydrazonen **1** in Gegenwart eines Katalysators erhält man unter Eliminierung von Ammoniak ein Indol **2**. Diese Reaktion ist als *Fischer-Indol-Synthese*[1-7] bekannt und der →*Benzidin-Umlagerung* ähnlich.

Der Mechanismus, der zuerst von *G. M. Robinson* und *R. Robinson*[8] vorgeschlagen wurde, besteht aus drei Schritten. Der erste Schritt ist zunächst eine reversible Umlagerung des Phenylhydrazons **1** zu einem En-Hydrazin **3**:

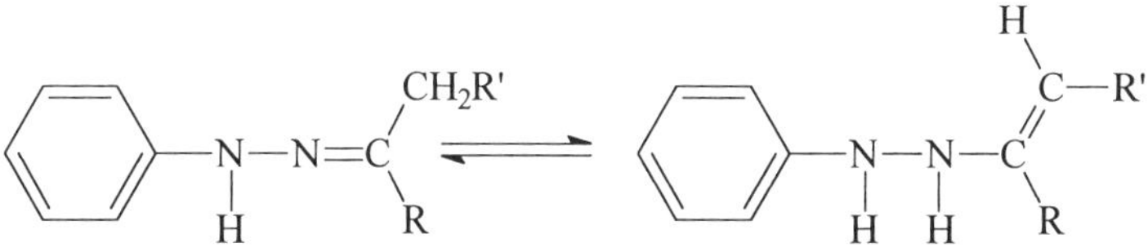

1 3

Daraufhin erfolgt in einer [3,3]-sigmatropen Umlagerung die Knüpfung einer neuen C-C-Bindung unter Bildung des Kations **4**:

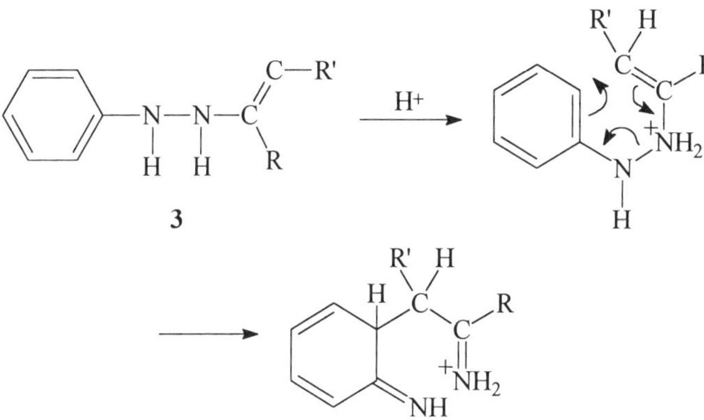

3 4

Diese elektrocyclische Reaktion ist mit der →*Claisen-Umlagerung* von Phenylallylether verwandt. Im letzten Schritt erfolgt schließlich die Bildung des Indols **2** unter Abspaltung von Ammoniak (hier in Form eines Ammonium-Ions):

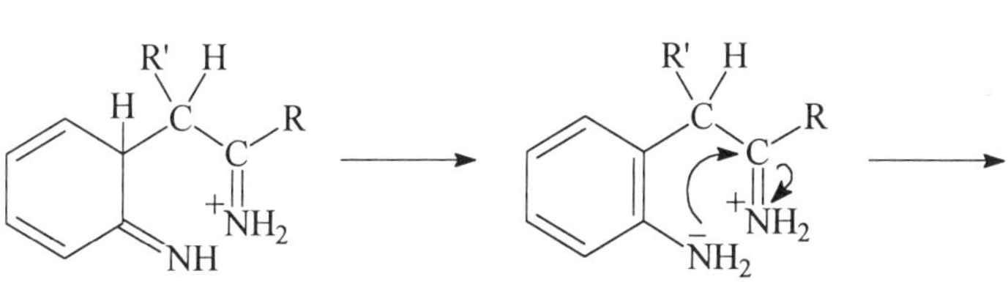

4 5

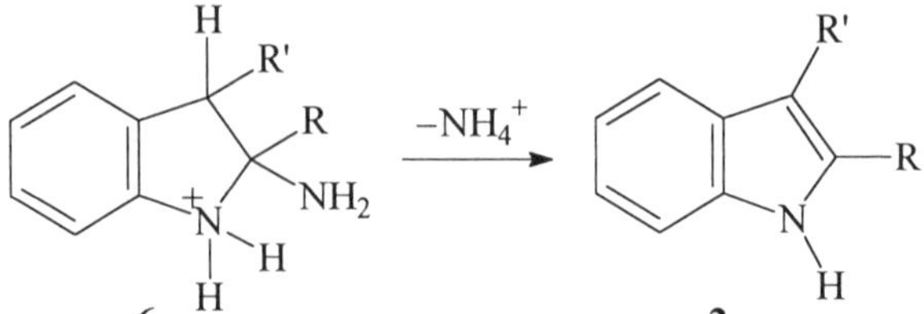

6 2

Der Mechanismus wird durch die Isolierung von Intermediaten wie **5** gestützt.[9-11] Außerdem konnte **5** durch ^{13}C- und ^{15}N-Kernresonanzspektroskopie nachgewiesen werden.[12] Weiterhin wurden Nebenprodukte isoliert, die nur aus **4** stammen können.[3] Schließlich haben ^{15}N-Markierungsexperimente gezeigt, daß nur das vom aromatischen System weiter entfernte Stickstoffatom in Form von Ammoniak eliminiert wird.[13]

Als Katalysatoren werden häufig Metallhalogenide, insbesondere Zinkchlorid, eingesetzt. Daneben finden auch Protonen- bzw. Lewis-Säuren und Übergangsmetalle Verwendung. Die Hauptfunktion des Katalysators scheint die Beschleunigung des zweiten Schritts - Bildung der neuen C-C-Bindung - zu sein.

Die als Edukte erforderlichen Hydrazone **1** können durch Behandlung von Aldehyden oder Ketonen **8** mit Arylhydrazinen **7** erhalten werden:

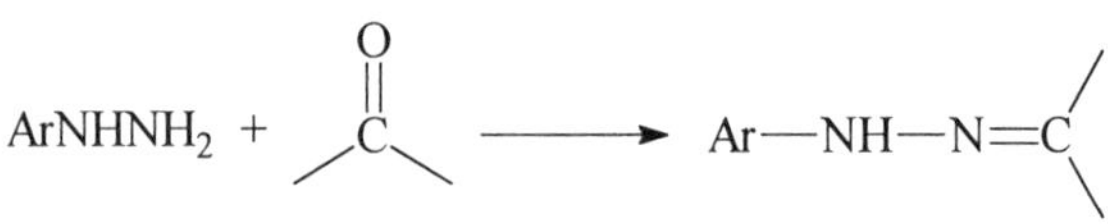

7 8 1

Um ein Indol erhalten zu können, muß die eingesetzte Carbonylverbindung **8** eine Methylengruppe enthalten. In der Praxis wird allgemein das Hydrazon **1** nicht isoliert, sondern eine äquimolare Mischung aus Arylhydrazin **7** und Aldehyd oder Keton **8** direkt unter den Bedingungen der Fischer-Indol-Synthese behandelt.[3] Eine weitere Möglichkeit zur Darstellung von Arylhydrazonen ist die →*Japp-Klingemann-Reaktion*.

Die Spannweite der Reaktion ist sehr groß; sie kann nicht nur zur Synthese substituierter Indole, sondern auch zur Darstellung anderer Systeme dienen. Unterwirft man beispielsweise Phenylhydrazone **9** von Cyclohexanon der Reaktion, so erhält man Tetrahydrocarbazole **10**:[5]

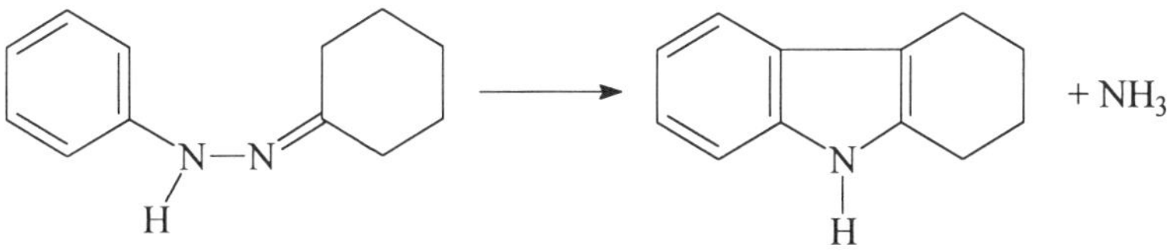

9 **10**

1) E. Fischer, F. Jourdan, *Ber. Dtsch. Chem. Ges.* **1883**, *16*, 2241-2245.
2) B. Robinson, *Chem. Rev.* **1969**, *69*, 227-250.
3) B. Robinson, *Chem. Rev.* **1963**, *63*, 373-401.
4) I. I. Grandberg, V. I. Sorodkin, *Russ. Chem. Rev.* **1974**, *43*, 115-128.
5) H. J. Shine, *Aromatic Rearrangements*, American Elsevier, New York, **1969**, S. 190-207.
6) R. J. Sundberg, *The Chemistry of Indoles*, Academic Press, New York, **1970**, S. 142-163.
7) B. Robinson, *The Fischer Indole Synthesis*, Wiley, New York, **1982**.
8) G. M. Robinson, R. Robinson, *J. Chem. Soc.* **1918**, *113*, 639-643.
9) P. L. Southwick, B. McGrew, R. R. Enge, G. E. Milliman, R. J. Owellen, *J. Org. Chem.* **1963**, *28*, 3058-3065.
10) P. L. Southwick, J. A. Vida, B.M. Fitzgerald, S. K. Lee, *J. Org. Chem.*, **1968**, *33*, 2051-2056.
11) T. P. Forrest, F. M. F. Chen, *J. Chem. Soc., Chem. Commun.* **1972**, 1067.
12) A. W. Douglas, *J. Am. Chem. Soc.* **1978**, *100*, 6463-6469; **1979**, *101*, 5676-5678.
13) K. Clusius, H. R. Weisser, *Helv. Chim. Acta* **1952**, *35*, 400-406.

Friedel-Crafts-Acylierung

Acylierung von Aromaten

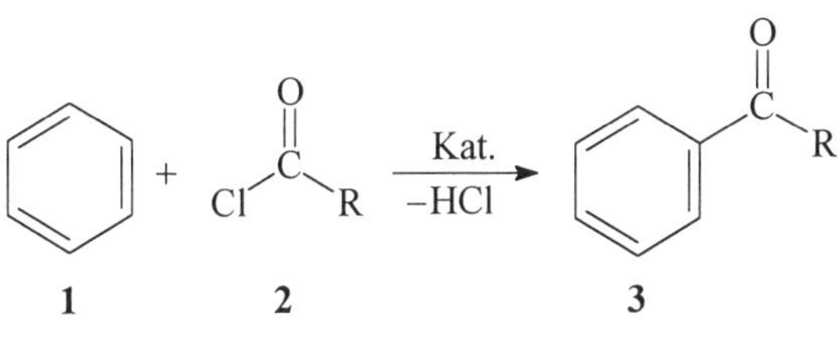

1 **2** **3**

Die wichtigste Synthesemethode für die Bildung aromatischer Ketone **3** stellt die *Friedel-Crafts-Acylierung* dar. Hierbei werden Aromaten **1** unter Lewis-Säure-Katalyse mit Carbonsäurechloriden **2** umgesetzt. Eng verwandt sind die ebenfalls nach *Friedel* und *Crafts* benannte Alkylierung von Aromaten sowie verschiedene andere Formylierungsreaktionen.

Eingeleitet wird die Reaktion durch die Bildung des Donor-Akzeptor-Komplexes **4** aus dem Säurechlorid **2** und der Lewis-Säure (hier Aluminiumtrichlorid), wodurch die Acylkomponente aktiviert wird. Dieser Komplex **4** kann zum Acylium-Ion **5** und einem Aluminiumtetrachlorid-Anion dissoziieren; sowohl **4** als auch **5** sind in der Lage, als Elektrophil mit dem Aromaten zu reagieren:

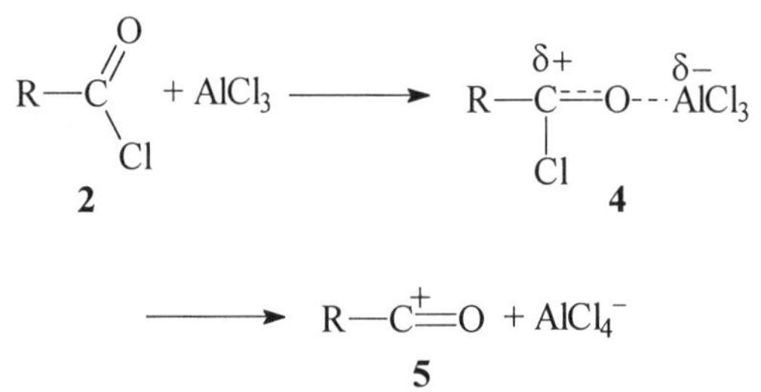

Der Mechanismus konnte durch den Nachweis sowohl des Komplexes **4** als auch des Acylium-Ions **5** (je nach Reaktionsbedingungen) gestützt werden; bei sterisch anspruchsvollen Resten am Säurechlorid sowie in polaren Lösungsmitteln läuft die Reaktion bevorzugt über das Acylium-Ion ab.[5] Das Elektrophil reagiert mit dem Aromaten unter Bildung eines σ-Komplexes (Cyclohexadienyl-Kation) **6**. Unter Abspaltung eines Protons rearomatisiert das Substrat und bildet ein Arylketon, wobei der Carbonylsauerstoff durch die Lewis-Säure komplexiert wird. Folglich muß abschließend der Produkt-Lewis-Säure-Komplex **7** hydrolytisch gespalten werden:

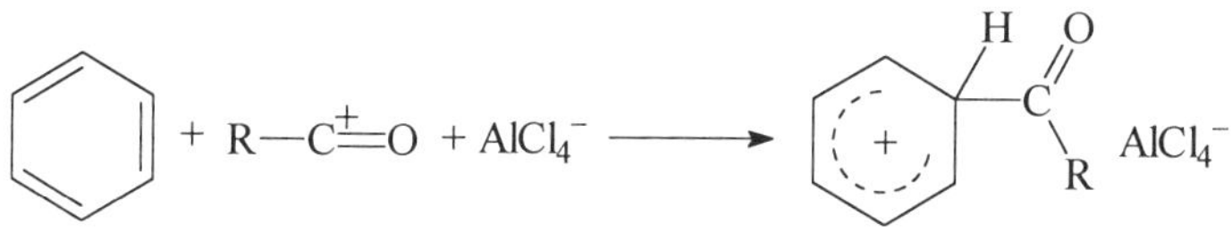

1 **5** **6**

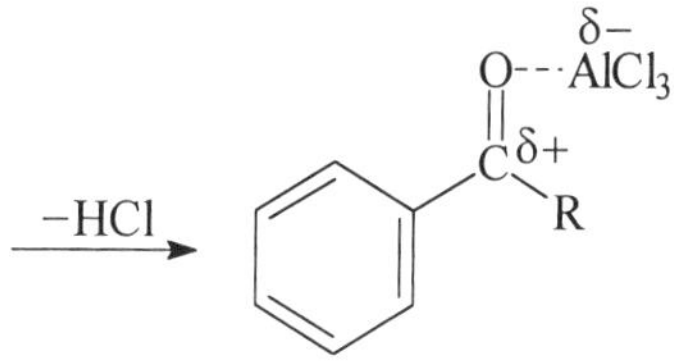

7

Aus diesem Grund muß der Katalysator in mindestens äquimolarer Menge eingesetzt werden.

Der Komplex **7** wie auch das Reaktionsprodukt **3** sind verglichen mit dem Edukt **1** weniger reaktiv, so daß im allgemeinen keine mehrfache Substitution erfolgt. Trägt der Aromat bereits einen oder mehrere Substituenten, so läßt sich das Acylierungsprodukt durch die bekannten Regeln für die Zweitsubstitution vorhersagen.

Die üblichen Nachteile der →*Friedel-Crafts-Alkylierung* treten bei der Acylierung nicht auf. Als Nebenreaktion treten jedoch in einigen Fällen Decarbonylierungen auf. Dieses ist vorwiegend zu beobachten, wenn durch Kohlenmonoxidabspaltung ein stabiles Carbenium-Ion **8** gebildet werden kann. Das Produkt einer solchen "Acylierungsreaktion" ist ein alkylierter Aromat **9**:

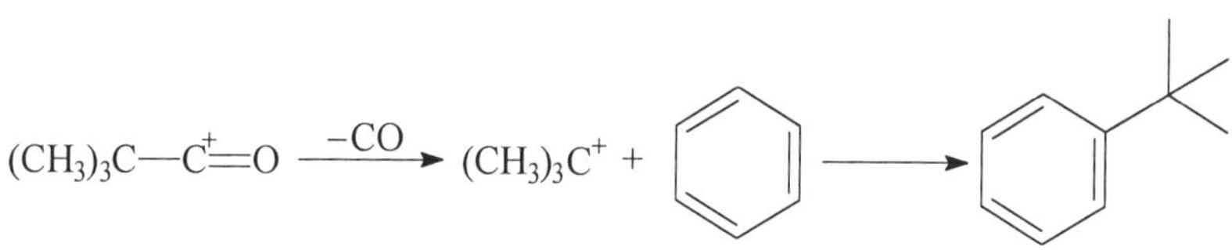

8 **9**

Eine wichtige Anwendung der Friedel-Crafts-Acylierung ist die intramolekulare Variante zur Anellierung. Die Reaktion eignet sich besonders für die Synthese von Sechsringen, aber auch Fünfringe und größere Cyclen sind auf diese Weise zugänglich:

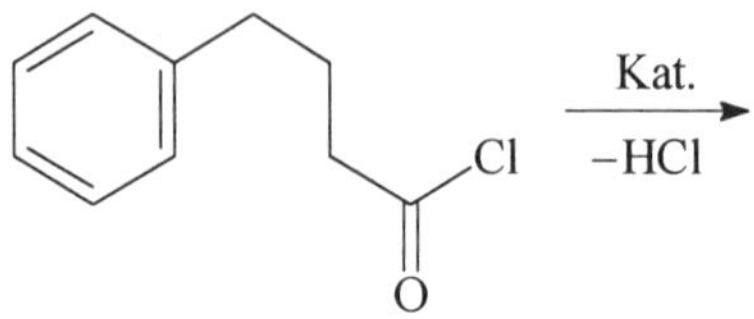

Bei der Acylkomponente können außer Säurechloriden auch Anhydride eingesetzt werden. Als Produkte erhält man ebenfalls ein Arylketon sowie eine Carbonsäure, die durch die Lewis-Säure komplexiert wird, was einen zweimolaren Überschuß des Katalysators erfordert:

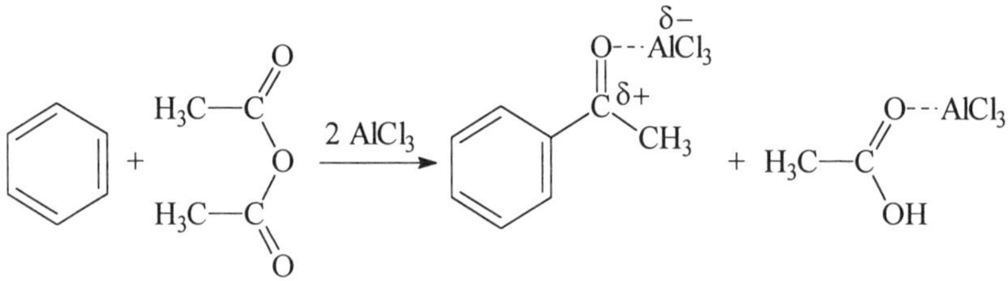

Aus gemischten Säureanhydriden können entsprechend zwei verschiedene Arylketone gebildet werden. Die Umsetzung der cyclischen Anhydride von Dicarbonsäuren wie Bernsteinsäureanhydrid führt zu Arylketocarbonsäuren.[2)]

Carbonsäuren können auch ohne den Umweg über das Säurechlorid direkt in eine Friedel-Crafts-Acylierung eingesetzt werden. Als Katalysatoren finden in diesem Fall Protonensäuren Anwendung.

Ein Anwendungsbeispiel der Friedel-Crafts-Acylierung ist die Synthese des [2.2.2]Cyclophans **13** durch *Cram* und *Truesdale*[6)]. Die Acylierung von [2.2]Paracyclophan **10** liefert 4-Acetyl-[2.2]paracyclophan **11**, das über eine →*Blanc-Reaktion* in pseudo-geminaler Position zum disubstituierten Phan **12** und weiter zum dreifach verbrückten Kohlenwasserstoff **13** umgesetzt werden kann:

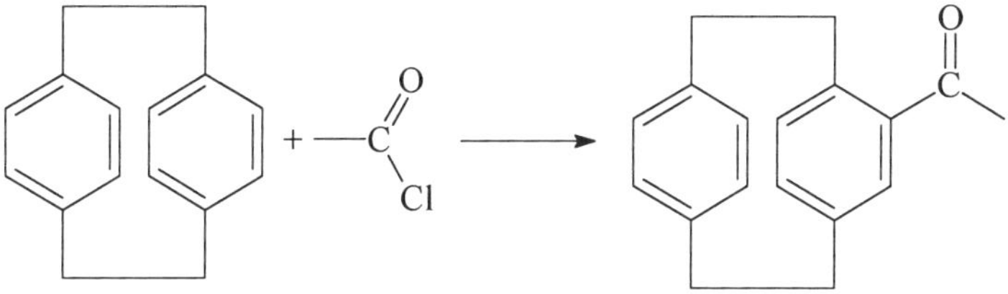

10 **11**

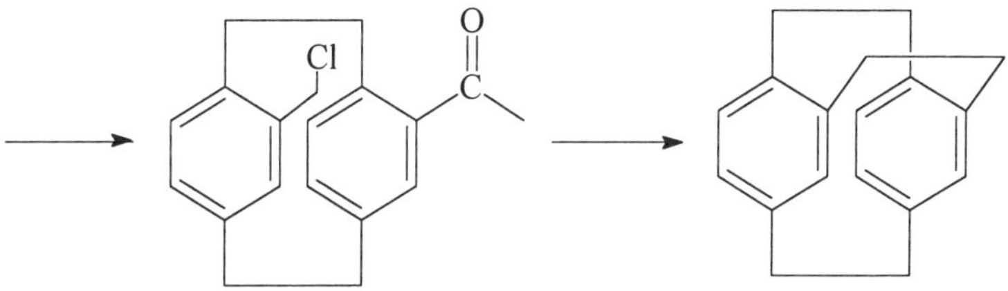

12 **13**

Bei der Friedel-Crafts-Acylierung handelt es sich um eine der wichtigsten Reaktionen der Organischen Chemie. Nitrobenzol reagiert nicht und kann sogar als Lösungsmittel eingesetzt werden. Bei Phenolen erhält man eine Acylierung am Sauerstoff, das Produkt kann durch eine →*Fries-Verschiebung* in die C-Acylverbindung überführt werden. Viele Heterocyclen reagieren unter den Friedel-Crafts-Bedingungen, nicht jedoch Pyridine und Chinoline.

Als Katalysatoren werden in erster Linie Lewis-Säuren wie $AlCl_3$, $ZnCl_2$, BF_3, SbF_5[7] sowie Protonensäuren wie H_2SO_4, H_3PO_4 und $HClO_4$ eingesetzt. Der hohe Katalysatorbedarf wurde bereits erläutert; es ist jedoch manchmal möglich, Friedel-Crafts-Acylierungen nur mit Spuren oder ganz ohne Katalysator durchzuführen, doch sind dann im allgemeinen erheblich höhere Temperaturen erforderlich.[8]

1) G. A. Olah, *Friedel-Crafts and Related Reactions*, Wiley, New York, **1963-1964**, Bd. 1 und 2.
2) E. Berliner, *Org. React.* **1949**, *5*, 229-289.
3) R. Taylor, *Electrophilic Aromatic Substitution*, Wiley, New York, **1990**, S. 222-238.
4) B. Chevrier, R. Weiss, *Angew. Chem.* **1974**, *86*, 12-21; *Angew. Chem. Int. Ed. Engl.* **1974**, *13*, 1.

5) D. Cassimatis, J. P. Bonnin, T. Theophanides, *Can. J. Chem.* **1970**, *48*, 3860-3871.
6) D. J. Cram, E. A. Truesdale, *J. Am. Chem. Soc.* **1973**, *95*, 5825-5827.
7) D. E. Pearson, C. A. Buehler, *Synthesis* **1972**, 533-542.
8) G. G. Yakobson, G. G. Furin, *Synthesis* **1980**, 345-364.

Friedel-Crafts-Alkylierung

Alkylierung von Aromaten

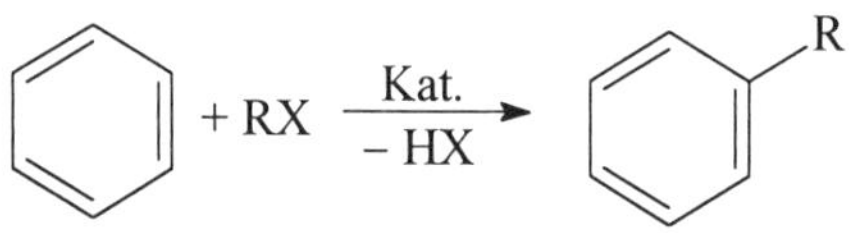

1 **2** **3**

Die Umsetzung eines Alkylhalogenids **2** unter katalytischer Wirkung einer Lewis-Säure mit einem Aromaten **1** wird als *Friedel-Crafts-Alkylierung*[1-4] (eng verwandt mit der →*Friedel-Crafts-Acylierung*) bezeichnet. Als Produkt erhält man einen alkylierten Aromaten **3**. Weiterhin können noch Alkohole und Olefine unter den Friedel-Crafts-Bedingungen mit Aromaten umgesetzt werden; Voraussetzung ist die Bildung eines Carbenium-Ions, das zu einer elektrophilen aromatischen Substitution fähig ist.

Der erste Reaktionsschritt ist die Komplexierung des Alkylhalogenids durch die Lewis-Säure. Der so gebildete polarisierte Komplex **4** kann als elektrophiles Reagenz wirken. Für den Fall, daß der Rest R in der Lage ist, ein stabiles Carbenium-Ion **5** zu bilden (z. B. *tert.*-Butyl-Kation), kann auch dieses als Elektrophil reagieren. Wie weit die Bindung zwischen Alkylrest R und Halogenid polarisiert oder sogar gespalten wird, hängt außer von der Struktur des Restes noch von der Lewis-Säure ab. Die Addition des Carbenium-Ions **5** an den Aromaten **1** führt zur Bildung eines σ-Komplexes (Cyclohexadienyl-Kation) **6**, der durch Deprotonierung rearomatisiert:

$$\underset{\mathbf{2}}{R{-}X} \longrightarrow \underset{\mathbf{4}}{\overset{\delta+}{R}\cdots X\cdots \overset{\delta-}{AlX_3}} \longrightarrow \underset{\mathbf{5}}{R^+ + AlX_4^-}$$

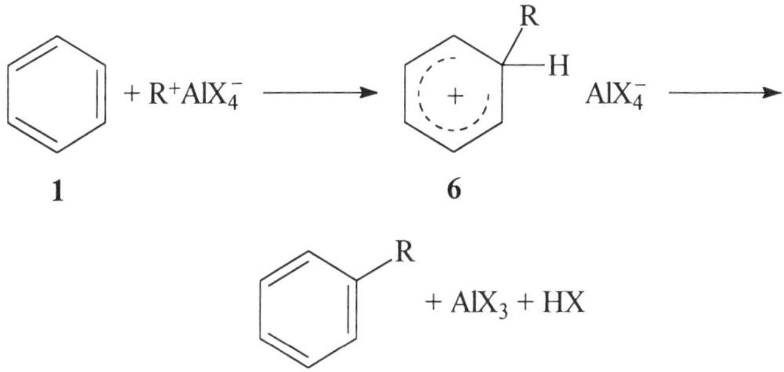

1 **6** **3**

Der Mechanismus konnte durch den Nachweis solcher σ-Komplexe bei tiefen Temperaturen gestützt werden.[5,6] Auch ohne die Bildung eines Carbenium-Ions, über eine Polarisierung der Kohlenstoff-Halogen-Bindung, kann der Mechanismus analog formuliert werden.

Besitzt das Alkylhalogenid mehrere gleich reaktive Halogensubstituenten, so reagieren im Regelfall alle mit je einem Molekül des Aromaten. Dichlormethan läßt sich entsprechend zu Diphenylmethan und Chloroform zu Triphenylmethan umsetzen. Die Reaktion von Tetrachlorkohlenstoff mit Benzol jedoch bricht (aus sterischen Gründen) beim Triphenylchlormethan (Tritylchlorid) **7** ab:

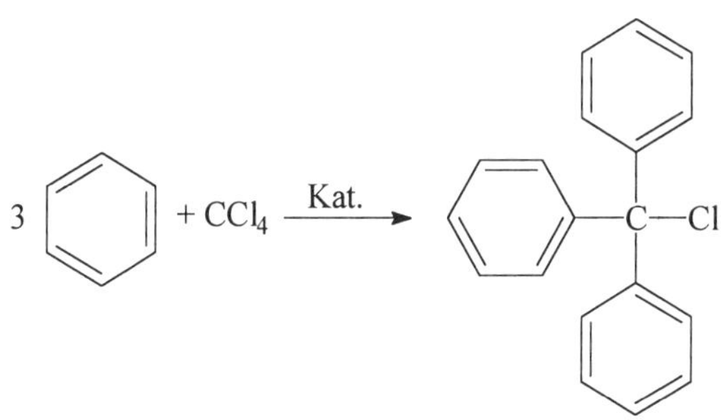

7

Die intramolekulare Variante[3] der Friedel-Crafts-Alkylierung stellt ein präparativ nützliches Verfahren dar. Die Reaktion ist besonders gut für die Anellierung von Sechsringen (hier als Beispiel die Synthese von Tetralin **8**) geeignet, aber auch Fünf- und Siebenringe sind so zugänglich:

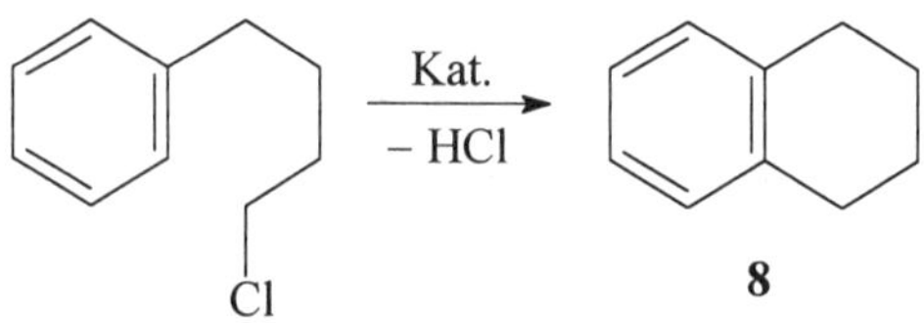

8

Für die Friedel-Crafts-Alkylierung mit Olefinen ist die Protonenkatalyse erforderlich. Einleitend wird das Olefin **9** gemäß der *Markownikoff-Regel* protoniert, so daß ein Carbenium-Ion **10** gebildet wird. Dieses setzt sich nach obigem Mechanismus zu dem alkylierten Aromaten **11** um:

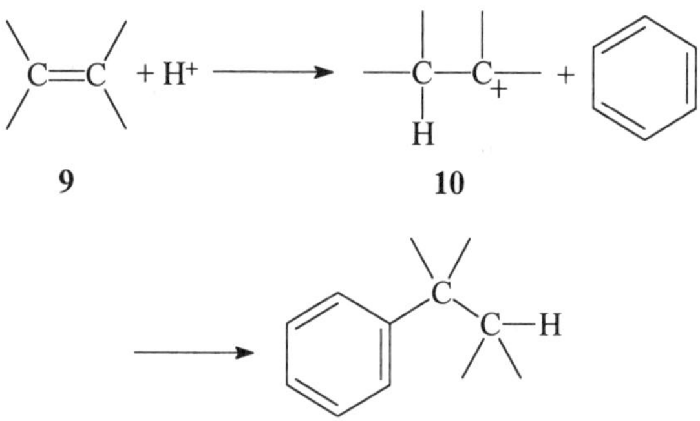

9 **10**

11

Auch für die Reaktion von Alkoholen muß zunächst ein Carbenium-Ion **12** generiert werden. Dafür gibt es zwei Möglichkeiten: Komplexierung durch die Lewis-Säure oder Protonierung mit anschließender Dehydratisierung:

$$ROH + AlCl_3 \longrightarrow ROAlCl_2 \longrightarrow \underset{\mathbf{12}}{R^+} + OAlCl_2^-$$

$$ROH + H^+ \longrightarrow ROH_2^+ \longrightarrow \underset{\mathbf{12}}{R^+} + H_2O$$

Die Reversibilität der Friedel-Crafts-Alkylierung läßt sich auf interessante Weise präparativ nutzen:[6] Man verwendet *tert.*-Butylreste als voluminöse Schutzgruppen, die nach erfolgter Reaktion wieder abgespalten werden können.

Im folgenden Beispiel soll ein zweiter Substituent in ortho-Position eingeführt werden. Ohne den *tert.*-Butylrest in *para*-Position würde gemäß der Regeln für die Zweitsubstitution ein *ortho-/para*-Isomerengemisch gebildet. Durch die Blockierung der *para*-Position erfolgt die Sulfonierung nur in *ortho*-Stellung. Nach Hydrolyse und Abspaltung des *tert.*-Butylrestes erhält man das gewünschte *ortho*-substituierte Phenol **13**:

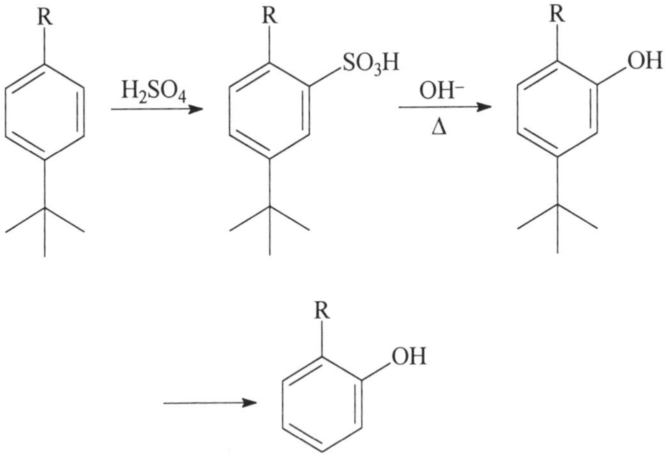

13

Die Anwendung der Friedel-Crafts-Alkylierung ist aus einer Reihe von Gründen begrenzt. So wird der Aromat durch die Alkylierung aktiviert, wodurch die Bildung di- oder polyalkylierter Produkte begünstigt wird.

Weiterhin ist die Anwendungsbreite durch die Reaktivität der Edukte und durch Substituenten am Aromaten eingeschränkt. Naphthalin und andere kondensierte Aromaten sind so reaktiv, daß sie mit dem Katalysator reagieren und nur sehr geringe Ausbeuten an alkyliertem Aromaten geben. Auch die meisten Heteroaromaten eignen sich nicht für die Friedel-Crafts-Alkylierung. So dürfen auch zahlreiche funktionelle Gruppen wie -OH, -NH_2, -OR, die von der Lewis-Säure komplexiert werden, nicht am Aromaten vorhanden sein.

Ein drittes schwerwiegendes Problem stellen Umlagerungen als Nebenreaktionen dar. Wird Benzol **1** unter den Friedel-Crafts-Bedingungen mit 1-Brompropan umgesetzt, so erhält man außer dem erwarteten *n*-Propylbenzol **14** die umgelagerte Verbindung *iso*-Propylbenzol (Cumol) **15** als Hauptprodukt:

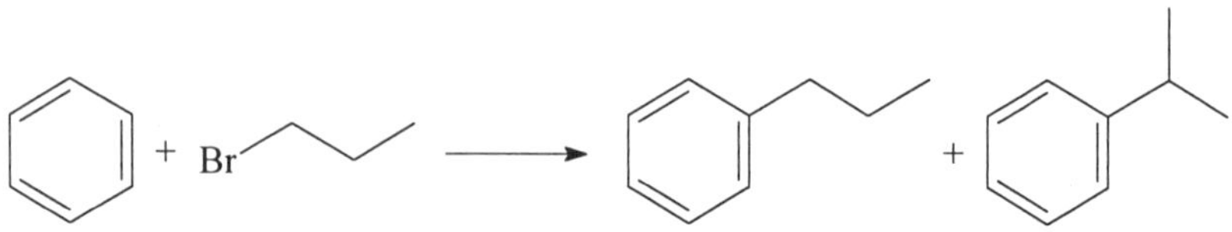

1 14 15

Auch nach erfolgter Reaktion können aufgrund der Reversibilität noch Umlagerungen erfolgen, was sich auch präparativ zur Isomerisierung substituierter Aromaten nutzen läßt.

Wegen der oben angeführten Probleme kann es sinnvoll sein, eine Alkylierung über den Umweg einer Friedel-Crafts-Acylierung mit anschließender Reduktion der Carbonylgruppe durchzuführen. Dieses ist zwar präparativ aufwendiger, doch lassen sich so die oben diskutierten Nachteile der direkten Alkylierung umgehen.

Als Katalysatoren finden in erster Linie Lewis-Säuren wie $AlCl_3$, $FeCl_3$, $TiCl_4$, $ZnCl_2$, SbF_5 und BF_3 Verwendung; daneben werden auch Protonensäuren (H_2SO_4, HF) - im besonderen bei der Umsetzung mit Olefinen und Alkoholen - eingesetzt. Als moderne Variante lassen sich Friedel-Crafts-Alkylierungen auch durch Supersäure-Polymerharze (z. B. Nafion-H)[8)] katalysieren.

1) C. Friedel, J. M. Crafts, *J. Chem. Soc.* **1877**, *32*, 725.
2) C. C. Price, *Org. React.* **1946**, *3*, 1-82.
3) G. A. Olah, *Friedel-Crafts and Related Reactions*, Wiley, New York, **1963-1964**, Bd. 1 und 2.
4) R. Taylor, *Electrophilic Aromatic Substitution*, Wiley, New York, **1990**, S. 187-203.
5) G. A. Olah, S. J. Kuhn, *J. Am. Chem. Soc.* **1958**, *80*, 6541-6545.
6) F. Effenberger, *Chem. Unserer Zeit* **1979**, *13*, 87-94.
7) G. G. Yakobson, G. G. Furin, *Synthesis* **1980**, 345-364.
8) G. A. Olah, P. S. Iyer, G. K. S. Prakash, *Synthesis* **1986**, 513-531.

Friedländer-Chinolinsynthese

Kondensation von *o*-Aminobenzaldehyden mit Carbonylverbindungen

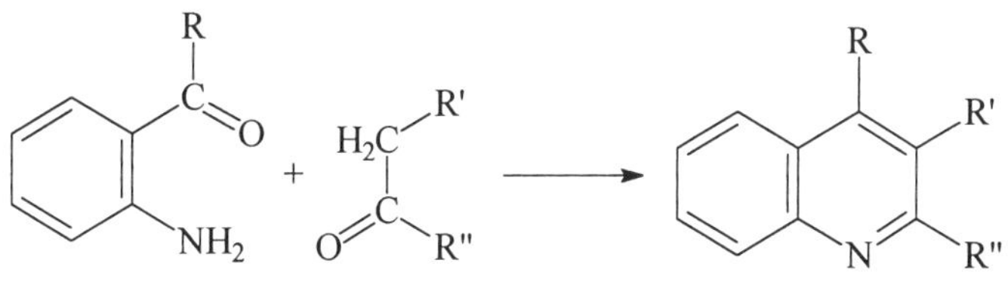

1 **2** **3**

Durch Kondensation von *o*-Aminobenzaldehyden **1** (R = H) mit Carbonylverbindungen **2**, die eine Methylengruppe in α-Stellung besitzen, können Chinoline **3** erhalten werden.[1,2] Auch *o*-Aminoarylketone sind mögliche Edukte. Von der Reaktion sind einige Modifikationen bekannt, verwandt ist die →*Skraup-Chinolinsynthese*.

Über den genauen Verlauf der klassischen Friedländer-Synthese ist bemerkenswert wenig bekannt. Der Reaktionsmechanismus besteht aus zwei Stufen:

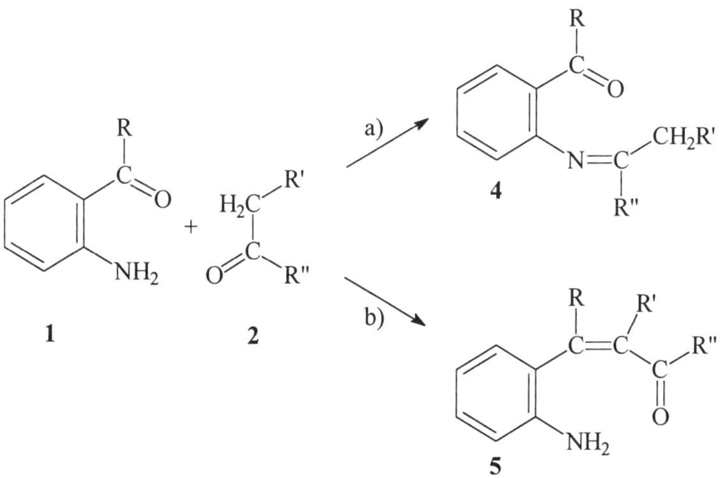

Im ersten Schritt findet eine säure- oder basekatalysierte Kondensation statt, die zu zwei möglichen Produkten führen kann: a) Bildung einer Schiffschen Base **4**; b) Kondensation zu einer α,β-ungesättigten Carbonylverbindung **5**:

Obwohl die Reaktion seit mehr als einhundert Jahren bekannt ist, ist nicht klar, ob die Reaktion nach Weg a) oder b) oder einer Mischung aus beiden verläuft. Da die Synthese mit einer Vielzahl von Substraten und unter vielfältigen Bedingungen ausgeführt werden kann (Säure-, Basenkatalyse sowie unkatalysiert), ist es wahrscheinlich, daß der Mechanismus in Abhängigkeit von den Substraten und Reaktionsbedingungen variiert.[3)]

Der darauffolgende Schritt ist in beiden Fällen eine Cyclodehydratisierung zum Chinolin **3**:

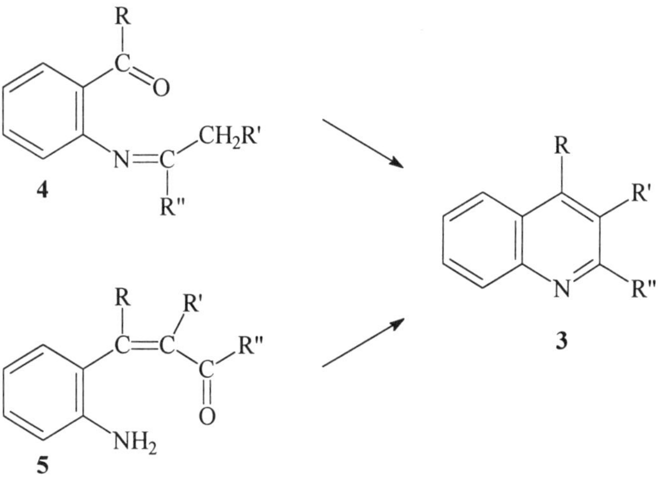

Da die Edukte sehr unterschiedlich sein können, ist die Friedländer-Chinolinsynthese nützlich zur Darstellung einer Vielzahl von Chinolinderivaten. Der aromatische Ring kann Alkyl-, Alkoxy-, Halogen- oder Nitrogruppen tragen. Die Reste R, R' und R'' sind ebenfalls in hohem Maße variabel,[3)] so daß die Friedländer-Chinolinsynthese mit zahlreichen Verbindungen, die eine enolisierbare Methylengruppe besitzen, ausgeführt werden kann. Die Reaktivität dieser Gruppe ist der Faktor, der die Reaktion am stärksten beeinflußt.

Normalerweise wird die Reaktion in Gegenwart basischer Katalysatoren oder einfach durch Erhitzen der Reaktanten in Abwesenheit von Lösungsmittel und

Katalysator ausgeführt. Die am häufigsten genutzten basischen Katalysatoren sind KOH, NaOH und Piperidin. Säuren sind in den letzten Jahren ebenfalls als Katalysatoren angewandt worden, besonders HCl, H_2SO_4, *p*-Toluolsulfonsäure und Polyphosphorsäure.

Obwohl unkatalysierte Friedländer-Synthesen drastischere Bedingungen (Temperaturen von 150 - 220 °C) erfordern, liefern sie im allgemeinen bessere Ausbeuten an Chinolinen. Das Reaktionsprodukt kann unter Umständen stark von den Reaktionsbedingungen abhängig sein.[3)]

Da beide für die Synthese erforderlichen Edukte eine Carbonylgruppe tragen, können bestimmte Chinoline einfach durch Erhitzen einer einzigen Verbindung erhalten werden. Beispielsweise reagiert Acetanilid **6** unter $ZnCl_2$-Katalyse zunächst zu einer Mischung aus *o*- und *p*-Acetanilin (**7**,**8**). Dieses Gemisch kann anschließend zum Farbstoff Flavanilin **9** cyclisieren:[4)]

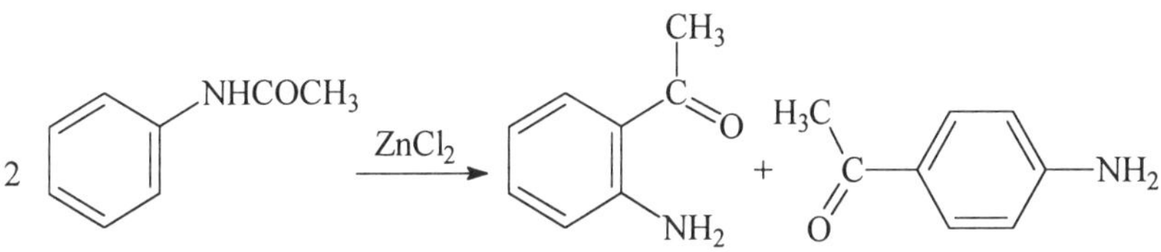

6 **7** **8**

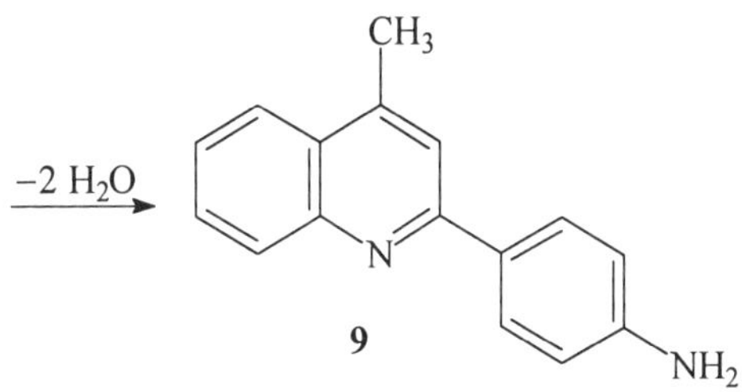

Die Friedländer-Chinolinsynthese ist besonders geeignet, in 3-Position substituierte Chinoline herzustellen, die durch andere Methoden schwierig zu erhalten sind. Einen Nachteil stellt jedoch der Umstand dar, daß die erforderlichen *o*-Aminobenzaldehyde bzw. -ketone nicht so gut zugänglich sind wie die beispielsweise für die Skraup-Synthese benötigten Aniline.

1) P. Friedländer, *Ber. Dtsch. Chem. Ges.* **1883**, *16*, 1833-1839.

2) G. Jones, *Chem. Heterocycl. Compd.* **1977**, *32(1)*, 181-207.
3) C. Cheng, S. Yan, *Org. React.* **1982**, *28*, 37-201.
4) E. Besthorn, O. Fischer, *Ber. Dtsch. Chem. Ges.* **1883**, *16*, 68-75.

Fries-Verschiebung

Umlagerung von Phenylestern zu Acylphenolen

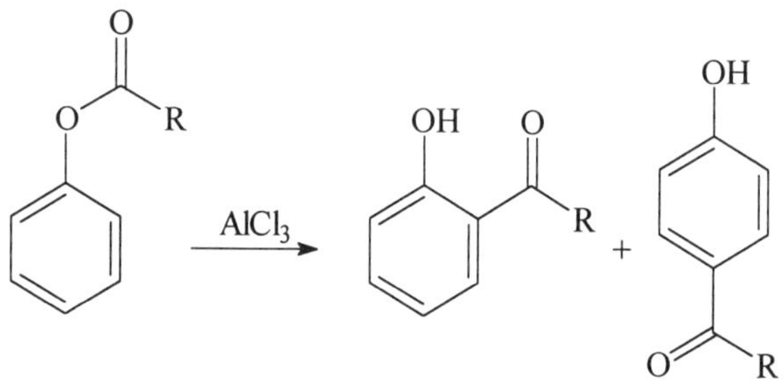

1 **2** **3**

Die Phenylester **1** aliphatischer oder aromatischer Carbonsäuren lagern beim Erhitzen mit einem Lewis-Säure-Katalysator zu *ortho*- **2** und *para*-Acylphenolen **3** um. Diese Isomerisierung bezeichnet man als *Fries-Umlagerung*[1,2], die wohl wichtigste Methode zur Herstellung von Hydroxyarylketonen.

Der Mechanismus[3-5] der Fries-Verschiebung ist noch nicht vollständig geklärt. Sowohl für einen intra- als auch für einen intermolekularen Reaktionsablauf können Indizien gefunden werden. *Crossover*-Experimente konnten keine eindeutige Klärung bringen. Umfangreiche Untersuchungen[3] sprechen dafür, daß während derselben Reaktion beide Reaktionswege gleichzeitig durchlaufen werden können. Dabei spielen eine Reihe von Faktoren eine Rolle, wie zum Beispiel die Struktur des Substrates, die Temperatur, das Lösungsmittel sowie Art und Konzentration der Lewis-Säure. Allgemein setzt man mindestens die äquimolare Menge an Katalysator ein.

Dieser kann das Substrat entweder an einer von zwei Positionen komplexieren oder, im Überschuß eingesetzt, auch an beiden Stellen gleichzeitig:[3]

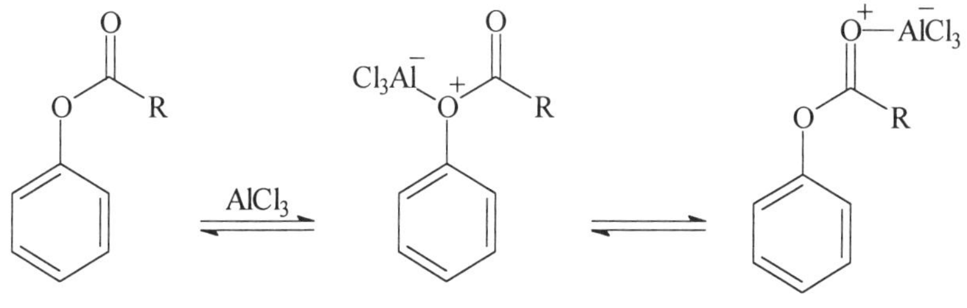

1 **4** **5**

Der so gebildete Lewis-Säure-Komplex **4** ist nun in der Lage, ein Acylium-Ion abzuspalten, wobei das Ionenpaar - bedingt durch den Lösungsmittelkäfig - erhalten bleibt. Daraufhin bildet sich ein π-Komplex **6**, der anschließend unter elektrophiler Substituion in *ortho-* oder *para-*Stellung weiterreagiert:

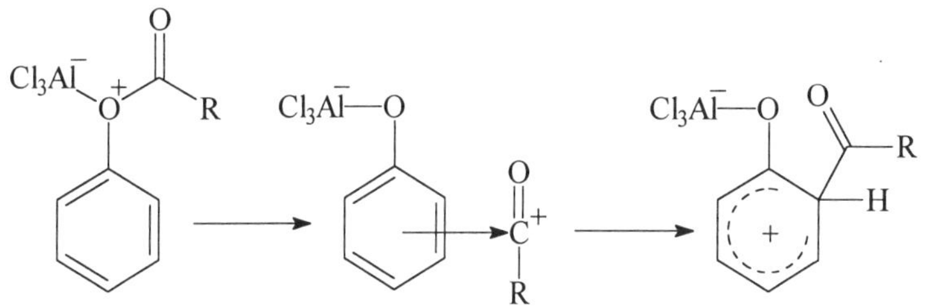

4 **6**

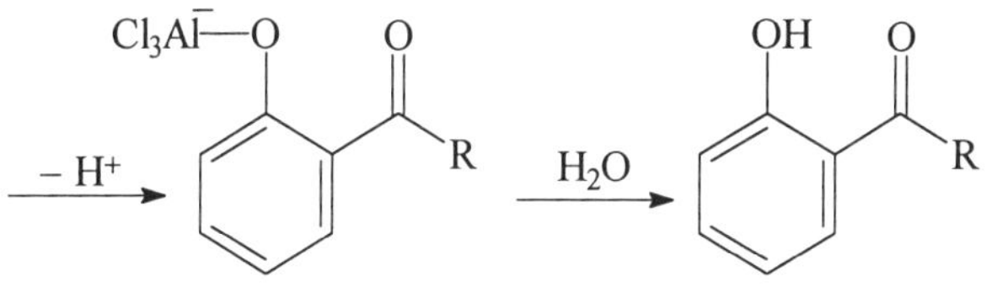

7 **2**

Der Mechanismus ähnelt dem der →*Friedel-Crafts-Acylierung*. Der in *ortho-*Position acylierte Produkt-Lewis-Säure-Komplex **7** wird durch Hydrolyse in das *o-*Acylphenol **2** überführt. Die Bildung des *para-*Produkts erfolgt analog.

Da es sich bei der Fries-Verschiebung um eine Gleichgewichtsreaktion handelt, kann unter geeigneten experimentellen Bedingungen auch die Rückreaktion präparativ genutzt werden.[2,6] Ein anschauliches Beispiel[2] für die Temperaturabhängigkeit der Regioselektivität ist die Umlagerung von *m*-Kresylacetat **8**: Bei hohen Temperaturen wird das *ortho*-Produkt **9** gebildet, unterhalb von 100 °C das *para*-Derivat **10**:

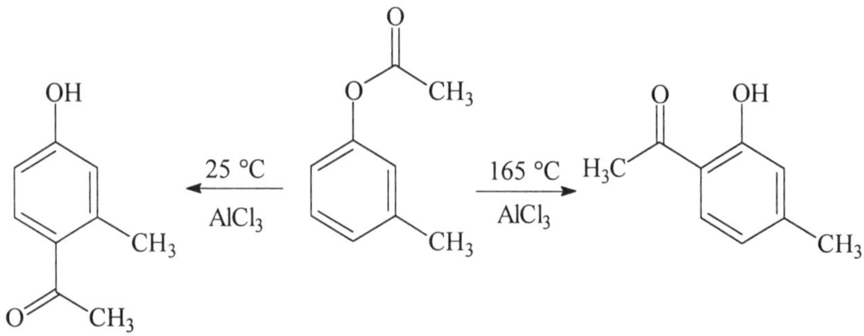

10 **8** **9**

Die photochemische Variante, die sogenannte *Photo-Fries-Umlagerung*[7], läuft nach einem Diradikalmechanismus ab. Der Phenylester **1** wird durch Bestrahlung in einen angeregten Zustand **11** versetzt. Das durch Bindungsbruch entstehende Radikalpaar **12** reagiert zum Semichinon **13**, das anschließend zum *p*-Acylphenol **3** tautomerisiert; die Bildung des *ortho*-Produktes erfolgt entsprechend:

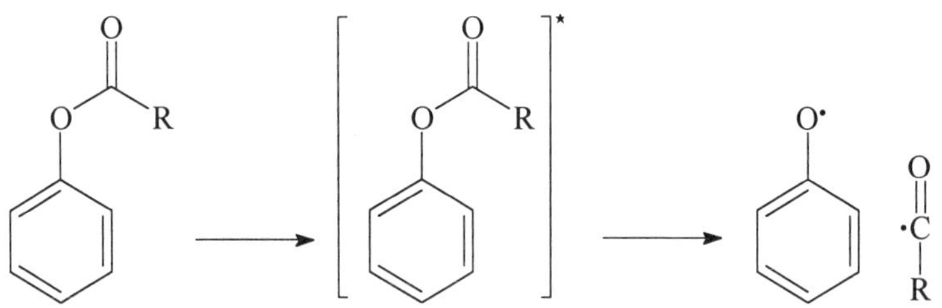

1 **11** **12**

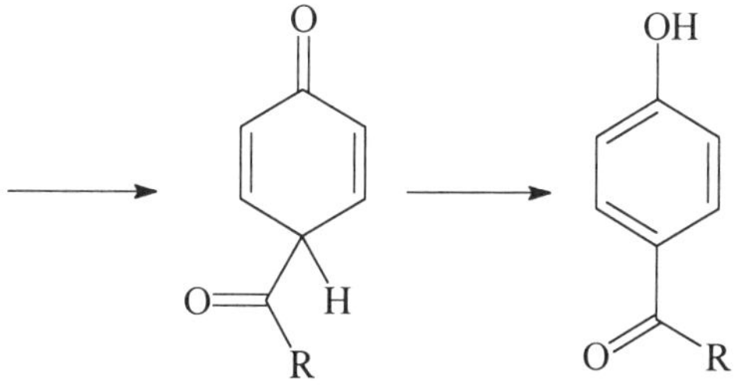

13 **3**

Die Fries-Verschiebung ist auf die Synthese von Acylphenolen beschränkt, da weitere Substituenten die Reaktion häufig stören. Als Lewis-Säuren werden Aluminiumhalogenide[3)], Zinkchlorid, Titantetrachlorid[8)], Bortrifluorid oder auch Trifluormethansulfonsäure[7)] eingesetzt.

1) K. Fries, G.Finck, *Ber. Dtsch. Chem. Ges.* **1908**, *41*, 4271-4284.
2) A. H. Blatt, *Org. React.* **1942**, *1*, 342-369.
3) M. J. S. Dewar, L. S. Hart, *Tetrahedron* **1970**, *26*, 973-1000.
4) Y. Ogata, H. Tabuchi, *Tetrahedron* **1964**, *20*, 1661-1666.
5) A. Warshawsky, R. Kalir, A. Patchornik, *J. Am. Chem. Soc.* **1978**, *100*, 4544-4550.
6) F. Effenberger, R. Gutmann, *Chem. Ber.* **1982**, *115*, 1089-1102.
7) D. Bellus, P. Hrdlovic, *Chem. Rev.* **1967**, *67*, 599-609.
8) R. Martin, P. Demerseman, *Synthesis* **1989**, 25-28.

Gabriel-Synthese

Primäre Amine durch Spaltung von Phthalimiden

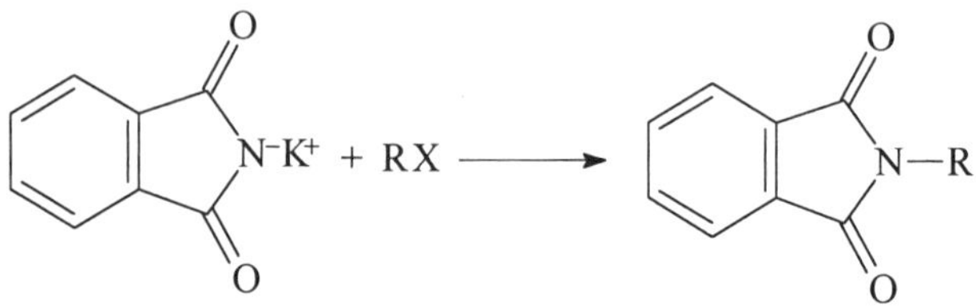

1 **2** **3**

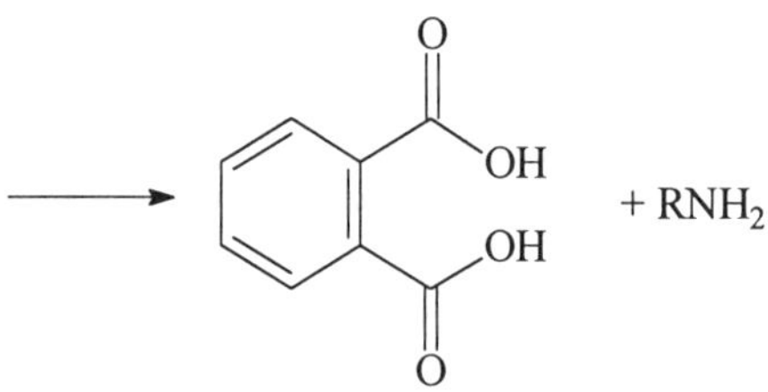

4 **5**

Die Reaktion von Kaliumphthalimid **1** mit Halogenalkanen **2** führt zu N-Alkylphthalimiden **3**,[1,2] die durch Hydrolyse oder Hydrazinolyse (*Ing-Manske-Variante*[3])) in primäre Amine **5** umgewandelt werden können. Die Bedeutung der Gabriel-Synthese liegt darin, selektiv primäre Amine erhalten zu können, ohne daß Nebenreaktionen zu sekundären und tertiären Aminen auftreten.

Der zweistufige Mechanismus umfaßt die Bildung eines N-substituierten Phthalimids **3** sowie dessen anschließende Umsetzung zum primären Amin **5**. Phthalimid (zu erhalten aus Phthalsäure **4** und Ammoniak) reagiert sauer, da die negative Ladung der konjugaten Base sehr gut delokalisiert ist. Es ist sogar saurer als entsprechende 1,3-Diketone, da Stickstoff elektronegativer als Kohlenstoff ist. Somit kann das Phthalimid-Anion als Nucleophil reagieren und mit Alkylhalogeniden Substitutionsreaktionen eingehen; wahrscheinlich handelt es sich um eine S_N2-Reaktion:

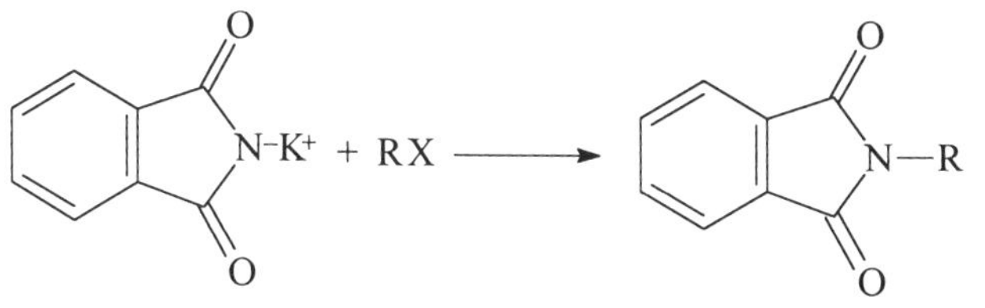

1 **2** **3**

Weitere Alkylierung ist nicht möglich, weil keine sauren Protonen vorhanden sind. Im zweiten Reaktionsschritt wird das N-substituierte Phthalimid **3** zum gewünschten Amin sowie zu Phthalsäure **4** hydrolysiert:

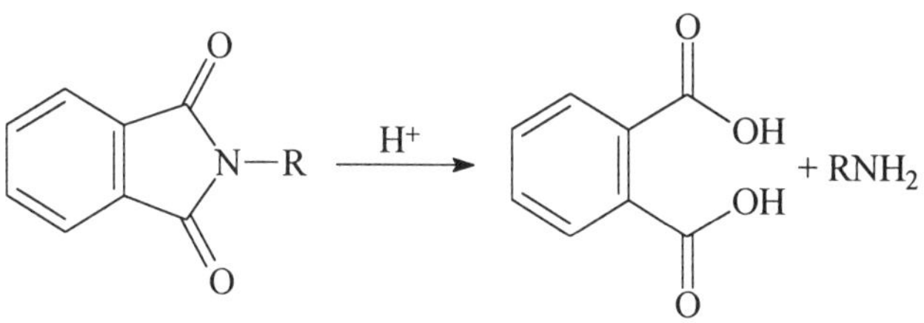

3 **4** **5**

Die Hydrolyse verläuft häufig entweder sehr langsam oder nur unter drastischen Bedingungen. Eine elegantere Methode stellt hier die als Ing-Manske-Variante[3)] bekannte Hydrazinolyse dar, die unter milderen Bedingungen und häufig unter Vermeidung von Nebenreaktionen verläuft. Man erhält neben dem Amin cyclisches Phthalhydrazid:

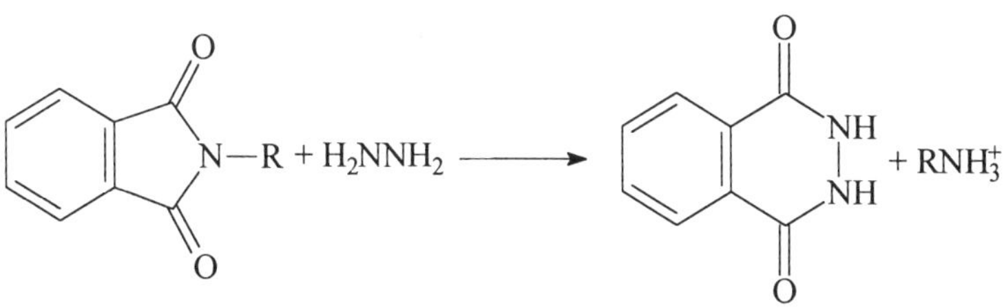

3 **6** **5**

Die Gabriel-Synthese wird häufig ohne Lösungsmittel durch Erhitzen der Substrate für mehrere Stunden auf Temperaturen über 150 °C durchgeführt. Besser ist allerdings die Verwendung von Lösungsmitteln wie Dimethylformamid. In zahlreichen Lösungsmitteln, wie beispielsweise Toluol, ist Kaliumphthalimid unlöslich, die Reaktion verläuft aber gut unter Verwendung von Phasentransferkatalysatoren.[4)]

Die Hydrazinolyse wird gewöhnlich in siedendem Ethanol durchgeführt und verläuft für die meisten Substrate schnell. Einige funktionelle Gruppen, die bei der Hydrolyse angegriffen werden, überstehen die Hydrazinolyse unbeschadet.

Durch geeignete Reaktionsführung kann die Reaktion im allgemeinen unter milden Bedingungen durchgeführt werden; die meisten funktionellen Gruppen stören nicht. Meist entsteht das primäre Amin in hohen Ausbeuten, so daß die Synthese sich unter anderem zur Herstellung isotopenmarkierter Amine und α-Aminosäuren **9** empfiehlt.[2)]

Letztere sind durch die Gabriel-Synthese zugänglich, wenn man anstelle von Alkylhalogeniden **2** Brommalonsäureester, z. B. Bromdiethylmalonat **7**, als Substrate verwendet:

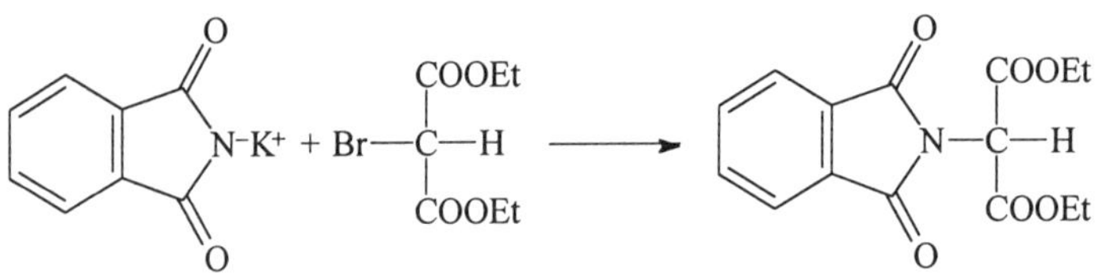

1 **7** **8**

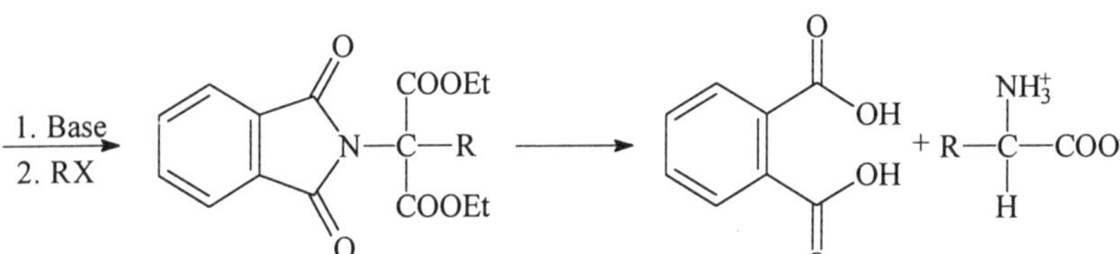

9

Da der N-Phthalimidomalonsäureester **8** mit einer Vielzahl von Alkylhalogeniden oder α,β-ungesättigten Carbonylverbindungen alkyliert werden kann, stellt die beschriebene Methode einen brauchbaren, allgemein anwendbaren Syntheseweg zu α-Aminosäuren **9** dar.

1) S. Gabriel, *Ber. Dtsch. Chem. Ges.* **1887**, *20*, 2224-2236.
2) M. S. Gibson und R. W. Bradshaw, *Angew. Chem.* **1968**, *80*, 986-996; *Angew. Chem. Int. Ed. Engl.* **1968**, *7*, 919.
3) H. R. Ing und R. H. F. Manske, *J. Chem. Soc.* **1926**, 2348-2351.
4) D. Landini, F. Rolla, *Synthesis* **1976**, 389-391.

Gattermann-Synthese

Formylierung von Aromaten

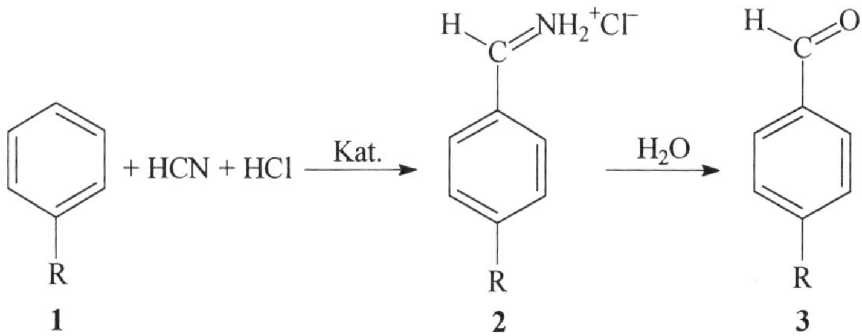

Die Umsetzung von Aromaten **1** mit Blausäure und Chlorwasserstoffgas in Gegenwart eines Katalysators wird als *Gattermann-Synthese*[1,2] bezeichnet. Diese Reaktion, die sich auch als Spezialfall der →*Friedel-Crafts-Acylierung* auffassen läßt, ermöglicht es, einen Formylsubstituenten an einen aromatischen Kern einzuführen.

Beim Mechanismus der Gattermann-Synthese handelt es sich um eine elektrophile aromatische Substitution. Das elektrophile Reagenz **4** (die genaue Struktur ist nicht geklärt) wird zunächst aus Blausäure und Chlorwasserstoffgas unter Komplexierung durch den Katalysator (eine Lewis-Säure) erzeugt:

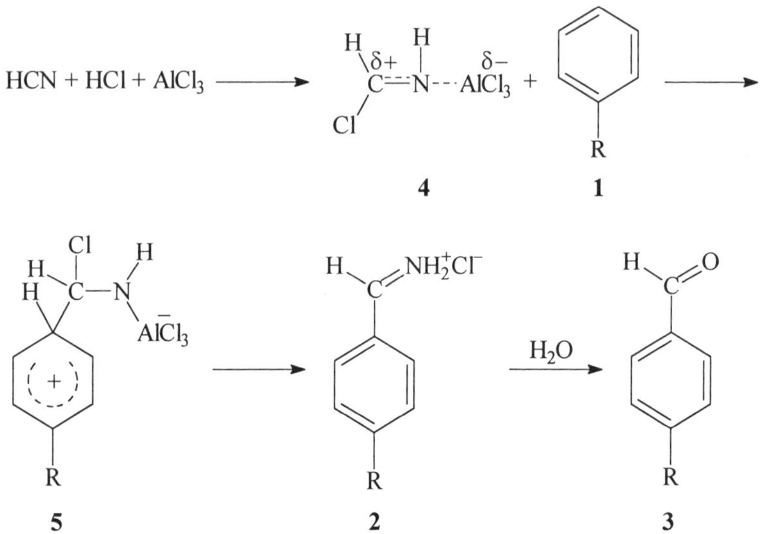

Das Elektrophil **4** greift den Aromaten unter Bildung eines Pentadienyl-Kations **5** an, das unter Verlust eines Protons rearomatisiert. Abschließend erhält man durch Hydrolyse den formylierten Aromaten **3**.

Anstelle der hochgiftigen Blausäure ist es angenehmer, Zinkcyanid[3] zu verwenden, woraus unter Einwirkung von Chlorwasserstoffgas die Blausäure *in situ* generiert werden kann. Das dabei entstehende Zinkchlorid wirkt als Lewis-Säure-Katalysator. Die Gattermann-Synthese ist auf aktivierte Aromaten wie Phenole und Phenolether beschränkt. Die Formylierung erfolgt vorwiegend in *para*-Position zum aktivierenden Substituenten (→*Friedel-Crafts-Acylierung*). Ist diese Stelle besetzt, wird das *ortho*-Derivat gebildet.

Analog zur Gattermann-Synthese erfolgt die Umsetzung von Nitrilen **7** mit Aromaten zu Arylketonen **8** nach der *Houben-Hoesch-Reaktion*[4,5], manchmal auch als *Hoesch-Reaktion* bezeichnet. Katalysiert wird die Reaktion wie bei der Friedel-Crafts-Acylierung durch Lewis-Säuren, häufig werden Zink- oder Aluminiumchlorid verwendet. Die Houben-Hoesch-Reaktion (hier am Beispiel des Resorcins **6**) ist auf Phenole, Phenolether und einige elektronenreiche aromatische Heterocyclen beschränkt:[6,7]

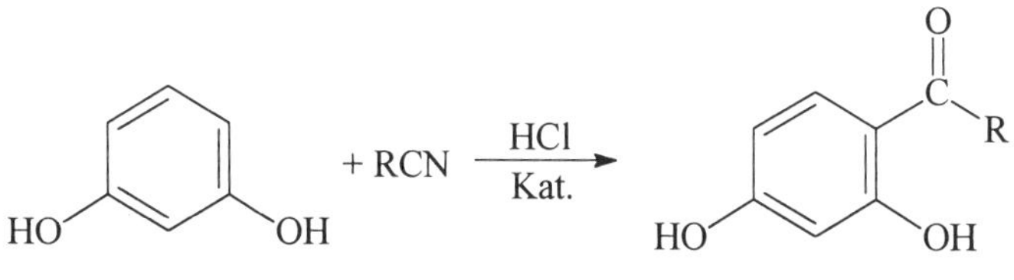

6 **7** **8**

Die präparative Bedeutung der Houben-Hoesch-Reaktion wird außer durch die geringe Anwendungsbreite noch dadurch verringert, daß Arylketone sehr gut durch Friedel-Crafts-Acylierung zugänglich sind.

Eine weitere nach *Gattermann* benannte Formylierungsreaktion ist die *Gattermann-Koch-Reaktion*[8)], d. h. die Umsetzung eines Aromaten mit Kohlenmonoxid und Chlorwasserstoffgas in Gegenwart eines Lewis-Säure-Katalysators. Wie bei der Gattermann-Synthese wird zunächst das elektrophile Agens **9** generiert, das durch aromatische Substitution zum formylierten Aromaten **10** reagiert:

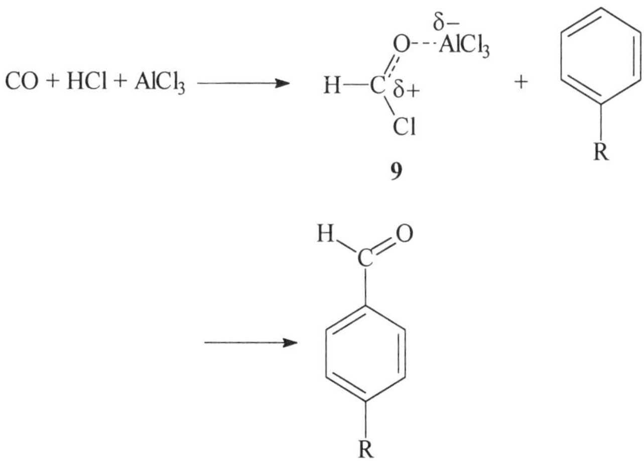

10

Um gute Ausbeuten zu erzielen, arbeitet man im allgemeinen unter erhöhtem Druck. Zusammen mit der Giftigkeit des Kohlenmonoxids wird hierdurch die präparative Nutzung stark erschwert. Außerdem beschränkt sich die Anwendungsbreite auf Benzol, alkylsubstituierte und einige andere elektronenreiche Aromaten.[9] Bei Zweitsubstitution wird in der Regel auch hier bevorzugt das *para*-Produkt gebildet. In neuerer Zeit werden Supersäure-Systeme[3] - beispielsweise aus Trifluormethansulfonsäure, Fluorwasserstoff und Bortrifluorid - eingesetzt, wobei Arbeiten unter erhöhtem Druck nicht erforderlich ist.

Eine allgemein anwendbare Reaktion zur Herstellung von Arylketonen ist die Friedel-Crafts-Acylierung. Bei der Synthese von Arylaldehyden gibt es keine entsprechend vielseitige Synthese, sondern eine Reihe verschiedener Formylierungsreaktionen mit jeweils begrenzter Anwendungsbreite, die teilweise für die präparative Nutzung im Labor nicht gut geeignet sind. Zu diesen zählen unter anderem die →*Vilsmeier-Reaktion*, die →*Reimer-Tiemann-Reaktion* sowie die *Rieche-Formylierung*[10-12]. Hierunter versteht man die Umsetzung von Aromaten mit Dichlormethylalkylethern als Formylierungsreagenzien in Gegenwart von Lewis-Säure-Katalysatoren. Diese Reaktion hat in den letzten Jahren gegenüber den klassischen Verfahren deutlich an Bedeutung gewonnen.

1) L. Gattermann, *Ber. Dtsch. Chem. Ges.* **1898**, *31*, 1149-1152.
2) W. E. Truce, *Org. React.* **1957**, *9*, 37-72.
3) G. A. Olah, L. O. Hannesian, M. Arvanaghi, *Chem. Rev.* **1987**, *87*, 671-686.
4) K. Hoesch, *Ber. Dtsch. Chem. Ges.* **1915**, *48*, 1122-1133.
5) J. Houben, *Ber. Dtsch. Chem. Ges.* **1926**, *59*, 2878-2891.
6) P. S. Spoerri, A. S. DuBois, *Org. React.* **1949**, *5*, 387-412.
7) E. A. Jeffery, D. P. N. Satchell, *J. Chem. Soc. B*, **1966**, 579-586.
8) L. Gattermann, J. A. Koch, *Ber. Dtsch. Chem. Ges.* **1897**, *30*, 1622-1624.
9) N. N. Cronnse, *Org. React.* **1949**, *5*, 290-300.
10) A. Rieche, H. Gross, E. Höft, *Chem. Ber.* **1960**, *93*, 88-94.
11) F. P. DeHaan, G. L. Delker, W. D. Covey, A. F. Bellomo, J. A. Brown, D. M. Ferrara, R. H. Haubrich, E. B. Lander, C. J. MacArthur, R. W. Meinhold, D. Neddenriep, D. M. Schubert, R. G. Stewart, *J. Org. Chem.* **1984**, *49*, 3963-3966.
12) G. Simchen, *Methoden Org. Chem. (Houben-Weyl)* **1983**, Bd. E3, S. 19-27.

Glaser-Kupplung

Kupplung von terminalen Alkinen

$$2\ \mathrm{R{-}C{\equiv}C{-}H} \xrightarrow[\text{Base}]{\text{Kat.}} \mathrm{R{-}C{\equiv}C{-}C{\equiv}C{-}R}$$

1 **2**

Unter der *Glaser-Reaktion*[1,2] versteht man die Kupfersalz-katalysierte oxidative Kupplung von terminalen Alkinen **1** zu symmetrischen Bisacetylenen **2**. Eng verwandt ist die *Eglinton-Reaktion*[3], die sich in erster Linie durch den Einsatz einer stöchiometrischen Kupfersalzmenge als Oxidationsmittel unterscheidet.

Acetylenische Protonen sind acide und lassen sich somit durch Basen leicht abspalten. Diese Deprotonierung leitet sowohl die Glaser- als auch die Eglinton-Reaktion ein. Die Unterschiede der beiden Reaktionen sind so gering, daß im folgenden nur ein Mechanismus diskutiert zu werden braucht:[4,5]

$$\mathrm{R{-}C{\equiv}C{-}H} \xrightarrow{\text{Base}} \mathrm{R{-}C{\equiv}C|^{-}}$$

1 **3**

Das Acetylid-Anion **3** bildet vermutlich einen Kupferkomplex **4**, der unter Übertragung eines Elektrons das Kupfer reduziert und zu dem symmetrischen Bisacetylen **2** dimerisiert:

$$2\ \mathrm{R{-}C{\equiv}C|^{-}} \xrightarrow{\mathrm{Cu^{2+}}} \mathrm{R{-}C{\equiv}C{-}C{\equiv}C{-}R}$$

3 **2**

Bei der Glaser-Kupplung arbeitet man in einer wäßrigen oder alkoholischen Ammoniaklösung mit einem Kupfer(I)salz als Katalysator. Die Kupfer(II)-Kationen werden durch das Oxidationsmittel - im allgemeinen Sauerstoff - für die Oxidation der Acetylid-Anionen bereitgestellt. Die Eglinton-Reaktion unterscheidet sich neben dem äquimolaren Einsatz von Kupfer(II)salzen durch die Verwendung von Pyridin als Base.

Sowohl Glaser- als auch Eglinton-Reaktion eignen sich gut für die Synthese cyclischer Polyine.[6] Dieses nutzten *Sondheimer et. al.*[7] für die Synthese von

Annulenen. Durch eine Trimerisierung (es werden auch andere Oligomere gebildet) von 1,5-Hexadiin **5** erhält man ein cyclisches Hexain **6**, das sich zum [18]Annulen **7** umsetzen läßt:

$$3\ H{-}C{\equiv}C{-}CH_2{-}CH_2{-}C{\equiv}C{-}H \longrightarrow$$

4

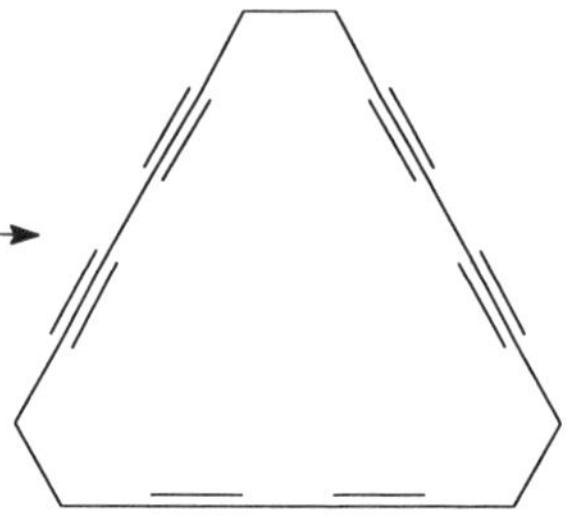

5

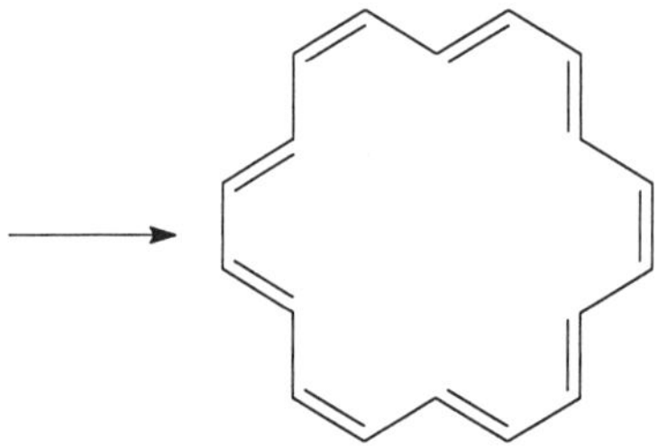

6

Die beiden oben beschriebenen Verfahren sind nur für die Synthese von symmmetrischen Verbindungen geeignet. Unsymmetrische Bisacetylene lassen sich durch die *Cadiot-Chodkiewicz-Reaktion*[8,9] erhalten. Hierbei wird ein Gemisch aus einem Acetylen mit terminalem Wasserstoffatom **1** und einem mit terminalem Halogenatom **8** zu einem unsymmmetrischen Produkt **9** umgesetzt:

$$R{-}C{\equiv}C{-}H + Br{-}C{\equiv}C{-}R' \xrightarrow{Cu^+} R{-}C{\equiv}C{-}C{\equiv}C{-}R'$$

1 **7** **8**

Alle drei Kupplungsreaktionen können unter milden Bedingungen mit guten Ausbeuten durchgeführt werden. Die meisten funktionellen Gruppen stören bei den Reaktionen nicht. Bei der präparativen Nutzung besitzt die Eglinton- gegenüber der Glaser-Kupplung Vorteile. Ein Nachteil stellt jedoch der um ein vielfaches größere Kupfersalzbedarf dar.

1) C. Glaser, *Ber. Dtsch. Chem. Ges.* **1869**, *2*, 422-424.
2) L. I. Simandi in *The Chemistry of Triple-Bonded Functional Groups, Supp. C* (Hrsg.: S. Patai, Z. Rappoport), Wiley, New York, **1983**, Bd. 1, S. 529-534.
3) L. G. Fedenok, V. M. Berdnikov, M. S. Shvartsberg, *J. Org. Chem. USSR* **1973**, *9*, 1806-1809.
4) G. Eglinton, A. R. Galbraith, *Chem. Ind. (London)* **1956**, 737-738.
5) A. A. Clifford, W. A. Waters, *J. Chem. Soc.* **1963**, 3056-3062.
6) N. Nakagawa in *The Chemistry of the Carbon-Carbon Triple Bond* (Hrsg.: S. Patai), Wiley, New York, **1978**, Bd. 2, S. 654-656.
7) F. Sondheimer, R. Wolovsky, *J. Am. Chem. Soc.* **1962**, *84*, 260-269.
8) W. Chodkiewicz, *Ann. Chim. (Paris)* **1957**, *13/2*, 819-869.
9) N. Ghose, D. R. M. Walton, *Synthesis* **1974**, 890-891.

Glycolspaltung

Oxidative Spaltung vicinaler Diole

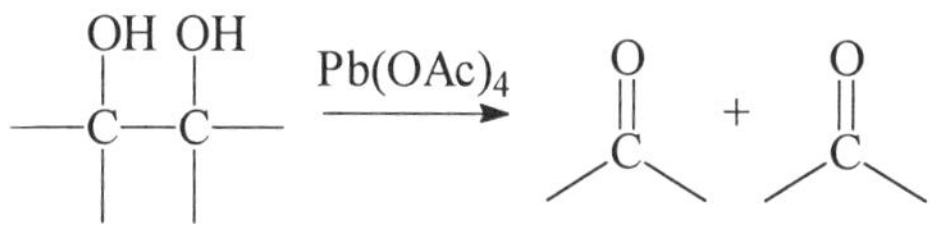

1 **2** **3**

Durch *Glycolspaltung*[1-3] - oxidative Spaltung der zentralen Kohlenstoff-Kohlenstoff-Bindung in vicinalen Diolen **1** durch Blei(IV)-acetat bzw. Periodsäure - erhält man als Produkte zwei Carbonylverbindungen **2** und **3**.

Die Reaktion wird durch die Addition von Blei(IV)-acetat an eine der beiden Hydroxy-Gruppen eingeleitet. Dabei wird Essigsäure abgespalten und das Intermediat **4** entsteht. Der geschwindigkeitsbestimmende Ringschluß zum Fünfringaddukt **5** erfolgt unter erneuter Abspaltung von Essigsäure. Durch Ringöffnung werden die beiden Carbonylverbindungen **2** und **3** und Blei(II)-acetat freigesetzt:

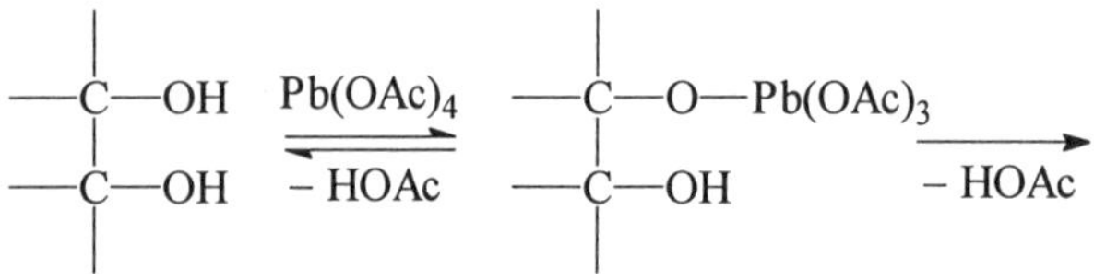

1 4

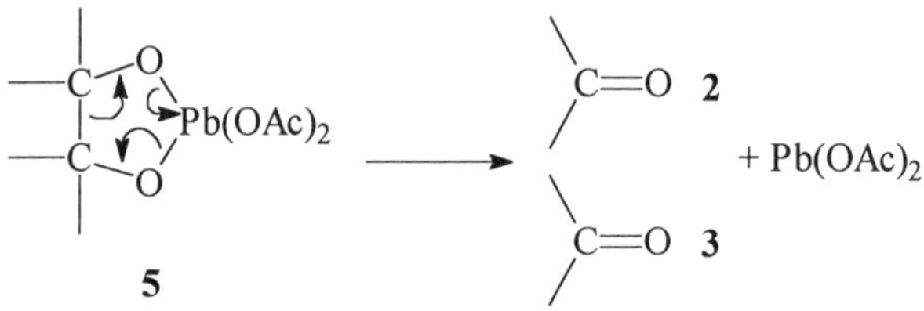

Dieser Mechanismus läßt sich nur für Diole formulieren, die eine cisoide Konformation einnehmen können. *Trans*-Diole wie der Bicyclus **6** reagieren auch mit Blei(IV)-acetat, jedoch mit einer erheblich geringeren Reaktionsgeschwindigkeit und nach einem anderen Mechanismus.

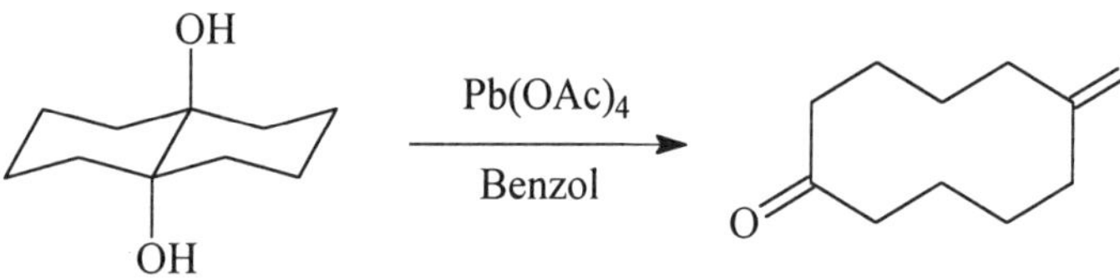

6

Für *trans*-Diole wird eine säurekatalysierte Zersetzung des Intermediats **4** ohne Fünfring-Intermediat zu den Carbonylverbindungen **2** und **3** vorgeschlagen:

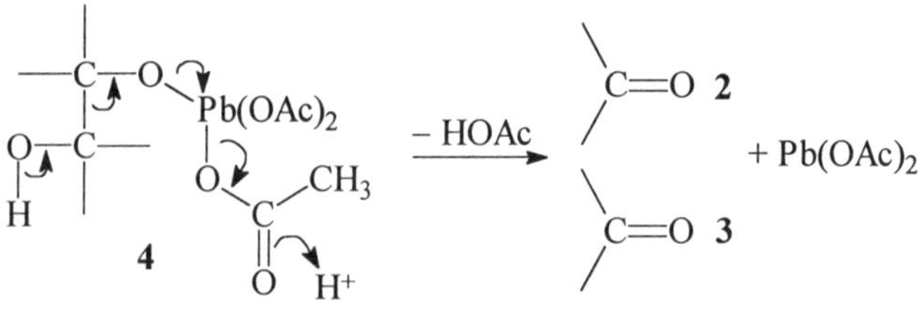

In basischem Milieu wird die Zersetzung durch Deprotonierung der nicht veresterten Hydroxy-Gruppe eingeleitet.

Die Spaltung von 1,2-Diolen **1** mit Periodsäure ist mit dem Namen des französischen Chemikers *Malaprade*[4] verbunden. Der Mechanismus[5,6] ist vergleichbar, auch diese Reaktion läuft vermutlich über ein fünfgliedriges Intermediat **7**:

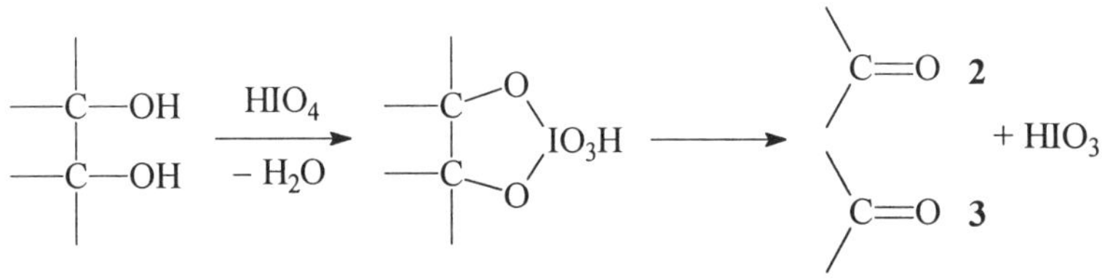

1 **7**

Blei(IV)-acetat und Periodsäure ergänzen sich hinsichtlich ihrer Anwendungsmöglichkeiten, so wird die hydrolyseempfindliche Bleiverbindung in organischen Lösungsmitteln eingesetzt, während man die Iodverbindung zur Spaltung wasserlöslicher Diole in wäßriger Lösung einsetzen kann.

Durch die Kombination einer Bishydroxylierung eines Alkens **8** mit der Glycolspaltung lassen sich Doppelbindungen oxidativ spalten:

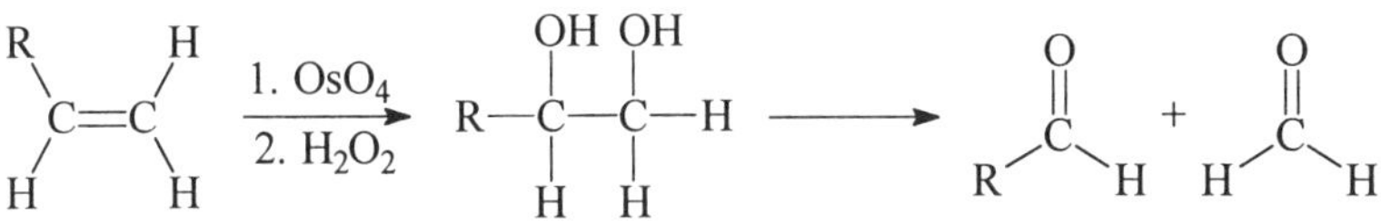

8

Diese Reaktionsfolge stellt eine interessante Alternative zur direkten Doppelbindungsspaltung mittels →*Ozonolyse* dar.

1) R. Criegee, L. Kraft, B. Rank, *Justus Liebigs Ann. Chem.* **1933**, *507*, 159-197.
2) R. Criegee, E. Höger, G. Huber, P. Kruck, F. Marktscheffel, H. Schellenberger, *Justus Liebigs Ann. Chem.* **1956**, *599*, 81-125.
3) G. M. Rubottom in *Oxidation in Organic Chemistry* (Hrsg.: W. S. Trahanovsky), Academic Press, New York, **1982**, S. 27-37.
4) M. L. Malaprade, *Bull. Soc. Chim. France* **1928**, *43*, 683-696.
5) E. J. Jackson, *Org. React.* **1944**, *2*, 341-375.
6) B. Sklarz, *Q. Rev. Chem. Soc.* **1967**, *21*, 3-28.

Gomberg-Bachmann-Reaktion

Synthese unsymmetrischer Biphenyle

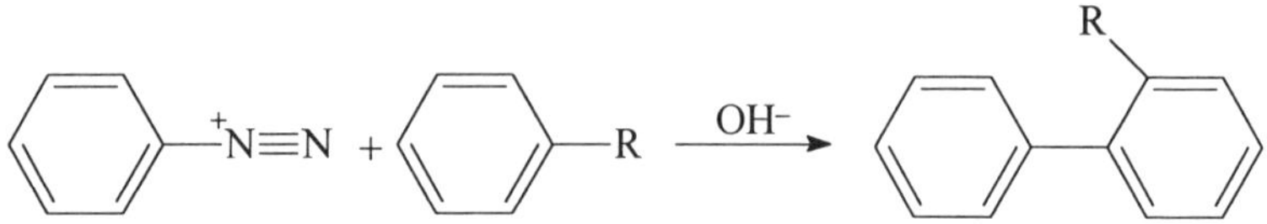

1 **2** **3**

Aryldiazoniumsalze **1** lassen sich durch die *Gomberg-Bachmann-Reaktion*[1,2] mit einer weiteren aromatischen Verbindung **2** zu Diarylverbindungen **3** verknüpfen. Die intramolekulare Variante wird als *Pschorr-Reaktion*[3] bezeichnet.

Behandelt man ein Diazonium-Ion **1** in wäßriger Lösung mit Alkali, so stellt sich ein Gleichgewicht mit dem Diazohydroxid **4** ein.[4] Dieses reagiert mit dem Diazonium-Ion **1** unter Deprotonierung zum Anhydrid **5**, das durch die Abspaltung von Stickstoff zu einem Phenylradikal **6** weiterreagiert. Die Existenz der Diazoanhydrid-Zwischenstufe **5** ließ sich durch Kreuzungsexperimente sichern:[4]

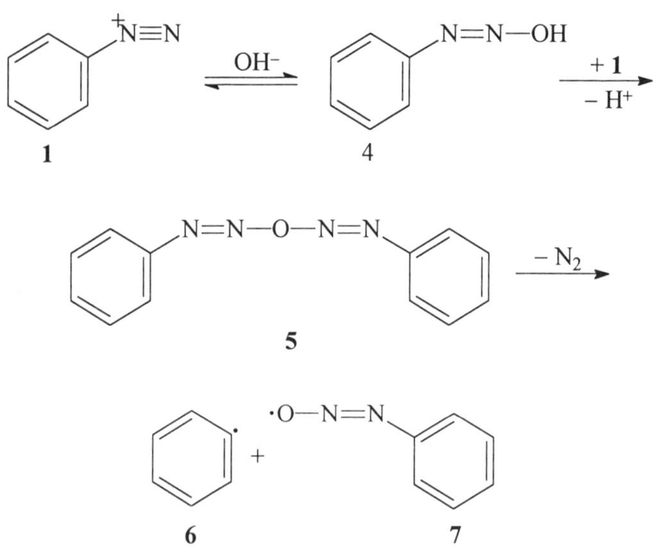

Das sehr reaktive Phenylradikal greift dann die aromatische Verbindung **2** an und bildet unter Abspaltung eines Wasserstoffradikals (durch Reaktion mit dem Radikal **7**) die unsymmetrische Diarylverbindung **3**:

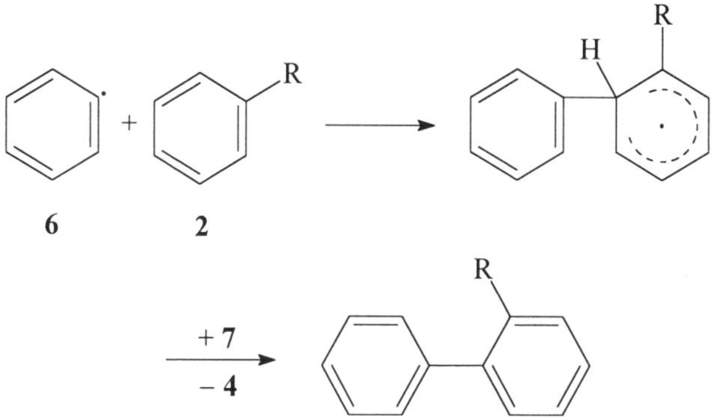

6 **2** **3**

Ist der Aromat **2** substituiert, so können Isomerengemische auftreten, wobei das *ortho*-Produkt bevorzugt gebildet wird. Die sonst üblichen Substitutionsregeln (→*Friedel-Crafts-Acylierung*) gelten hier nicht. Prinzipiell lassen sich auch symmetrische Diaryle herstellen, doch sind diese über andere Reaktionen besser zugänglich.

Zwischen der Gomberg-Bachmann-Reaktion und ihrer intramolekularen Variante, der *Pschorr-Reaktion*[5], gibt es außer einer Reihe Gemeinsamkeiten auch signifikante Unterschiede. So wird die Pschorr-Reaktion gewöhnlich nicht in alkalischem Medium durchgeführt, sondern in stark saurer Lösung unter Zugabe von Kupferpulver. Diazonium-substituierte Biphenylether **8** lassen sich unter diesen Bedingungen zum Dibenzofuran **9** umsetzen:[3]

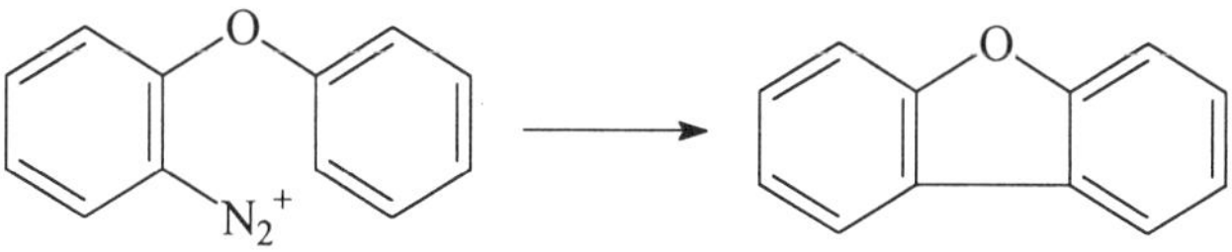

8 **9**

Die Pschorr-Reaktion kann mit Verbindungen unterschiedlicher Verbrückung der beiden aromatischen Reste durchgeführt werden. Somit bietet sich der Zugang zu einer Reihe verschiedenartiger Tricyclen (z. B. Carbazole, Fluoren).

Setzt man die Diazonium-Verbindung nicht mit Alkalihydroxid sondern mit Natriumacetat um, so wird diese Variante, die über eine Nitrosoverbindung verläuft, als *Hey-Reaktion*[6,7] bezeichnet.

Die Gomberg-Bachmann-Reaktion führt man im allgemeinen als Zwei-Phasen-Reaktion durch: eine wäßrige Alkalilösung, in der sich auch das Diazoniumsalz löst, sowie eine organische Phase, mit der zweiten aromatischen Verbindung. Entsprechend lassen sich durch Phasen-Transfer-Katalysatoren[8] die Ausbeuten verbessern, die sonst aufgrund einer Reihe von Nebenreaktionen mit weniger als 40 % unbefriedigend sind. Die Pschorr-Reaktion liefert etwas bessere Ausbeuten.

1) M. Gomberg, W. E. Bachmann, *J. Am. Chem. Soc.* **1924**, *46*, 2339-2343.
2) R. Bolton, G. Williams, *Chem. Soc. Rev.* **1986**, *15*, 261-289.
3) D. F. DeTar, *Org. React.* **1957**, *9*, 409-462.
4) C. Rüchardt, E. Merz, *Tetrahedron Lett.* **1964**, 2431-2436.
5) R. Pschorr, *Ber. Dtsch. Chem. Ges.* **1896**, *29*, 496-501.
6) J. Elks, J. W. Haworth, P. H. Hey, *J. Chem. Soc.* **1940**, 1284-1286.
7) D. R. Augood, G. H. Williams, *Chem. Rev.* **1957**, *57*, 123-190.
8) J. R. Beadle, S. H. Korzeniowski, D. E. Rosenberg, B. J. Garcia-Slanga, G. W. Gokel, *J. Org. Chem.* **1984**, *49*, 1594-1603.

Grignard-Reaktion

Addition von magnesiumorganischen Verbindungen an polare Mehrfachbindungen

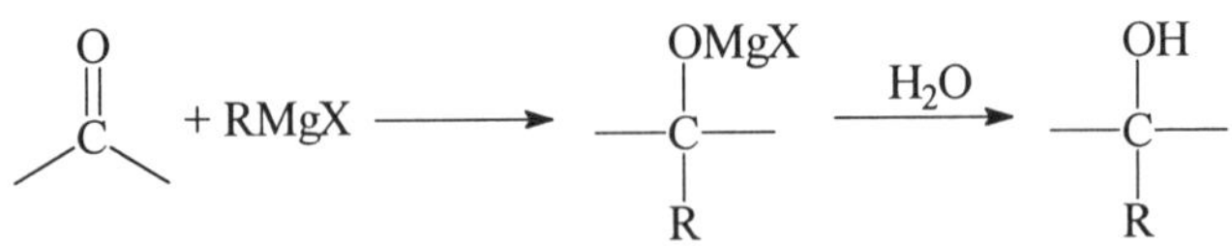

1 **2** **3** **4**

Grignard-Reagenzien **2**, das heißt magnesiumorganische Verbindungen, die sich durch Reaktion von Magnesium mit einem Alkyl- oder Arylhalogenid herstellen lassen, können nucleophil an polare Mehrfachbindungen addieren. Diese sehr vieleitige Umsetzung wird als *Grignard-Reaktion*[1,2] bezeichnet; außer Aldehyden, Ketonen, Kohlendioxid und Estern können auch Nitrile und andere Substrate mit geeigneten polaren Gruppen (C=S, S=O, N=O) umgesetzt werden. Am gebräuchlichsten ist die Reduktion von Carbonylverbindungen **1** zu Alkoholaten **3**, deren Hydrolyse weiter zu Alkoholen **4** führt.

Zur Herstellung der Grignard-Reagenzien, die zu den wichtigsten metallorganischen Verbindungen zählen, setzt man ein Alkyl- bzw. Arylhalogenid **5** mit elementarem Magnesium um. Die Reaktion erfolgt an der Metalloberfläche, wo durch Übertragung eines Elektrons vom Magnesium zum Halogenid ein Alkyl- bzw. Arylradikal **6** gebildet wird. Ob das Radikal an der Magnesiumoberfläche adsorbiert bleibt (A-Modell[3]) oder in das Reaktionsgemisch hineindiffundieren kann (D-Modell[4]), ist noch Gegenstand wissenschaftlicher Diskussion:

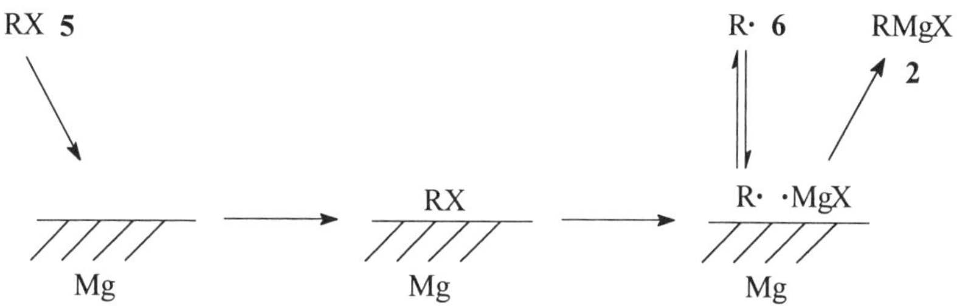

Ebenfalls an der Metalloberfläche findet dann die Vereinigung der Radikale unter Bildung des Grignard-Reagenzes **2** statt, das anschließend in die Lösung diffundiert. Der Reaktionsfortschritt läßt sich gut über die Abnahme des elementaren Magnesiums beobachten.

Das α-Kohlenstoffatom des Alkylhalogenids **5** ist aufgrund der größeren Elektronegativität des Halogenatoms positiv polarisiert; im Grignard-Reagenz **2** hingegen besitzt es eine negative Partialladung und kann damit als Nucleophil fungieren. Somit wurde das reaktive Verhalten des Alkylhalogenids genau umgekehrt, man spricht daher von einer *Umpolung*.

Da die Umsetzung an der Metalloberfläche erfolgt, verhindert eine Oxidschicht ein "Anspringen" der Reaktion. Ist die Oberfläche zu stark desaktiviert, so kann beispielsweise durch den Zusatz von Iod oder Brom die Oxidschicht zum Teil abgebaut werden.

Das Lösungsmittel spielt eine entscheidende Rolle, da es das Grignard-Reagenz durch Komplexierung stabilisiert. Nucleophile Solventien wie Diethylether und Tetrahydrofuran eignen sich besonders gut; zur Komplexierung lagern sich zwei Lösungsmittelmoleküle an:

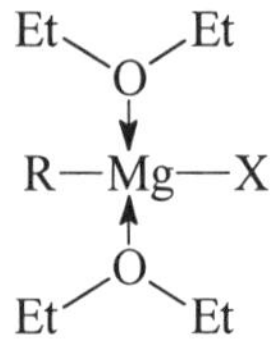

In nucleophilen Solventien liegt das Grignard-Reagenz nicht nur als RMgX vor, sondern kann am besten durch das sogenannte *Schlenk-Gleichgewicht* charakterisiert werden:

$$\underset{\mathbf{2}}{2\,RMgX} \rightleftharpoons R_2Mg + MgX_2$$

Darüber hinaus werden dimere Strukturen beobachtet, diese besitzen aber in erster Linie eine Bedeutung als Intermediate der Gleichgewichtsreaktionen. Das Schlenk-Gleichgewicht hängt von einer Reihe Faktoren wie Lösungsmittel, Konzentration, Substrat und Temperatur ab.

Aufgrund der großen Vielfalt der Grignard-Reaktionen lassen sich die Umsetzungen der verschiedenen Substrate bei unterschiedlichen Reaktionsbedingungen nicht durch einen einheitlichen Mechanismus erklären. Die Umsetzung von Ketonen **1** mit Grignard-Reagenzien läßt sich grundlegend sowohl durch einen polaren als auch durch einen radikalischen Mechanismus erklären.[5,6] Beim polaren Mechanismus wird der Alkylrest mit dem Bindungselektronenpaar auf das Carbonyl-Kohlenstoffatom übertragen, während vom Sauerstoff eine Bindung zum Magnesium geknüpft wird, wodurch das Magnesiumalkoholat **3** eines tertiären Alkohols resultiert:

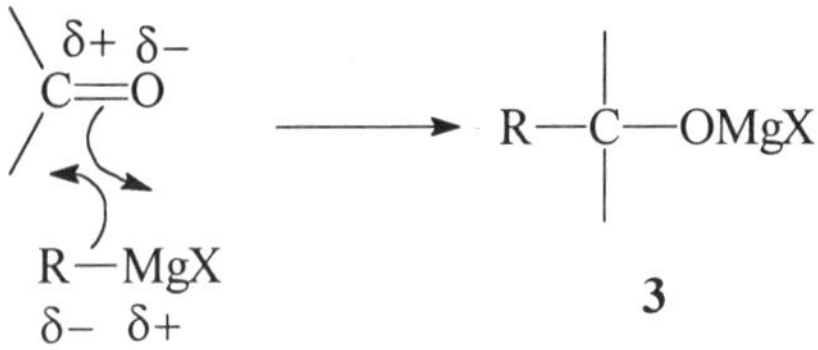

3

Beim radikalischen Reaktionsmechanismus wird ein einzelnes Elektron vom Grignard-Reagenz **2** auf die Carbonylgruppe übertragen (SET = single electron transfer). Das intermediär gebildete Radikalpaar **7** kombiniert zum gleichen Produkt **3** wie beim polaren Reaktionsablauf:

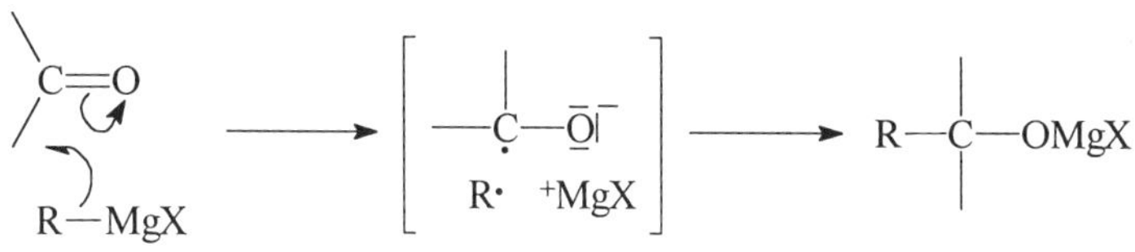

7 **3**

Nach welchem Mechanismus die Reaktion abläuft, ist in erster Linie vom Grignard-Reagenz abhängig; so reagiert Benzophenon mit Methylmagnesiumbromid nach einem polaren, mit *tert.*-Butylmagnesiumchlorid aus sterischen Gründen nach dem SET-Mechanismus.

Die Carbonylgruppe unsymmetrischer Ketone **1** ist prochiral, die Reaktion mit dem Grignard-Reagenz **2** kann von beiden Seiten erfolgen und führt (beide Reaktionspartner sind achiral, R ≠ R', R") zu einem racemischen Produktgemisch **8a** und **8b**:[7]

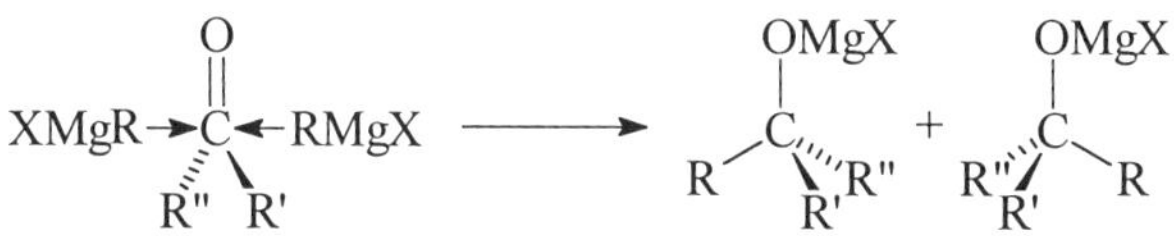

1 **8a** **8b**

Bei racemischen Carbonylverbindungen mit einem Chiralitätszentrum (hier 2-Phenylpropanal **9**) kann man durch Reaktion mit einem achiralen Grignard-Reagenz vier stereoisomere Produkte erhalten: das abgebildete Diastereomerenpaar **10** und **11** sowie deren Enantiomere.

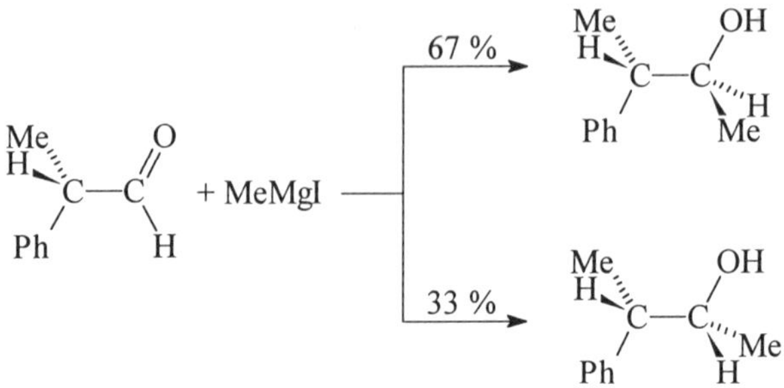

10

11

Anhand der *Cramschen Regel* und neuerer Modelle[8)] läßt sich eine Voraussage darüber machen, welches Stereoisomer bevorzugt gebildet wird. Voraussetzung ist, daß Carbonylgruppe und Chiralitätszentrum sich in unmittelbarer Nachbarschaft zueinander befinden, und daß durch die Reaktion ein neues Chiralitätszentrum entsteht.

Grignard-Reagenzien setzen sich mit Verbindungen, die wie Wasser, Alkohole, Phenole, Enole, Carbonsäuren und Amine über acide Wasserstoff-Atome verfügen, unter Zersetzung zu den entsprechenden Kohlenwasserstoffen um. Aus diesem Grund muß man in trockenen Lösungsmitteln unter Feuchtigkeitsausschluß arbeiten. Aber auch Sauerstoff kann sich mit den Grignard-Reagenzien umsetzen und somit zu Ausbeuteverlusten führen. Präparativ läßt sich durch die Hydrolyse gezielt Deuterium einführen:

$$\mathrm{RMgX} \xrightarrow{D_2O} \mathrm{RD}$$

Eine weitere Reaktion, die die Acidität der oben angeführten Verbindungen ausnutzt, ist die *Umgrignardierung*, das heißt der Austausch des Alkylrestes im Grignard-Reagenz. Ein Beispiel hierfür ist die Reaktion eines Alkins **12** mit einem Grignard-Reagenz **2**, wodurch die Acetylenmagnesium-Verbindung **13** und ein Kohlenwasserstoff **14** entstehen:

$$\underset{\mathbf{12}}{\mathrm{R'{-}C{\equiv}C{-}H}} + \underset{\mathbf{2}}{\mathrm{RMgX}} \longrightarrow \underset{\mathbf{13}}{\mathrm{R'{-}C{\equiv}C{-}MgX}} + \underset{\mathbf{14}}{\mathrm{RH}}$$

Eine Nebenreaktion, bei der die Carbonylverbindung **1** zum Alkohol reduziert und die magnesiumorganische Verbindung zum Alken **17** reagiert, kann bei Grignard-Verbindungen **15** mit mindestens einem Wasserstoffatom in β-Position auftreten. Diese Reaktion verläuft vermutlich über einen sechsgliedrigen cyclischen Übergangszustand **16**:

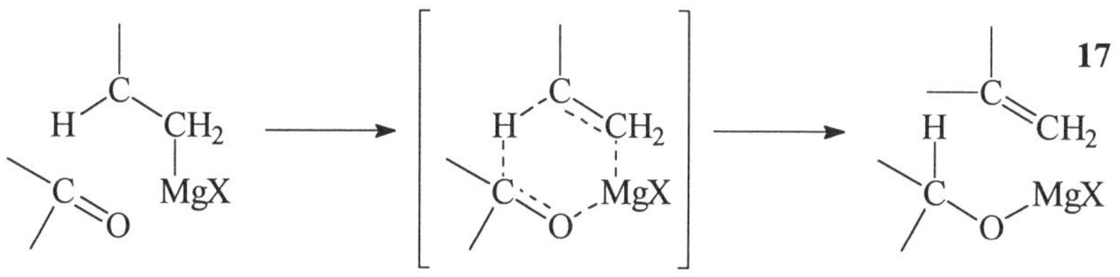

1 **15** **16**

Sterisch gehinderte Ketone **18**, die über ein α-Wasserstoffatom verfügen, können eine weitere Nebenreaktion eingehen. In diesem Fall ist das Grignard-Reagenz **2** in der Lage, die Carbonylverbindung in ein Enolat **19** zu überführen, wobei das Proton aus α-Position übertragen und ein Kohlenwasserstoff **14** gebildet wird:

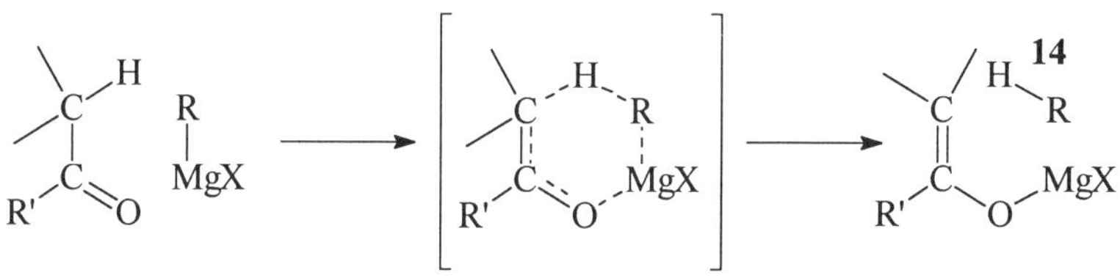

18 **2** **19**

Tertiäre Alkoholate **20** mit einem β-Wasserstoffatom können bei der sauren Hydrolyse als Folgereaktion zu Alkenen **21** dehydratisieren:

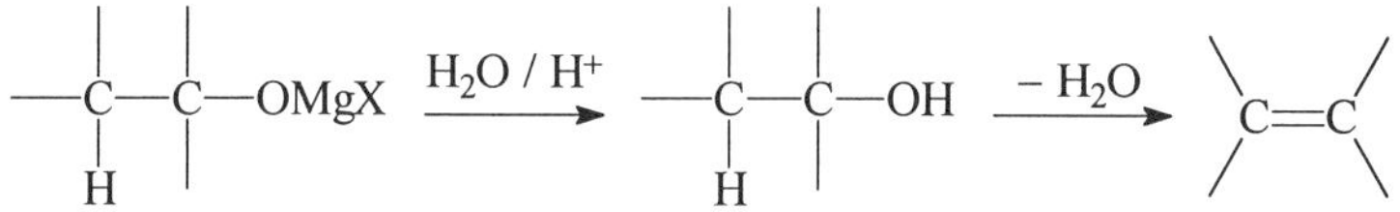

20 **21**

Grignard-Reagenzien können die verschiedensten Carbonylverbindungen nucleophil angreifen; die folgende Darstellung zeigt die Produkte nach wäßriger Aufarbeitung und dokumentiert die Vielseitigkeit der Reaktion:

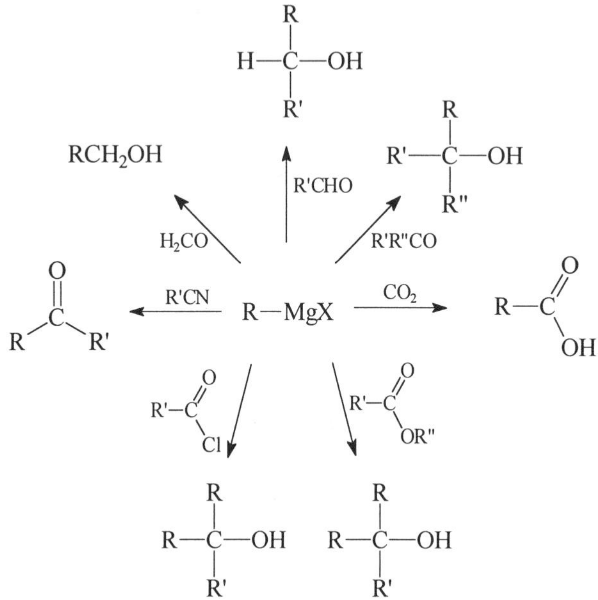

Die Umsetzung von Nitrilen ist ein Beispiel dafür, daß nicht nur Carbonylverbindungen, sondern auch Substrate mit anderen polaren Mehrfachbindungen, hier eine C-N-Dreifachbindung, mit Grignard-Reagenzien umgesetzt werden können. Ester **22** und Säurechloride nehmen ebenfalls eine Sonderstellung ein, da sie nacheinander mit zwei Molekülen der magnesiumorganischen Verbindung **2** reagieren; das Produkt **23** enthält somit zwei Alkyl- bzw. Arylreste aus dem Grignard-Reagenz:

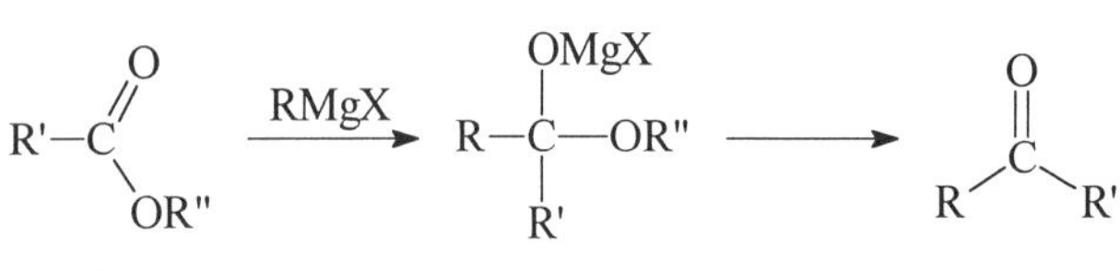

22

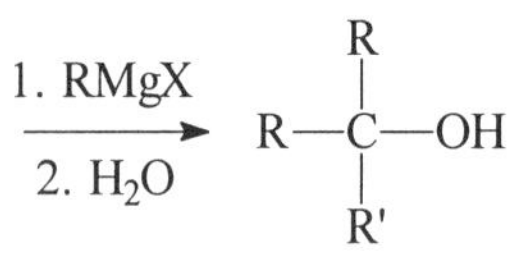

23

Eine weitere Gruppe von Grignard-Reaktionen ergibt sich aus der Alkylierung mit Grignard-Reagenzien.[9] Mit Alkylhalogeniden **5** erhält man eine *Wurtz*-artige Kupplung zweier Alkylreste, die bei der Herstellung der Grignard-Reagenzien zu unerwünschten Nebenprodukten führen kann:

$$\underset{\mathbf{2}}{RMgX} + \underset{\mathbf{5}}{R'X} \longrightarrow R{-}R' + MgX_2$$

Epoxide **24** lassen sich durch Grignard-Reagenzien nach einem S_N2-Mechanismus öffnen. Diese Reaktion gelingt am besten, wenn das Kohlenstoffatom, an dem die Ringöffnung erfolgen soll, keinen Substituenten trägt:

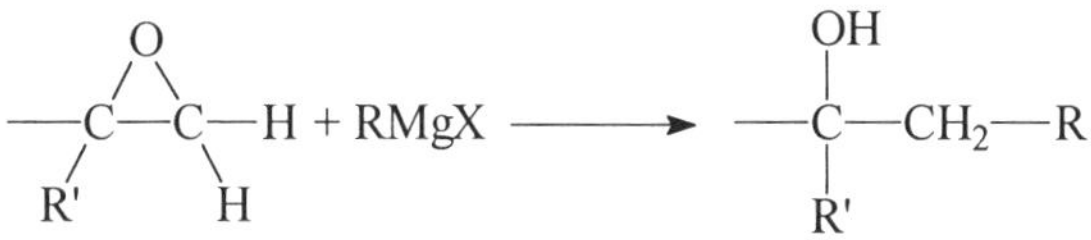

24

Obwohl in den letzten Jahren Grignard-Reagenzien in einigen Bereichen durch Alkyllithium-Verbindungen verdrängt wurden, zählt die Grignard-Reaktion dennoch zu den wichtigsten Reaktionen der Organischen Chemie. Der Grund hierfür ist die große Vielfalt, mit der Kohlenstoff-Kohlenstoff-Bindungen geknüpft werden können, um die unterschiedlichsten Kohlenstoffgerüste aufzubauen. Für reaktionsträge Aryl- und Alkylhalogenide wurde die Grignard-Reaktion erst durch neuere Varianten erschlossen; hier sind die Durchführung unter Ultraschall-Bedingungen[10] und der Einsatz von chemisch aktiviertem Magnesium[11] zu nennen.

1) V. Grignard, *C. R. Acad. Sci.* **1900**, *130*, 1322-1324.
2) K. Nützel, H. Gilman, G. F. Wright, *Methoden Org. Chem. (Houben-Weyl)* **1973**, Bd. 13/2a, S. 49-527.
3) H. M. Walborsky, *Acc. Chem. Res.* **1990**, *23*, 286-293.
4) J. F. Garst, *Acc. Chem. Res.* **1991**, *24*, 95-97.
5) E. C. Ashby, *Pure Appl. Chem.* **1980**, *52*, 545-569.
6) M. Orchin, *J. Chem. Educ.* **1989**, *66*, 586-588.
7) E. C. Ashby, J. T. Laemmle, *Chem. Rev.* **1975**, *75*, 521-546.
8) M. Nogradi, *Stereoselective Synthesis*, VCH, Weinheim, **1986**, S. 131-140.
9) J. C. Stowell, *Chem. Rev.* **1984**, *84*, 409-435.

10) C. J. Einhorn, J. Einhorn, J.-L. Luche, *Synthesis* **1989**, 787-813.
11) A. Fürstner, *Angew. Chem.* **1993**, *105*, 171-197; *Angew. Chem. Int. Ed. Engl.* **1993**, *32*, 164.

Haloform-Reaktion

Oxidative Spaltung von Methylketonen

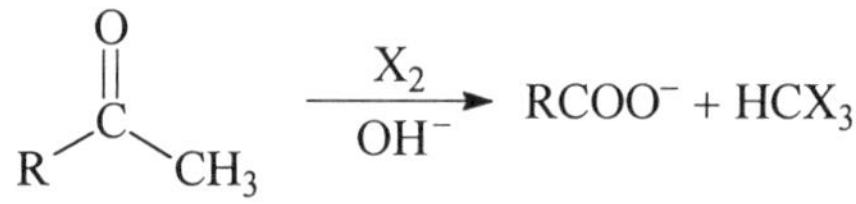

1 **2** **3**

Durch die *Haloform-Reaktion*[1,2] werden Methylketone **1** (und Acetaldehyd, der einzige Methylaldehyd) in ein Carbonsäuresalz **2** und ein Trihalogenmethan **3** (ein Haloform) gespalten. Als Halogen kann Brom, Chlor oder Iod eingesetzt werden.

Der gesamte Prozeß ist eine Kombination aus zwei verschiedenen Reaktionen: Zunächst wird die Methylgruppe dreifach halogeniert, indem in drei aufeinanderfolgenden, einander analogen Schritten durch basisch induzierte Protonenabspaltung Enolate (**4**-**6**) erzeugt werden, die dann aus freiem Halogen jeweils ein Halogenatom aufnehmen:

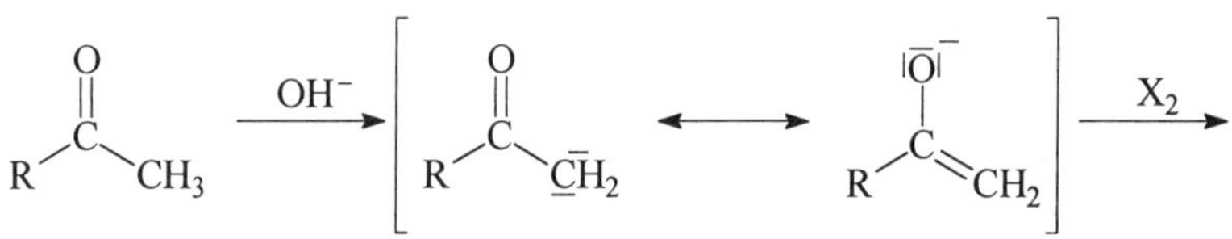

1 **4**

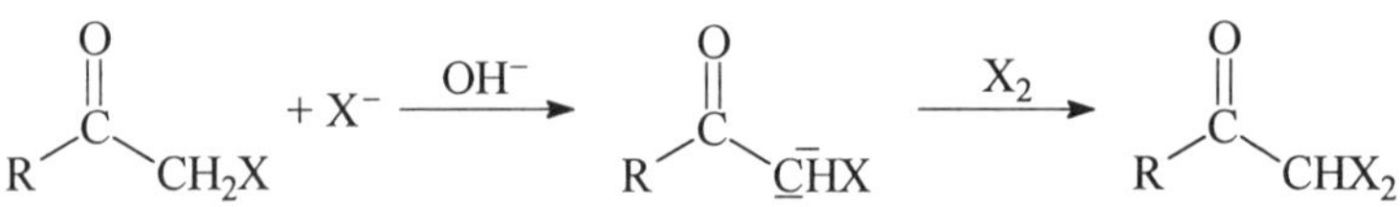

5

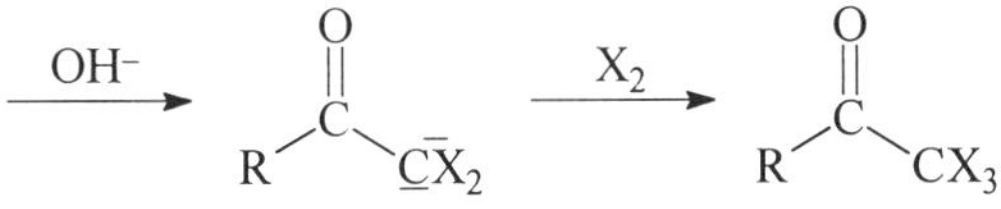

6 7

Durch den Angriff eines Hydroxid-Ions an das so gebildete Trihalogenketon **7** wird schließlich die Spaltung eingeleitet:3)

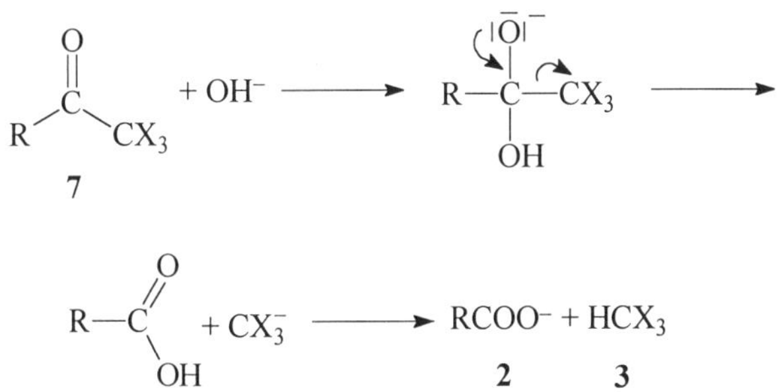

7 2 3

Die Reaktion verläuft auch mit primären und sekundären Methylcarbinolen **8**, da diese unter den Reaktionsbedingungen zu den entsprechenden Carbonylverbindungen oxidiert werden:

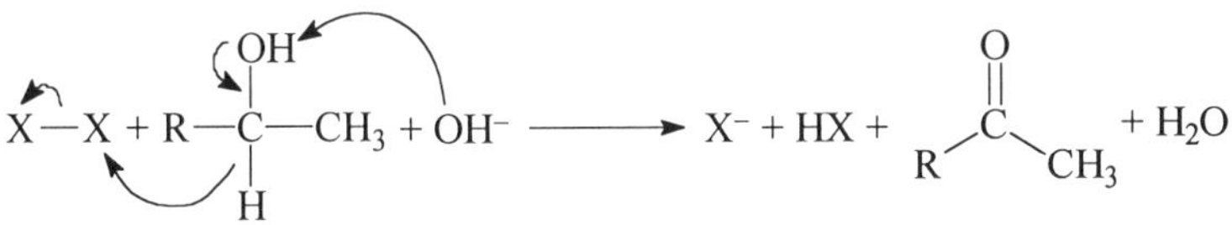

8 1

Sind auch auf der anderen Seite der Carbonylverbindung α-Wasserstoffatome zugegen, ist die α-Halogenierung an dieser Stelle eine mögliche Nebenreaktion, die manchmal sogar bis zur Spaltung des Substrats führen kann.2)

Fluor kann nicht eingesetzt werden, obwohl Trifluormethylketone in Carboxylat und Trifluormethan gespalten werden können. Die Haloform-Reaktion verläuft auch unter milden Bedingungen (Temperaturen von 0 bis 10 °C) mit sehr guten Ausbeuten, so daß selbst Methylvinylketon zu Acrylsäure umgestzt werden kann.

Neben der präparativen Bedeutung wird die Reaktion auch zu analytischen Zwecken zum Nachweis von Methylcarbinolen und -ketonen eingesetzt. Diese Verbindungen ergeben durch Umsetzung mit Iod und Alkali Iodoform, das durch seine Schmelztemperatur, seine gelbe Farbe und seinen charakteristischen Geruch leicht nachgewiesen werden kann (*Iodoform-Probe*).

1) A. Lieben, *Justus Liebigs Ann. Chem.* **1870** *Supp. 7*, 218-236.
2) S. K. Chakrabartty in *Oxidation in Organic Chemistry, Part C* (Hrsg.: W. S. Trahanovsky), Academic Press, New York, **1978**, S. 343-370.
3) C. Zucco, C. F. Lima, M. C. Rezende, J. F. Vianna, F. Nome, *J. Org. Chem.* **1987**, *52*, 5356-5359.

Hantzsch-Pyridinsynthese

1,4-Dihydropyridine durch Kondensation von β-Ketoestern mit Aldehyden und Ammoniak

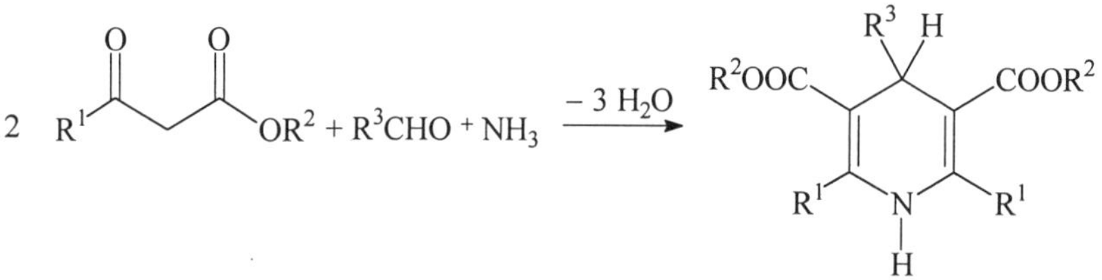

1 **2** **3**

Die allgemeinste Methode, einen Pyridinring aufzubauen, ist die Synthese nach *Hantzsch.*[1-4] Durch Kondensation von β-Ketoestern **1** mit einem Aldehyd **2** und Ammoniak werden 1,4-Dihydropyridine **3** erhalten, welche leicht - beispielsweise durch Oxidation mit Salpetersäure - zu den entsprechenden Pyridinen **4** oxidiert werden können:

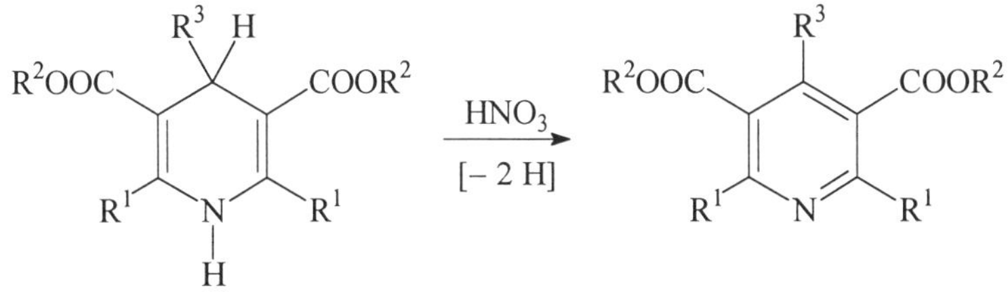

3 **4**

Im allgemeinen erfolgt die Oxidation unter Erhalt des 4-Alkylsubstituenten. Ist R^3 aber beispielsweise eine Benzylgruppe, so wird diese abgespalten und der Wasserstoff verbleibt als Substituent in 4-Position (anomale Oxidation zum Pyridin).

Die klassische Synthese ging von Acetessigester (**1**, $R^1 = CH_3$, $R^2 = C_2H_5$) und Acetaldehyd (**2**, $R^3 = CH_3$) aus. Durch nachfolgende Abspaltung der Substituenten in 3- und 5-Position wurde das Collidin **5** erhalten:[1)]

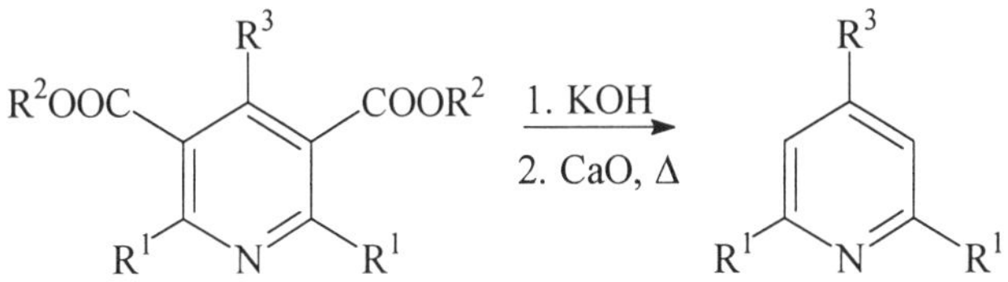

4 **5**

Der erste Schritt der Hantzsch-Reaktion ist wahrscheinlich eine →*Knoevenagel-Kondensation* des Aldehyds **2** mit dem Ketoester **1** zu dem α,β-ungesättigten Ketoester **6**:

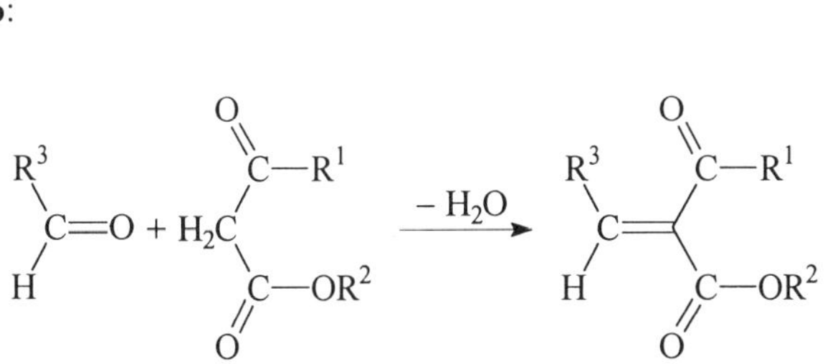

2 **1** **6**

Aus dem Ammoniak und dem ursprünglichen Ketoester bildet sich durch Dehydratisierung ein Enamin **7**:

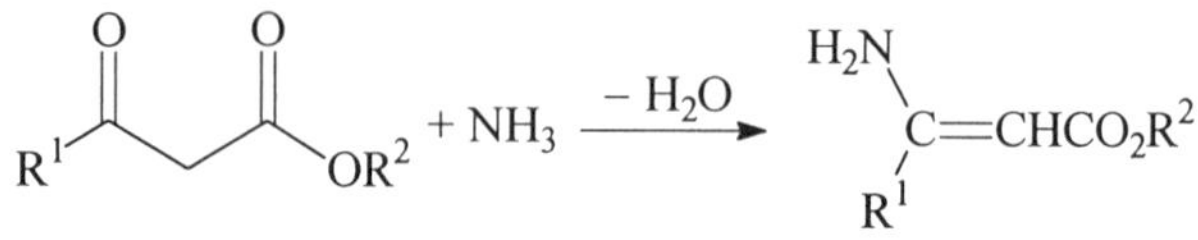

1 **7**

Daraufhin wird der Ring aufgebaut, indem der ungesättigte Ketoester in einem mehrstufigen Prozeß mit dem Enamin kondensiert:

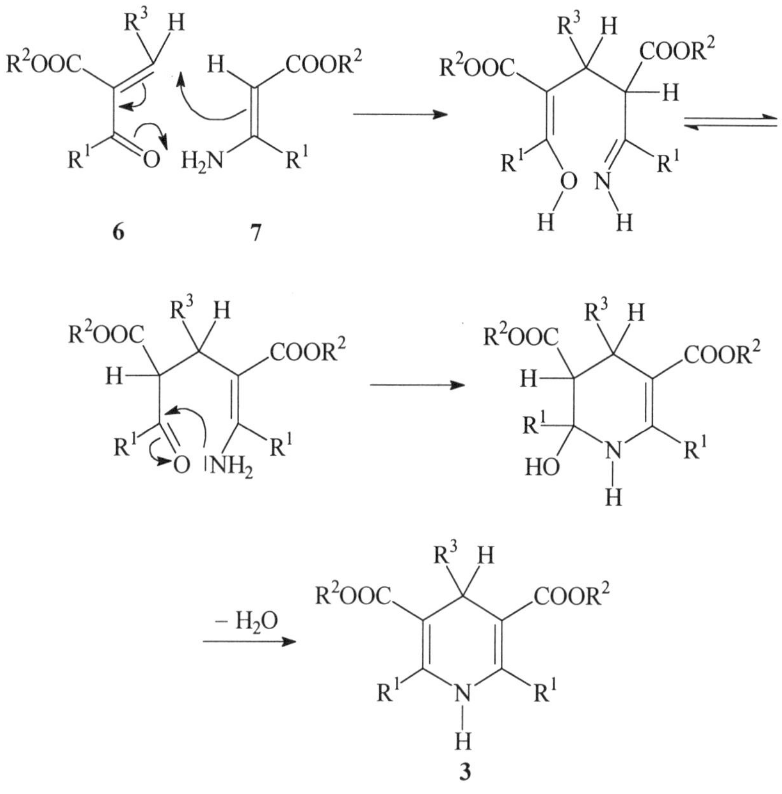

1,4-Dihydropyridine sind nicht nur Intermediate der Pyridinsynthese, sondern stellen selbst eine wichtige Klasse von Heterocyclen dar,[5,6] zu denen unter anderem das Coenzym NADH gehört. Versuche, dessen Wirkungsmechanismus aufzuklären, bewirkten ein reges Interesse an der Synthese von Dihydropyridinen als Modellverbindungen.

Aryldihydropyridine erwiesen sich in jüngerer Zeit als hochwirksame und gut verträgliche *Calcium-Antagonisten*, die ihre therapeutische Anwendung beispielsweise in der Behandlung von Bluthochdruck oder Angina pectoris finden.[7] Hierdurch bedingt ist die Synthese von 1,4-Dihydropyridinen erneut Gegenstand insbesondere industrieller Forschung geworden, so daß die Hantzsch-Synthese zu den bedeutenden Reaktionen gezählt werden kann.

Zahlreiche therapeutisch interessante Dihydropyridine sind in 3- und 5-Stellung ungleich substituiert. Die Darstellung dieser Verbindungen wird durch das Auftreten des Knoevenagel-Kondensationsproduktes **6** als Intermediat ermöglicht, wie am Beispiel des Nitrendipins **8** (Bluthochdruckmittel) gezeigt werden kann.[4]

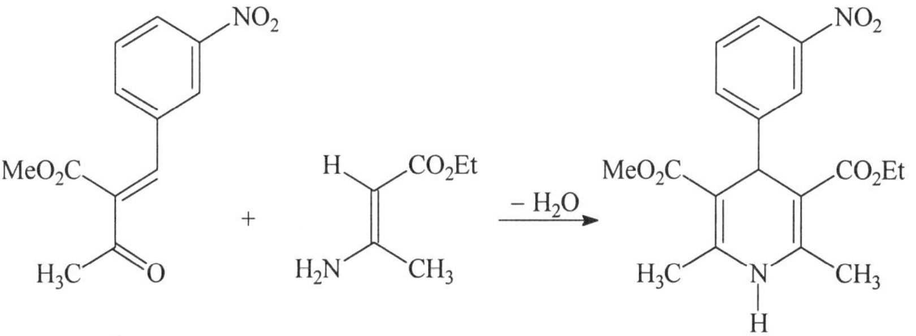

6 **8**

Für die Reaktion kommt ein relativ breites Substratspektrum in Betracht. Außer der Esterfunktionen in 3- und 5-Position können auch andere Akzeptorsubstituenten, wie Oxo-, Cyano-, Sulfonyl- oder Nitrogruppen das 1,4-Dihydropyridinsystem stabilisieren.

1) A. Hantzsch, *Justus Liebigs Ann. Chem.* **1882**, *215*, 1-82.
2) F. Brody, P. R. Ruby in *The Chemistry of Heterocyclic Compounds, Pyridine and its Derivatives, Vol. 14, Part 1*, (Hrsg.: E. Klingsberg), Wiley, New York, **1960,** S. 500-503.

3) R. E. Lyle in *The Chemistry of Hetercyclic Compounds, Pyridine and its Derivatives, Vol. 14, Suppl. Part 1*, (Hrsg.: R. A. Abramovitch), Wiley, New York, **1974**, S. 139-143.
4) F. Bossert, H. Meyer, E. Wehinger, *Angew. Chem.* **1981**, *93*, 755-763; *Angew. Chem. Int. Ed. Engl.* **1981**, *20*, 762.
5) U. Eisner, J. Kuthan, *Chem. Rev.* **1972**, *72*, 1-42.
6) D. M. Stout, A. I. Meyers, *Chem. Rev.* **1982**, *82*, 223-243.
7) S. Goldmann, J. Stoltefuß, *Angew. Chem.* **1991**, *103*, 1587-1605; *Angew. Chem. Int. Ed. Engl.* **1991**, *30*, 1559.

Heck-Reaktion

Arylierung/Vinylierung von Olefinen

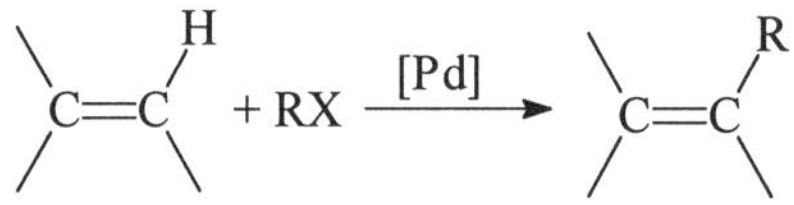

1

Zu den neueren bedeutenden Reaktionen der Organischen Chemie gehört die *Heck-Reaktion*[1-4], die Palladium-katalysierte C-C-Verknüpfung (→*Suzuki-Reaktion* und →*Stille-Kupplung*) einer Aryl-, Alkyl- bzw. Vinylkomponente mit einem Olefin **1**. Die zu kuppelnde Verbindung, im allgemeinen ein Halogenid (Bromid oder Iodid), wird zuerst zu einem Palladiumkomplex umgesetzt, der dann als Kupplungspartner des Olefins fungiert.

Der Mechanismus wird im folgenden für Aromaten diskutiert; für Vinyl- und Alkylverbindungen gelten analoge Betrachtungen. Es gibt eine Reihe von Möglichkeiten, Arylpalladiumkomplexe herzustellen. Als Edukte können Arylhalogenide, Arylquecksilberverbindungen oder unsubstituierte Aromaten mit diversen Palladiumverbindungen umgesetzt werden. Bei den Liganden für die Komplexierung handelt es sich im allgemeinen um Triphenylphosphin. Ein typisches Reagenziengemisch besteht aus Palladiumacetat **2** (1 %), Triphenylphosphin (2 %) sowie einer stöchiometrischen Menge Triethylamin, die für die Regenerierung des Katalysators notwendig ist.

Eine für den Start der Reaktion erforderliche katalytische Menge Palladium-Ligandenkomplex **3** entsteht vermutlich aus dem Palladiumacetat **2** unter Oxidation eines kleinen Teils des Olefins:2)

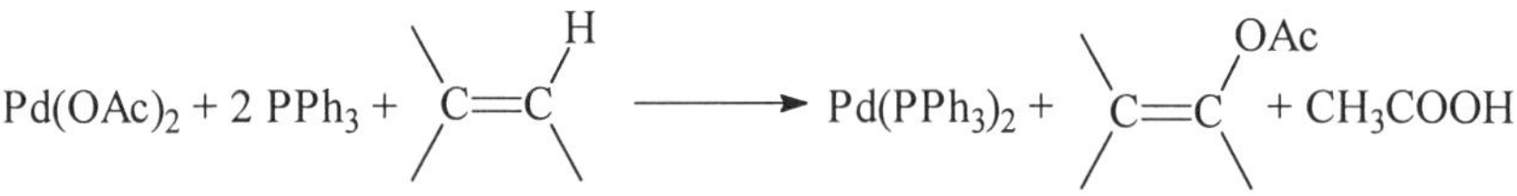

2 **1** **3**

Der katalytische Cyclus der Heck-Reaktion läßt sich in vier Abschnittte einteilen:2,5,6)

a) Bildung eines Arylpalladiumkomplexes **4** aus dem Palladium(0)komplex **3** und dem Aromaten **5** (oxidative Addition).

b) Addition des Olefins **1** an den Palladium(0)komplex **4** (Olefininsertion).

c) β-Eliminierung des Palladiumkomplexes **6** unter Freisetzung des substituierten Olefins **7**.

d) Regenerierung des Palladium-Ligandenkomplexes **3** durch Umsetzung mit einer Base.

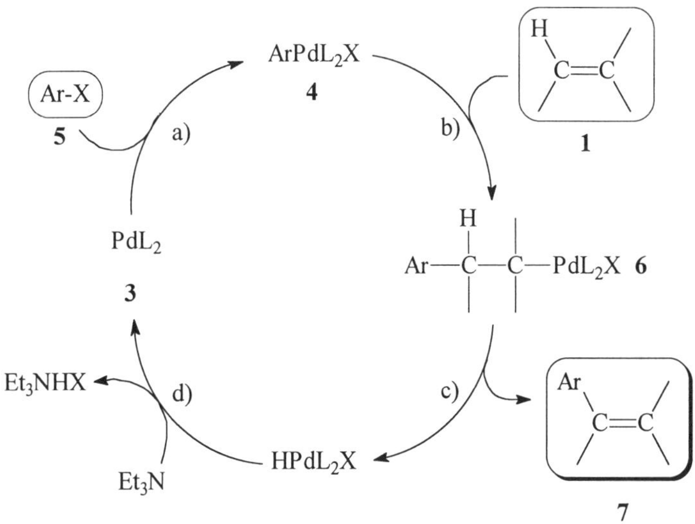

Die Regioselektivität der Addition des Organopalladiumkomplexes an eine unsymmetrische Doppelbindung mit konkurrierenden Wasserstoffatomen wird im wesentlichen von sterischen Faktoren beeinflußt. Die Substitution erfolgt an dem Kohlenstoffatom, das die größere Zahl an Wasserstoffatomen trägt. Die Heck-Reaktion von 1-Hexen **8** mit Brombenzol führt zu einem 4:1 Gemisch der Strukturisomere **9** (*E*/*Z*-Gemisch) und **10**:

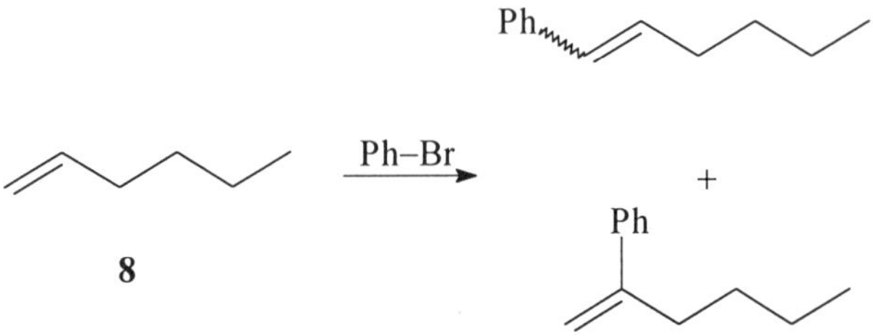

9

8 **10**

Die Kupplung von Styrol mit Brom- oder Iodbenzol läuft regioselektiv unter Bildung von *E*/*Z*-Stilben ab. Elektronenakzeptoren am Olefin verbessern die Regioselektivität, Elektronendonatoren führen häufig zu Produktgemischen.

Für die Alkylierung via Heck-Reaktion gilt die entscheidende Einschränkung, daß der Alkylrest keine β-Wasserstoffatome tragen darf. Somit kommen in erster Linie Methyl-, Benzyl- und Neopentylgruppen in Frage.

Bei den Olefinsubstraten werden zahlreiche Funktionalitäten wie Ester-, Ether-, Carboxy- und Cyanogruppen toleriert. Primäre **(11)** und sekundäre Allylalkohole reagieren unter Doppelbindungswanderung zu Aldehyden **12** oder Ketonen:

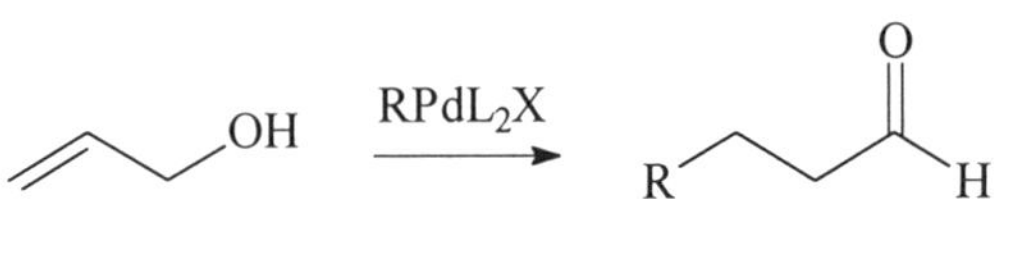

11 **12**

Die Heck-Reaktion gilt als das bekannteste Verfahren einer C-C-Verknüpfung unter Substitution eines olefinischen Protons. Die Ausbeuten sind im allgemeinen gut bis sehr gut; sterisch anspruchsvolle Substituenten am Olefin behindern die Reaktion. Es finden polare Lösungsmittel wie Methanol, Acetonitril, Dimethylformamid, Hexamethylphosphorsäureamid und andere Verwendung, in denen die verschiedenen Palladiumkomplexe löslich sind, so daß die Reaktionen homogen durchgeführt werden können. Die Reaktionstemperaturen betragen je nach Reaktivität der Substrate zwischen 50 und 160 °C.

Außer den oben beschriebenen Reaktionen gibt es eine Reihe weiterer Palladium-katalysierter Umsetzungen, die häufig als Heck-Reaktionen bezeichnet werden, aber weder von Heck entwickelt wurden noch dem hier beschriebenen Reaktionsprinzip entsprechen und somit streng genommen den Namen fälschlicherweise tragen.

1) R. F. Heck, H. A. Dieck, *J. Am. Chem. Soc.* **1974**, *96*, 1133-1136.
2) R. F. Heck, *Org. React.* **1982**, *27*, 345-390.
3) A. de Meijere, F. E. Meyer, *Angew. Chem.* **1994**, *106*, 2473-2506; *Angew. Chem. Int. Ed. Engl.* **1994**, *33*, 2379.
4) R. F. Heck, *Palladium Reagents in Organic Syntheses*, Academic Press, New York, **1985**.
5) L. G. Volkova, I. Y. Levitin, M. E. Volpin, *Russ. Chem. Rev.* **1975**, *44*, 552-560.
6) W. Cabri, I. Candiani, *Acc. Chem. Res.* **1995**, *28*, 2-7.

Hell-Volhard-Zelinskii-Reaktion

α-Halogenierung von Carbonsäuren

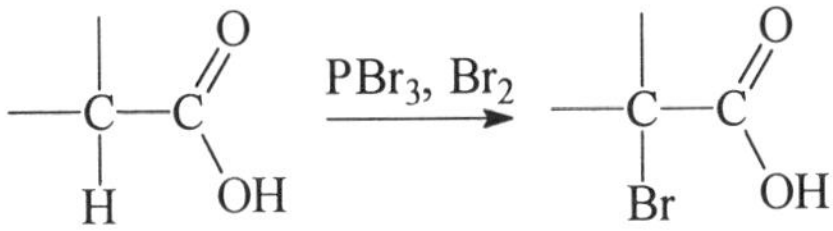

1 **2**

Die α-ständigen Wasserstoffatome von Carbonsäuren **1** können durch Brom oder Chlor unter Bildung von α-Halogencarbonsäuren **2** substituiert werden. Diese Umsetzung wird als *Hell-Volhard-Zelinskii-Reaktion*[1,2] bezeichnet.

Der Mechanismus verläuft über das Säurehalogenid **3**, das aus der Säure **1** durch Einwirkung von Phosphortrihalogenid gebildet wird. Das Säurehalogenid tautomerisiert dann zur Enolform **4**, die vom Halogen angegriffen wird:

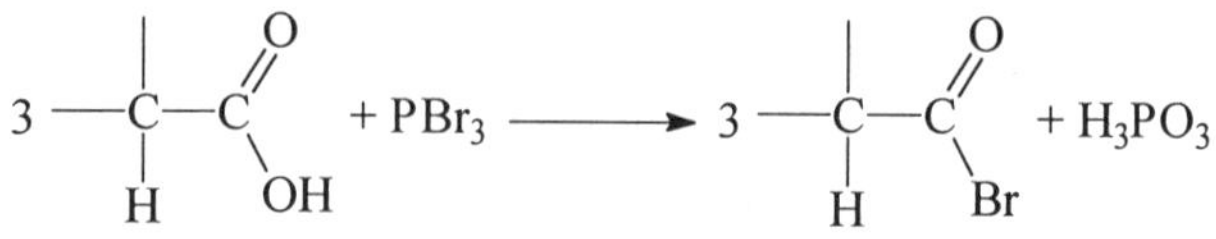

1 **3**

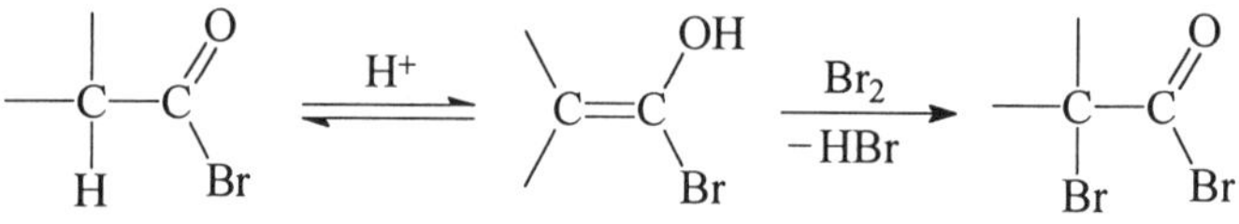

3 **4** **5**

Das gebildete α-Halogensäurehalogenid **5** kann daraufhin durch Austauschreaktion ein weiteres Carbonsäuremolekül **1** für die Reaktion aktivieren:

5 **1** **2** **3**

Freie Carbonsäuren **1** sind unreaktiv gegen Halogene, daher ist die Überführung in das Halogenid **3** notwendig. Anstelle von Phosphortrihalogeniden ist es auch möglich, elementaren Phosphor als Katalysator einzusetzen, da erstere sich unter den Reaktionsbedingungen leicht bilden. Leicht enolisierbare Säuren wie Malonsäure reagieren auch ohne Zugabe von Katalysator.

Weiterhin ist der Mechanismus dadurch belegt, daß das Halogen aus dem Katalysator nicht in die α-Position des Moleküls eingeführt wird. So liefert die Umsetzung von Carbonsäuren mit Phosphortribromid und Chlor ausschließlich Chlorierung in α-Position. Außerdem reagieren Säurehalogenide ohne Katalysator, wie auch andere leicht enolisierbare Carbonsäurederivate, beispielsweise Säureanhydride.

Sind zwei α-Wasserstoffatome vorhanden, so kann auch das zweite durch Halogen ersetzt werden; es ist manchmal schwierig, das einfach substituierte Produkt zu erhalten. Fluor- oder Iod-Substituenten lassen sich auf diese Weise nicht einführen.

Die aus der Reaktion erhaltenen α-Halogencarbonsäuren **2** sind vielseitige Syntheseintermediate. Sie lassen sich durch Reaktion mit Wasser in α-Hydroxycarbonsäuren **6** überführen; Reaktion mit Cyanid liefert α-Cyanocarbonsäuren **7**, die durch Hydrolyse in 1,3-Dicarbonsäuren **8** überführt werden können. Durch Behandlung mit Ammoniak sind α-Aminosäuren **9** zugänglich:

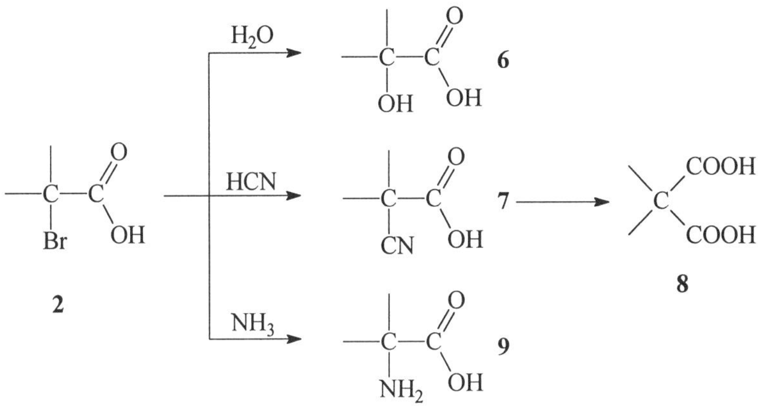

Die Einführung von Iod ist von hohem präparativem Interesse, da es sich hierbei um eine bessere Abgangsgruppe handelt als Chlor oder Brom. Diese Reaktion ist zwar durch die Verwendung von Phosphortrihalogeniden als Katalysator nicht möglich, wohl aber durch die Verwendung von Chlorsulfonsäure:[3)]

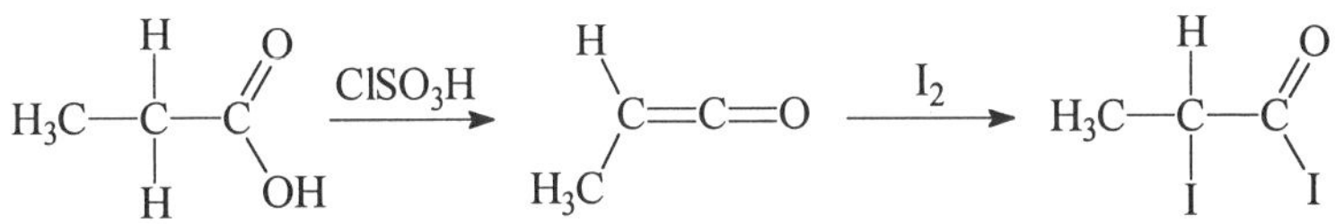

10

Für den Mechanismus dieser Umsetzung werden Ketene **10** als Intermediate angenommen, die durch die Eliminierung von Wasser aus der Carbonsäure entstehen (Chlorsulfonsäure ist ein sehr hygroskopisches Reagenz). Auf diese Weise lassen sich auch Chlor oder Brom einführen.

1) C. Hell, *Ber. Dtsch. Chem. Ges.* **1881**, *14*, 891-893.
2) H. J. Harwood, *Chem. Rev.* **1962**, *62*, 99-154.
3) Y. Ogata, K. Tomizawa, *J. Org. Chem.* **1979**, *44*, 2768-2770.

Hofmann-Eliminierung

Umwandlung von Aminen in Olefine

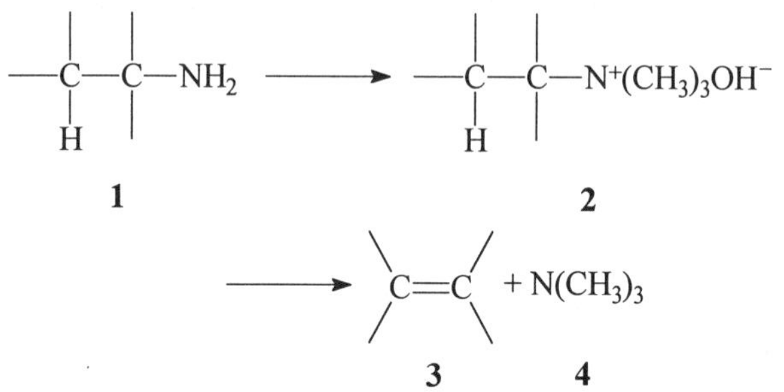

Die Eliminierung eines Amins **1** zu einem Olefin **3** unter Abspaltung des Stickstoffatoms sowie eines vicinalen Protons ist eine bedeutende Reaktion der Organischen Chemie. Am häufigsten wird hierzu die *Hofmann-Eliminierung*[1,2] angewendet, bei der das Amin durch erschöpfende Methylierung zunächst in das entsprechende quartäre Ammoniumhydroxid **2** umgewandelt wird; eine andere Möglichkeit ist die →*Cope-Reaktion*.

Neben primären Aminen (wie hier dargestellt) ist die Reaktion ebensogut mit sekundären und tertiären Aminen durchführbar. Zunächst wird das Amin **1** mit einem Überschuß an Methyliodid behandelt, und das quartäre Ammoniumiodid **5** wird gebildet. Durch Umsetzung mit Silberoxid erhält man hieraus das quartäre Ammoniumhydroxid **2**:

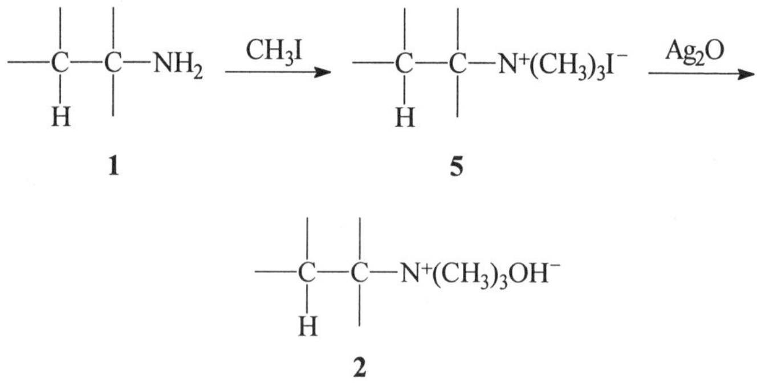

Die Eliminierung erfolgt schließlich durch Erhitzen einer wäßrigen oder alkoholischen Lösung des Hydroxids, oft unter vermindertem Druck, im allgemeinen bei Temperaturen zwischen 100 und 200 °C:

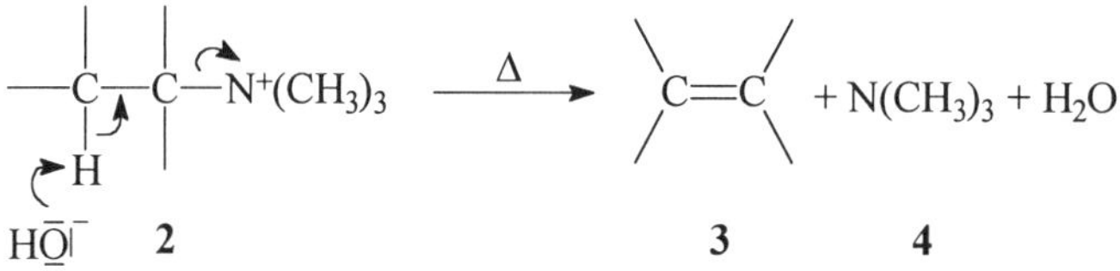

2 **3** **4**

Da die Olefinbildung nicht unter Einbeziehung einer der Methylgruppen erfolgen kann, muß die Abspaltung eines Protons aus dem ursprünglichen Amin erfolgen. Für gewöhnlich wird hierbei ein E2-Mechanismus durchlaufen. In einigen Fällen - abhängig von Reaktionsbedingungen und Substratstruktur - findet man Hinweise auf einen E1cB-Mechanismus:

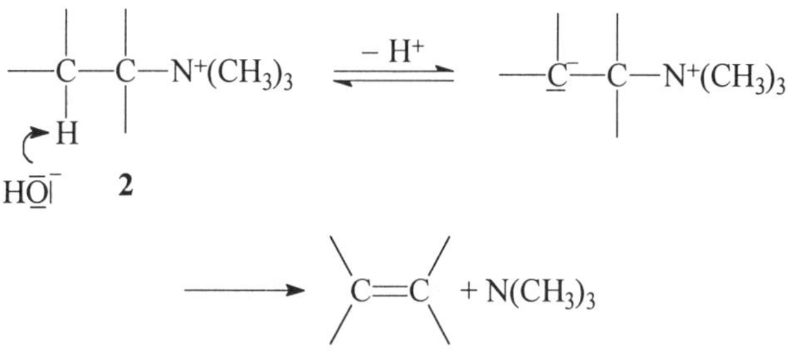

3 **4**

Die Unterscheidung zwischen beiden Mechanismen kann nicht auf kinetischem Weg erfolgen, da beide nach einer Kinetik zweiter Ordnung verlaufen. Allerdings kann durch die Stereochemie - der E2-Mechanismus erfordert *trans*-Eliminierung - weiterer Aufschluß gewonnen werden. Beispielsweise konnte bei den *erythro*- und *threo*-Isomeren von 1,2-Diphenylpropylamin (**6** bzw. **7**) - nach Behandlung der quartären Ammoniumiodide mit Natriumethanolat - stereospezifische *trans*-Eliminierung nachgewiesen werden:

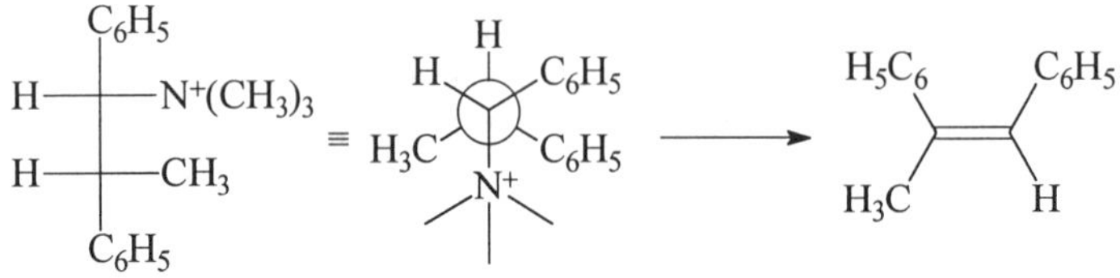

6
erythro

8

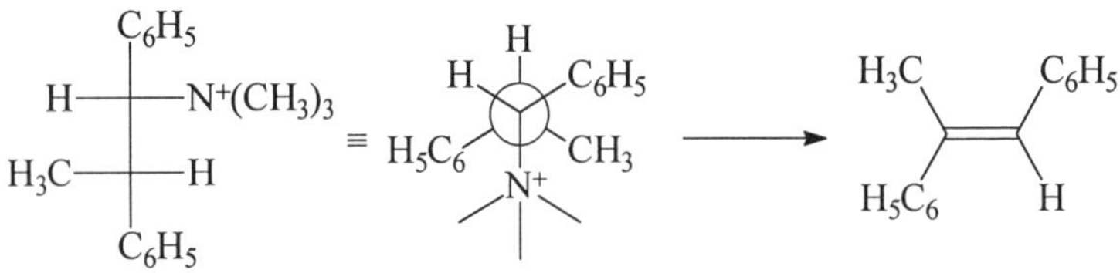

7
threo

9

Setzt man als Base jedoch *tert.*-Butylat ein, erhält man nur das thermodynamisch stabilere *trans*-Produkt **9**, was in diesem Fall für den E1cB-Mechanismus spricht. *E/Z*-Isomerisierung findet unter den Reaktionsbedingungen nicht statt.

Befindet sich das Stickstoffatom in einem cyclischen System wie im N-Methylpyrrolidin **10**, enthält das resultierende Olefin noch immer Stickstoff in Form einer tertiären Aminogruppe. Eine Wiederholung des gesamten Prozesses ist erforderlich, um den Stickstoff aus dem Molekül zu entfernen:

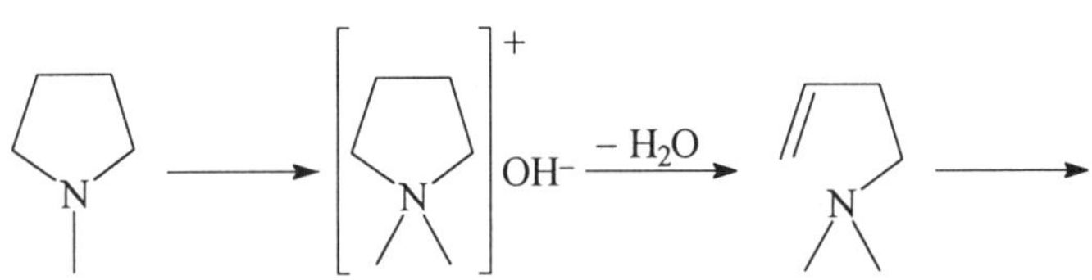

10

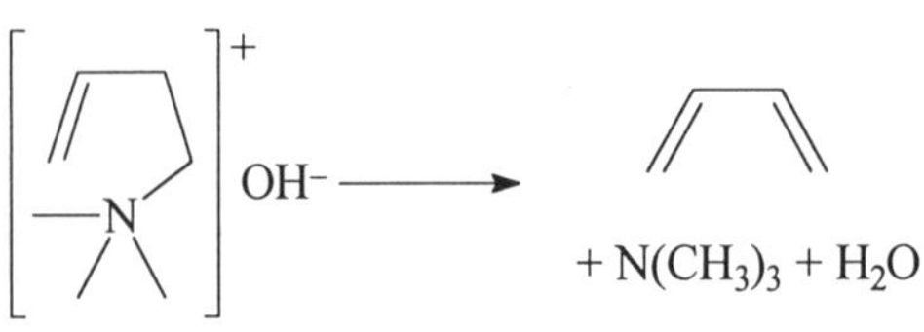

Bei Verbindungen mit Brückenkopf-Stickstoffatomen - beispielsweise Chinolizidine **11** - ist zur vollständigen Eliminierung noch eine weitere Wiederholung notwendig:

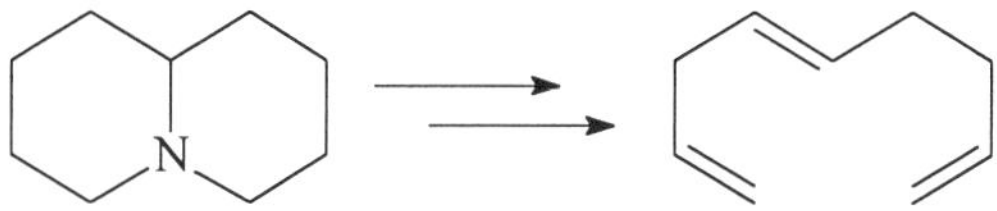

11

Hierdurch wird die erforderliche Anzahl der Reaktionscyclen bis zur Freisetzung des Stickstoffs als Trimethylamin **4** zu einem Indikator für dessen Substitutionsgrad im ursprünglichen Molekül. Nicht zuletzt deswegen wurde die Hofmann-Eliminierung in früheren Zeiten zur Strukturaufklärung insbesondere von Alkaloiden genutzt.

Als Nebenreaktion tritt sehr häufig nucleophile Substitution unter Bildung eines Alkohols **12** auf:

$$R{-}N^+(CH_3)_3 + OH^- \longrightarrow \underset{\mathbf{12}}{ROH} + N(CH_3)_3$$

Sind durch das Vorhandensein unterschiedlicher β-Wasserstoffatome Eliminierungen in verschiedene Richtungen möglich, wird im allgemeinen die *Hofmann-Regel* befolgt. So wird bei der Eliminierung von 2-Aminobutan **13** in weit überwiegendem Maße 1-Buten **14** gegenüber 2-Buten **15** gebildet:

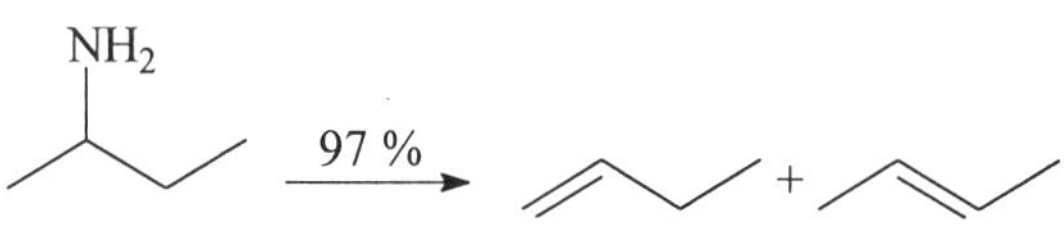

13 **14** **15**

95 % 5 %

Obwohl das Hauptanwendungsgebiet der Hofmann-Eliminierung lange Zeit die Strukturaufklärung war, so ist sie doch von präparativem Interesse. Beispielsweise gelang durch sie die Synthese von *E*-Cycloocten **16** und höheren Homologen :[3)]

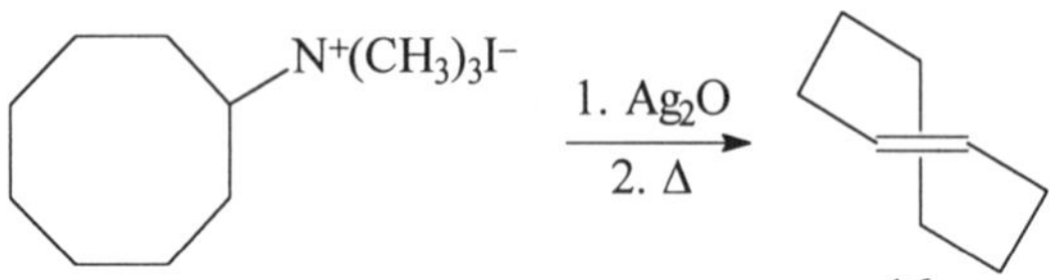

16

Im allgemeinen erhält man allerdings ein Gemisch aus der *E*- und der *Z*-Verbindung, wobei die *E*-Verbindung trotz der wesentlich höheren Spannung überwiegt.

Eine Variante, die *1,6-Hofmann-Eliminierung*, gilt heute als Standardreaktion zur Herstellung von [2.2]Paracyclophanen **17**:

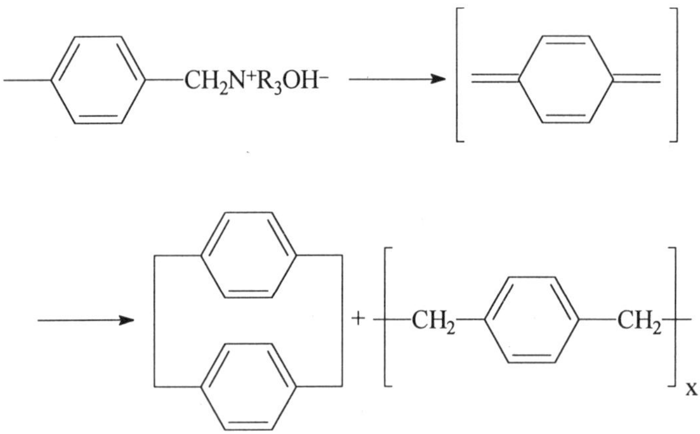

17

Ein Nachteil ist allerdings, daß die Reaktion oft nur mit geringen Ausbeuten verläuft. Neben zweilagigen Systemen können durch diese Synthese außerdem mehrlagige Cyclophane erhalten werden.[4)]

1) A. W. Hofmann, *Justus Liebigs Ann. Chem.* **1851**, *78*, 253-286.
2) A. C. Cope, E. R. Trumbull, *Org. React.* **1960**, *11*, 317-493.
3) K. Ziegler, H. Wilms, *Justus Liebigs Ann. Chem.* **1950**, *567*, 1-43.
4) F. Vögtle, P. Neumann, *Synthesis* **1973**, 85-103.

Hofmann-Umlagerung

Abbau von Carbonsäureamiden zu primären Aminen

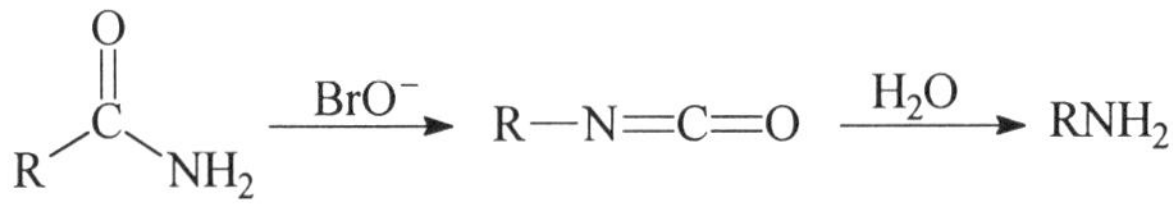

1 2 3

Durch die *Hofmann-Umlagerung*[1,2] wird ein Säureamid **1** in ein um ein Kohlenstoffatom verkürztes Amin **3** überführt. Formal läßt sich die Reaktion als Eliminierung der Carbonylgruppe eines Amids auffassen. Die Reaktion ist eng mit dem →*Curtius*- und dem →*Lossen-Abbau* verwandt. In allen drei Fällen wird die Umlagerung durch ein Elektronensextett am Stickstoff hervorgerufen.

Durch die alkalische Lösung eines Hypobromits in Wasser wird im ersten Schritt ein Amid in das entsprechende N-Bromamid **4** überführt. Dieses zeichnet sich durch seine C-H-Acidität aus (zwei elektronenziehende Substituenten am Stickstoff) und kann durch eine Base deprotoniert werden, so daß ein Anion **5** resultiert:

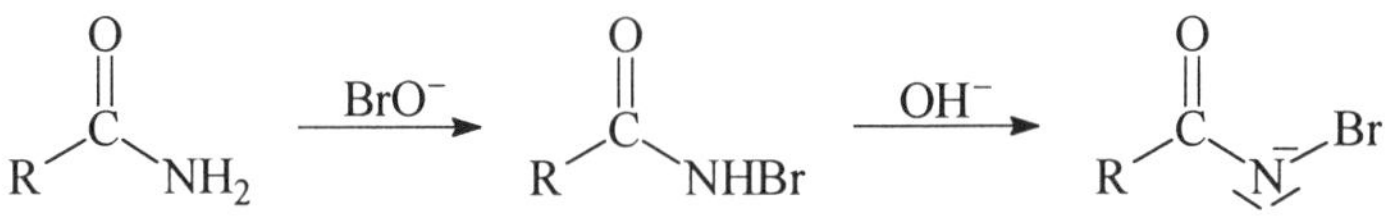

1 4 5

Im nächsten Schritt wird Brom abgespalten und der Rest R wandert unter Bildung eines Isocyanats **2**. An dieser Stelle erhebt sich die Frage, ob zunächst das Bromid abgespalten und anschließend der Rest R verschoben wird, oder beide Schritte gleichzeitig erfolgen. Die meisten Beobachtungen sprechen für einen konzertierten Prozeß.[3] So verläuft die Umsetzung bei Molekülen mit chiralen Resten R im allgemeinen ohne Racemisierung. Das Isocyanat lagert unter den Reaktionsbedingungen sofort Wasser an und bildet eine Carbaminsäure **6**, die ebenfalls in wäßriger alkalischer Lösung nicht stabil ist und unter Freisetzung des Amins **3** decarboxyliert:

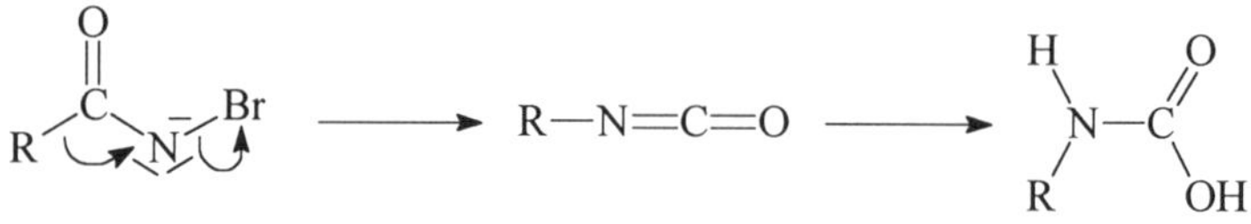

5 **2** **6**

$$\longrightarrow RNH_2 + HCO_3^-$$

3

Das N-Bromamid, sein Anion und das Isocyanat konnten als Zwischenprodukte isoliert werden, so daß der Mechanismus überdurchschnittlich gut abgesichert werden konnte.

Allgemein liefert die Reaktion gute Ausbeuten. Bei dem Rest R kann es sich sowohl um einen Alkyl- als auch um einen Arylrest handeln. Moderne Varianten der Hofmann-Reaktion setzen Bleitetraacetat[4] bzw. Iodosobenzol[5] anstelle des Hypobromits ein.

1) A. W. Hofmann, *Ber. Dtsch. Chem. Ges.* **1881**, *14*, 2725-2736.
2) E. S. Wallis, J.F. Lane, *Org. React.* **1946**, *3*, 267-306.
3) T. Imamoto, Y. Tsuno, Y. Yukawa, *Bull. Chem. Soc. Jpn.* **1971**, *44*, 1632-1638.
4) H. E. Baumgarten, H. L. Smith, A. Staklis, *J. Org. Chem.* **1975**, *40*, 3554-3561.
5) A. S. Radhakrishna, C. G. Rao, R. K. Varma, B. B. Singh, S. P. Batnager, *Synthesis* **1983**, 538.

Hunsdiecker-Reaktion

Decarboxylierung von Carbonsäuresalzen

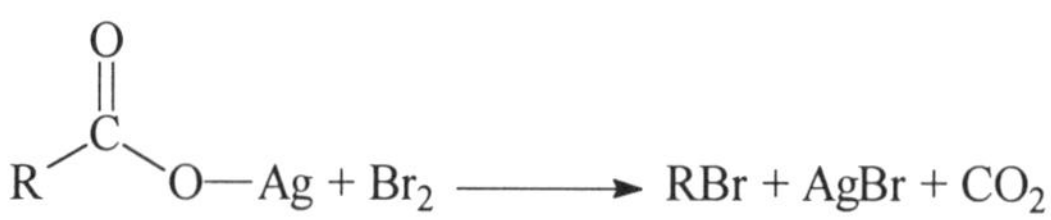

1 **2**

Silbersalze **1** von Carbonsäuren lassen sich durch Behandlung mit Brom in der *Hunsdiecker-Reaktion*[1,2] zu Alkylbromiden **2** decarboxylieren.

Wie auch die nicht unähnliche →*Kolbe-Elektrolyse* verläuft die Hunsdiecker-Reaktion wahrscheinlich nach einem radikalischen Mechanismus über ein Carboxyl-Radikal. Zunächst reagiert das Brom mit dem Silbersalz **1** unter Bildung des Hypobromits **3** und von Silberbromid, das aus dem Reaktionsgemisch ausfällt. Die Brom-Sauerstoff-Bindung kann homolytisch gespalten werden, wodurch ein Bromradikal und das Carboxyl-Radikal **4** entstehen. Letzteres zerfällt zu Kohlendioxid und dem Alkylradikal **5**, das mit dem Hypobromit **3** zum Alkylbromid **2** und dem Carboxyl-Radikal **4** reagiert:[3]

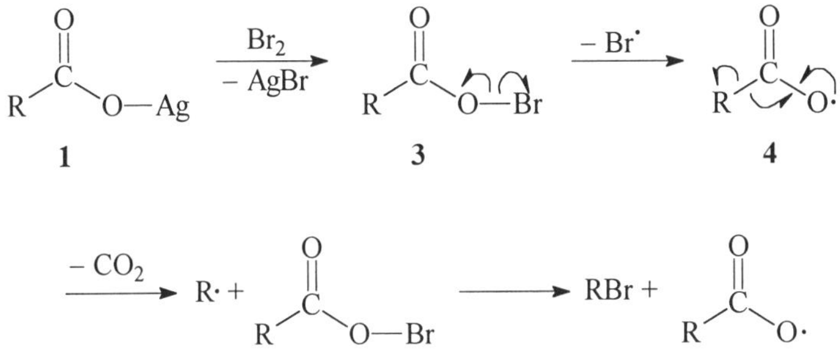

1 **3** **4**

5 **3** **2** **4**

Durch Abfangprodukte konnte das Auftreten freier Radikale nachgewiesen und der Mechanismus gestützt werden.

Als Substrate sind in erster Linie aliphatische Carbonsäuresalze ohne Verzweigung in α-Position geeignet. Für die Aromatenchemie läßt sich kein einheitliches Urteil fällen: Silberbenzoate mit elektronenziehenden Substituenten reagieren im allgemeinen zu den entsprechenden Brombenzolen, während aktivierende Reste zu einer Substitution eines Wasserstoffatoms durch ein Bromatom führen können. So reagiert *p*-Methoxybenzoat **6** mit guter Ausbeute zu 3-Brom-4-methoxybenzoesäure **7**:

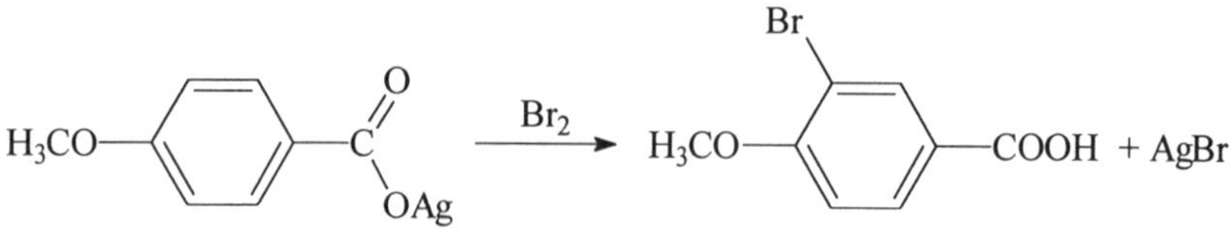

6 **7**

Die für die Hunsdiecker-Reaktion erforderlichen Silbersalze können durch Umsetzung der entsprechenden Carbonsäuren mit Silberoxid gewonnen werden, wobei an die Reinheit der Salze für eine erfolgreiche Decarboxylierung hohe Ansprüche gestellt werden müssen. Außer dem am häufigsten eingesetzten Brom werden auch Chlor und Iod für die Hunsdiecker-Reaktion verwendet. Als Lösungsmittel ist Tetrachlorkohlenstoff am weitesten verbreitet. Die Ausbeuten liegen normalerweise zwischen befriedigend und gut.

Durch eine Variante, bei der man die freie Carbonsäure mit einem Gemisch von Quecksilberoxid und Brom in Tetrachlorkohlenstoff umsetzt, läßt sich das Problem der Silbersalzreinigung umgehen.

Bei der ersten Synthese von [1.1.1]Propellan **10** aus Bicyclo[1.1.1]pentan-1,3-dicarbonsäure **8** wurde dieses Verfahren ausgenutzt. Das durch die Decarboxylierung zugängliche Dibromid **9** konnte mit *tert.*-Butyllithium unter Ausbildung der zentralen Kohlenstoff-Kohlenstoff-Bindung zum Propellan dehalogeniert werden:[4)]

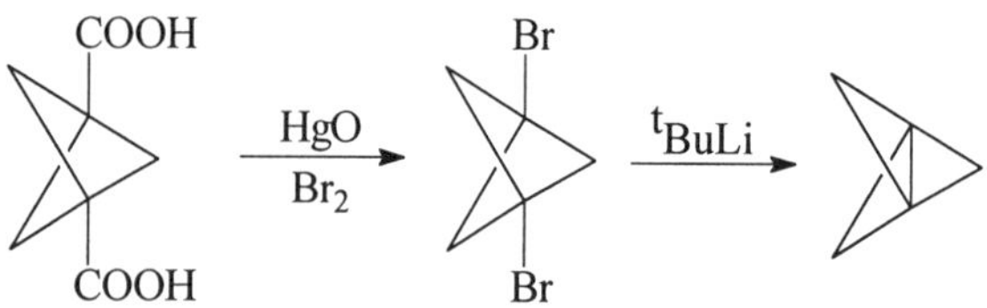

8 **9** **10**

Eine Ergänzung zur Hunsdiecker-Reaktion stellt die *Kochi-Reaktion*[5,6)] dar. Sie ist besonders für die Decarboxylierung zu sekundären und tertiären Halogeniden geeignet, bei denen das klassische Verfahren versagt. Als Reagenzien werden bei dieser Variante Blei(IV)-acetat und Lithiumchlorid eingesetzt:

$$RCOOH + Pb(OAc)_4 + LiCl \longrightarrow RCl + CO_2 + LiPb(OAc)_3 + HOAc$$

Eine weitere Decarboxylierungsreaktion mit Blei(IV)-acetat, die aber unter milderen Bedingungen abläuft, wurde von *Grob et al.*[7] eingeführt. In diesem Fall finden N-Chlorsuccinimid als Chlordonator und ein Gemisch aus Dimethylformamid und Eisessig als Lösungsmittel Verwendung.

1) H. Hunsdiecker, C. Hunsdiecker, *Ber. Dtsch. Chem. Ges.* **1942**, *75*, 291-297.
2) C. V. Wilson, *Org. React.* **1957**, *9*, 332-387.
3) R. G. Johnson, R. K. Ingham, *Chem. Rev.* **1956**, *56*, 219-269.
4) K. B. Wiberg, *Acc. Chem. Res.* **1984**, *17*, 379-386.
5) J. K. Kochi, *J. Org. Chem.* **1965**, *30*, 3265-3271.
6) R. A. Sheldon, J. K. Kochi, *Org. React.* **1972**, *19*, 279-421.
7) K. B. Becher, M. Geisel, C. A. Grob, F. Kuhnen, *Synthesis* **1973**, 493-495.

Hydroborierung

Addition von Boranen an Olefine

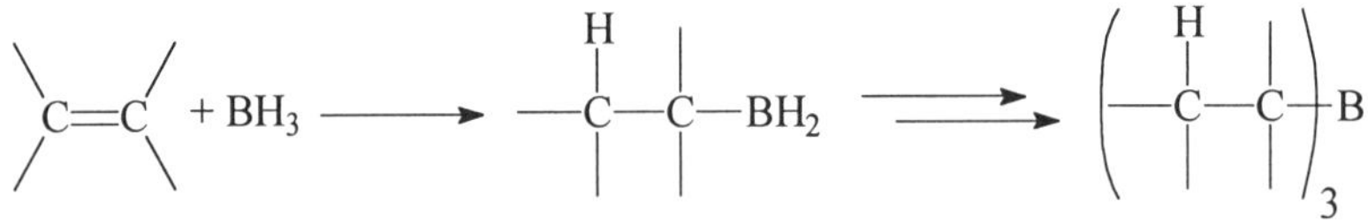

1 **2** **3**

Boran **2** addiert ohne katalytische Aktivierung an C-C-Doppelbindungen. Diese Reaktion, die von *H. C. Brown* entdeckt[1] und umfassend untersucht wurde, wird als *Hydroborierung*[2-5] bezeichnet; sie ermöglicht die regioselektive und stereospezifische Funktionalisierung von Alkenen **1**.

Das in freier Form als gasförmiges Diboran, B_2H_6, vorliegende Boran ist in Form von Lewis-Säure-Base-Komplexen wie **4**, die sich beispielsweise in etherischen Lösungsmitteln bilden, kommerziell erhältlich:

2 **4**

Bei der Addition bildet sich zunächst der dreigliedrige Lewis-Säure-Base-Komplex **5**, indem das leere p-Orbital des Boratoms die π-Elektronen der Doppelbindung aufnimmt. Dieser Vorgang ähnelt der Bildung eines Bromonium-Ions bei der elektrophilen Addition von Brom an Olefine:

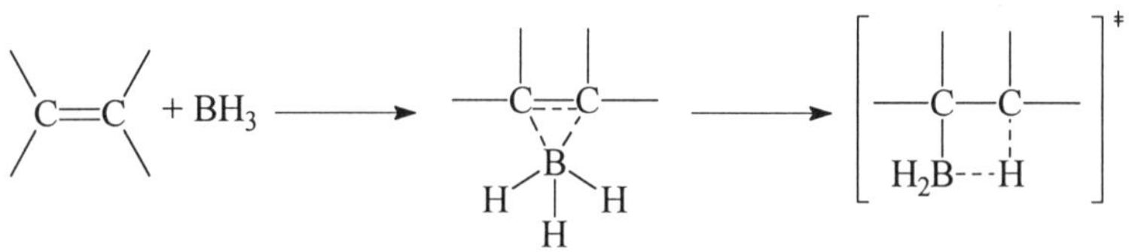

1 **2** **5** **6**

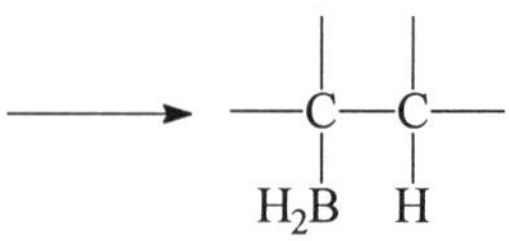

3

Anschließend wird eines der Boran-Wasserstoffatome über einen Vierzentrenübergangszustand **6** auf ein sp^2-Kohlenstoffatom des Olefins übertragen.

Alle drei Bor-Wasserstoffbindungen sind in der Lage, auf diese Weise zu reagieren. Drei- und vierfach substituierte Olefine wie 2-Methylbuten **7** oder 2,3-Dimethylbuten **9** addieren jedoch nur ein- bzw. zweimal an Boran:

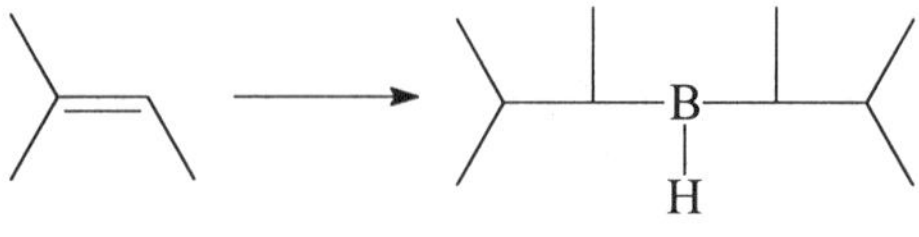

7 **8**

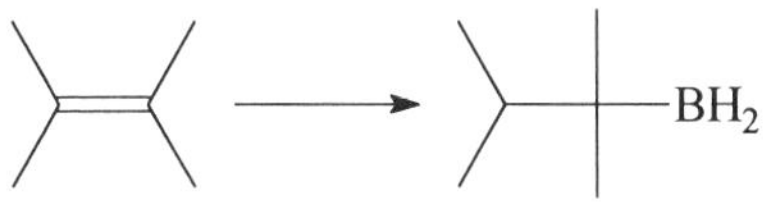

9 **10**

Die Hydroborierung ist *syn*-stereospezifisch, wie am Beispiel von 1-Methylcyclopenten **11** gezeigt werden kann; lediglich das *trans*-Produkt **12** wird gebildet:

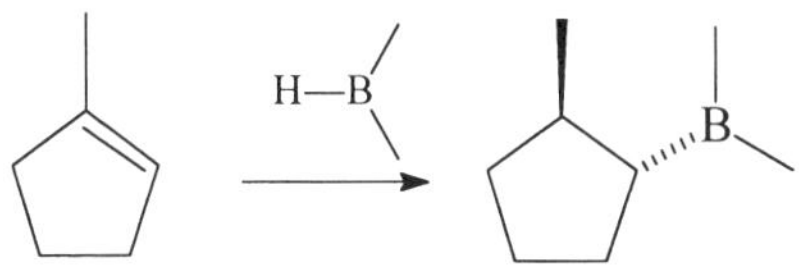

11 **12**

Darüber hinaus ist die Reaktion auch regioselektiv: Das Boratom wird an das sterisch weniger gehinderte Kohlenstoffatom gebunden. Unterscheiden sich die beiden Enden einer Doppelbindung sterisch nicht sehr stark, so erhält man bei der Addition von Boran oft nur geringe Selektivität. Diese kann deutlich erhöht werden, indem man weniger reaktive Alkylborane wie Disiamylboran **8** einsetzt:

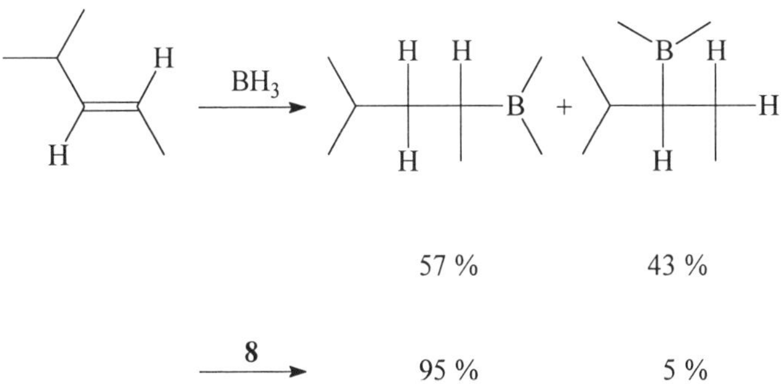

Die Tatsache, daß sterisch gehinderte Olefine nur mit ein bzw. zwei Boran-Moleküle reagieren, erlaubt es, selektiv wirkende Hydroborierungsreagenzien herzustellen. Neben Disiamylboran **8** und Thexylboran **10** ist insbesondere das an der Luft stabile 9-Borabicyclo[3.3.1]nonan (9-BBN) **14** zu nennen, das durch Addition von Boran **2** an 1,5-Cyclooctadien **13** gebildet wird:

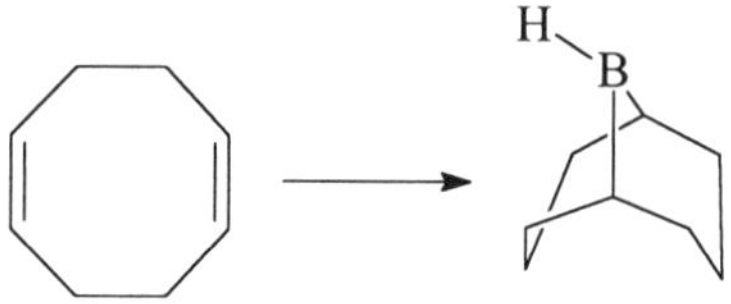

13 **14**

Durch die Hydroborierung von α-Pinen **15** ist ein chirales Hydroborierungsreagenz zugänglich, das Diisopinocampheylboran **16** (Ipc_2BH):

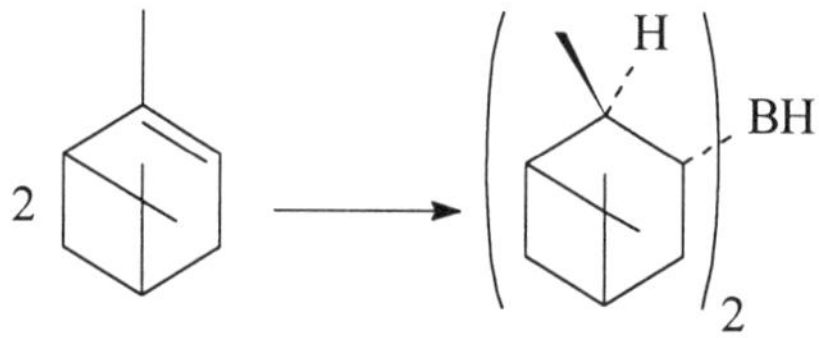

15 **16**

Dieses Reagenz erlaubt die enantioselektive Hydroborierung von Z-Olefinen mit Enantiomerenüberschüssen von bis zu 98 %. Daneben wurden weitere chirale Hydroborierungsreagenzien untersucht.[6)]

Die durch die Hydroborierung erhältlichen Boran-Reagenzien sind Intermediate außerordentlicher Vielseitigkeit. Die wichigste Anwendung ist die Oxidation zu Alkoholen **17**, die im allgemeinen mit Hydroperoxid in alkalischer Lösung durchgeführt wird. Hierbei verläuft die Oxidation unter Retention am α-Kohlenstoffatom des wandernden Restes R:

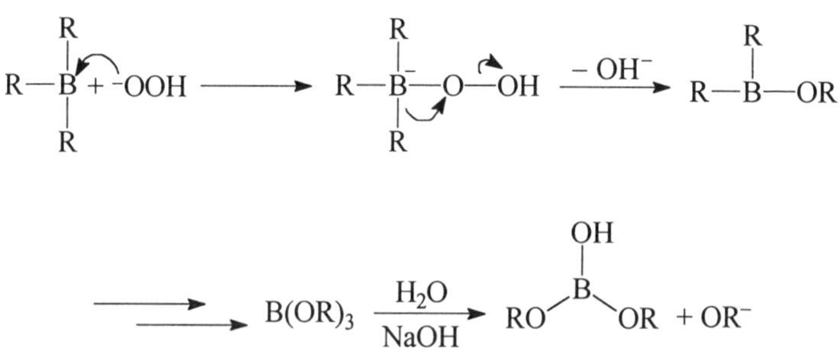

17

Die Reaktionsfolge Hydroborierung-Oxidation bietet eine regioselektive *anti-Markownikoff-Addition* von Wasser an Olefine (im Gegensatz zu den meisten anderen Hydratisierungsreaktionen). Die Möglichkeit stereoselektiver und sogar enantioselektiver Umsetzungen verdeutlicht die Wichtigkeit dieser Reaktion für die präparative Organische Chemie.

Es gibt eine Reihe weiterer Einsatzgebiete von Organoborverbindungen,[4] beispielsweise *Michael*-artige Additionen an α,β-ungesättigte Carbonylverbindungen oder Alkylierung von α-Halogen-Carbonylverbindungen.

Die Substrate können zahlreiche funktionelle Gruppen wie OH, OR, NH_2 oder Halogen enthalten. Nebenreaktionen treten unter den milden Reaktionsbedingungen (meistens 0 °C bis Raumtemperatur) im allgemeinen nicht auf; selbst bei so empfindlichen Verbindungen wie α-Pinen werden keine Umlagerungen des Kohlenstoffgerüsts beobachtet.

1) H. C. Brown, B. C. Subba Rao, *J. Am. Chem. Soc.* **1956**, *78*, 5694-5695.
2) G. Zweifel, H. C. Brown, *Org. React.* **1963**, *13*, 1-54.
3) H. Hopf, *Chem. Unserer Zeit* **1970**, *4*, 95-98.
4) A. Suzuki, R. S. Dhillon, *Top. Curr. Chem.* **1986**, *130*, 23-88.
5) A. Pelter, K. Smith, H. C. Brown, *Borane Reagents*, Academic Press, New York, **1988**.
6) H. C. Brown, B. Singaram, *Acc. Chem. Res.* **1988**, *21*, 287-293.

Japp-Klingemann-Reaktion

Arylhydrazone durch Reaktion von β-Dicarbonylverbindungen mit Diazonium-Salzen

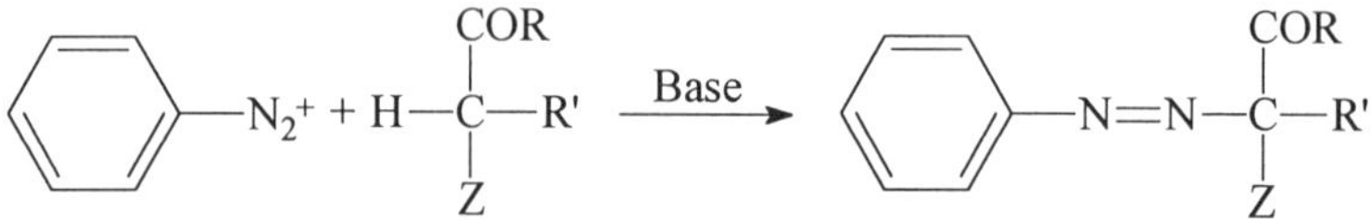

1 **2** **3**

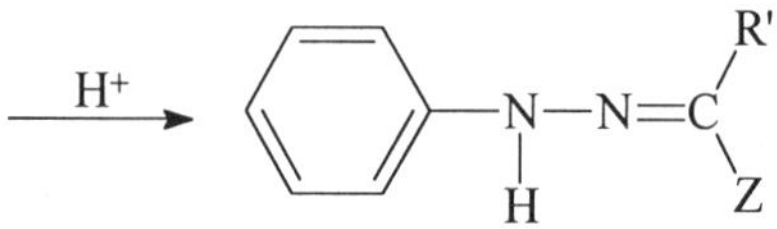

4

Die Kupplung von aromatischen Diazonium-Verbindungen **1** mit 1,3-Dicarbonylverbindungen **2** (Z = COR) ist als *Japp-Klingemann-Reaktion*[1,2] bekannt. Als Edukte können außerdem β-Ketocarbonsäuren oder ihre Ester (Z = COOH bzw. COOR) eingesetzt werden. Die Reaktionsprodukte sind Arylhydrazone **4**.

Die Reaktion wird allgemein unter basischen Bedingungen (KOH) in wäßrigen Lösungen durchgeführt. Dadurch entsteht aus der 1,3-Dicarbonylverbindung das korrespondierende Anion **5**, das mit dem Diazonium-Ion **1** zu einer Diazoverbindung **3** kuppeln kann:

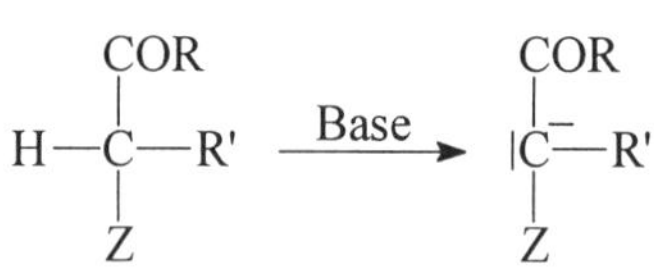

2 **5**

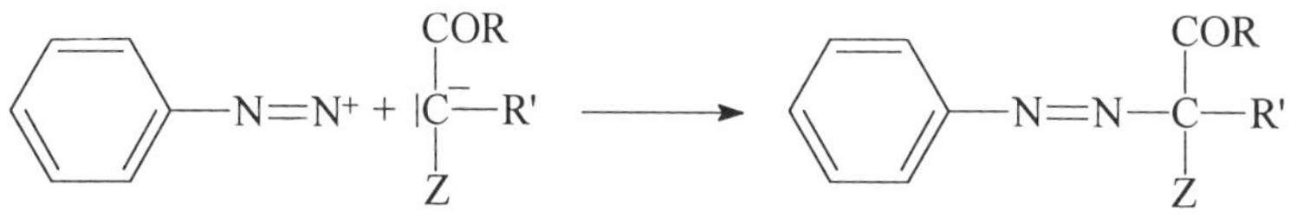

1 **5** **3**

Diazoverbindungen mit zwei elektronenziehenden Substituenten sind unter den Reaktionsbedingungen instabil und reagieren durch Solvolyse unter Abspaltung einer Carbonylgruppe zu einem Hydrazon **4**, das durch saure Aufarbeitung aus dem resonanzstabilisierten Anion **6** erhalten wird:

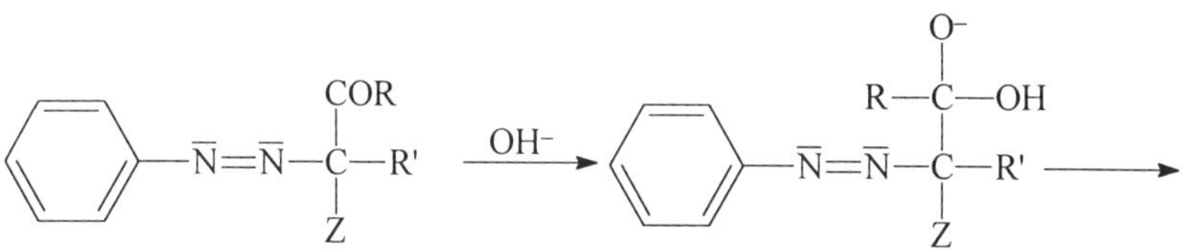

3

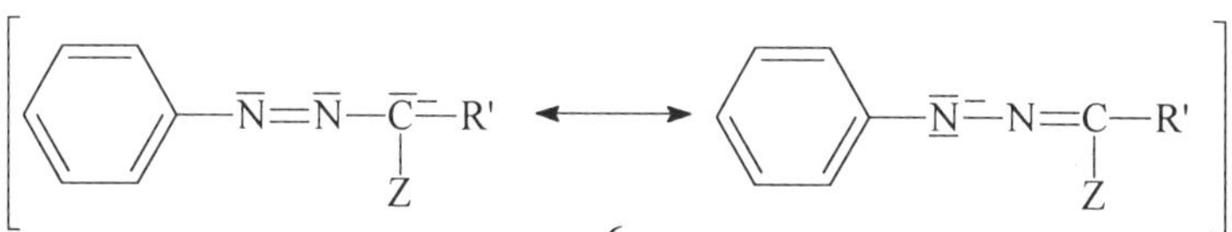

6

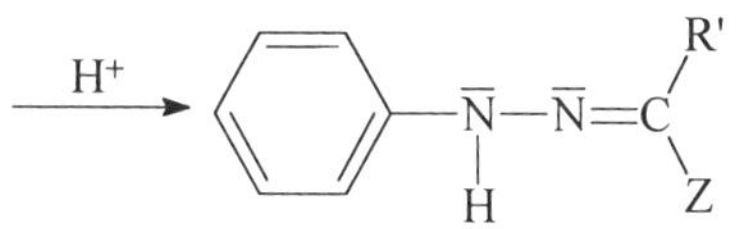

4

Der oben angeführte Mechanismus wird durch die Tatsache gestützt, daß zahlreiche intermediäre Diazoverbindungen **3** isoliert werden konnten.[3,4]

Die Japp-Klingemann-Reaktion stellt einen Spezialfall der aliphatischen →*Azokupplung* dar. Damit die Reaktion stattfinden kann, ist ein ausreichend acides Wasserstoffatom in der Dicarbonylverbindung **2** erforderlich. Als Substrate sind also außer den genannten Diketonen bzw. Ketocarbonsäuren auch Cyanoessigsäureester oder ähnliche Verbindungen möglich. Die auf diese Weise erhältlichen Arylhydrazone **4** sind von großer Bedeutung als Edukte für die →*Fischer-Indol-Synthese*, aber auch zur Darstellung anderer Heterocyclen.[5)]

1) F. R. Japp, F. Klingemann, *Justus Liebigs Ann. Chem.* **1888**, *247*, 190-225.
2) R. R. Phillips, *Org. React.* **1959**, *10*, 143-178.
3) O. Dimroth, *Ber. Dtsch. Chem. Ges.* **1908**, *41*, 4012-4028.
4) L. Kalb, F. Schweizer, H. Zellner, E. Berthold, *Ber. Dtsch. Chem. Ges.* **1926**, *59*, 1860-1870.
5) M. Kocevar, D. Kolman, H. Krajnc, S. Polanc, B. Porovne, B. Stanovnik, M. Tisler, *Tetrahedron* **1976**, *32*, 725-729.

Knoevenagel-Reaktion

Kondensation von Aldehyden oder Ketonen mit aktiven Methylenverbindungen

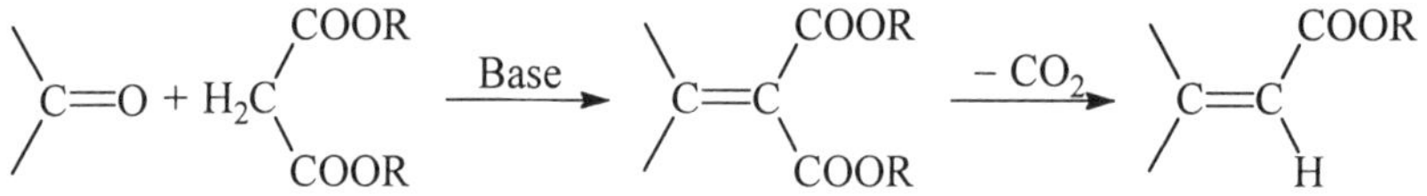

1 **2** **3** **4**

Der oben dargestellte Prototyp der *Knoevenagel-Reaktion*[1,2)] ist die Kondensation eines Aldehyds oder Ketons **1** mit einem Malonsäureester **2**, wodurch α,β-ungesättigte Carbonsäureester **4** erhalten werden können. Der Begriff umschließt aber prinzipiell die analoge Umsetzung von Aldehyden oder Ketonen mit jeder Art von C-H-aciden Methylenverbindungen. Die Knoevenagel-Reaktion gehört zu einer Reihe verwandter Carbonylreaktionen, die sich von der →*Aldolreaktion* ableiten.

Aufgrunddessen kann man sich den Mechanismus[3)] zu letzterer analog vorstellen; im ersten Schritt sieht dieser die Abstraktion eines Protons der C-H-aciden Komponente **2** vor. Zu diesem Zweck setzt man der Reaktion organische Basen als Katalysatoren zu. Sehr verbreitet und erfolgreich ist die Verwendung von Pyridin, das gleichzeitig als Lösungsmittel dienen kann. In diesem Fall spricht man von der *Doebner-Modifikation*[4)] der Knoevenagel-Reaktion.

Das auf diese Weise gebildete Anion **5** addiert anschließend unter Bildung des aldolartigen Zwischenprodukts **6** an die Carbonylverbindung, welches unter Wasserabspaltung zum α,β-ungesättigten Primärprodukt **3** reagiert:

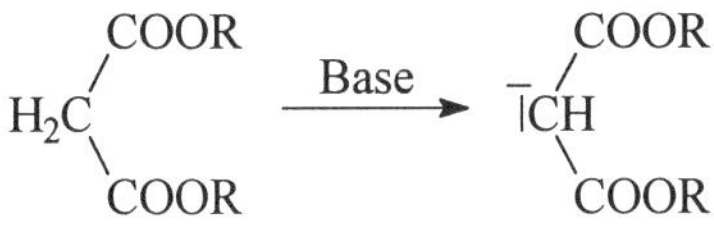

2 **5**

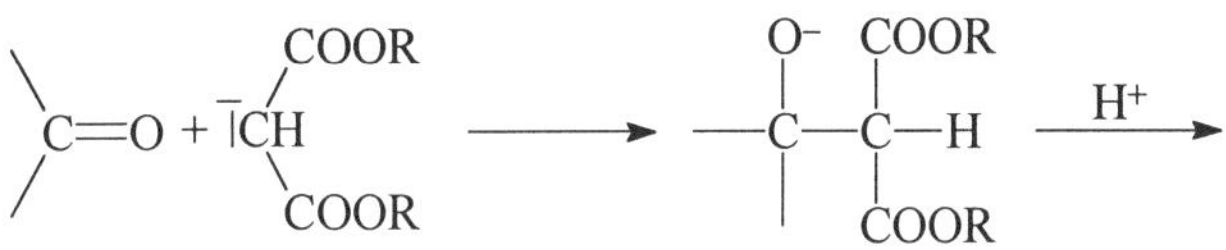

1 **5**

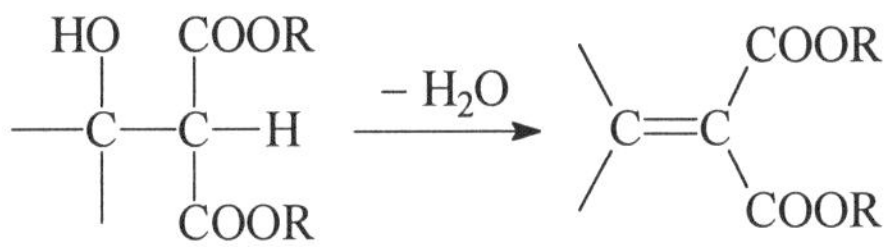

6 **3**

Daneben wird ein weiterer Mechanismus diskutiert, der auf Untersuchungen von *Knoevenagel*[5)] zurückgeht und auch durch spätere Ergebnisse[6,7)] gestützt wird. Der erste Schritt ist hier die Bildung eines Iminium-Salzes **7**:

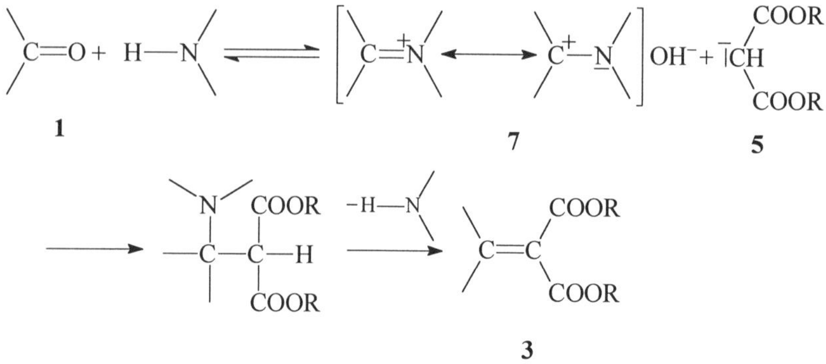

Dieser Reaktionsweg erklärt die hervorragende Eignung organischer Basen als Katalysatoren. Für beide Mechanismen existieren Hinweise, und wegen der sehr großen Variationsmöglichkeiten der Edukte kann wahrscheinlich kein einheitlicher Verlauf formuliert werden.

Häufig erfolgt während der Knoevenagel-Kondensation mit Malonsäure Decarboxylierung, wenn die Reaktion in siedendem Pyridin ausgeführt wird. Da gezeigt wurde, daß die Decarboxylierung α,β-ungesättigter Diester **3** unter diesen Bedingungen sehr langsam verläuft,[2] nimmt man für die Decarboxylierung freier Carbonsäuren folgenden Mechanismus an:

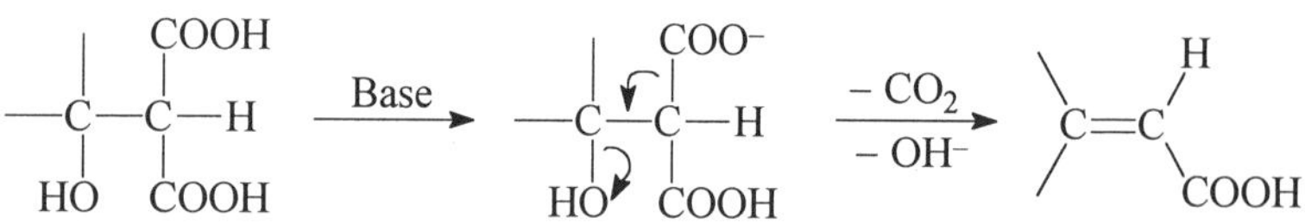

Weiterhin wird häufig als Folgereaktion die →*Michael-Addition* beobachtet, die zur Bildung von Bis-Addukten **8** führt. Hier nimmt man als Mechanismus die 1,4-Addition eines weiteren Moleküls der C-H-aciden Komponente **2** an die gebildete α,β-ungesättigte Cabonylverbindung **3** an:

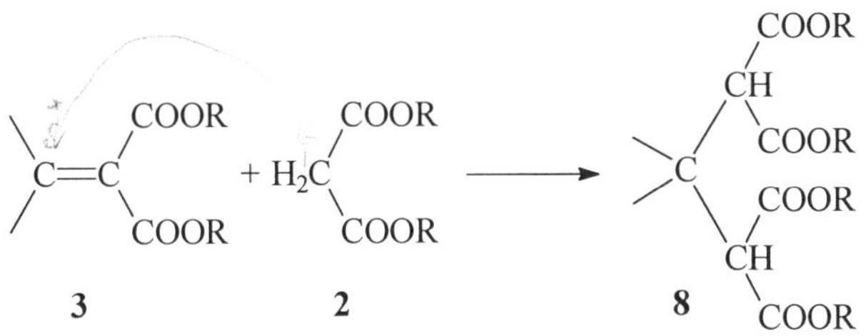

Als Edukte für die Knoevenagel-Reaktion eignen sich prinzipiell alle Aldehyde oder Ketone sowie jede C-H-acide Methylenverbindung. Allerdings kann die Reaktion durch sterische Effekte behindert werden, und viele Umsetzungen führen zu unerwarteten Neben- oder Folgeprodukten.

Als Substituenten X und Y zur Aktivierung der C-H-aciden Verbindung X-CH_2-Y können Carboxy-, Nitro-, Cyano-, Carbonyl- und etliche weitere elektronenziehende Gruppen dienen. Am häufigsten werden Malonsäure, aber auch Cyanessigsäure und deren Derivate (Ester, Nitril, Amide) eingesetzt. Im allgemeinen werden zwei aktivierende Reste X und Y benötigt; als aktivste Verbindung gilt Malononitril.

Ketone sind erwartungsgemäß weniger reaktiv als Aldehyde, darüber hinaus werden Ausbeute und Reaktionsgeschwindigkeit vor allem durch sterische Aspekte bestimmt.

Durch die milden Reaktionsbedingungen und die große Anwendungsbreite ist die Knoevenagel-Reaktion die präparativ bedeutendste Methode zur Synthese α,β-ungesättigter Carbonsäuren.[2] Vergleichbare Methoden[8] sind die →*Reformatsky-* und die →*Perkin-Reaktion* sowie die →*Claisen-Esterkondensation*. Die Knoevenagel-Reaktion ist hierbei von der größten Vielseitigkeit; die Reformatsky-Reaktion bietet allerdings den Vorteil, daß in α-Position verzweigte α,β-ungesättigte Carbonsäuren zugänglich sind.

Eine sehr vielseitig einsetzbare neuere Anwendung der Knoevenagel-Kondensation ist eine *Dominoreaktion*. Hierunter versteht man mehrere nacheinander ablaufende Transformationen, bei denen die jeweils folgende Reaktion an den im vorhergehenden Schritt gebildeten Funktionalitäten erfolgt.[9] Solche Reaktionen werden auch als *Tandem-* oder *Kaskadenreaktionen* bezeichnet.

Bei dem im folgenden beschriebenen Beispiel handelt es sich um eine *Knoevenagel-Hetero-Diels-Alder-Sequenz*.[10,11] Ein Aldehyd **1** wird *in situ* mit einer β-Dicarbonylverbindung **9** zu einem 1-Oxa-1,3-butadien **10** umgesetzt, das dann mit einem Dienophil - hier intramolekular - eine Cycloaddition eingeht:

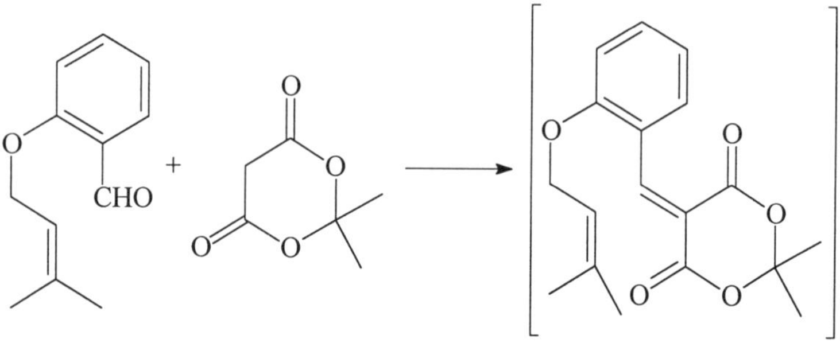

9 **10**

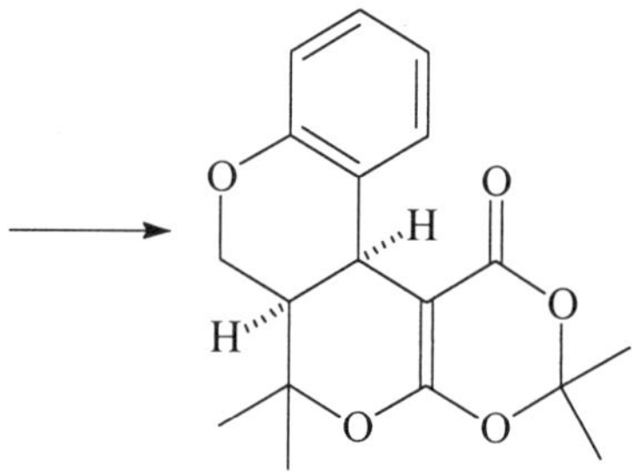

In die Tandem-Knoevenagel-Hetero-Diels-Alder-Reaktion kann eine Vielzahl von Aldehyden und strukturell vielfältigen C-H-aciden Verbindungen eingesetzt werden.

1) E. Knoevenagel, *Ber. Dtsch. Chem. Ges.* **1894**, *27*, 2345-2346.
2) G. Jones, *Org. React.* **1967**, *15*, 204-599.
3) A. C. O. Hann, A. Lapworth, *J. Chem. Soc.* **1904**, *85*, 46-56.
4) O. Doebner, *Ber. Dtsch. Chem. Ges.* **1900**, *33*, 2140-2142.
5) E. Knoevenagel, *Ber. Dtsch. Chem. Ges.* **1898**, *31*, 2596-2619.
6) G. Charles, *Bull. Soc. Chim. Fr.* **1963**, 1576-1583.
7) T. I. Crowell, D. W. Peck, *J. Am. Chem. Soc.* **1953**, *75*, 1075-1077.
8) R. L. Shriner, *Org. React.* **1942**, *1*, 1-37.
9) H. Waldmann, *Nachr. Chem. Tech. Lab.* **1992**, *40*, 1133-1140.
10) L. F. Tietze, U. Beifuss, *Angew. Chem.* **1993**, *105*, 137-170; *Angew. Chem. Int. Ed. Engl.* **1993**, *32*, 131.

11) H. Waldmann, *Organic Synthesis Highlights II* (Hrsg.: H. Waldmann), VCH, Weinheim, **1995**, S. 193-202.

Knorr-Pyrrolsynthese

Bildung von Pyrrolen durch Kondensation von Ketonen mit α-Aminoketonen

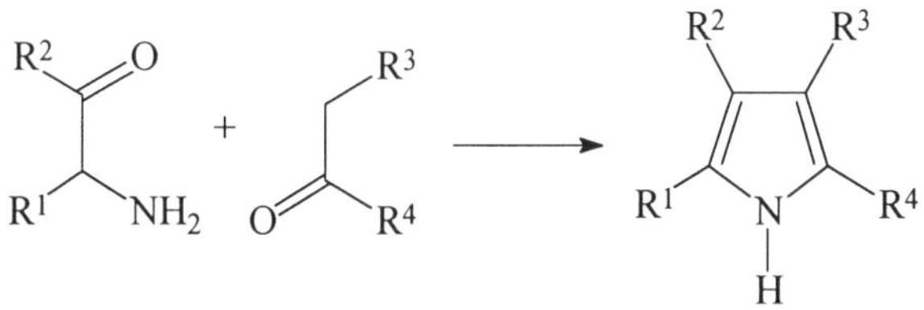

1 **2** **3**

Durch die Kondensation von α-Aminoketonen **1** mit Ketonen **2** werden Pyrrole **3** erhalten. Diese Reaktion ist als *Knorr-Pyrrolsynthese*[1,2] bekannt.

Der Mechanismus läßt sich erklären, indem man zunächst Kondensation zum Imin **4** annimmt, welches zum Enamin **5** tautomerisieren kann. Letzteres läßt sich unter Umständen isolieren, wodurch der Mechanismus gestützt wird. Anschließend erfolgt Ringschluß unter nachfolgender Dehydratisierung zum cyclischen Imin **6**, welches daraufhin zum Pyrrol **3** tautomerisiert:

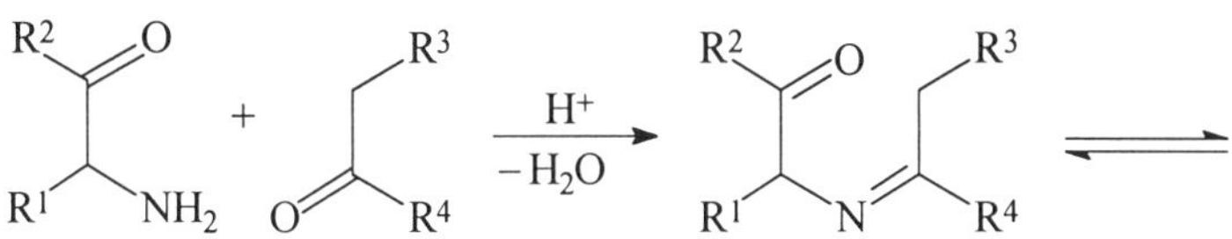

1 **2** **4**

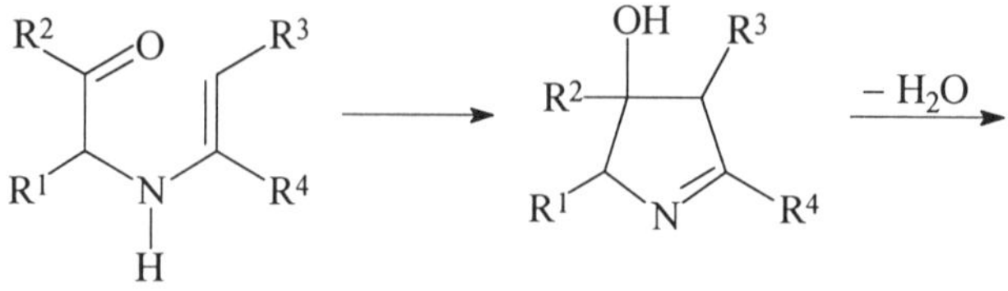

5

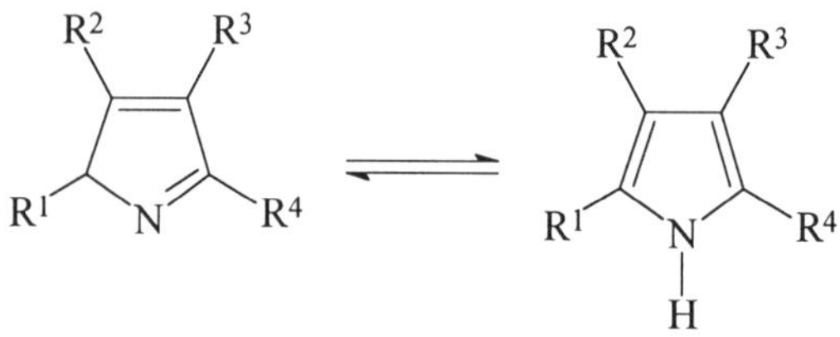

6 **3**

Die als Edukte erforderlichen α-Aminoketone **1** können durch →*Neber-Umlagerung* aus N-Tosylhydrazonen erhalten werden. Ein weiterer Zugang ergibt sich durch die Nitrosierung aktiver Methylengruppen, die meist *in situ* ausgeführt wird und über ein Oxim **7** verläuft, aus dem das Aminoketon **1** durch Reduktion erhalten werden kann:

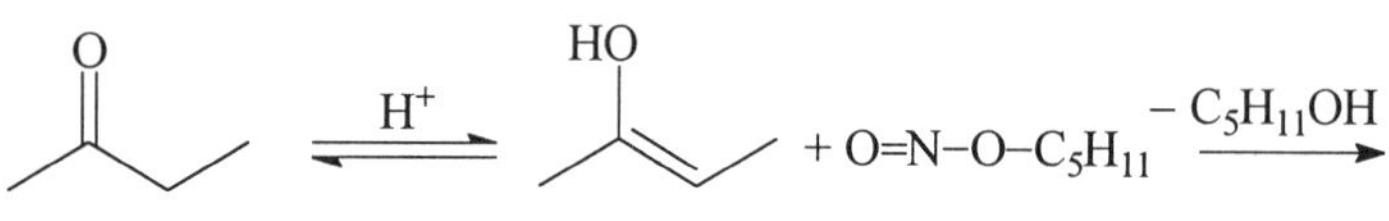

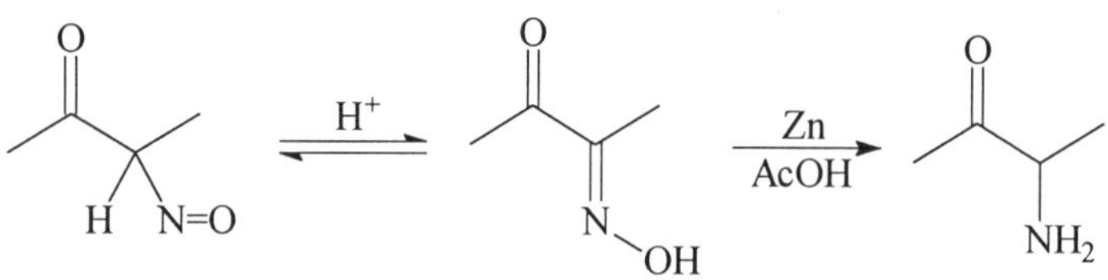

7 **1**

Wie aus dem obigen Reaktionsschema ersichtlich ist, kann man die Synthese der α-Aminoketone und nachfolgende Kondensation zum Pyrrol in einem Schritt ausführen, wenn überschüssiges Keton vorhanden ist. Als Nebenreaktion neigen a-Aminoketone zur Selbstkondensation unter Bildung von Pyrazinen **8**:

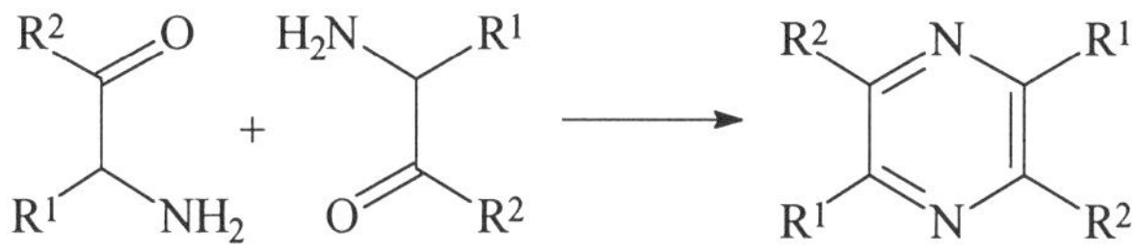

1 **1** **8**

Die Selbstkondensation kann erheblich eingeschränkt werden, wenn das Keton **2** durch elektronenziehende Reste R^2 aktiviert ist. Hierdurch wird die elektrophile Natur der Carbonylgruppe erhöht sowie das Enamin-Intermediat **5** durch Konjugation mit der elektronenziehenden Gruppe gegenüber dem Imin **4** favorisiert.[3]

Durch die Knorr-Pyrrolsynthese sind hauptsächlich C-substituierte Pyrrole synthetisiert worden, man erhält aber auch N-substituierte Pyrrole, wenn man von sekundären Aminoketonen ausgeht (insbesondere N-Methyl- und N-Phenyl-Substituenten).

Einen weiteren wichtigen Zugang zu Pyrrolen stellt die *Paal-Knorr-Reaktion*[4] dar, bei der Pyrrole durch zweifache Kondensation von 1,4-Diketonen **9** mit Ammoniak erhalten werden können:[5]

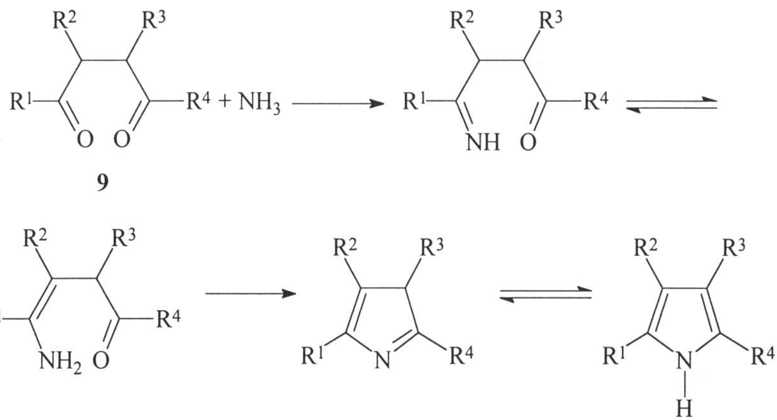

9

3

Diese Methode ist von außerordentlicher Bandbreite für die Synthese substituierter Pyrrole, da sie nur durch die Zugänglichkeit der erforderlichen 1,4-Diketone eingeschränkt wird, wobei letztere sehr leicht - beispielsweise durch die →*Nef-Reaktion* - erhältlich sind.

Pyrrolsynthesen sind durch das häufige Vorkommen von Pyrrolen in der Natur von Bedeutung. So ist Pyrrol ein Grundkörper des Porphyrin-Gerüstes, das die zentrale Struktureinheit zum Beispiel in Chlorophyll und in Hämoglobin darstellt.

1) L. Knorr, *Ber. Dtsch. Chem. Ges.* **1884**, *17*, 1635-1642.
2) R. P. Bean in *The Chemistry of Pyrroles* (Hrsg.: R. A. Jones), Wiley, New York, **1990**, Bd. 48/1, S. 108-113.
3) A. H. Corwin, *Heterocycl. Compd.*, Wiley, New York, **1950**, Bd. 1, S. 287-290.
4) C. Paal, *Ber. Dtsch. Chem. Ges.*, **1885**, *18*, 367-371.
5) R. P. Bean in *The Chemistry of Pyrroles* (Hrsg.: R. A. Jones), Wiley, New York, **1990**, Bd. 48/1, S. 206-220.

Kolbe-Elektrolyse

Elektrolyse von Carbonsäuresalzen

$$\underset{\mathbf{1}}{2\,RCOO^-} \xrightarrow[-2\,CO_2]{-2\,e^-} \underset{\mathbf{2}}{2\,R^\cdot} \longrightarrow \underset{\mathbf{3}}{R{-}R}$$

Die anodische Oxidation von Carbonsäuresalzen **1** wird als *Kolbe-Elektrolyse*[1-4] bezeichnet. Durch Decarboxylierung, werden Alkylradikale **2** gebildet, die anschließend zu Alkanen **3** dimerisieren.

Eingeleitet wird die Kolbe-Elektrolyse durch die Übertragung eines Elektrons vom Carboxylat-Ion **1** auf die Anode. Das so gebildete Carboxyl-Radikal **4** zersetzt sich unter Abspaltung von Kohlendioxid. Das resultierende Alkylradikal **2** dimerisiert unter Bildung eines Alkans **3**:[4]

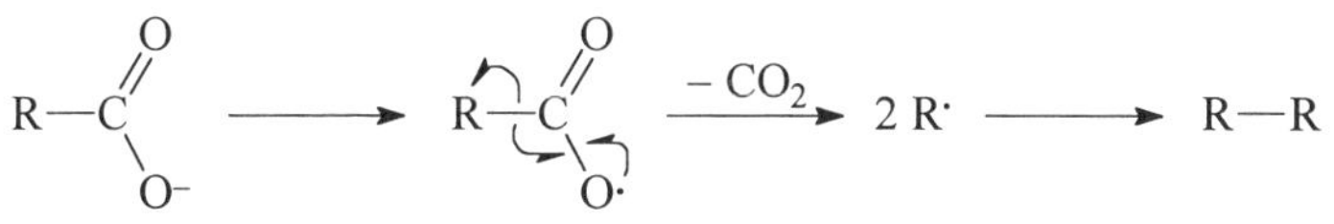

1 **4** **2** **3**

Der Radikalmechanismus konnte durch eine Reihe von Beobachtungen gestützt werden; so reagieren Olefine, die man der Elektrolyselösung zusetzt, unter Addition der Radikale, Styrol polymerisiert unter diesem Einfluß. Nebenprodukte können durch die weitere Oxidation der Alkylradikale **2** zu Carbenium-Ionen **5** entstehen. Letztere können mit Wasser zu Alkoholen **6** und mit Alkoholen zu Ethern **7** reagieren:

$$RCH_2^+ + H_2O \xrightarrow{-H^+} RCH_2OH$$

5 **6**

$$RCH_2^+ + R'OH \xrightarrow{-H^+} RCH_2OR'$$

5 **7**

Aus dem Mechanismus ergibt sich, daß die Kolbe-Elektrolyse in erster Linie für die Synthese geradzahliger, symmetrischer Verbindungen geeignet ist. Durch die Elektrolyse zweier Carboxylate werden auch unsymmetrische Produkte zugänglich. Man erhält ein Gemisch, weitgehend statistisches Zusammensetzung, aus unsymmetrischen und symmetrischen Verbindungen, was durch einen mehrfachen Überschuß der billigeren Carbonsäure günstig beeinflußt werden kann. Dadurch läßt sich die Bildung eines symmetrischen Produkts ganz in den Hintergrund drängen.

Die Ausbeuten bei der gemischten Kolbe-Elektrolyse sind häufig unbefriedigend, sie liefert aber die interessanteren Produkte. Ein Beispiel hierfür stellt die Synthese von 3,11-Dimethyl-2-nonacosanon **10** dar, einem Pheromon, das der *Deutschen Hausschabe* als Sexuallockstoff dient. Als Edukte der Elektrolyse, die mit einer Ausbeute von 42 % verläuft, werden 6-Methyltetracosanonsäure **8** und die dreifache Menge 5-Methyl-6-oxoheptansäure **9** eingesetzt:[5)]

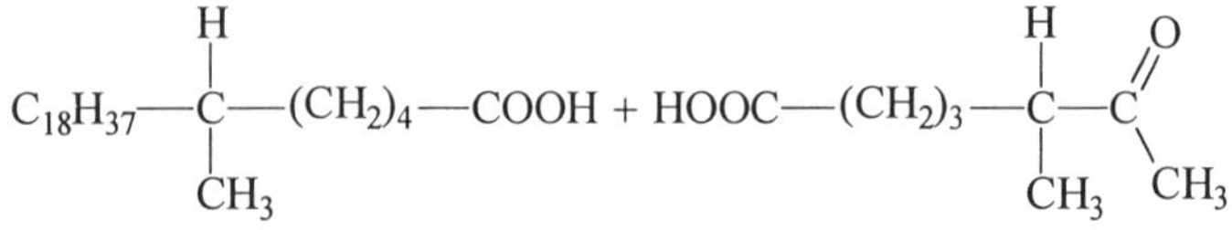

8 **9**

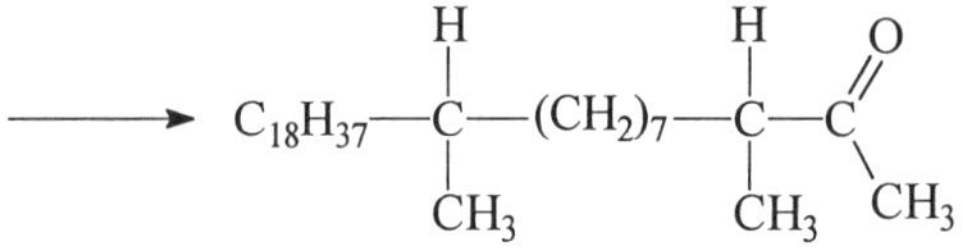

10

Für die Kolbe-Elektrolyse sind aliphatische Carbonsäuren geeignet, die nicht in a-Position verzweigt sind, Arylcarbonsäuren sind unbrauchbar. Viele funktionelle Gruppen stören die Reaktion nicht. Die Reaktion zu den gewünschten Radikalen wird durch hohe Stromdichten und eine hohe Carboxylatkonzentration begünstigt. Weitere Größen, die die Produktverteilung der Kolbe-Elektrolyse beeinflussen, sind das Anodenmaterial (bevorzugt Platin), der pH-Wert, die Temperatur und das Lösungsmittel.[4)]

1) H. Kolbe, *Justus Liebigs Ann. Chem.* **1849**, *69*, 257-294.
2) A. K. Vijh, B. E. Conway, *Chem. Rev.* **1967**, *67*, 623-664.
3) H. J. Schäfer, *Angew. Chem.* **1981**, *93*, 978-1000; *Angew. Chem. Int. Ed. Engl.* **1981**, *20*, 911.
4) H. J. Schäfer, *Top. Curr. Chem.* **1990**, *152*, 91-151.
5) W. Seidel, H. J. Schäfer, *Chem. Ber.* **1981**, *113*, 451-456.

Kolbe-Nitrilsynthese

Nitrile aus Alkylhalogeniden

$$R{-}X + CN^- \longrightarrow R{-}CN + X^-$$

1 **2**

Die Reaktion von Alkylhalogeniden **1** mit Cyanid-Ionen ist eine verbreitete Methode zur Herstellung von Alkylcyaniden **2**.[1-3] Die entsprechende Reaktion an aromatischen Edukten wird als *Rosenmund-von-Braun-Reaktion* bezeichnet.

Die Kolbe-Nitrilsynthese ist eine wichtige Methode zur Kettenverlängerung von Alkylketten um ein Kohlenstoff-Atom (vgl. *→Arndt-Eistert-Synthese*), da aus dem Nitril **2** durch Hydrolyse leicht die entsprechende Carbonsäure zugänglich ist.

Bedingt durch den Umstand, daß das Cyanid-Ion ein ambidentes Nucleophil ist, erhält man Isocyanide, RNC, als Nebenprodukte. Auf den Reaktionsverlauf kann man durch Variation des Gegenions zum Cyanid Einfluß nehmen.

Bei Verwendung von Alkalicyaniden erhält man eine Reaktion nach einem S_N2-Mechanismus, wodurch das Halogenid von dem gegenüber Stickstoff nucleophileren Kohlenstoffatom angegriffen wird. Mit Silbercyaniden hingegen verläuft die Reaktion über einen S_N1-Mechanismus. Man erhält überwiegend Isonitrile, da das Intermediat mit dem elektronegativeren Ende des Cyanid-Ions reagiert (*Kornblum-Regel*, *HSAB-Prinzip*).[4,5]

Die Reaktion verläuft sehr gut mit primären, insbesondere allylischen oder benzylischen Halogeniden, außerdem mit anderen Edukten, die gute Abgangsgruppen besitzen. Sekundäre Halogenide liefern schlechte Ausbeuten, während tertiäre unter den Reaktionsbedingungen lediglich Eliminierung von Halogenwasserstoff eingehen.

Dennoch sind Nitrile aus tertiären Halogeniden erhältlich, indem man letztere mit dem leicht zugänglichen Trimethylsilylcyanid **4** umsetzt:[6)]

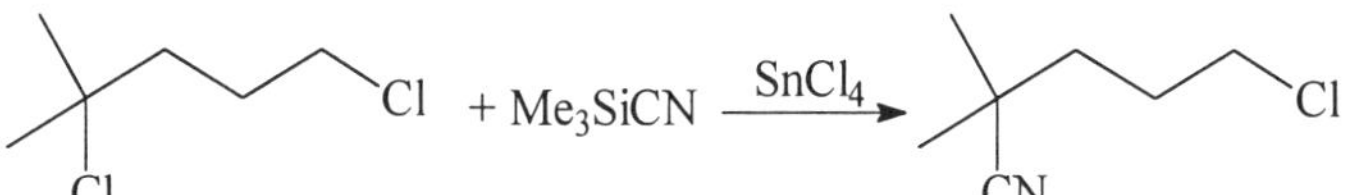

3 **4**

Diese Variante verläuft allgemein mit guten bis sehr guten Ausbeuten, außerdem ist sie von außerordentlicher Chemoselektivität: Das primäre Chloratom in **3** ist unter den Reaktionsbedingungen völlig unreaktiv.

1) F. Wöhler, J. v. Liebig, *Justus Liebigs Ann. Chem.* **1832**, *3*, 267-268.
2) K. Friedrich, K. Wallenfels in *The Chemistry of the Cyano Group* (Hrsg.: S. Patai), Wiley, New York, **1970**, S. 77-86.

3) K. Friedrich in *The Chemistry of Functional Groups, Supp. C* (Hrsg.: S. Patai, Z. Rappoport), Wiley, New York, **1970**, Bd. 2, S. 1345-1390.
4) N. Kornblum, R. A. Smiley, R. K. Blackwood, D. C. Iffland, *J. Am. Chem. Soc* **1955**, *77*, 6269-6280.
5) B. Saville, *Angew. Chem.* **1967**, *79*, 966-977; *Angew. Chem. Int. Ed. Engl.* **1967**, *6*, 928.
6) M. T. Reetz, I. Chatziiosifidis, *Angew. Chem.* **1981**, *93*, 1075-1076; *Angew. Chem. Int. Ed. Engl.* **1981**, *20*, 1017.

Kolbe-Schmitt-Reaktion

Carboxylierung von Phenolaten / Salicylsäure-Synthese

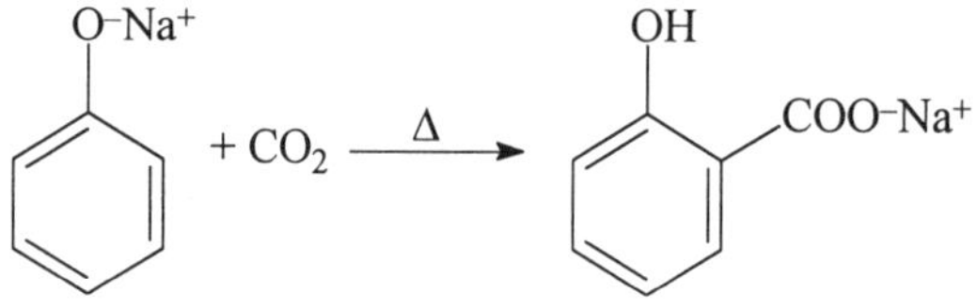

1 **2**

Kohlendioxid läßt sich unter Druck an Phenolate **1** unter Bildung von Salicylaten **2** addieren. Diese Umsetzung, die auch zur technischen Synthese von Salicylsäure dient, wird als *Kolbe-Schmitt-Reaktion*[1-3] bezeichnet.

Für den Mechanismus der Kolbe-Schmitt-Reaktion wird die Bildung eines Komplexes **3** aus Kohlendioxid und dem Natriumphenolat **1** vermutet, wodurch die *ortho*-Selektivität erklärt werden kann. Durch die Komplexierung wird das Kohlendioxid polarisiert und damit sein elektrophiler Charakter gestärkt. Weiterhin besitzt der Komplex die für den Angriff in der aktivierten *ortho*-Position erforderliche Geometrie:[4]

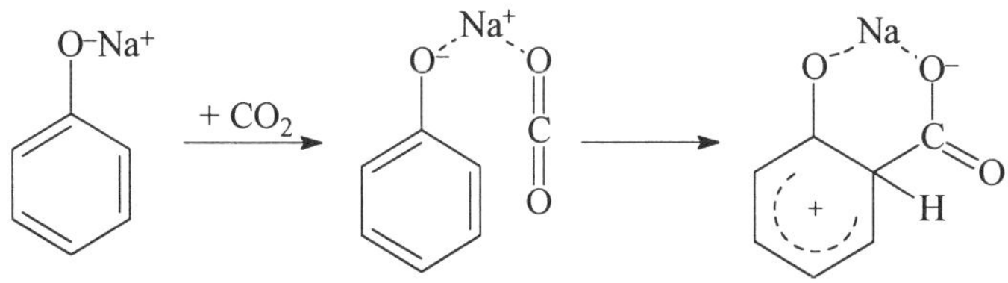

1 **3**

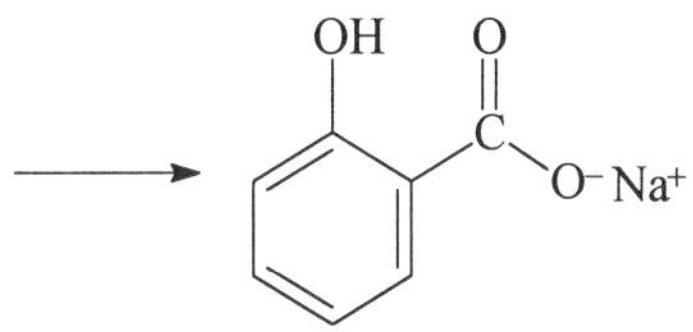

2

Das *para*-Produkt, dessen Bildung aus dem Komplex **3** nicht möglich ist, kann durch die Umsetzung eines Kaliumphenolats mit Kohlendioxid hergestellt werden.

Die Kolbe-Schmitt-Reaktion ist auf Phenole, substituierte Phenole und bestimmte Heteroaromaten beschränkt.[5)] Bei der klassischen Durchführung arbeitet man ohne Lösungsmittel unter Kohlendioxid-Überdruck; die Ausbeuten sind oft nur mäßig.[2)] Im Gegensatz zur geringen präparativen Bedeutung ist die technische Anwendung für die schon erwähnte Salicylsäuresynthese ein wichtiger Prozeß für die pharmazeutische Industrie.

1) H. Kolbe, *Justus Liebigs Ann. Chem.* **1860**, *113*, 125-127.
2) A. S. Linsey, H. Jeskey, *Chem. Rev.* **1957**, *57*, 583-620.
3) H. J. Shine, *Aromatic Rearrangements*, Elsevier, New York, **1967**, S. 344-348.
4) I. Hirao, T. Kito, *Bull. Chem. Soc. Jpn.* **1973**, *46*, 3470-3474.
5) H. Henecka, *Methoden Org. Chem. (Houben-Weyl)* **1952**, Bd. 8, S. 372-377.

Leuckart-Wallach-Reaktion

Reduktive Alkylierung von Aminen

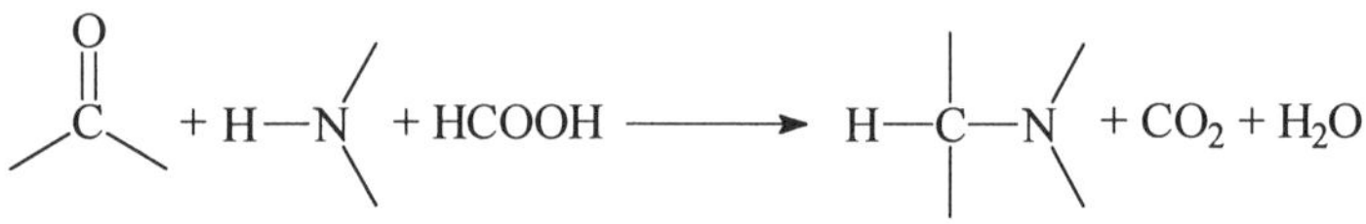

1 **2** **3** **4**

Durch die *Leuckart-Wallach-Reaktion*[1-3] können Amine **2** mit Carbonylverbindungen **1** alkyliert werden; als Reduktionsmittel wird hierbei Ameisensäure **3** verwendet, die zu Kohlendioxid oxidiert wird.

Die Carbonylverbindung **1** reagiert wahrscheinlich zunächst mit dem Amin **2** zum instabilen, aber dennoch als Intermediat diskutierten[3] α-Aminoalkohol **5**, aus dem sich das Carbenium-Immonium-Kation **6** bildet. Dieses wird durch Ameisensäure über den cyclischen Übergangszustand **7** zum Amin reduziert:

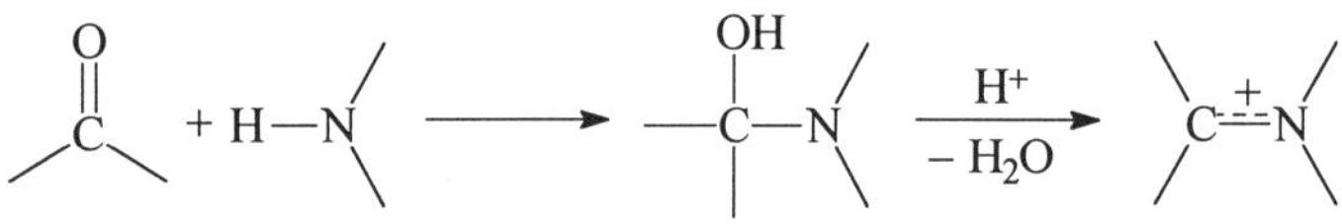

1 **2** **5** **6**

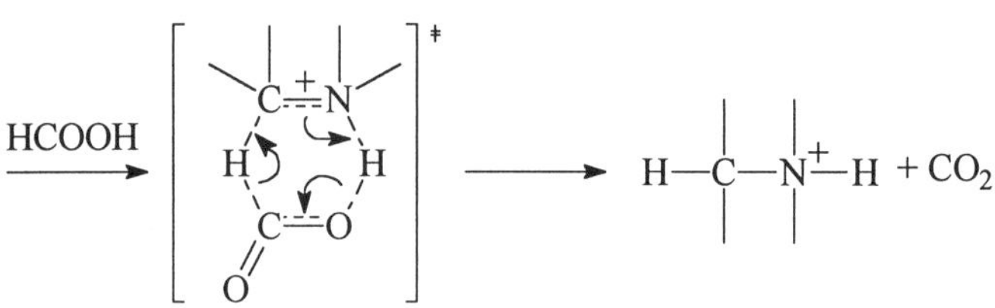

7

Umgesetzt werden können Ammoniak sowie primäre und sekundäre Amine. Bei den Carbonylverbindungen wurden die besten Resultate mit aromatischen Aldehyden oder hochsiedenden Ketonen erhalten.

In der Regel wird die Reaktion durch Erhitzen der Reagenzienmischung ausgeführt. Die häufigste Nebenreaktion ist Mehrfachalkylierung, die aber durch Einsetzen des Amins im Überschuß zurückgedrängt werden kann. Weiterhin können Carbonylverbindungen mit Wasserstoffatomen in a-Postion →*Aldolreaktionen* eingehen, deren Reaktionsprodukte wiederum nach Leuckart-Wallach reagieren können.

1) R. Leuckart, *Ber. Dtsch. Chem. Ges.* **1885**, *18*, 2341-2344.
2) M. L. Moore, *Org. React.* **1949**, *5*, 301-330.
3) A. Lukasiewicz, *Tetrahedron* **1963**, *19*, 1789-1799.

Lossen-Reaktion

Abbau von Hydroxamsäurederivaten zu Isocyanaten

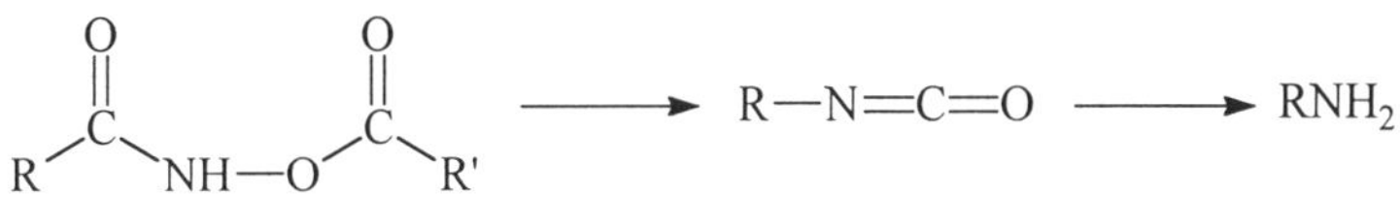

1 **2** **3**

Bei der *Lossen-Reaktion*[1,2] wird ein Hydroxamsäurederivat **1** (im allgemeinen ein O-Acylderivat) mit einer Base anionisiert und unter Wanderung des Restes R zum Isocyanat **2** abgebaut. Häufig werden die Reaktionsbedingungen so gewählt (wäßrige alkalische Lösung), daß sich das Isocyanat *in situ* zum Amin **3** umsetzt. Die Lossen-Reaktion ist eng mit der →*Hofmann-Umlagerung* und der →*Curtius-Reaktion* verwandt.

Durch Einwirkung von Base auf das Hydroxamsäurederivat **1** wird dieses zum Anion **4** deprotoniert. Das Ablösen der Abgangsgruppe erfolgt wie bei der Hofmann-Umlagerung konzertiert mit der Wanderung des Restes R zum Stickstoff (Elektronenmangelzentrum). Das Isocyanat **2** stellt formal das Endprodukt der Lossen-Reaktion dar:

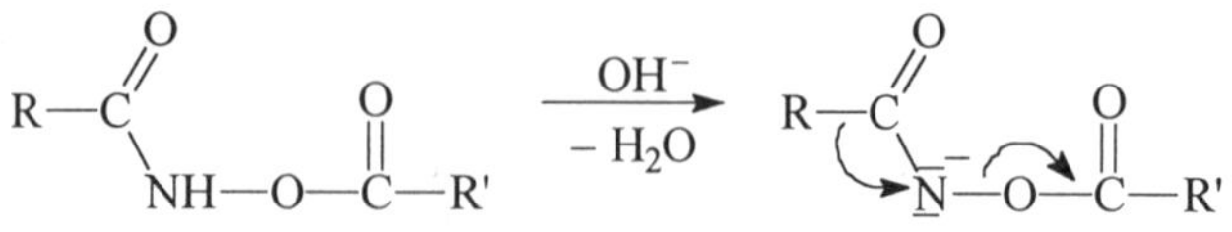

1 **4**

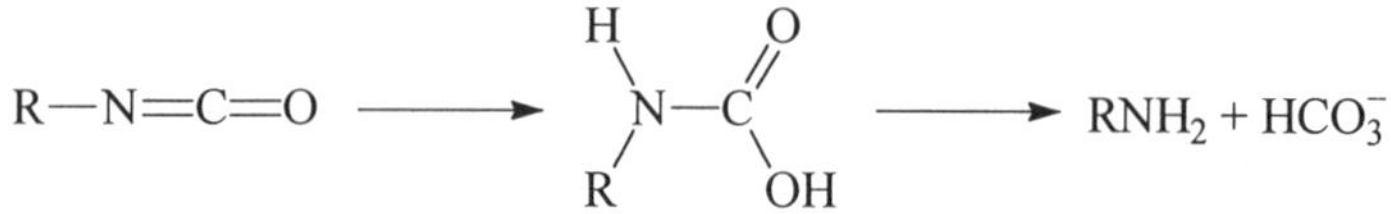

2 **5** **3**

In wäßriger alkalischer Lösung ist das Isocyanat nicht stabil und bildet durch Wasseranlagerung intermediär die Carbaminsäure **5**, die zum Amin **3** decarboxyliert.

Unsubstituierte Hydroxamsäuren gehen keine Lossen-Reaktion ein.[3] Hierzu bedarf es der Aktivierung (Elektronen-Akzeptor-Wirkung), beispielsweise durch einen Acylrest. Weiterhin stellt das Carboxylat-Anion gegenüber der Hydroxy-Gruppe die deutlich bessere Abgangsgruppe dar. Der Substituent R kann durch Elektronen-Donor-Eigenschaften ebenfalls die Reaktion erleichtern. In Substraten mit chiralen Resten R bleibt deren Konfiguration während der Umsetzung im allgemeinen erhalten.

Die Lossen-Reaktion ist präparativ nur von geringer Bedeutung, ein Grund hierfür ist die schlechte Zugänglichkeit der Hydroxamsäurederivate. Außerdem kann bei einigen Säuren keine Umsetzung erreicht werden.[4]

1) W. Lossen, *Justus Liebigs Ann. Chem.* **1872**, *161*, 347-362.
2) H. L. Yale, *Chem. Rev.* **1943**, *33*, 209-256.
3) L. Bauer, O. Exner, *Angew. Chem.* **1974**, *86*, 419-428; *Angew. Chem. Int. Ed. Engl.* **1974**, *13*, 376.
4) G. B. Bachmann, J. E. Goldmacher, *J. Org. Chem.* **1964**, *29*, 2576-2579.

Malonester-Synthese

Alkylierung von Malonsäureestern

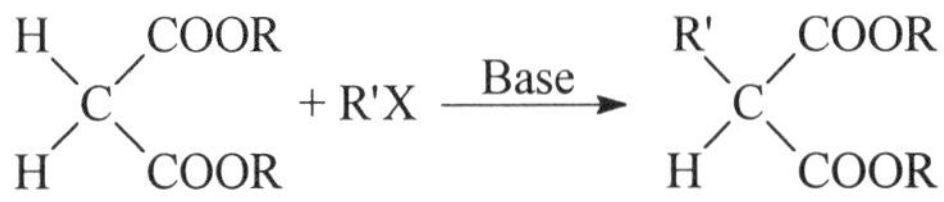

1 **2** **3**

Verbindungen mit zwei stark elektronenziehenden Gruppen an einem Kohlenstoffatom **1** können durch Behandlung mit Alkylierungsmitteln - meist Alkylhalogeniden **2** - in dieser Position alkyliert werden.[1,2] Das wichtigste Beispiel dieser Reaktion ist die *Malonester-Synthese*, bei der beide elektronenziehende Reste Estergruppen sind.

Für eine erfolgreiche Alkylierung muß der Malonester **1** zumindest teilweise in das korrespondierende Anion **4** umgewandelt werden. Dieses ist leicht möglich durch die Einwirkung von Base, da das Anion stark resonanzstabilisiert ist. Die darauffolgende Alkylierungsreaktion ist im Hinblick auf das Alkylhalogenid **2** eine S_N2-Reaktion:

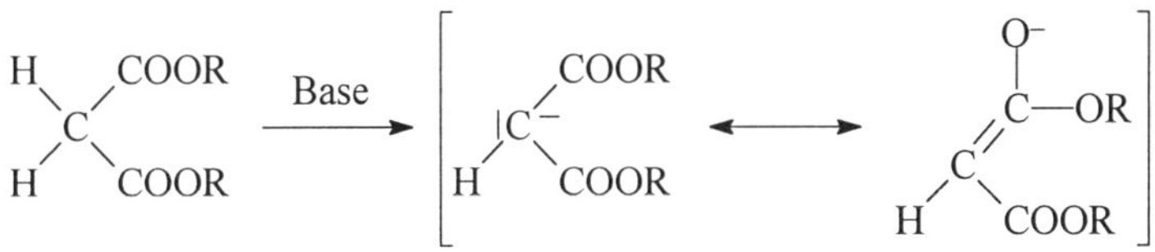

1 **4**

4 **2** **3**

Damit eine ausreichende Konzentration des Enolats **4** im Reaktionsgemisch gewährleistet ist, müssen die konjugate Säure B^+ der Base sowie das Lösungsmittel schwächer acid sein als der Malonester **1**. Als Base verwendet man häufig

Metallalkoxide, wie Natriumethanolat oder Kalium-*tert.*-butylat. Es ist im allgemeinen günstig, das dem Alkohol des Esters entsprechende Alkoholat einzusetzen, da sonst die Gefahr besteht, durch Umesterung Produktgemische zu erhalten. Analog verwendet man als Lösungsmittel den zugehörigen Alkohol. In inerten Lösungsmitteln ist die Löslichkeit der Edukte häufig nicht ausreichend, weshalb sich diese oft nicht für die Reaktion eignen.

Durch den S_N2-artigen Reaktionsverlauf hängt die Reaktionsgeschwindigkeit von der Enolatkonzentration ab. Ist diese gering, können verschiedene Nebenreaktionen auftreten. Zu erwarten sind E_2-Eliminierungen durch Reaktion des Alkylhalogenids **2** mit der Base. Weiterhin naheliegend ist die Dialkylierung des Malonesters **1**. Allerdings ist die Alkylierung monoalkylierter Malonester **3** im allgemeinen etwa um den Faktor einhundert langsamer als die entsprechende Reaktion mit unsubstituiertem Edukt. Dadurch läßt sich die Reaktion gut steuern. Ist die Dialkylierung erwünscht, führt man diese im allgemeinen in sukzessiven Schritten aus, wodurch auch die Einführung unterschiedlicher Reste (hier Ethyl und Isopropyl) ermöglicht wird:

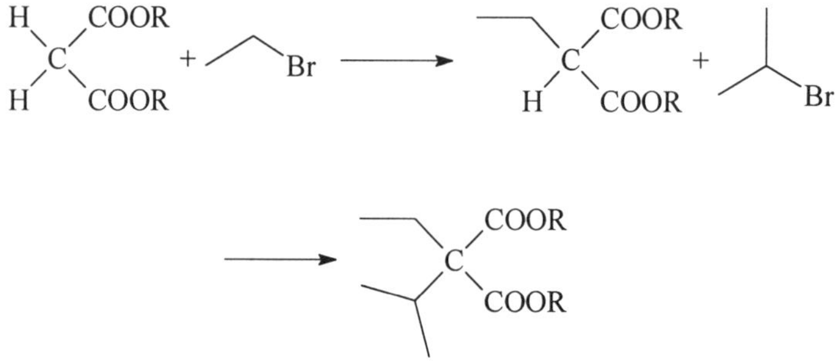

Die oft unerwünschte Zweifachalkylierung kann aber eine bedeutende Nebenreaktion sein, wenn man sehr reaktive Halogenide (Allyl-, Benzyl-, Phenacylhalogenide) einsetzt. Zum einen ist hier der Einfluß des Esters auf die Reaktionsgeschwindigkeit gering (S_N1-artiger Verlauf), zum anderen ist der resultierende monosubstituierte Ester **5** acider als der unsubstituierte, da der erstere nunmehr drei elektronenziehende Reste trägt:

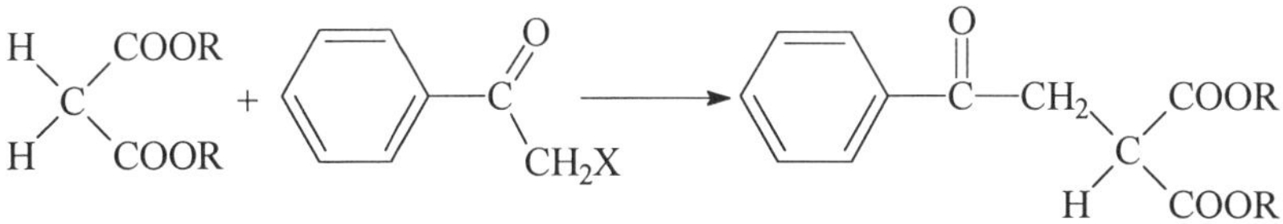

5

Generell läßt sich die Dialkylierung verhindern, wenn man den Malonester **1** im Überschuß einsetzt. Eine weitere Nebenreaktion ist die Decarbalkoxylierung, bei der auch Dialkylcarbonate **6** gebildet werden:

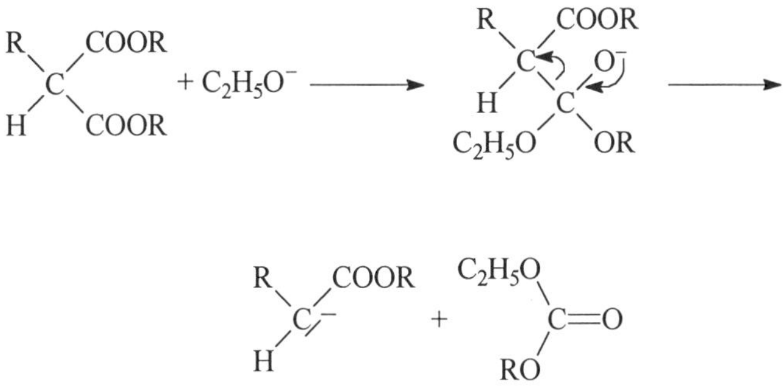

6

Eine interessante Variante der Dialkylierung ergibt sich durch die Verwendung von Dihalogenverbindungen 7. Hierdurch ist die Synthese von isocyclischen Verbindungen **8** möglich; auf diese Weise wurden vor allem fünf- bis siebengliedrige Ringe synthetisiert:[3)]

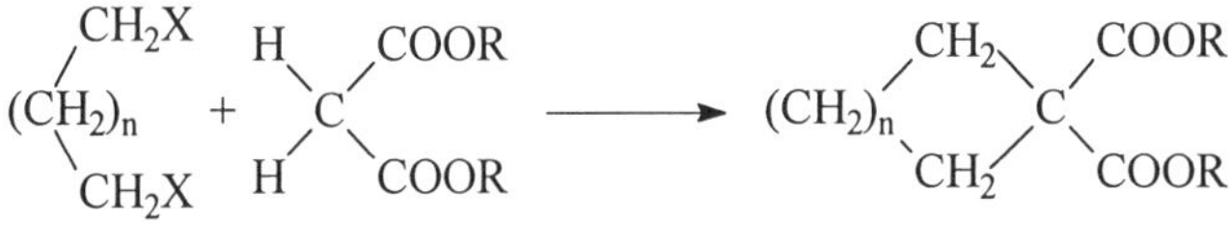

7 **1** **8**

Die präparative Bedeutung der Malonestersynthese liegt darin, daß Malonester leicht hydrolysiert und anschließend decarboxyliert werden können. Hierdurch bildet die Reaktion einen präparativ vielfältigen Zugang zu alkylierten Essigsäurederivaten **9** und ist außerordentlich nützlich zum Aufbau komplexer organischer Strukturen:

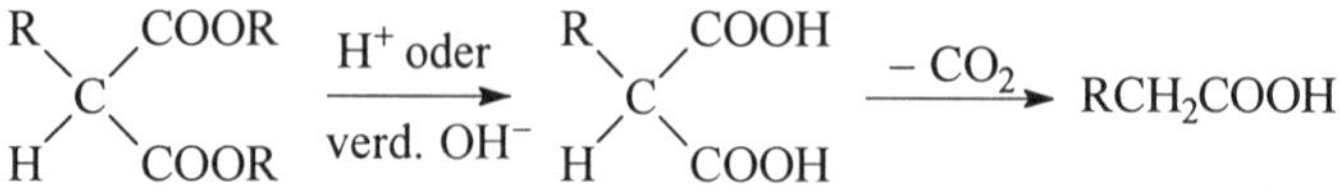

3 9

Als Alkylierungsmittel können neben Halogeniden unter anderem Dialkylsulfate, Alkylsulfonate oder Epoxide eingesetzt werden. Aromatische und vinylische Halogenide reagieren nicht, da sie keine Substitutionsreaktionen eingehen.

Weitere wichtige, verwandte Reaktionen sind die *Acetessigester-* und die *Cyanessigester-Synthese*.[2)] In beiden Fällen lassen sich die Primärprodukte leicht hydrolysieren und decarboxylieren, so daß man auf diese Weise aus Acetessigestern **10** Ketone **11** und aus Cyanessigestern **13** substituierte Nitrile **14** erhalten kann. Acetessigester können außerdem durch Behandlung mit konzentriertem Alkali durch Abspaltung von Acetat in Ester **12** überführt werden:

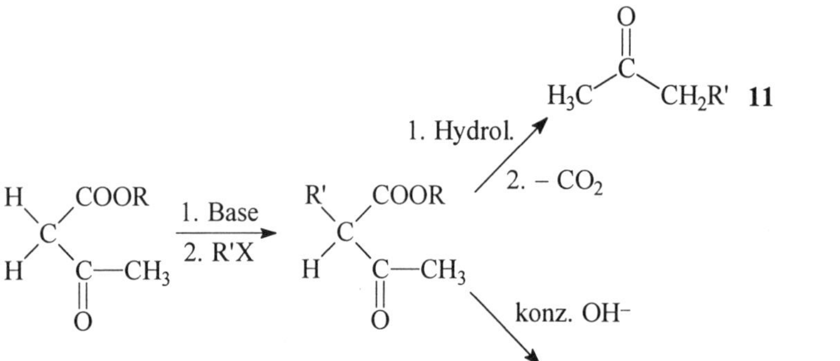

11

10

12

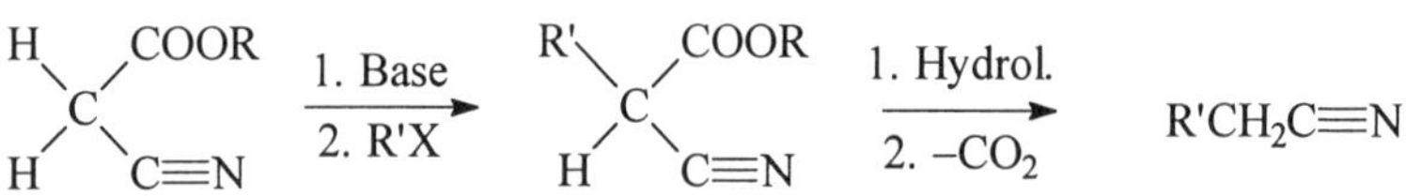

13 14

Sind im Molekül zwei C-H-acide Wasserstoffatome vorhanden, findet die Alkylierung stets an der stärker sauren Position statt; Acetessigester werden nicht an der Methylgruppe substituiert. Ist letzteres gewünscht, kann der Acetessigester in das Dianion überführt werden; dann findet die Alkylierung an der weniger aciden Stelle (= stärkere Base) statt.

1) J. Wislicenus, *Justus Liebigs Ann. Chem.* **1877**, *186*, 161-228.
2) A. C. Cope, H. L. Holmes, H. O. House, *Org. React.* **1957**, *9*, 107-331.
3) N. S. Zefirov, T. S. Kuznetsova, S. I. Kozhushkov, L. S. Surmina, Z. A. Rashchupkina, *J. Org. Chem. USSR* **1983**, *19*, 474-480.

Mannich-Reaktion

Aminomethylierung C-H-acider Verbindungen

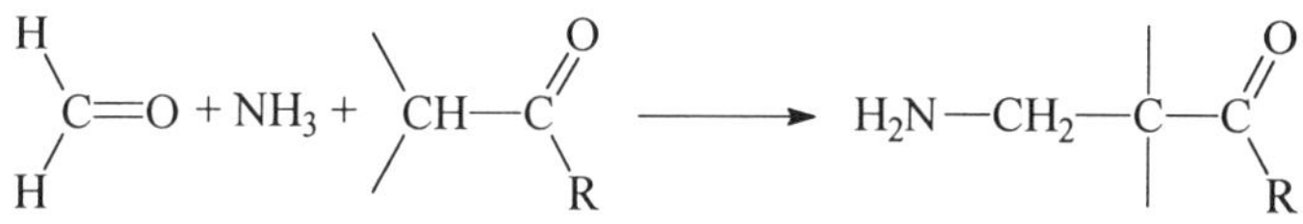

1 **2** **3** **4**

Die Kondensation C-H-acider Verbindungen - hier ein Keton **3** - mit Formaldehyd **1** und Ammoniak **2** wird als *Mannich-Reaktion*[1-5], die Produkte als *Mannich-Basen* **4** bezeichnet. Letztere sind außerordentlich vielseitige Synthesebausteine der Organischen Chemie und besonders in der Naturstoffsynthese von Bedeutung.

Über den Mechanismus existieren umfangreiche Untersuchungen.[6,7] In den meisten Fällen verläuft die Reaktion so, daß das freie Ammoniak **2** zunächst nucleophil an den Formaldehyd **1** addiert. Aus dem Addukt **5** entsteht nach Protonierung und Wasserabspaltung ein Iminium- bzw. Carbenium-Ion **6** (Resonanzstrukturen), welches dann unter Deprotonierung an die Enolform **7** der C-H-aciden Verbindung addiert:

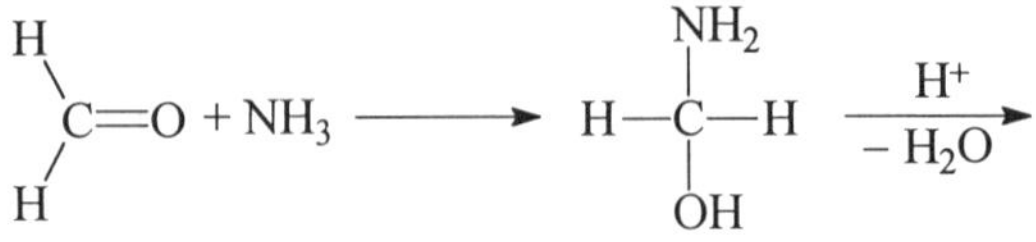

1 **2** **5**

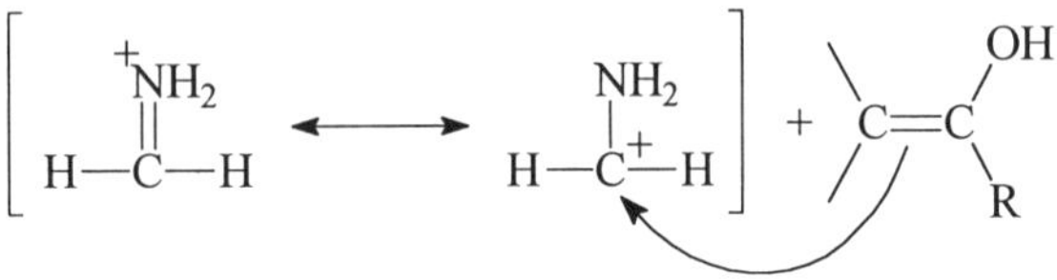

6 **7**

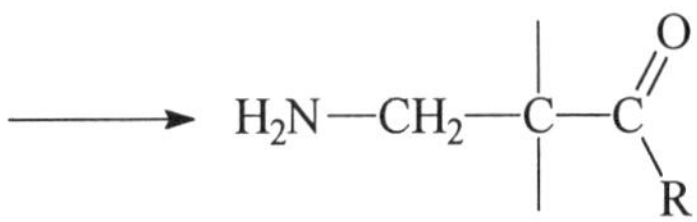

4

Außer mit Formaldehyd **1** kann die Reaktion auch mit anderen aliphatischen oder aromatischen Aldehyden oder Ketonen durchgeführt werden; in neuerer Zeit führten auch Versuche mit Methylendihalogeniden anstelle von Formaldehyd zum Erfolg. Als Aminkomponente (meist in Form des Hydrochlorids) können anstelle von Ammoniak **2** aliphatische Amine, Hydroxylamin oder auch Hydrazin eingesetzt werden. Aromatische Amine gehen die Reaktion normalerweise nicht ein.

Als Lösungsmittel werden vorwiegend niedere Alkohole, insbesondere Ethanol, aber auch Wasser oder Essigsäure verwandt. Die Reaktionsbedingungen variieren sehr stark mit den Substraten, für die eine Vielzahl C-H-acider Substanzen eingesetzt werden kann. Die bei der Reaktion entstehenden Mannich-Basen kristallisieren oft aus der Reaktionsmischung aus oder können leicht durch Extraktion mit wäßriger Salzsäurelösung isoliert werden.

Setzt man ein unsymmetrisches Keton als C,H-acide Komponente ein, so können zwei verschiedene Produkte entstehen. Regioselektivität kann in solchen Fällen beispielsweise dadurch erhalten werden, daß man für die Umsetzung anstelle des Ketons das entsprechende, zuvor erzeugte Iminiumsalz einsetzt. Ein solches Iminiumsalz ist auch *Eschenmosers Salz*[8], das ebenfalls für Mannich-Reaktionen verwendet wurde.[9]

Wegen ihrer zahlreichen Reaktionsmöglichkeiten sind Mannich-Basen **4** bedeutende Zwischenstufen für Synthesen. So können sie beispielsweise durch Desaminierung zu α,β-ungesättigten Carbonylverbindungen **8** reagieren:

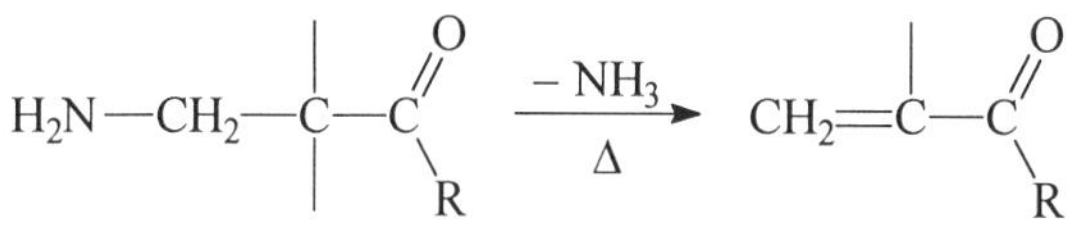

4 **8**

Weiterhin ist auch die Substitution der Aminogruppe möglich. Dieses stellt eine der wichtigsten Anwendungen von Mannich-Basen **4** dar, in der diese als Alkylierungsmittel für zahlreiche Substanzen benutzt werden:[3)]

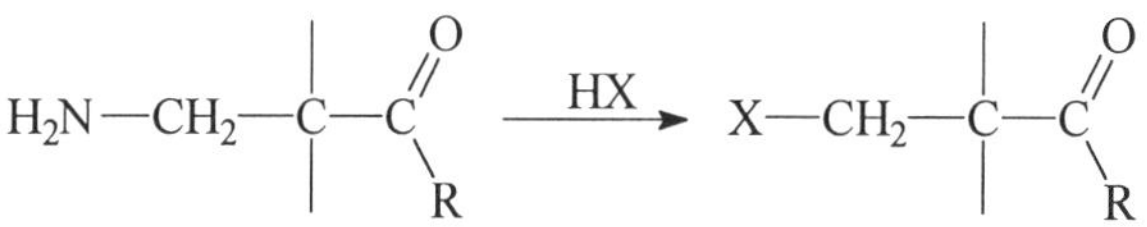

4

Erwähnt sei noch die mögliche Umsetzung mit Organometallverbindungen (Organolithium- bzw. Grignard-Reagenzien) **9**, wodurch die Synthese tertiärer β-Aminoalkohole **10** ermöglicht wird:

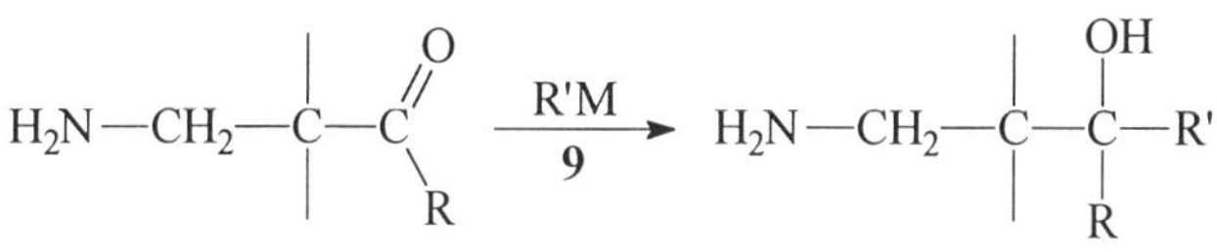

4 **10**

Die Mannich-Reaktion spielt insbesondere in der pharmazeutischen Chemie eine wichtige Rolle, zum einen, da die hierdurch leicht erhältlichen β-Aminoalkohole häufig pharmakologisch wirksam sind, zum anderen verläuft die Mannich-Reaktion auch unter physiologischen Bedingungen, wodurch biomimetische Synthesen ermöglicht werden. Hier sind vor allem Synthesen von Alkaloiden zu nennen.

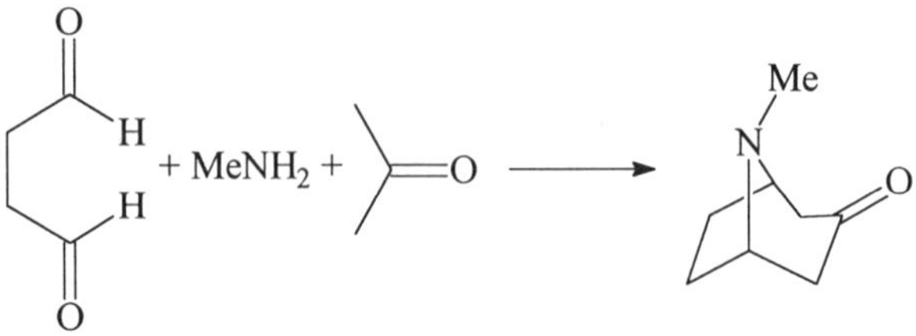

11 **12** **13** **14**

Die Synthese von Tropinon **14**, einer Vorstufe von Atropin und verwandten Verbindungen, ist ein klassisches Beispiel und wurde bereits 1917 von *Robinson*[10] durch Mannich-Reaktion von Succindialdehyd **11** mit Methylamin **12** und Aceton **13** durchgeführt.

1) C. Mannich, *Arch. Pharm.* **1917**, *255*, 261-276.
2) F. F. Blicke, *Org. React.* **1942**, *1*, 303-341.
3) M. Tramontini, *Synthesis* **1973**, 703-775.
4) G. A. Gevorgyan, A. G. Agababyan, O. L. Mndzhoyan, *Russ. Chem. Rev.* **1984**, *53*, 561-581.
5) M. Tramontini, L. Angiolini, *Tetrahedron* **1990**, *46*, 1791-1837.
6) B. Thompson, *J. Pharm. Sci.* **1968**, *57*, 715-733.
7) T. F. Cummings, J. R. Shelton, *J. Org. Chem.* **1960**, *25*, 419-423.
8) J. Schreiber, H. Maag, N. Hashimoto, A. Eschenmoser, *Angew.Chem.* **1971**, *83*, 355-357; *Angew. Chem. Int. Ed. Engl.* **1971**, *10*, 330.
9) N. Holy, R. Fowler, E. Burnett, R. Lorenz *Tetrahedron* **1979**, *35*, 613-618.
10) R. Robinson, *J. Chem. Soc.* **1917**, *111*, 762-768.

McMurry-Reaktion

Reduktive Kupplung von Aldehyden und Ketonen

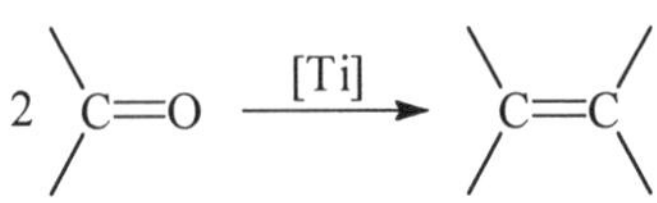

1 **2**

Unter den neueren Namenreaktionen der Organischen Chemie ist die *McMurry-Reaktion*[1-4] eine der interessantesten. Hierdurch gelingt die reduktive Dimerisierung von Aldehyden oder Ketonen **1** zu Alkenen **2** mit niedervalentem Titan als Reduktionsmittel.

Die Kupplungsreaktion wird durch die Bindung der Carbonylkomponente an die Titanoberfläche und die Übertragung eines Elektrons zur Carbonylgruppe eingeleitet.[3] Es entsteht ein Radikal **3**, während das Titan entsprechend oxidiert wird. Zwei Ketylradikale können unter Bildung eines am Titan gebundenen Pinakolat-Intermediats **4** dimerisieren; abschließend resultieren durch Spaltung der Kohlenstoff-Sauerstoff-Bindung ein Olefin **2** und Titanoxid **5**:

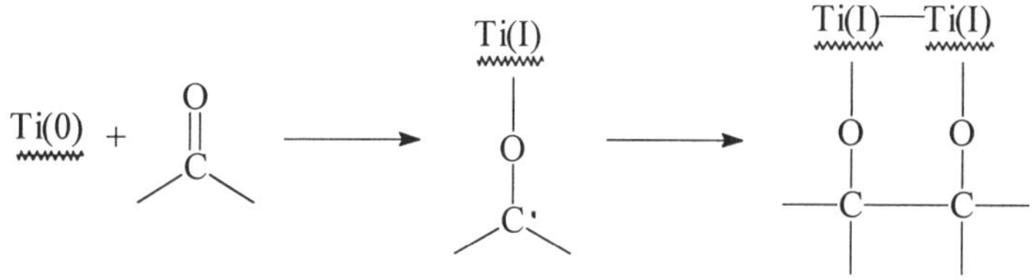

3 **4**

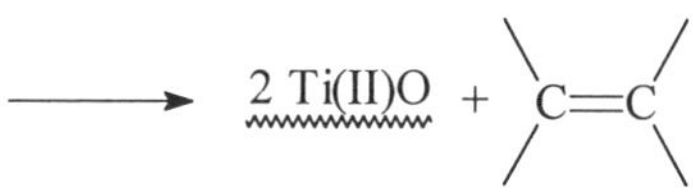

5 **2**

Durch geeignete Reaktionsbedingungen (tiefe Temperaturen) läßt sich die Spaltung der C-O-Bindung vermeiden, so daß als Produkte vicinale-Diole isoliert werden können.[5]

Die niedervalenten Titanreagenzien sind unter den Reaktionsbedingungen nicht löslich, so daß die Reaktion heterogen durchgeführt werden muß. Durch Reduktion mit Lithiumaluminiumhydrid, Alkalimetalle (Li, Na, K), Magnesium als Erdalkalimetall oder ein Zink-Kupfer-Paar wird das niedervalente Titan aus $TiCl_4$ oder $TiCl_3$ gewonnen. Das Titanreagenz muß jeweils frisch hergestellt werden. In Abhängigkeit vom Reduktionsmittel und dem molaren Verhältnis erhält man Titan in unterschiedlichen Oxidationsstufen, wobei Ti(0) die aktive Spezies zu sein scheint.

Die Kupplung unsymmetrischer Ketone führt zu Stereoisomeren, wobei das Isomerenverhältnis in erster Linie vom sterischen Einfluß der Alkylsubstituenten abhängt:[2)]

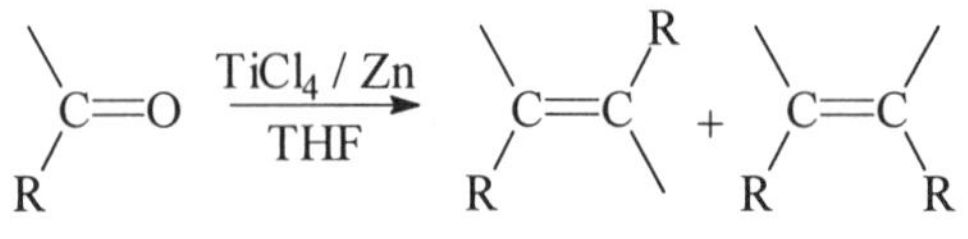

E *Z*

R = n-Propyl *E*/*Z* = 3 : 1
R = *tert.*-Butyl *E*/*Z* = 200 : 1

Die intermolekulare McMurry-Reaktion ist in erster Linie zur Synthese symmetrischer Alkene geeignet. Werden Gemische von Carbonylverbindungen eingesetzt, sind die Ausbeuten meist unbefriedigend. Eine Ausnahme stellt die Kupplung von Diarylketonen mit anderen Carbonylverbindungen dar; hierbei können präparativ interessante Ausbeuten erzielt werden. Benzophenon läßt sich mit Aceton (Verhältnis 1:4) mit einer Ausbeute von 94 % kuppeln.[6)]

Besonders für die Synthese hochsubstituierter, gespannter Alkene ist die McMurry-Reaktion ein wertvolles Verfahren. Solche Systeme sind sonst häufig nur sehr schwer zugänglich. So läßt sich Diisopropylketon **6** mit einer Ausbeute von 87 % zum Tetraisopropylethen **7** kuppeln; die analoge Reaktion zum Tetra-*tert.*-butylethen gelingt nicht.[3,7)]

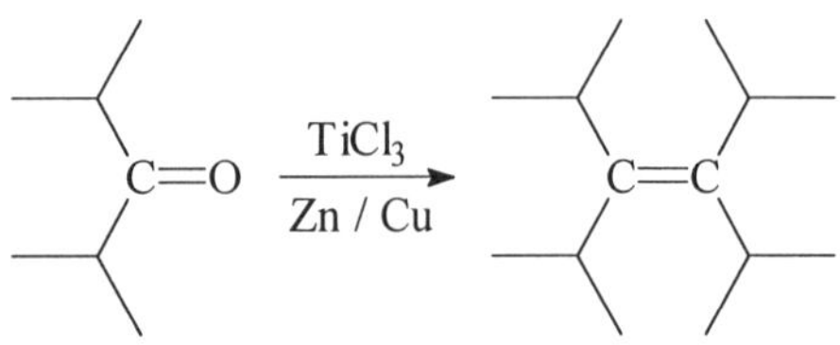

6 **7**

Hochgespannte cyclische Systeme lassen sich durch die intramolekulare Variante herstellen. Ein eindrucksvolles Beispiel für die Möglichkeiten der McMurry-Reaktion stellt die Synthese von 3,3-Dimethyl-1,2-diphenylcyclopropen **8** dar:[8)]

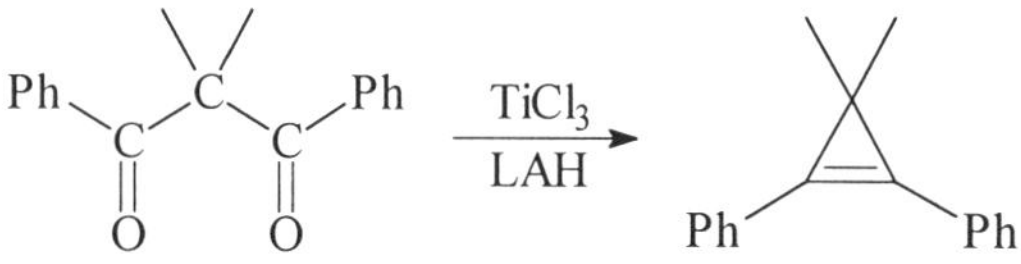

8

Eine präparativ interessante Erweiterung der Anwendungsbreite ergibt sich aus der Reaktion von Ketoestern **9**. Diese lassen sich zu Enolethern **10** und weiter zu Cycloalkanonen **11** umsetzen. Die Reaktion ist besonders für die Synthese von mittleren Ringen geeignet; andere Ringgrößen lassen sich nur mit schlechten Ausbeuten erhalten:[3,9]

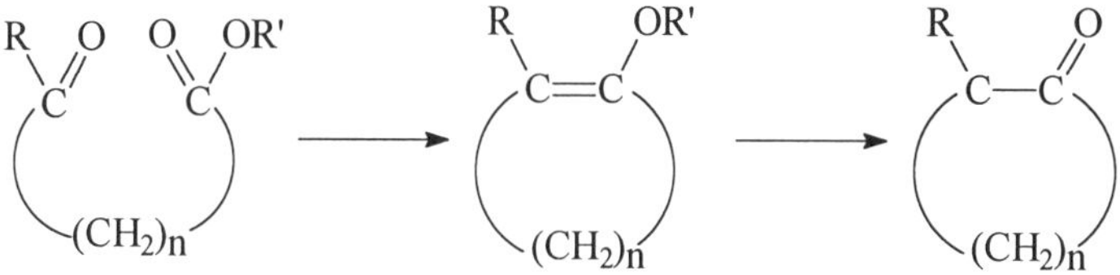

9 **10** **11**

Die McMurry-Reaktion stellt ein präparativ sehr nützliches Verfahren dar. Die Ausbeuten sind oft auch noch bei sterisch anspruchsvollen Systemen gut, wobei das optimale Titanreagenz/Reduktionsmittel-Paar empirisch bestimmt werden muß. Alle funktionellen Gruppen, die durch niedervalentes Titan reduziert werden können, stören die Reaktion.

1) J. E. McMurry, M. P. Fleming, *J. Am. Chem. Soc.* **1974**, *96*, 4708-4709.
2) D. Lenoir, *Synthesis* **1989**, 883-897.
3) J. E. McMurry, *Chem. Rev.* **1989**, *89,* 1513-1524.
4) M. Stahl, U. Pidun, G. Frenking, *Angew. Chem.* **1997**, *109,* 2308-2311; *Angew. Chem. Int. Ed. Engl.* **1997**, *36,* 2234-2237.
5) E. J. Corey, R. L. Danheiser, S. Chandrasekaran, *J. Org. Chem.* **1976**, *41*, 260-265.
6) J. E. McMurry, L. R. Krepski, *J. Org. Chem.* **1976**, *41,* 3929-3930.
7) J. E. McMurry, T. Lectka, J. G. Rico, *J. Org. Chem.* **1989**, *54,* 3748-3749.
8) A. L. Baumstark, C. J. McCloskey, K. E. Witt, *J. Org. Chem.* **1978**, *43,* 3609-3611.
9) A. Fürstner, B. Bogdanovic, *Angew. Chem.* **1996**, *108,* 2582-2609; *Angew. Chem. Int. Ed. Engl.* **1996**, *35,* 2442.

Meerwein-Ponndorf-Verley-Reduktion

Reduktion von Carbonylverbindungen mit Aluminiumisopropylat

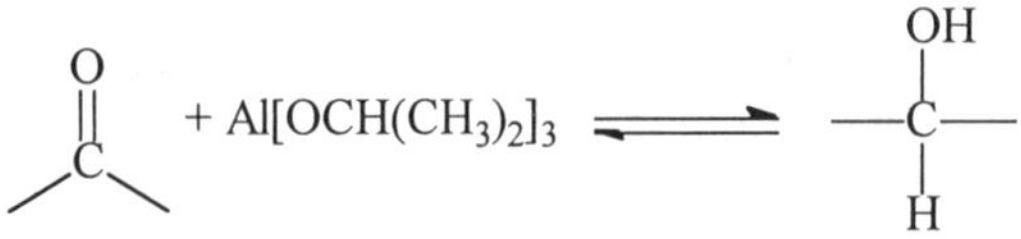

1 **2** **3**

Der Name *Meerwein-Ponndorf-Verley-Reduktion*[1-5] bezeichnet die Reduktion von Ketonen mit Aluminiumalkoholaten zu sekundären und von Aldehyden zu primären Alkoholen. Die Rückreaktion läßt sich ebenfalls präparativ nutzen und wird als *Oppenauer-Oxidation*[5-7] bezeichnet.

Ketone können mit Aluminiumisopropylat über einen cyclischen sechsgliedrigen Übergangszustand **4** reagieren, wobei das Aluminium als Lewis-Säure wirkt. Dadurch wird das Carbonylsauerstoffatom komplexiert und die Hydridübertragung erleichtert. Das intermediär gebildete Aluminiumalkoholat **5** reagiert vermutlich mit dem Lösungsmittel Isopropanol zu dem Alkohol **3**. Dabei wird das Aluminiumisopropylat **2**, das somit als Katalysator wirkt, regeneriert:

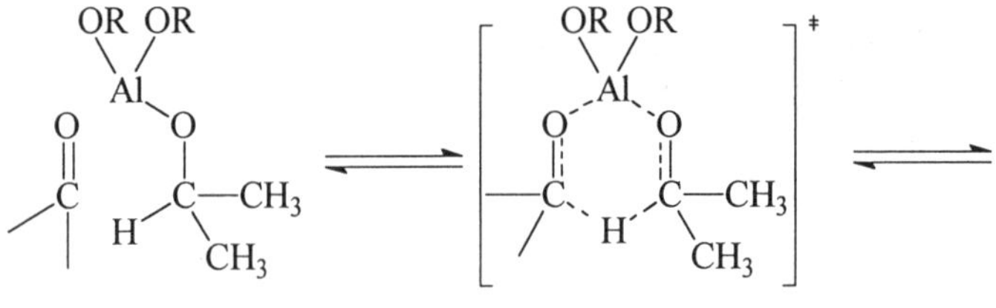

1 **2** **4**

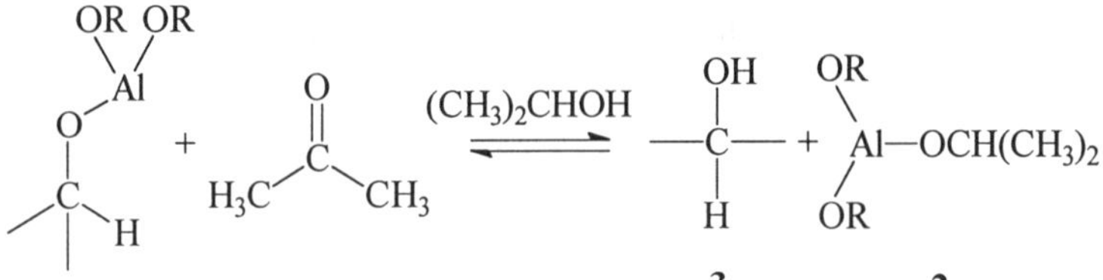

3 **2**

Eines der beiden übertragenen Wasserstoffatome stammt aus dem Hydridübertragungsreagenz, das andere aus dem Lösungsmittel. In Abhängigkeit vom Substrat wird außer dem Mechanismus über den sechsgliedrigen Übergangszustand auch ein radikalischer Verlauf diskutiert.[8)]

Das bei der Reaktion gebildete Aceton wird durch geeignete Reaktionsbedingungen (Temperatur leicht oberhalb des Siedepunkts) ständig abdestilliert und somit aus dem Reaktionsgemisch entfernt. Hierdurch kann das Gleichgewicht vollständig auf die rechte Seite verschoben werden.

Andere Alkoholate können ebenfalls eingesetzt werden, doch ist Aluminiumisopropylat gut in organischen Solventien löslich, und Aceton als Oxidationsprodukt von Isopropanol besitzt einen niedrigen Siedepunkt und läßt sich gut abdestillieren. Erfolgreich wurde in neuerer Zeit Lanthanisopropylat[9)] eingesetzt, das sich durch eine besonders gute katalytische Wirkung auszeichnet.

In den letzten Jahren wurde die Meerwein-Ponndorf-Verley-Reduktion weitgehend durch die Reduktion mit Lithiumaluminiumhydrid, Natriumborhydrid und deren Derivate ersetzt. Erstere besitzt aber den Vorteil einer großen Selektivität, so daß im Molekül vorhandene Kohlenstoff-Kohlenstoff-Doppel- und Dreifachbindungen nicht angegriffen werden.

Eine Umkehrung der Reaktion, die sogenannte Oppenauer-Oxidation, läßt sich erreichen, indem man Aluminium-*tert.*-butylat mit einem Überschuß an Aceton auf einen Alkohol einwirken läßt, wodurch man das Gleichgewicht auf die Seite des Ketons **1** verschieben kann:

Diese Reaktion besitzt allerdings keine große präparative Bedeutung.

1) H. Meerwein, R. Schmidt, *Justus Liebigs Ann. Chem.* **1925**, *444*, 221-238.
2) W. Ponndorf, *Angew. Chem.* **1926**, *39*, 138-143.
3) A. Verley, *Bull. Soc. Chim.* **1925**, *37*, 537-542.
4) A. L. Wilds, *Org. React.* **1944**, *2*, 178-223.
5) R. V. Oppenauer, *Recl. Trav. Chim. Pays-Bas* **1937**, *56*, 137-144.

6) C. F. Graauw, J. A. Peters, H. van Bekkum, J. Huskens, *Synthesis* **1994**, 1007-1017.
7) C. Djerassi, *Org. React.* **1951**, *6*, 207-272.
8) C. G. Screttas, C. T. Cazianis, *Tetrahedron* **1978**, *34*, 933-940.
9) T. Okano, M. Matsuoka, H. Konishi, J. Kiji, *Chem. Lett.* **1987**, 181-184.

Michael-Reaktion

1,4-Addition an α,β-ungesättigte Carbonylverbindungen

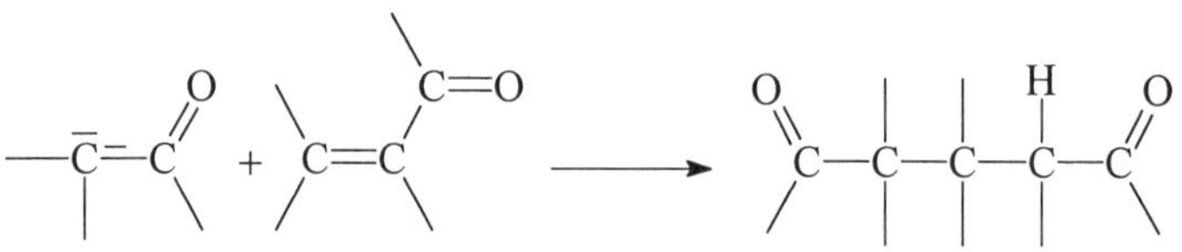

1 **2** **3**

Die Addition von Enolat-Anionen **1** an α,β-ungesättigte Carbonylverbindungen **2**, eine der vielseitigsten Methoden zur Knüpfung von C-C-Bindungen, trägt den Namen *Michael*-Reaktion[1,2]. Es sind zahlreiche verwandte 1,4-Additionen sind bekannt, für die häufig die Bezeichnung *Michael-artig* gebraucht wird.

Als Quelle für das erforderliche Carbanion **1** werden am besten β-Dicarbonylverbindungen verwendet; prinzipiell eignet sich aber jede enolisierbare Carbonylverbindung **4**. Das Enolat **1** wird hieraus durch Behandlung mit Base erhalten. Es addiert unter Bildung des Intermediats **5** an die α,β-ungesättigte Verbindung **2**. Nach Hydrolyse wird als Produkt die Dicarbonylverbindung **3** erhalten:

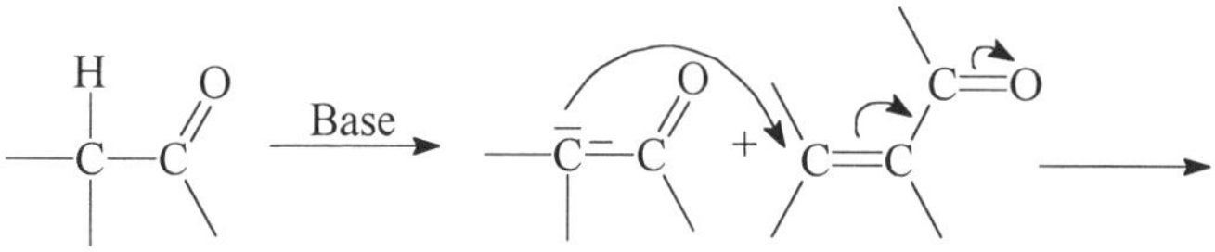

4 1 2

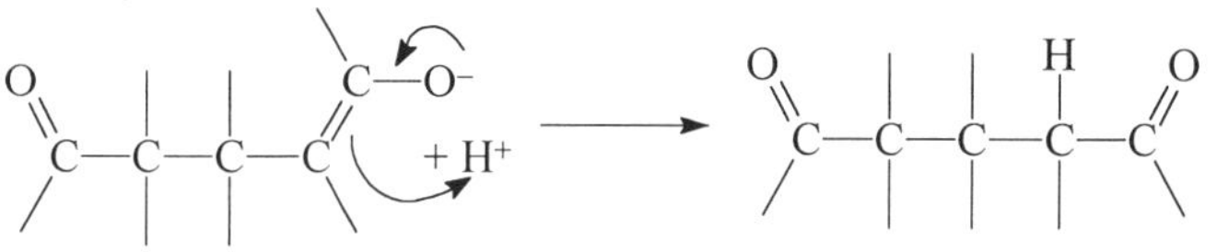

5 3

Als C,H-acide Komponente eignen sich besonders Malonester, Cyanessigester, Acetessigester oder β-Ketoester, aber auch Aldehyde, Ketone und sogar acide Kohlenwasserstoffe wie Inden oder Fluoren.

Klassische Michael-Reaktionen werden in protischen Lösungsmitteln, am häufigsten Alkoholen, und unter Verwendung von Alkoxiden (Kalium-*tert.*-butylat, Natriumethanolat) durchgeführt.

Die Bruttoreaktion ist die Addition einer C-H-aciden Verbindung an eine C-C-Doppelbindung. Durch diese C-C-Bindungsknüpfung kann die Michael-Reaktion zum Aufbau von Kohlenstoffgerüsten genutzt werden, wenngleich sie nicht so vielseitig ist wie beispielsweise die →*Aldolreaktion*. Eine weitere Besonderheit ist die Tatsache, daß C-H-acide Verbindungen nicht an einfache C-C-Doppelbindungen addieren.

Die wichtigste Nebenreaktion ist die 1,2-Addition an die C-O-Doppelbindung (Aldolreaktion, →*Knoevenagel*-Reaktion); besonders α,β-ungesättigte Aldehyde geben selten 1,4-Addition. Generell ist die Aldolkondensation der kinetisch favorisierte Prozeß. Allerdings ist die 1,2-Addition reversibel; bei höheren Temperaturen erhält man häufig die thermodynamisch günstigeren 1,4-Additionsprodukte.

Probleme können sich auch bei der Bildung der Enolate ergeben; hier werden oft nicht die gewünschten Regioisomere in ausreichender Selektivität erhalten. Weiterhin neigen α,β-ungesättigte Carbonylverbindungen häufig zur Polymerisation. Darüber hinaus können die gewünschten Produkte unter den Reaktionsbedingungen instabil sein.

Diese Umstände stellen schwerwiegende Nachteile der klassischen Synthese (polare Lösungsmittel, katalytische Mengen Base) dar, die häufig durch den Einsatz zuvor gebildeter Enolate vermieden werden können. Hierbei wird die C-H-acide Verbindung durch Behandlung mit starken Basen in molaren Mengen in das entsprechende Enolat umgewandelt und erst anschließend die α,β-ungesättigte Carbonylverbindung - häufig bei niedrigen Temperaturen - zugegeben. Eine ähnliche Verfahrensweise gibt es bei Varianten der Aldolreaktion.

Bei den Enolaten tritt *E*/*Z*-Isomerie auf; durch geeignete Wahl der Reaktionsbedingungen kann häufig das gewünschte Isomer bevorzugt erhalten werden:[4]

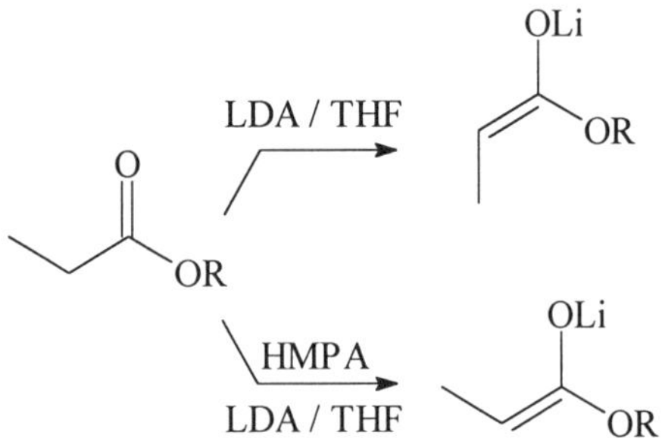

Die Stereochemie der Reaktion kann durch sterische Einflüsse vorgegeben sein. Darüber hinaus sind insbesondere durch den Einsatz von Enolaten stereoselektive Synthesen möglich.[3,4] Einfache Diastereoselektivität kann erhalten werden, wenn beide Edukte jeweils ein stereogenes Zentrum enthalten. Die Verhältnisse sind ähnlich wie bei der Aldolreaktion, jedoch sind die beobachteten Selektivitäten weitaus komplexer; diese können bei kinetisch kontrollierten Michael-Reaktionen durch eine Betrachtung der Übergangszustände erklärt werden.

Bei der einfachen Diastereoselektivität lassen sich bereits vier Fälle unterscheiden, da sowohl Enolat **1** als auch Akzeptor **2** in der *E*- oder in der *Z*-Form vorliegen können. Reagiert beispielsweise ein *Z*-Enolat **6** mit einem *E*-Akzeptor **7**, so lassen sich zwei gestaffelte Übergangszustände, **8** und **9**, formulieren, in denen das Metallion chelatartig gebunden ist:

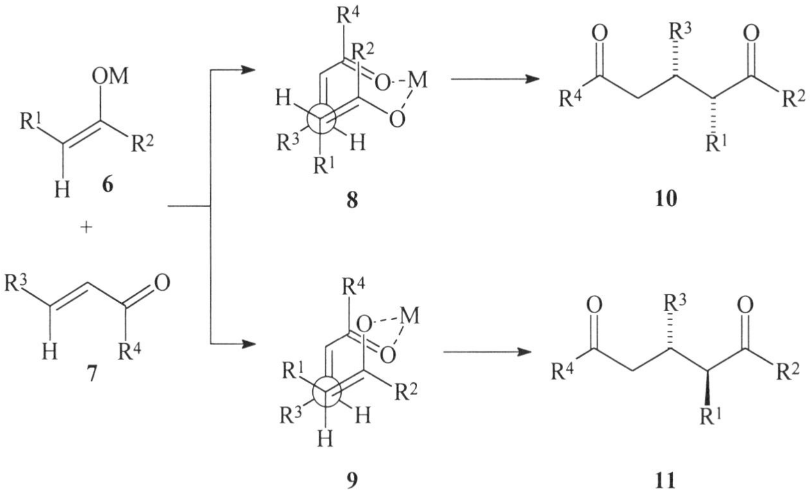

Der Übergangszustand **8**, der zum *syn*-Produkt **10** führen würde, ist hierbei energetisch ungünstiger, da es zu einer sterischen Hinderung zwischen den Resten R^2 und R^4 kommen kann, so daß generell *anti*-Produkte **11** beobachtet werden, wie sie aus dem Übergangszustand **9** entstehen können. Die beobachteten Selektivitäten hängen stark von der Größe von R^2 und R^4 ab.

Für die anderen Fälle sind die Überlegungen analog; es ergeben *E*-Enolat und *E*-Akzeptor *syn*-Produkte, *Z*-Enolat und *E*-Akzeptor *anti*-Produkte. Für *Z*-Akzeptoren sind die Diastereoselektivitäten umgekehrt.

Werden darüber hinaus chirale Reagenzien eingesetzt, ist während der Reaktion weitere Differenzierung (Enantioselektivität) möglich. Hierdurch wird die Michael-Reaktion zu einem wichtigen Hilfsmittel für die Naturstoffsynthese.

Besonders interessant ist auch die manchmal beobachtete Druckabhängigkeit der Reaktion.[5)] Die Umsetzung von Methylmalonsäurediethylester **12** mit dem bicyclischen Keton **13** gelingt bei Normaldruck nicht, verläuft aber bei 15 kbar mit einer Ausbeute von 77 %:

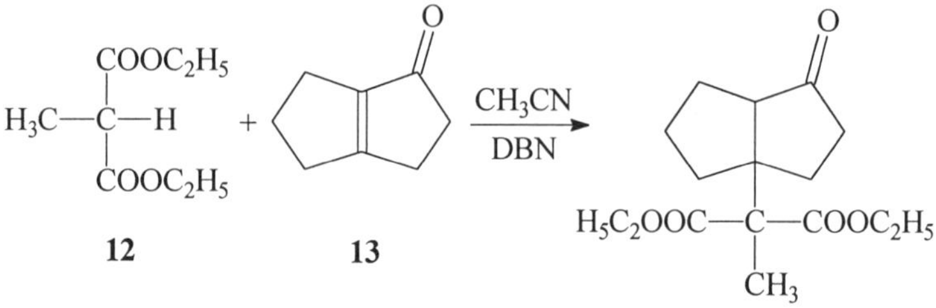

12 **13**

Die Michael-Reaktion zählt zu den wichtigen Reaktionen der Organischen Chemie. Beispielsweise ermöglichen intramolekulare Varianten[6,7] den schnellen Aufbau polycyclischer Verbindungen und stellen dadurch ein wichtiges Werkzeug bei der Synthese komplexer Naturstoffe dar.

1) A. Michael, *J. Prakt. Chem.* **1887**, *36*, 113-114.
2) E. D. Bergman, D. Gunsburg, R. Rappo, *Org. React.* **1959**, *10*, 179-560.
3) D. A. Oare, C. H. Heathcock, *Topics Stereochem.* **1989**, *19*, 227-407.
4) C. H. Heathcock in *Modern Synthetic Methods 1992* (Hrsg.: R. Scheffold), VHCA, Basel **1992**, S. 1-103.
5) W. G. Dauben, J. M. Gerdes, G. C. Look, *Synthesis* **1986**, 532-535.
6) M. Ihara, K. Fukumoto, *Angew. Chem.* **1993**, *105*, 1059-1071, *Angew. Chem. Int. Ed. Engl.* **1993**, 1010.
7) R. D. Little, M. R. Masjedizadeh, O. Wallquist, J. I. McLoughlin, *Org. React.* **1995**, *47*, 315-552.

Mitsunobu-Reaktion

Veresterung von Alkoholen mit Dialkylazodicarboxylaten und

Triphenylphosphin

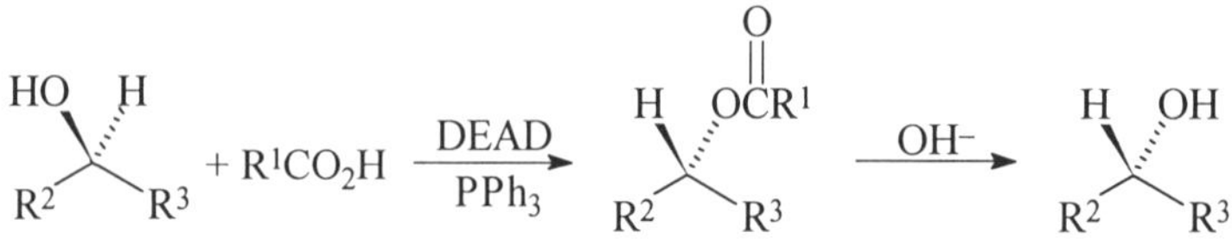

1 **2** **3** **4**

Die Hauptanwendung der *Mitsunobu-Reaktion*[1-3] besteht in der Umwandlung chiraler sekundärer Alkohole **1** über eine Inversion am α-Kohlenstoffatom zu den Estern **3** und weiter zu den zum Edukt enantiomeren Alkoholen **4**. Außer Carboxylat-Ionen können auch andere Nucleophile eingesetzt werden, wodurch Verbindungsklassen wie Amine und Ether über die Mitsunobu-Reaktion zugänglich sind.

Der Mechanismus[4-6] läßt sich in drei Schritte einteilen: erstens Addukt-Bildung, zweitens Aktivierung des Alkohols und abschließend eine S_N2-Reaktion.

Im ersten Schritt reagiert Triphenylphosphin zunächst mit Diethylazodicarboxylat (DEAD) **5** zu dem zwitterionischen Addukt **6**. Außer der Diethylverbindung **5** wird auch häufig Diisopropylazodicarboxylat (DIAD) eingesetzt. Im zweiten Schritt wird das Zwitterion **6** mit der Carbonsäure **2** zum Zwischenprodukt **7** umgesetzt, das wiederum mit dem Alkohol **1** zum Oxyphosphoniumsalz **8**, in dem der Alkohol für eine S_N2-Reaktion aktiviert ist, und dem Hydrazinderivat **9** reagiert:

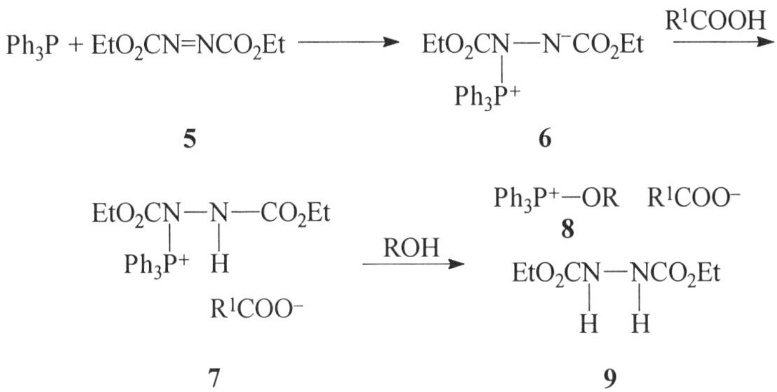

Der dritte Schritt, die Reaktion an der Alkohol-Gruppe des Oxyphosphoniumsalzes **8**, erfolgt nach einem S_N2-Mechanismus, was mit einer Inversion der Stereochemie am Kohlenstoffatom verbunden ist. Bei der abschließenden Verseifung bleibt die absolute Konfiguration unverändert:

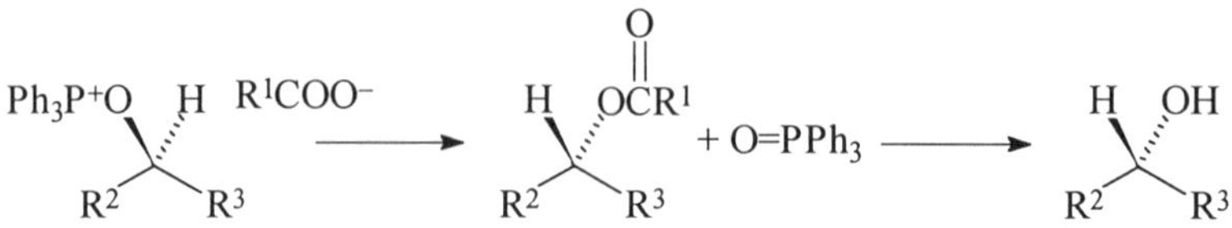

8 **3** **4**

Neuere mechanistische Untersuchungen zeigen, daß für die verschiedenen Kombinationen von Alkohol, Carbonsäure und Lösungsmittel kein einheitlicher Mechanismus formuliert werden kann. In einigen Fällen scheint die Reaktion über ein pentavalentes Dialkoxyphosphoran **10** zu verlaufen, das mit dem Oxyphosphoniumsalz **8** im Gleichgewicht steht:[4,6]

$$(RO)_2PPh_3 \overset{H^+}{\rightleftharpoons} ROP^+Ph_3 + ROH$$

10 **8**

Zusammenfassend kann man die Mitsunobu-Reaktion als Kondensation eines Alkohols **1** mit einem Nucleophil **11** auffassen, wobei Triphenylphosphin zu Triphenylphosphinoxid oxidiert und das Azadicarboxylat **12** zu einem Hydrazinderivat **13** reduziert wird:

$$PPh_3 + RO_2CN{=}NCO_2R + R'OH + HNu \longrightarrow$$

12 **1** **11**

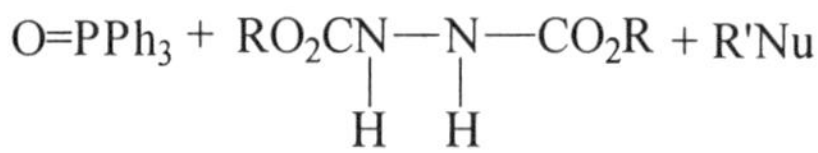

13

Alkylarylether und Enolether lassen sich unter den Mitsunobu-Bedingungen ebenfalls herstellen.[2] Cyclische Ether erhält man durch eine intramolekulare Mitsunobu-Reaktion, die besonders für die Synthese drei- bis siebengliedriger Ringe geeignet ist:

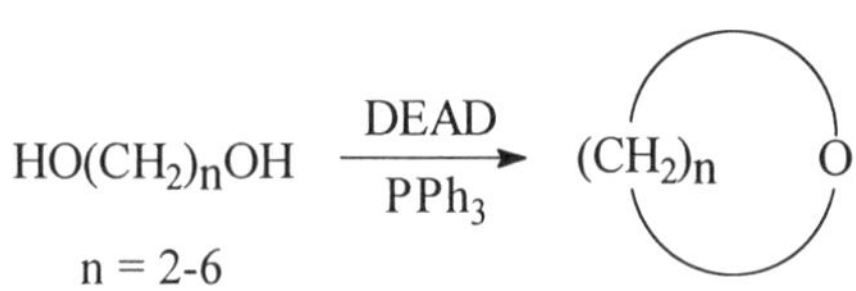

n = 2-6

Die Herstellung von Aminen aus Alkoholen läßt sich auf diese Weise bequem als Eintopf-Reaktion durchführen,[2] indem man den Alkohol **1** mit Stickstoffwasserstoffsäure, Triphenylphosphin und DEAD umsetzt. Intermediär erhält man ein Azid **14**, das mit Triphenylphosphin zu einem Iminophosphoran **15** reagiert. Saure Hydrolyse liefert des Amin in Form seines Hydrochlorids **16**:

$$\underset{\mathbf{1}}{\mathrm{ROH}} \xrightarrow[\mathrm{HN_3}]{\mathrm{DEAD\,/\,PPh_3}} \underset{\mathbf{14}}{\mathrm{R{-}N_3}} \xrightarrow{\mathrm{PPh_3}} \underset{\mathbf{15}}{\mathrm{R{-}N{=}PPh_3}} \xrightarrow[\mathrm{H_2O}]{\mathrm{HCl}} \underset{\mathbf{16}}{\mathrm{R{-}N^{+}H_3Cl^{-}}}$$

Für die Mitsunobu-Reaktion sind außer primären vor allem sekundäre Alkohole geeignet, da diese unter "sauberer" Inversion der Stereochemie reagieren. Tertiäre Alkohole sind ungeeignet, da sie sich schlecht nach einem S_N2-Mechanismus umsetzen lassen.

Die Variationsbreite bei den Nucleophilen ist groß, sie geht von Carbonsäuren über Phenole, Imide, Thiole, Thioamide bis zu β-Ketoestern als Kohlenstoff-Nucleophile. Die größte Bedeutung besitzt aber die Veresterung, die in der Naturstoffchemie für die gezielte Inversion an einem Chiralitätszentrum genutzt wird.

1) O. Mitsunobu, *Bull. Chem. Soc. Jpn.* **1967**, *40*, 4235-4238.
2) D. L. Hughes, *Org. React.* **1992**, *42*, 335-656.
3) O. Mitsunobu, *Synthesis* **1981**, 1-28.
4) D. L. Hughes, R. A. Reamer, J. J. Bergan, E. J. J. Grabowski, *J. Am. Chem. Soc.* **1988**, *110*, 6487-6491.
5) D. Crich, H. Dyker, R. J. Harris, *J. Org. Chem.* **1989**, *54*, 257-259.
6) D. J. Camp, I. D. Jenkins, *J. Org. Chem.* **1989**, *54*, 3045-3049, 3049-3054.

Nazarov-Cyclisierung

Cyclisierung von Divinylketonen zu Cyclopentenonen

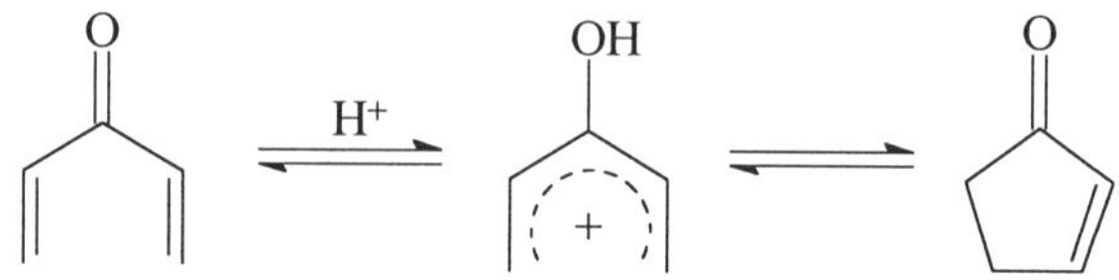

1 2 3

Behandelt man Divinylketone **1** mit Protonen- oder Lewis-Säuren, so kann eine elektrocyclische Reaktion zu Cyclopentenonen **3** erfolgen, die als *Nazarov-Cyclisierung*[1-4] bekannt ist.

Divinylketone **1** lassen sich durch Einwirkung von Säuren zu Hydroxypentadienylkationen **2** protonieren. Durch eine thermisch erlaubte konrotatorische elektrocyclische Reaktion reagiert **2** zu einem Cyclopentenylkation **4**, das nach Deprotonierung ein Gemisch der Cyclopentenone **5** und **6** liefert:

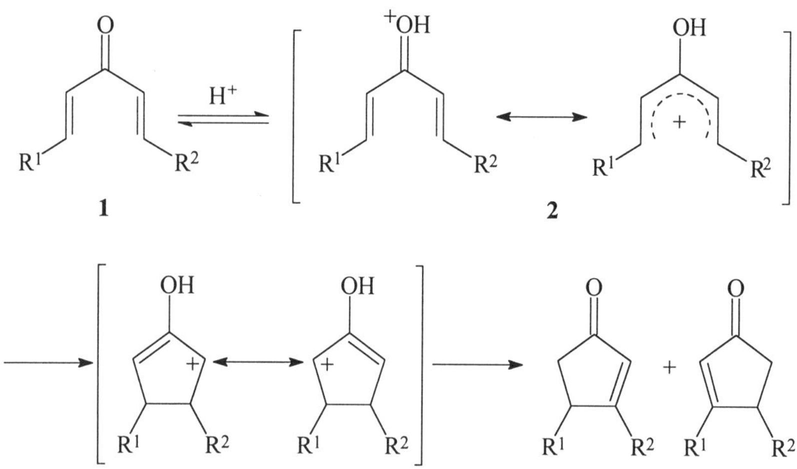

4 5 6

Diese Bildung von Produktgemischen stellt einen Nachteil der Nazarov-Cylisierung dar. Dieser kann umgangen werden, indem man Trimethylsilyl-substituierte Verbindungen **7** nach *Denmark et al.*[5] einsetzt, die unter Abspaltung der Trimethylsilylgruppe reagieren:

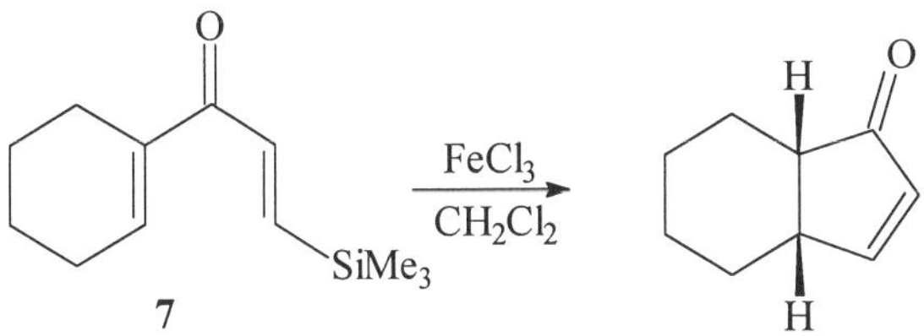

7

Da lediglich eine *Z*-Verknüpfung der beiden Ringe beobachtet wird, zeigt sich an diesem Beispiel, daß die Reaktion elektrocyclisch mit konrotatorischem Ringschluß erfolgt.

Eine Variante stellt die Nazarov-Cyclisierung von Allylvinylketonen **8** dar. Diese lagern unter den Reaktionsbedingungen zunächst zu Divinylketonen um, bevor sie cyclisieren. Man erhält somit einen zusätzlichen Methylsubstituenten am Cyclopentenon **9**:[2]

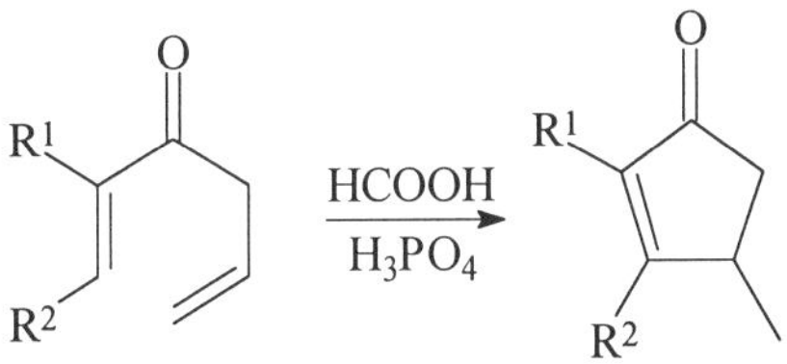

8 **9**

Für die Herstellung der Edukte, auch mit Trimethylsilylresten, gibt es eine Reihe verschiedener Synthesen,[4,6] so daß verschiedenartig substituierte Divinylketone gut zugänglich sind. Die Nützlichkeit der Nazarov-Cyclisierung und im speziellen der Silylvariante zeigt sich bei der Synthese komplexer cyclopentanoider Systeme, die in der Naturstoffchemie eine nicht unwichtige Rolle spielen.

1) I. N. Nazarov, *Usp. Khim.* **1949**, *18*, 377-401.
2) C. Santelli-Rouvier, M. Santelli, *Synthesis* **1983**, 429-442.
3) K. L. Habermas, S. E. Denmark, *Org. React.* **1994**, *45*, 1-158.
4) J. Mulzer, H.-J. Altenbach, M. Braun, K. Krohn, H.-U. Reissig, *Organic Synthesis Highlights*, VCH, Weinheim, **1991**, S. 137-140.

5) S. E. Denmark, T. K. Jones, *J. Am. Chem. Soc.* **1982**, *104*, 2642-2645.
6) R. M. Jacobson, G. P. Lahm, J. W. Clader, *J. Org. Chem.* **1980**, *45*, 395-405.

Neber-Umlagerung

α-Aminoketone aus Ketoximtosylaten

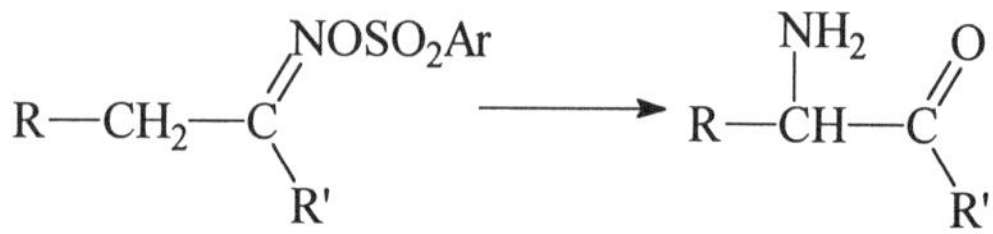

1 **2**

α-Aminoketone **2** können durch die *Neber-Umlagerung*[1,2] erhalten werden, indem man Ketoxim-Tosylate **1** mit Basen wie Ethanolat oder Pyridin behandelt. R ist gewöhnlich ein Arylrest, kann aber auch eine Alkylgruppe oder Wasserstoff sein; für R' kommen Alkyl- oder Arylgruppen in Frage, aber kein Wasserstoffatom.

Der folgende Mechanismus gilt als gesichert, da sich das Azirin **3** als Zwischenprodukt isolieren läßt:[3,4]

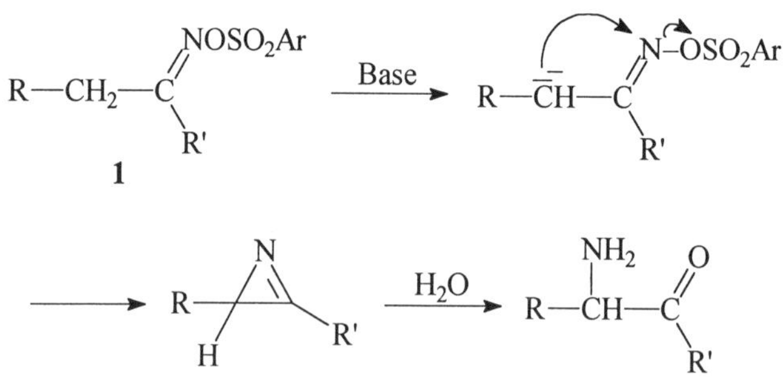

1 **3** **2**

Die Edukte für die Reaktion können aus aromatischen, aliphatischen und heterocyclischen Ketonen gewonnen werden. Wegen der möglichen β-Eliminierung zum Nitril unter Abspaltung von Toluolsulfonsäure können keine Aldoxim-

Derivate eingesetzt werden. Dieser Umstand stellt auch die Haupteinschränkung der Neber-Umlagerung dar. Eine weitere Nebenreaktion ist die →*Beckmann-Umlagerung*.

Der Verlauf der Reaktion ist nicht - wie bei der Beckmann-Umlagerung - abhängig von der Konfiguration der Edukte; *E*- und *Z*-Oxim ergeben dasselbe Produkt. Sind zwei verschiedene α-Methylengruppen im Molekül vorhanden, wird die Umsetzung nicht durch die Stereochemie, sondern durch die relativen Aciditäten der betreffenden Protonen bestimmt; erwartungsgemäß reagiert das stärker saure Wasserstoffatom bevorzugt.[2]

Es gelingt, durch Umsetzung des entstandenen α-Aminoketons zum entsprechenden Oximtosylat, die Reaktion an derselben Verbindung ein zweites Mal durchzuführen. Man erhält α,α'-Diaminoketone.

Die Neber-Umlagerung wurde vorwiegend zur Herstellung von Intermediaten für die Naturstoffsynthese angewendet.

1) P. W. Neber, A. Burgard, *Justus Liebigs Ann. Chem.* **1932**, *493*, 281-285.
2) C. O'Brien, *Chem. Rev.* **1964**, *64*, 81-89.
3) D. J. Cram, M. J. Hatch, *J. Am. Chem. Soc.* **1953**, *75*, 33-38.
4) M. J. Hatch, D. J. Cram, *J. Am. Chem. Soc.* **1953**, *75*, 38-44.

Nef-Reaktion

Carbonylverbindungen aus Nitroalkanen

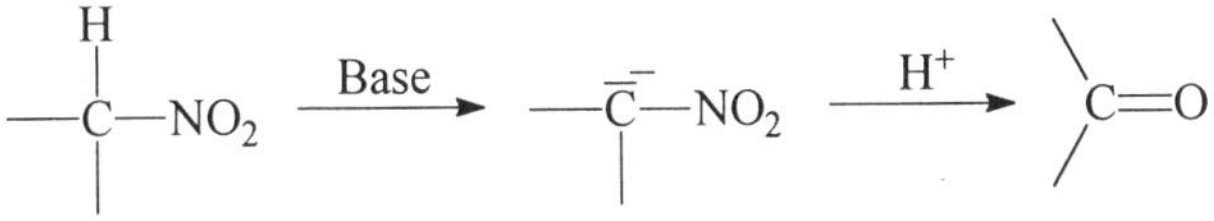

1 **2** **3**

Als *Nef-Reaktion*[1,2] bezeichnet man die Umwandlung von primären oder sekundären Nitroalkanen **1** in Carbonylverbindungen **3**. Durch die große präparative Bedeutung von Carbonylgruppen und die leichte Zugänglichkeit substituierter Nitroverbindungen ist die Reaktion ein bedeutendes Werkzeug der organischen Synthese.

Der Mechanismus der Nef-Reaktion wurde umfassend untersucht.[2] Den einleitenden Schritt stellt die basische Deprotonierung des α-Kohlenstoffatoms dar, die zum Nitronat **2** führt. Dieses wird sequentiell an den beiden negativ geladenen Sauerstoffatomen protoniert. Daraufhin erfolgt Addition von Wasser und Zersetzung des gebildeten Intermediats zur Carbonylverbindung **3**; als weitere Reaktionsprodukte werden Wasser und Distickstoffoxid erhalten:

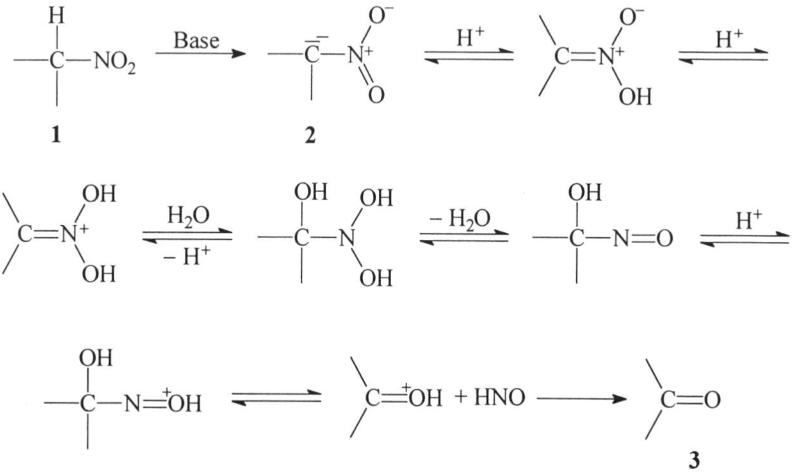

$$2\,HNO \rightleftharpoons H_2O + N_2O$$

Durch Nebenreaktionen können bei der Nef-Reaktion Komplikationen auftreten. So kann das Nitronat-Anion **2** durch die Delokalisierung der negativen Ladung an verschiedenen Stellen mit Elektrophilen reagieren. Beispielsweise ergibt Addition eines Protons an das α-Kohlenstoffatom wieder die als Edukt eingesetzte Nitroverbindung **1**. Ein weiteres Problem ist die Tatsache, daß das Nitrit-Anion eine hervorragende Abgangsgruppe darstellt, so daß Eliminierungen auftreten können.

Nitroverbindungen sind präparativ leicht zugänglich und dienen als ideale Syntheseintermediate. Ihre Behandlung mit wäßrigem Alkali führt zu den entsprechenden Nitronaten **2**. Zahlreiche substituierte Nitroverbindungen wie Nitroketone, -alkohole, -ester oder -nitrile sind mögliche Edukte.

Die Nef-Reaktion wurde unter anderem zur *1,2-Transposition* von Carbonylgruppen verwendet:[3]

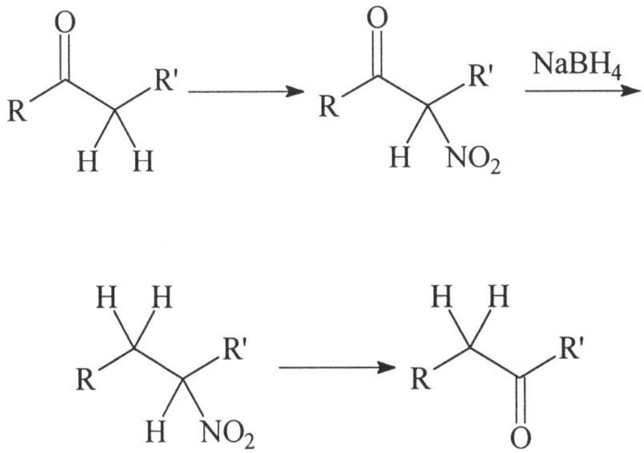

Ein weiterer wichtiger Aspekt der Nef-Raktion ist die Möglichkeit zur *Umpolung* der Carbonylfunktion: das α-Kohlenstoffatom einer Nitroverbindung ist im Gegensatz zum Carbonylkohlenstoffatom der resultierenden Carbonylverbindung negativ polarisiert. Zur Nitrogruppe α-ständige Protonen sind acid, entsprechende Nitroverbindungen lassen sich also durch Behandlung mit Basen anionisieren und weisen somit hohe Reaktivität gegenüber Elektrophilen auf. Auf diese Weise wurden z. B. 1,4-Diketone **4** durch eine Folge von →*Michael-Addition* und Nef-Reaktion hergestellt:[4)]

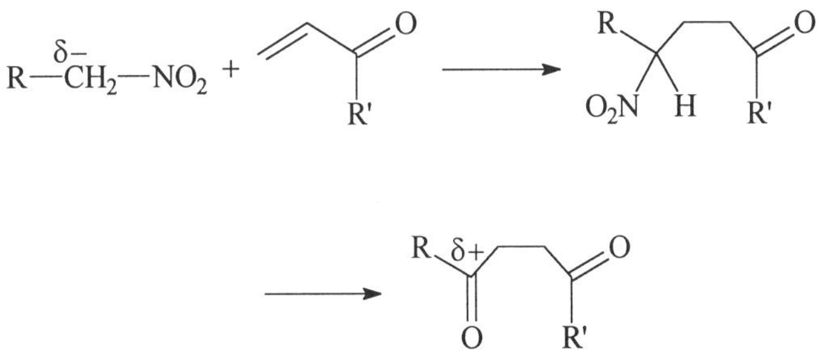

4

Da viele funktionalisierte Edukte die Standardbedingungen der Nef-Reaktion (sukzessive Behandlung mit Base und Säure) nicht überstehen, wurden zahlreiche Varianten entwickelt, wie beispielsweise Behandlung mit Oxidationsmitteln.[2)]

1) J. U. Nef, *Justus Liebigs Ann. Chem.* **1894**, *280*, 263-291.
2) H. W. Pinnick, *Org. React.* **1990**, *38*, 655-792.

3) A. Hassner, J. M. Larkin, J. E. Dowd, *J. Org. Chem.* **1968**, *33*, 1733-1739.
4) O. W. Lever Jr., *Tetrahedron* **1976**, *32*, 1943-1971.

Norrish-Typ-I-Reaktion

Photochemische Spaltung von Aldehyden und Ketonen

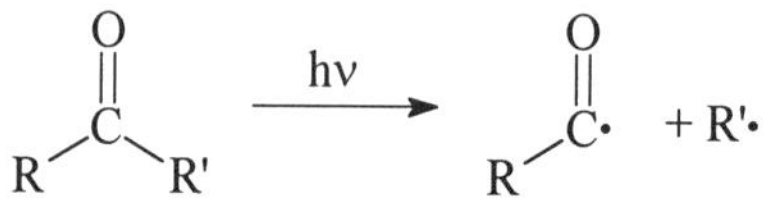

1 **2** **3**

Carbonylverbindungen können eine Reihe verschiedenartiger Photoreaktionen eingehen, wobei die beiden nach *Norrish*[1)] benannten Umsetzungen zu den wichtigsten zählen. Der Name *Norrish-Typ-I-Spaltung*[1-4)] bezeichnet dabei alle photochemischen Reaktionen, bei denen die Bindung zwischen der Carbonylgruppe und einem α-Kohlenstoffatom gebrochen wird. Die entstehenden Radikale **2** und **3** können sich durch Rekombination, Decarbonylierung oder Disproportionierung zu den entsprechenden Produkten umsetzen.

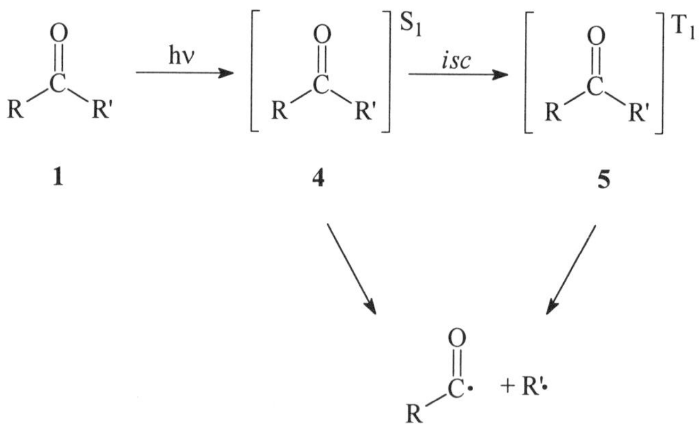

1 **4** **5**

2 **3**

Durch Absorption eines Photons wird das Keton **1** (bzw. der Aldehyd) in den S_1-Zustand **4** angeregt, von dem aus durch *intersystem-crossing* der T_1-Zustand **5** erreicht werden kann. Die Norrish-Typ-I-Spaltung kann von beiden Zuständen ausgehen und führt zu einem Acyl- **2** und einem Alkylradikal **3**. Aromatische Ketone reagieren aufgrund des schnellen intersystem-crossing im allgemeinen aus dem Triplett-Zustand.

Bei unsymmetrischen Ketonen stehen zwei unterschiedliche Bindungen zur Auswahl. Welche der beiden aufbricht, hängt von der relativen Stabilität der möglichen Radikale R· und R'· ab.

Ausgehend vom Radikalpaar **2**, **3** ergeben sich verschiedene Reaktionsmöglichkeiten, wobei die einfachste die Rückreaktion zum Edukt **1** ist:

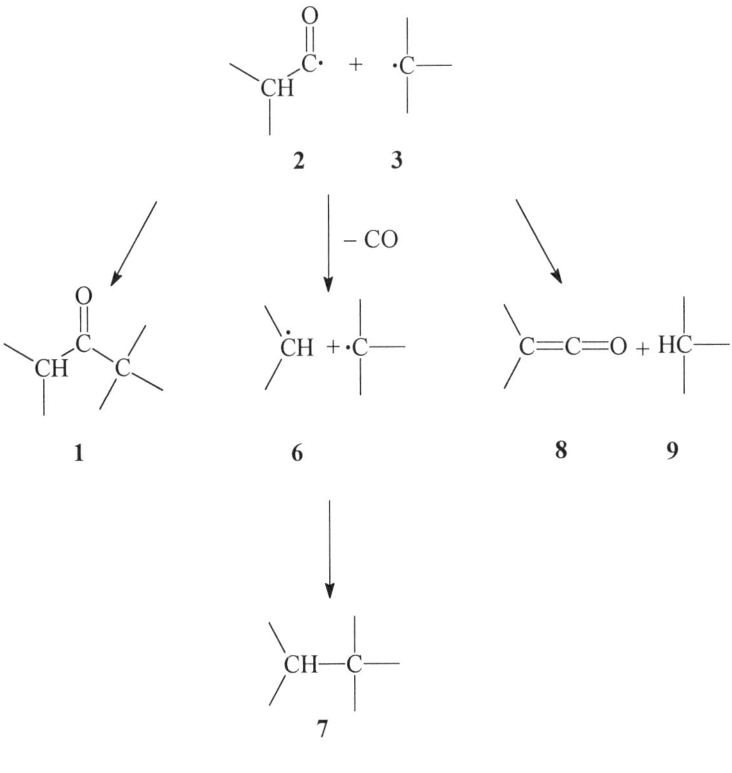

Weiterhin kann das Acylradikal **2** unter Abspaltung von Kohlenmonoxid fragmentieren, die beiden Radikale **3** und **6** kombinieren zum Alkan **7**. Eine Reaktion zu den symmetrischen Alkanen (R-R, R'-R') wird durch den Lösungsmittelkäfig weitgehend verhindert. Trägt das Acylradikal **2** in α-Position ein Wasserstoffatom, so kann dieses vom Radikal **3** abstrahiert werden, wodurch das Keten **8** und das Alkan **9** entstehen:

Eine weitere Reaktion ergibt sich aus der Abstraktion eines β-Wasserstoffatoms des Radikals **3** durch das Acylradikal **2**, die zu der Bildung eines Aldehyds **10** und ein Alkens **11** führt:

3 **10** **11**

Aufgrund der schlechten Quantenausbeute bei der Norrish-Typ-I-Reaktion vermutete man seit langem, daß die primäre Spaltung reversibel ist. Den Beweis konnten *Barltrop et al.*[5] an *erythro*-2,3-Dimethylcyclohexanon **12** mit der photochemischen Isomerisierung zu *threo*-2,3-Dimethylcyclohexanon **13** erbringen:

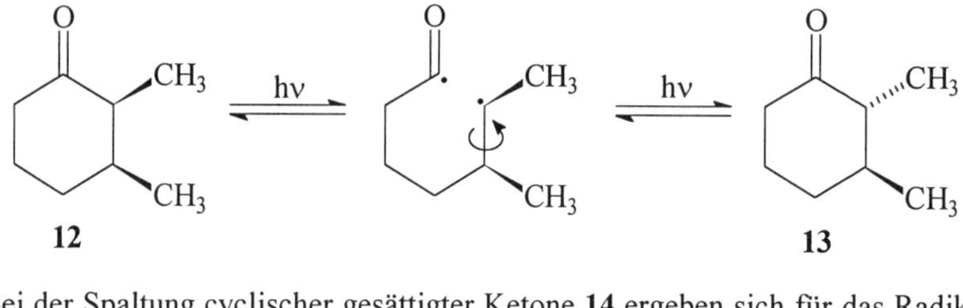

12 **13**

Bei der Spaltung cyclischer gesättigter Ketone **14** ergeben sich für das Radikalpaar die verschiedenen schon oben beschriebenen Reaktionsmöglichkeiten, jedoch führt die Rekombination nach Decarbonylierung zu einem um ein Kohlenstoffatom verengten Ring **15**:

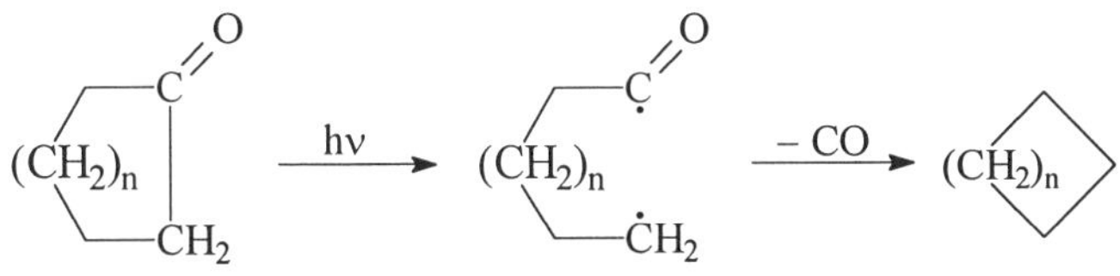

14 **15**

Präparativ läßt sich die Typ-I-Spaltung bei gespannten cyclischen Ketonen nutzen, bei denen die Ausbeuten deutlich besser als bei anderen Edukten sind. Ein Beispiel ist die Umsetzung des bicyclischen Ketons **16**, das mit guter Ausbeute zum Dien **17** reagiert:[6)]

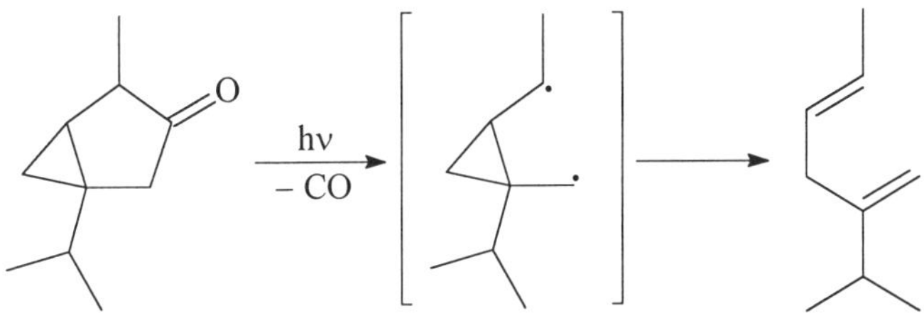

16 **17**

Abgesehen hiervon ist die präparative Bedeutung gering, da aufgrund der verschiedenartigen Reaktionsmöglichkeiten im allgemeinen Produktgemische gebildet werden. Die Typ-1-Spaltung ist eher eine unerwünschte Nebenreaktion, so bei der →*Paterno-Büchi-Reaktion* und der durch Ketone oder Aldehyde katalysierten →*[2+2]Cycloaddition*.

1) R. G. W. Norrish, *Trans. Faraday Soc.* **1937**, *33*, 1521-1528.
2) J. N. Pitts, Jr., J. K. S. Wan in *The Chemistry of the Carbonyl Group* (Hrsg.: S. Patai), Wiley, New York, **1966**, S. 823-916.
3) J. S. Swenton, *J. Chem. Educ.* **1969**, *46*, 217-226.
4) J. M. Coxon, B. Halton, *Organic Photochemistry*, Cambridge University Press, London, **1974**, S. 58-78.
5) J. A. Barltrop, J. D. Coyle, *Chem. Commun.* **1969**, 1081-1082.
6) J. Kopecky, *Organic Photochemistry*, VCH, Weinheim, **1991**, S. 119-122.

Norrish-Typ-II-Reaktion

Photochemische Reaktionen von Ketonen mit γ-Wasserstoffatomen

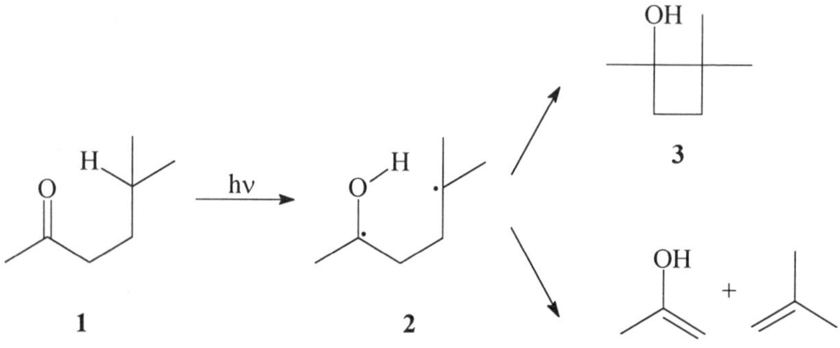

1 2 3 4 5

Aldehyde und Ketone **1**, die in γ-Stellung ein Wasserstoffatom tragen, können bei Bestrahlung unter intramolekularer Wasserstoffverschiebung in einer als *Norrish-Typ-II-Reaktion*[1-4] bezeichneten Weise reagieren. Die resultierenden Diradikale **2** können unter Bildung von Cyclobutanolen **3** rekombinieren oder zu Enolen **4** und Alkenen **5** fragmentieren.

Photochemisch angeregte Aldehyd- oder Ketonmoleküle, die in γ-Stellung ein Wasserstoffatom tragen, können sowohl aus dem S_1- als auch aus dem T_1-Zustand eine intramolekulare Wasserstoffabstraktionsreaktion eingehen. Diese Reaktion verläuft über einen cyclischen sechsgliedrigen Übergangszustand. Das resultierende 1,4-Diradikal **2** kann entweder rekombinieren und das Cyclobutanol **3** bilden oder zu dem Enol **4**, das zu dem Keton **6** tautomerisiert, und dem Alken **5** fragmentieren:

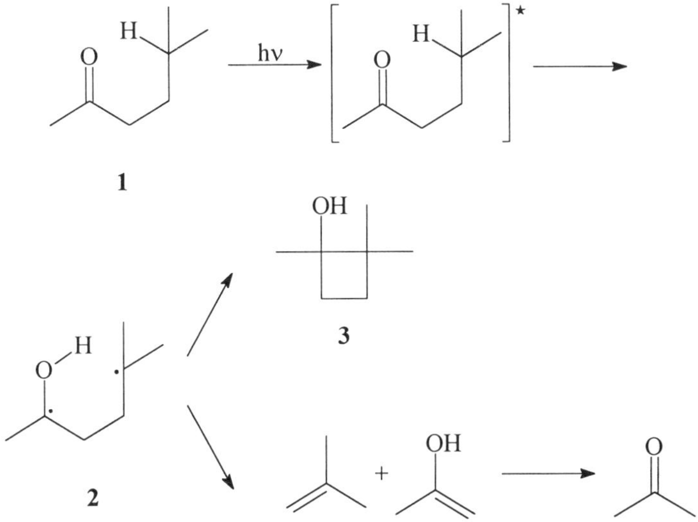

1 2 3 5 4 6

Das Verhältnis von Fragmentierung zu Cyclisierung wird durch die Konformation des Diradikals **2** und damit durch die Orientierung der Molekülorbitale zueinander bestimmt.[5)]

Eine Erklärung für die geringe Quantenausbeute konnte anhand der Racemisierung von optisch aktiven Ketonen **7** mit chiralem γ-Kohlenstoffatom gefunden werden. Das Diradikal **8** kann außer zu den üblichen, schon oben besprochenen Produkten auch zu dem Racemat **7** und **9** des Ausgangsmaterials reagieren:

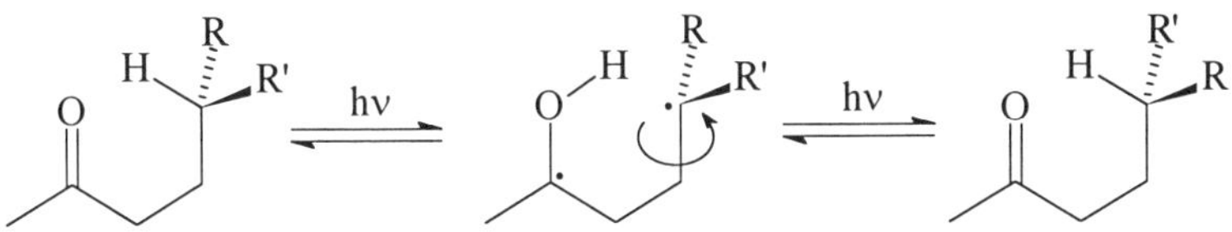

7 **8** **9**

Als Nebenreaktion tritt häufig die →*Norrish-Typ-I-Reaktion* auf. Entscheidend für das Verhältnis von Norrish-I zu -II ist die Stabilität der durch die α-Spaltung gebildeten Radikale. So reagieren aliphatische Ketone **10** ohne α-ständigen

Substituenten ausschließlich nach dem Typ-II-Mechanismus, während aliphatische *tert.*-Butylketone **11** eine Typ-I-Reaktion eingehen.

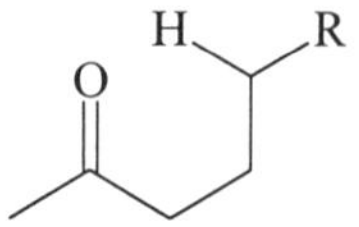

10

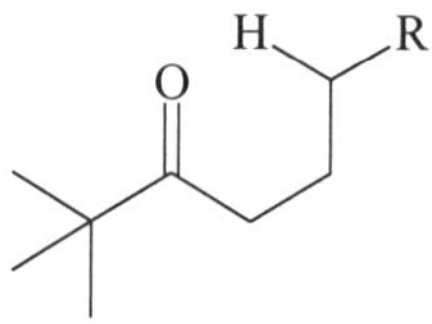

11

Für die präparative Nutzung gibt es nur wenige Beispiele;[5] von größerem Interesse sind die mechanistischen Aspekte.

1) R. G. W. Norrish, *Trans. Faraday Soc.* **1937**, *33*, 1521-1528.
2) J. N. Pitts, Jr., J. K. S. Wan in *The Chemistry of the Carbonyl Group* (Hrsg.: S. Patai), Wiley, New York, **1966**, S. 823-916.
3) P. J. Wagner, *Acc. Chem. Res.* **1971**, *4*, 168-177.
4) J. M. Coxon, B. Halton, *Organic Photochemistry*, Cambridge University Press, London, **1974**, S. 58-78.
5) J. Kopecky, *Organic Photochemistry*, VCH, Weinheim, **1991**, S. 123-125.

Ozonolyse

Bindungsbruch einer C-C-Doppelbindung durch Einwirkung von Ozon

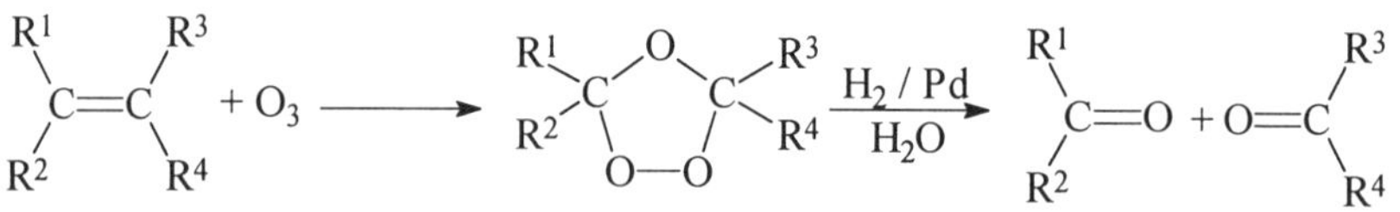

1 **2** **3** **4**

Von *Harries*[1] wurde Anfang dieses Jahrhunderts die *Ozonolyse*[2,3] als Verfahren zur Spaltung von C-C-Doppelbindung eingeführt. Über mehrere Zwischenstufen erhält man ein Gemisch der Carbonylverbindungen **3** und **4**.

Der von *Criegee*[2] postulierte und nach ihm benannte Mechanismus ist allgemein anerkannt; danach ist der einleitende Schritt eine →*1,3-dipolare*

Cycloaddition des Ozons an das Alken **1**. Das so gebildete *Primärozonid* **5** (auch als *Molozonid* bezeichnet) ist unter den Reaktionsbedingungen äußerst instabil und zerfällt in einer *Cycloreversion* in das Carbonyloxid **6** und die Carbonylverbindung **3**. Das Carbonyloxid ist wiederum eine dipolare Verbindung, die isoelektrisch mit Ozon ist und sehr schnell an die C-O-Doppelbindung der Carbonylverbindung addiert. Es handelt sich somit um eine Reaktionsfolge von Cycloaddition-Cycloreversion-Cycloaddition zum Ozonid **2**:

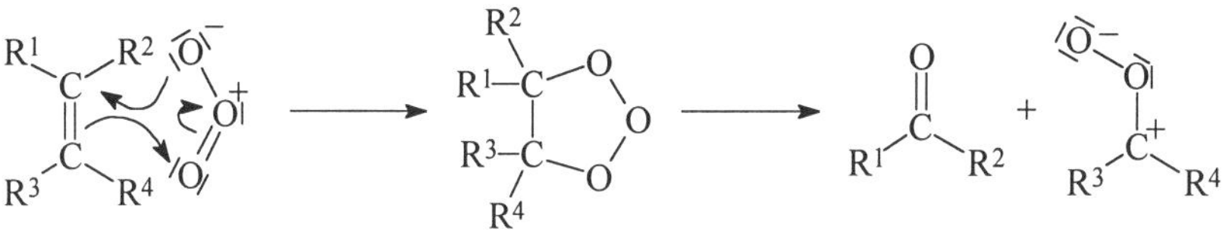

1 **5** **3** **6**

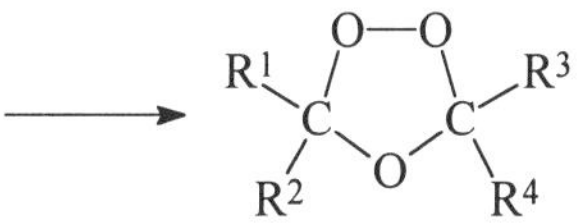

2

Die so gebildeten Ozonide sind reaktive Verbindungen, die sich beim Erhitzen explosionsartig zersetzen. Dennoch konnten zahlreiche Ozonide isoliert und spektroskopisch untersucht werden. In polaren Lösungsmitteln beobachtet man Abfangprodukte von **6**. Setzt man externe Aldehyde zu, so werden diese in das Ozonid mit eingebaut.

Die Hydrolyse des Ozonids **2** führt je nach Reaktionsbedingungen zu verschiedenen Produkten. Unter oxidativen Bedingungen reagieren entstehende Aldehyde zur Carbonsäure. Im allgemeinen setzt man bei der Hydrolyse ein Reduktionsmittel zu, um Folgereaktionen mit dem Wasserstoffperoxid zu verhindern. Alkohole erhält man durch Reduktion des Ozonids mit Lithiumaluminiumhydrid.

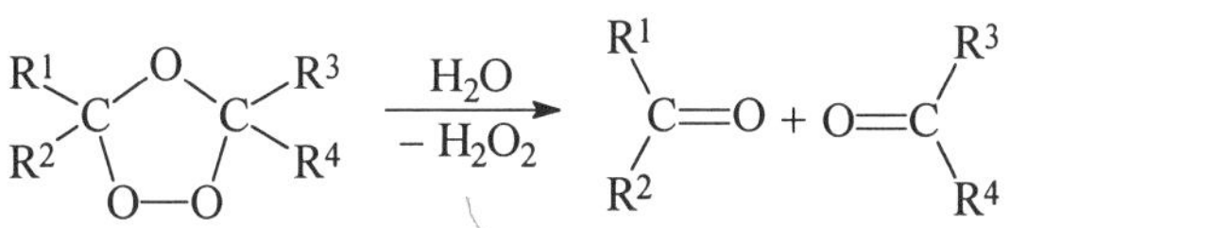

2

Aromaten reagieren langsamer mit Ozon als Olefine, aus einem Mol Benzol können drei Mol Glyoxal entstehen. Doch läßt sich die Ozonolyse hier auch gezielt für die Synthesechemie einsetzen, so bei der Herstellung des substituierten Biphenyls **8** aus dem Phenanthren **7**:[5]

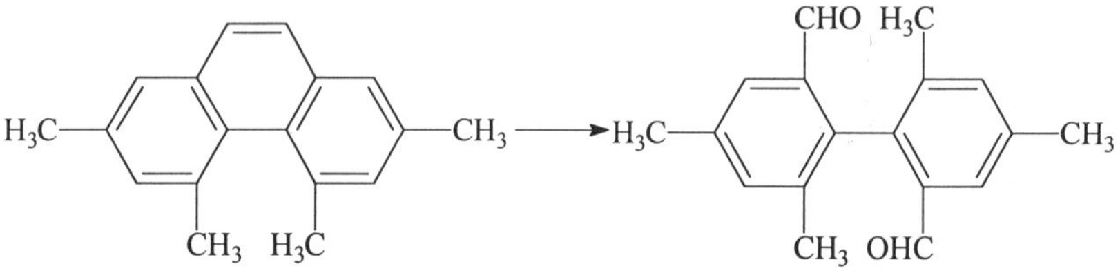

7 **8**

Die präparative Nutzung der Ozonolyse ist begrenzt, da sie zum Abbau des Kohlenstoffgerüstes führt, wohingegen die Synthesechemie im allgemeinen auf den Aufbau von Molekülen ausgerichtet ist. Weiterhin ist Ozon ein äußerst giftiges Gas, was die Handhabung im Labor erschwert. Früher spielte die Ozonolyse für die Strukturaufklärung organischer Verbindungen eine große Rolle, da durch die Identifikation der gebildeten Ketone beziehungsweise Aldehyde auf die Struktur des Alkens geschlossen werden kann. Durch die Entwicklung der spektroskopischen Methoden in den letzten Jahrzehnten hat diese Art der Strukturaufklärung keine Bedeutung mehr.

Das verstärkte Interesse an Ozon hängt mit Vorgängen in der Atmosphäre zusammen: mit dem Ozonloch über der Antarktis[6] und mit durch Luftverschmutzung hervorgerufenen hohen Ozonkonzentrationen in bodennahen Luftschichten unserer Breiten in den Sommermonaten. Ozon wirkt dabei in vielfacher Weise auf Mensch, Tier und Pflanzen (Mitverantwortung für das Waldsterben[7]), aber auch durch den Abbau organischer Umweltchemikalien. Das aktuelle Interesse an Ozon sowie seine Bedeutung für die Chemie der Atmosphäre und damit für den Temperaturhaushalt der Erde, wurde mit den Nobelpreisen 1996 an Crutzen[8], Molina[9] und Rowland[10] gewürdigt.

1) C. Harries, *Justus Liebigs Ann. Chem.* **1905**, *343*, 311-374.
2) R. Criegee, *Angew. Chem.* **1975**, *87*, 765-771; *Angew. Chem. Int. Ed. Engl.* **1975**, *14*, 745.
3) R. L. Kuczkowski, *Chem. Soc. Rev.* **1992**, *21*, 79-83.
4) W. Sander, *Angew. Chem.* **1990**, *102*, 362-372; *Angew. Chem. Int. Ed. Engl.* **1990**, *29*, 344.
5) T.-J. Ho, C.-S. Shu, M.-K. Yeh, F.-C. Chen, *Synthesis* **1987**, 795-797.

6) F. Zabel, *Chem. Unserer Zeit* **1987**, *21*, 141-150.
7) H. K. Lichtenthaler, *Naturwiss. Rundsch.* **1984**, *37*, 271-277.
8) P. J. Crutzen, *Angew. Chem.* **1996**, *108*, 1878-1898; *Angew. Chem. Int. Ed. Engl.* **1996**, *35*, 1758.
9) M. J. Molina, *Angew. Chem.* **1996**, *108*, 1900-1907; *Angew. Chem. Int. Ed. Engl.* **1996**, *35*, 1778.
10) F. S. Rowland, *Angew. Chem.* **1996**, *108*, 1908-1921; *Angew. Chem. Int. Ed. Engl.* **1996**, *35*, 1786.

Paterno-Büchi-Reaktion

Cycloaddition einer Carbonylverbindung an ein Alken

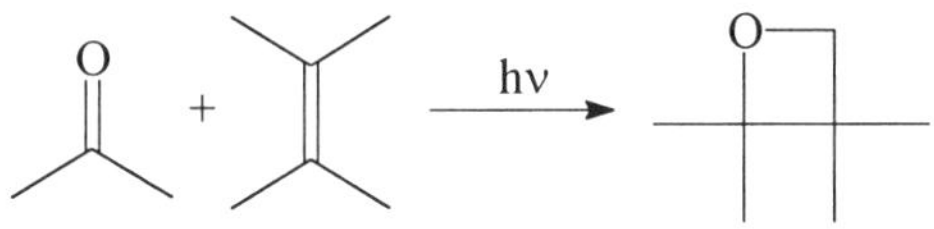

1 **2** **3**

Die photochemische Cycloaddition einer Carbonylverbindung **1** an ein Olefin **2** unter Bildung eines Oxetans **3** wird als *Paterno-Büchi-Reaktion*[1,2] bezeichnet. Sie stellt einen Spezialfall der photochemischen →*[2+2]Cycloaddition* dar und ist wie diese thermisch verboten (siehe *Woodward-Hoffmann-Regeln*[3]).

Man bestrahlt mit so langwelligem Licht, daß nur die Carbonylverbindung angeregt wird (n,π*-Übergang).[4] Dabei kann es sich in Abhängigkeit vom Substrat um einen Singulett- oder Triplettzustand handeln; bei aromatischen Carbonylverbindungen ist der reaktive Zustand im allgemeinen der T_1, bei aliphatischen der S_1. Das Molekül mit der angeregten Carbonylgruppe reagiert mit einem Olefin im Grundzustand zunächst zu einem *Exciplex*, aus dem im folgenden Beispiel die Diradikale **4** und **5** gebildet werden können:

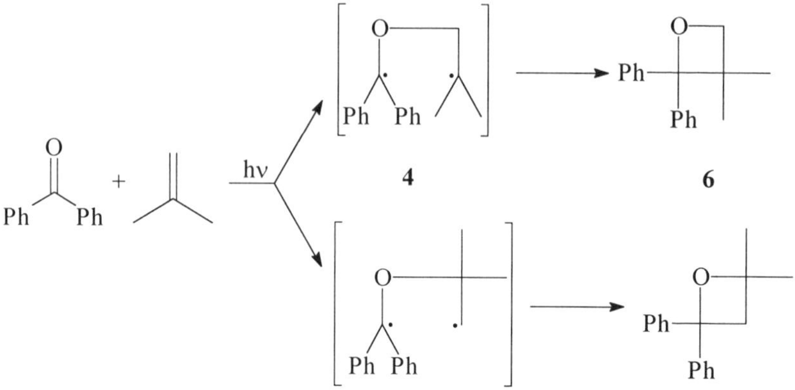

4 **6** **5** **7**

Das Diradikal **4** ist stabiler als **5**, folglich wird bevorzugt der Reaktionsweg über **4** zu dem Oxetan **6** eingeschlagen; das Oxetan **7** wird als Nebenprodukt gebildet. Die Existenz der Diradikalintermediate konnte durch Abfangreaktionen[5] sowie spektroskopisch[6] nachgewiesen werden.

Neben der intermolekularen wurde auch die intramolekulare Paterno-Büchi-Reaktion[2] untersucht, die die Möglichkeit bietet, in einem Schritt einen Bicyclus aufzubauen. So reagiert das Diketon **8** quantitativ zu dem bicyclischen Keton **9**:[7]

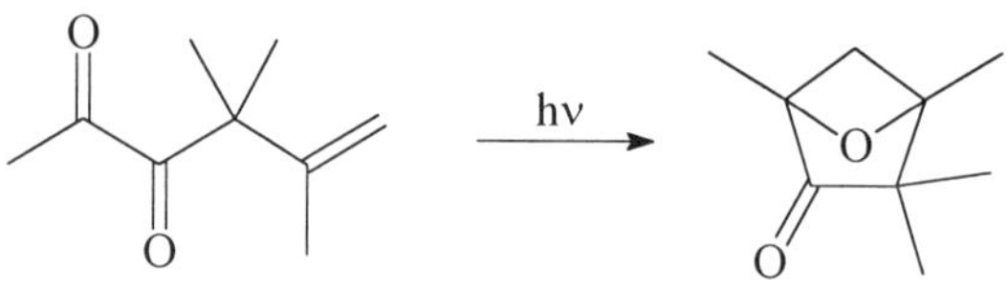

8 **9**

Obwohl es sich bei der Paterno-Büchi-Reaktion um eine potentiell sehr nützliche Reaktion handelt, ist die präparative Ausnutzung dieser Möglichkeiten noch nicht weit fortgeschritten,[2] in den letzten Jahren haben sich aber einige hoffnungsvolle Ansätze in der Naturstoffchemie gezeigt.[8] Ein Grund für das geringe Interesse ist wahrscheinlich das Auftreten von Isomerengemischen wie **6** und **7**, deren Trennung aufwendig sein kann. Weiterhin sind eine Reihe von Nebenreaktionen möglich (→*Norrish Typ-I- und -Typ-II-Spaltungen*).

1) G. Büchi, C. G. Inman, E. S. Lipinsky, *J. Am. Chem. Soc.* **1954**, *76*, 4327-4331.
2) I. Nonomiya, T. Naito, *Photochemical Synthesis*, Academic Press, New York, **1989**, S. 138-151.
3) R. B. Woodward, R. Hoffmann, *Die Erhaltung der Orbitalsymmetrie*, VCH, Weinheim, **1970**.
4) M. Demuth, G. Mikhail, *Synthesis* **1989**, 145-162.
5) W. Adam, U. Kliem, V. Lucchini, *Tetraheron Lett.* **1986**, *27*, 2953-2956.
6) S. C. Freilich, K. S. Peters, *J. Am. Chem. Soc.* **1985**, *107*, 3819-3822.
7) R. Bishop, N. K. Hamer, *Chem. Commun.* **1969**, 804.
8) J. Mulzer, H.-J. Altenbach, M. Braun, K. Krohn, H.-U. Reissig, *Organic Synthesis Highlights*, VCH, Weinheim, **1991**, S. 105-110.

Pauson-Khand-Reaktion

Synthese von Cyclopentenonen

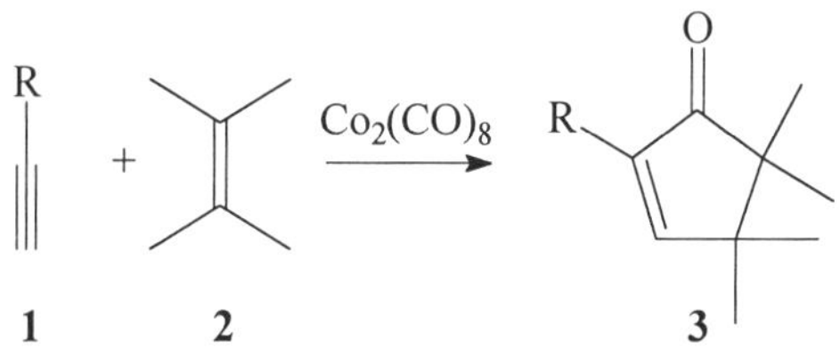

1 **2** **3**

Die Reaktion eines Alkins **1** mit einem Alken **2** und Kohlenmonoxid zu einem Cyclopentenon **3** ist als *Pauson-Khand-Reaktion*[1-4] bekannt. Formal handelt es sich um einen [2+2+1]Cycloadditionsprozeß, bei dem Dicobaltoctacarbonyl sowohl das Alkin komplexiert als auch das Kohlenmonoxid liefert.

Im ersten Schritt entsteht unter Abspaltung von zwei Molekülen Kohlenmonoxid aus dem Dicobaltoctacarbonyl **4** und dem Alkin **1** ein Dicobalthexacarbonyl-Komplex **5**, der durch unabhängige Synthese als Intermediat nachgewiesen werden konnte. Vermutlich addiert dieser Komplex **5** an das Alken **2**. Unter Insertion von Kohlenmonoxid erhält man den Cyclopentanon-Komplex **6**, der durch Abspaltung von Dicobalthexacarbonyl zum Cyclopentenon **3** reagiert:[2)]

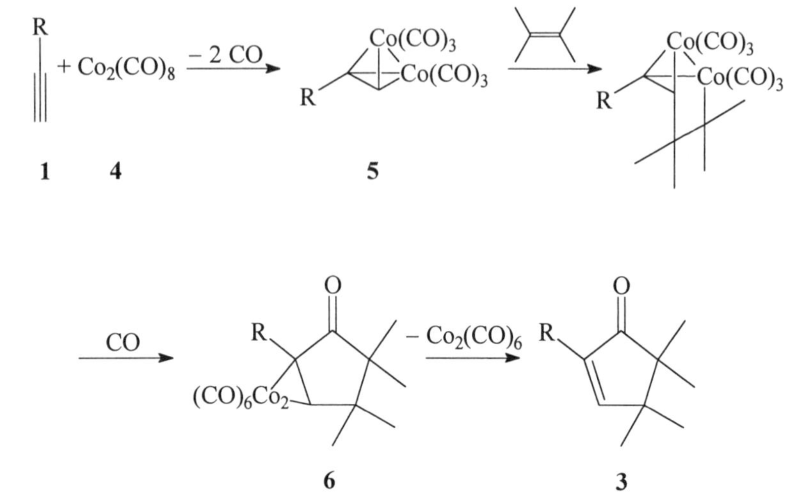

Bei der Reaktion einfacher Alkine und Alkene können vier Regioisomere **7** gebildet werden:

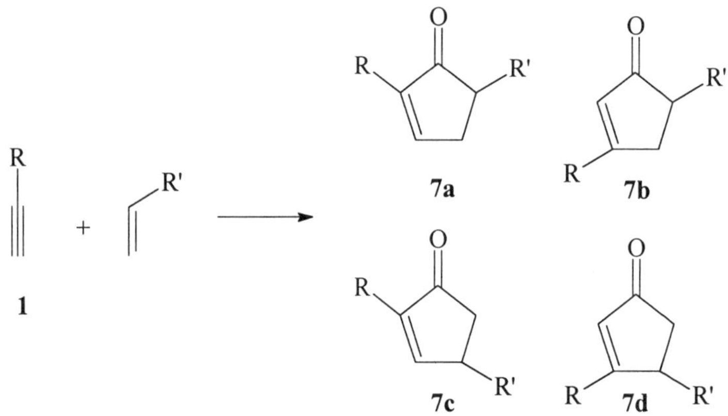

Produkte **7a** und **7c** mit dem Substituenten R in vicinaler Stellung zur Carbonylgruppe werden fast ausschließlich gebildet.[5,6] Entscheidend für diese Regioselektivität ist die Addition des Alkens **2** an den Dicobalthexacarbonyl-Komplex **5**, die von der Seite erfolgt, die dem größeren Substituenten an der Acetyleneinheit abgewandt ist. Beim Einbau der Alkeneinheit beobachtet man jedoch häufig nur eine geringe Selektivität, was die Bildung des Isomerengemisches **7a** und **7c** verursacht.

Die Addition an cyclische Systeme wie Norbornadien **8** liefert bevorzugt das *exo*-Produkt **9**:

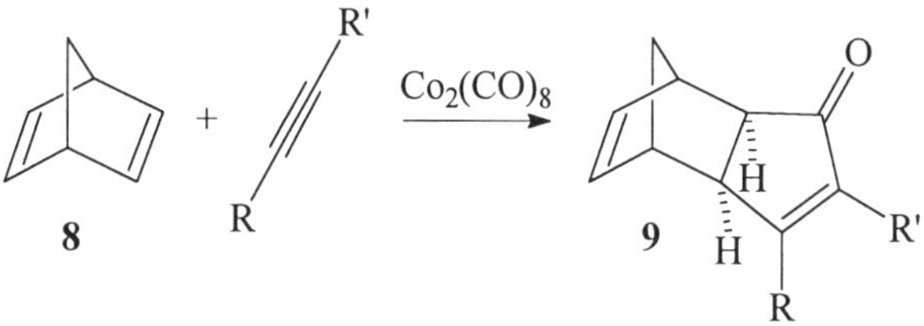

8 **9**

Ein Beispiel, an dem das präparative Potential eindrucksvoll verdeutlicht wird, ist eine Kaskade aus zwei aufeinanderfolgenden Pauson-Khand-Reaktionen, die ausgehend von der offenkettigen Verbindung **10** zu dem Fenestran **11** führt. Diese Reaktionsfolge ist gleichzeitig ein Beispiel für eine intramolekulare Umsetzung. Die Ausbeute beträgt in diesem Fall allerdings nur 9 %:[7)]

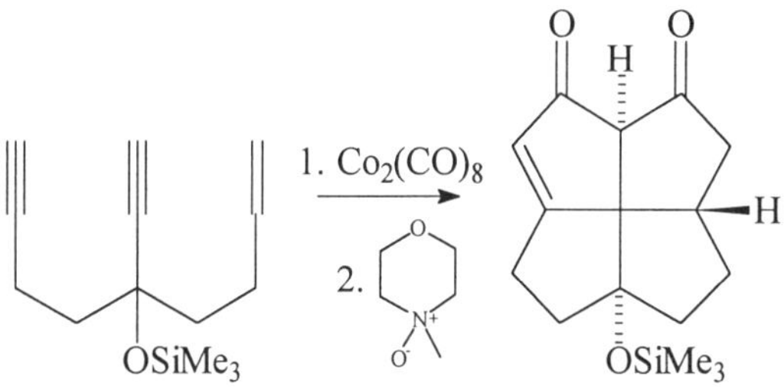

10 **11**

Die Pauson-Khand-Reaktion wurde an gespannten cyclischen Alkenen entwickelt; bei diesen sind auch die Ausbeuten am besten. Olefine mit sperrigen Substituenten, acyclische und ungespannte cyclische Alkene sind häufig ungeeignet. Eine Ausnahme stellt Ethylen dar, das sich gut umsetzen läßt. Acetylen und andere einfache Alkine mit einem terminalen Wasserstoffatom, auch Arylacetylene, lassen sich als Dreifachbindungs-Komponente für die Pauson-Khand-Reaktion einsetzen.

1) I. U. Khand, G. R. Knox, P. L. Pauson, W. E. Watts, M. I. Forman, *J. Chem. Soc., Perkin Trans. 1*, **1973**, 977-981.
2) N. E. Schore, *Org. React.* **1991**, *40*, 1-90.
3) P. L. Pauson, *Tetrahedron* **1985**, *41*, 5855-5860.
4) J. Mulzer, H.-J. Altenbach, M. Braun, K. Krohn, H.-U. Reissig, *Organic Synthesis Highlights*, VCH, Weinheim, **1991**, S. 140-144.
5) S. E. MacWhorter, V. Sampath, M. M. Olmstead, N. E. Schore, *J. Org. Chem.* **1988**, *53*, 203-205.
6) M. E. Krafft, *J. Am. Chem. Soc.* **1988**, *110*, 968-970.
7) L. F. Tietze, U. Beifuss, *Angew. Chem.* **1993**, *105*, 137-170; *Angew. Chem. Int. Ed. Engl.* **1993**, *32*, 131.

Perkin-Reaktion

Kondensation aromatischer Aldehyde mit Säureanhydriden

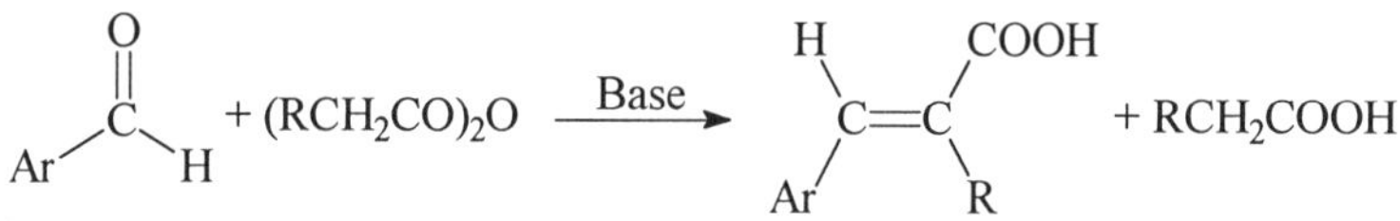

1 **2** **3**

Die aldolartige Umsetzung aromatischer Aldehyde **1** mit Säureanhydriden **2** bezeichnet man als *Perkin-Reaktion*.[1,2] Als Produkte werden wie auch bei der verwandten →*Knoevenagel-Reaktion* α,β-ungesättigte Carbonsäuren erhalten, deren aromatische Derivate auch als Zimtsäuren **3** bezeichnet werden.

Der Mechanismus verläuft über das Anion **4** des Säureanhydrids **2**, welches an den Aldehyd **1** addiert. Enthält das Anhydrid zwei Wasserstoffatome in α-Stellung, findet bereits bei der Aufarbeitung neben der Decarboxylierung auch Dehydratisierung statt. β-Hydroxycarbonsäuren werden in diesem Fall nicht isoliert:

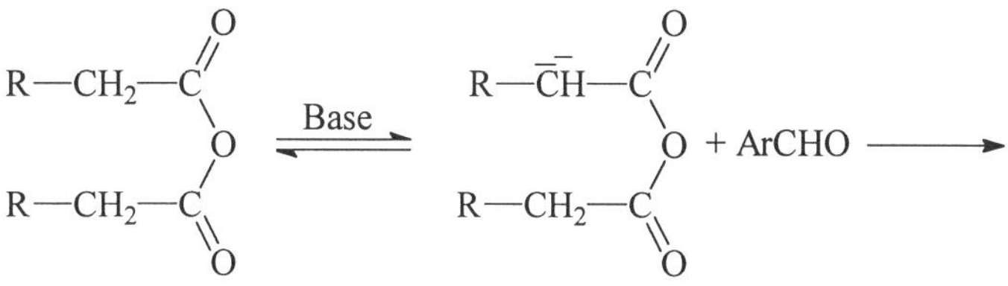

2 **4** **1**

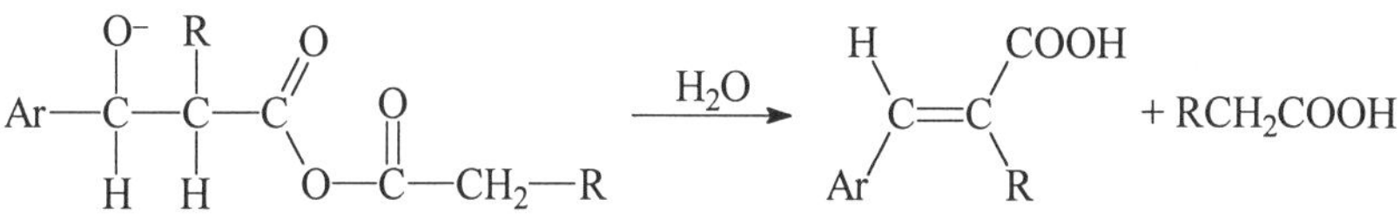

3

Ist nur ein α-Wasserstoffatom vorhanden, kann keine Dehydratisierung erfolgen, und die Reaktion bleibt auf der Stufe der β-Hydroxycarbonsäure stehen. Theoretisch sind *E/Z*-Gemische möglich, man beobachtet aber bevorzugte Bildung des *E*-Diastereomers.

Im allgemeinen wird die Reaktion ausgeführt, indem man den Aldehyd **1**, das Säureanhydrid **2** und die Base mischt und anschließend für mehrere Stunden auf 170 - 200 °C erhitzt. Als Base wird fast immer das Natriumsalz der dem Anhydrid entsprechenden Carbonsäure verwendet.

Eine Variante der Perkin-Reaktion ist die *Erlenmeyer-Plöchl-Azlacton-Synthese*[3-5]. Durch Kondensation aromatischer Aldehyde **1** mit N-Acylglycinen **5** in Gegenwart von Natriumacetat und Acetanhydrid werden Azlactone **6** nach folgendem Mechanismus erhalten:

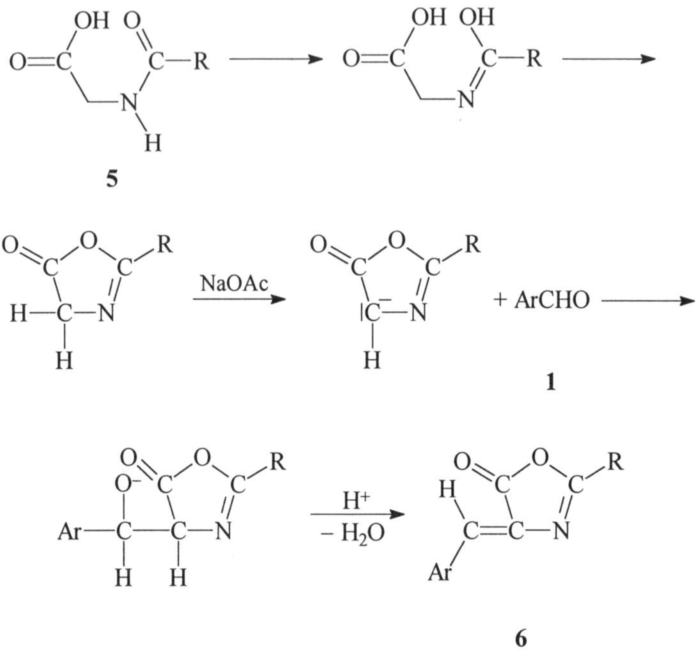

Die Reaktionsprodukte dienen vor allem als Zwischenprodukte zur Synthese von Aminosäuren und α-Ketosäuren. Präparativ verläuft die Erlenmeyer-Plöchl-Reaktion unter milderen Bedingungen als die Perkin-Reaktion.

1) W. H. Perkin, *J. Chem. Soc.* **1877**, *31*, 388-427.
2) J. R. Johnson, *Org. React.* **1942**, *1*, 210-266.
3) E. Erlenmeyer, *Justus Liebigs Ann. Chem.* **1893**, *275*, 1-3.
4) J. Plöchl, *Ber. Dtsch. Chem. Ges.* **1883**, *16*, 2815-2825.
5) H. E. Carter, *Org. React.* **1946**, *3*, 198-239.

Peterson-Olefinierung

Synthese von Olefinen aus Ketonen oder Aldehyden

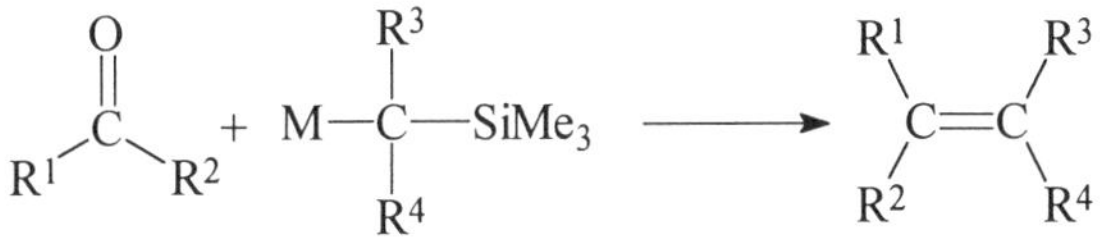

1 2 3

Die *Peterson*-Olefinierung[1-3] kann als Silicium-Variante der →*Wittig-Reaktion*, die ebenfalls der Knüpfung einer C-C-Doppelbindung dient, aufgefaßt werden. Eine α-Silylorganometallverbindung **2** (M = Li, Mg, usw.) wird mit einem Keton oder Aldehyd **1** zu einem Olefin **3** umgesetzt.

Bei der Peterson-Olefinierung handelt es sich um eine der neueren Reaktionen der Organischen Chemie, ihr Mechanismus ist noch nicht vollständig geklärt.[2,4] Die α-Silylorganometallverbindung **2** reagiert unter Knüpfung einer C-C-Einfachbindung mit der Carbonylverbindung **1** zu den diastereomeren Alkoholaten **4a**,**b**. Diese werden durch Hydrolyse in die β-Hydroxysilane **5a**,**b** übergeführt:

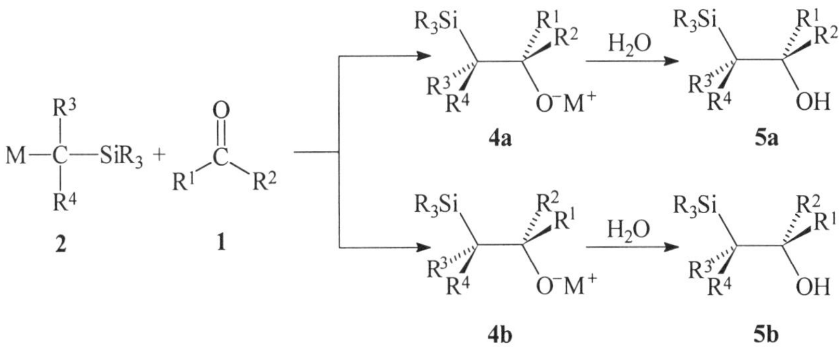

Das β-Hydroxysilan **5** läßt sich bei der üblichen Durchführung (d.h. mit Lithium oder Magnesium) isolieren. Bei der alternativen Reaktionsfolge über Natrium- oder Kaliumalkoholate besitzt das Alkoholatsauerstoffatom einen stark ionischen Charakter, wodurch spontan Eliminierung zum Olefin **3** erfolgt.

Im nächsten Teilschritt der Peterson-Olefinierung läßt sich durch einfache Variation der Reaktionsbedingungen das *E*/*Z*-Diastereomerenverhältnis kontrollieren. Behandelt man β-Hydroxysilane **5** mit einer Base wie Natrium- oder Kaliumhydrid, so erfolgt bevorzugt *syn*-Eliminierung zum Olefin **3a**. Unter dem Einfluß von Säure beobachtet man jedoch *anti*-Eliminierung nach einem E2-Mechanismus mit dem Olefin **3b** als Hauptprodukt:

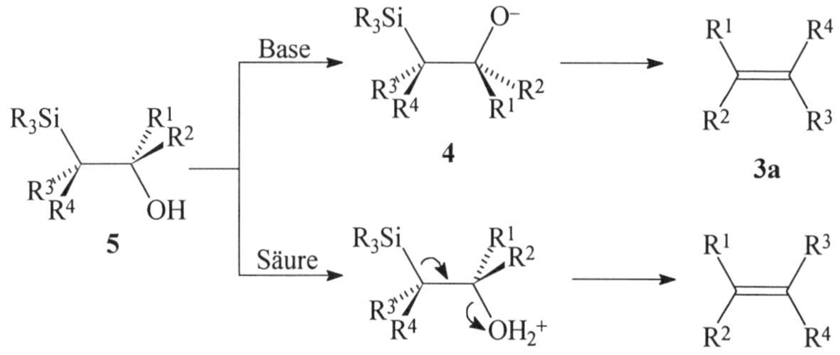

5 **4** **3a** **3b**

Ob die Reaktion direkt vom Alkoholat **4** zum Alken **3** oder über den Umweg einer pentakoordinierten Siliciumspezies **6** verläuft, ist ungeklärt. In einzelnen Fällen, so bei den β-Hydroxydisilanen (R^3 = $SiMe_3$) von *Hudrlik et. al.*[4]), sprechen die experimentellen Befunde dafür, daß synchron zur C-C-Bindungsbildung auch die Si-O-Bindung geknüpft wird.

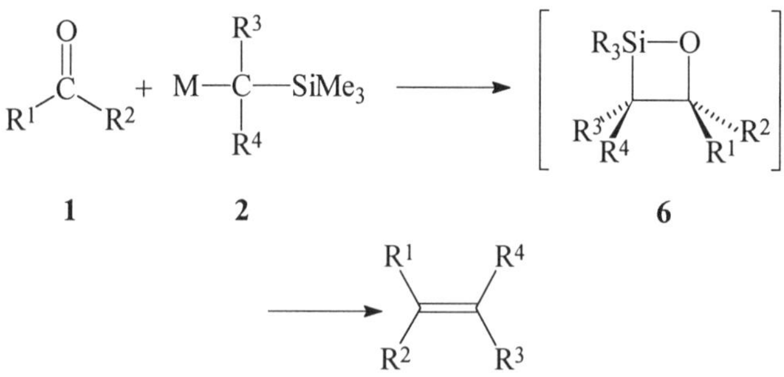

1 **2** **6** **3a**

Für die stereoselektive Synthese mittels Peterson-Olefinierung stellt die Eliminierung am β-Hydroxysilan **5** kein Problem dar. Die diastereoselektive Herstellung der hierfür notwendigen Edukte hingegen gelingt im allgemeinen nicht. Dieser Mangel kann durch alternative Reaktionsfolgen[2] zum β-Hydroxysilan (die aber nicht der Peterson-Reaktion entsprechen) ausgeglichen werden.

Die Peterson-Olefinierung stellt eine Alternative zur Wittig-Reaktion dar. Ein Vorteil ersterer liegt in der Einfachheit, mit der sich das *E/Z*-Isomerenverhältnis beeinflussen läßt. Die präparative Nutzung wird jedoch durch die begrenzte Zugänglichkeit der als Edukte erforderlichen Silane eingeschränkt.[2]

1) D. J. Peterson, *J. Org. Chem.* **1968**, *33*, 780-784.
2) D. J. Ager, *Org. React.* **1990**, *38*, 1-223.
3) D. J. Ager, *Synthesis* **1984**, 384-398.
4) P. F. Hudrlik, E. L. O. Agwaramgbo, A. M. Hudrlik, *J. Org. Chem.* **1989**, *54*, 5613-5618.
5) A. R. Bassindale, R. J. Ellis, J. C.-Y. Lau, P. G. Taylor, *J. Chem. Soc., Perkin Trans. 2,* **1986**, 593-597.

Pinakol-Umlagerung

Umlagerung von vicinalen Diolen

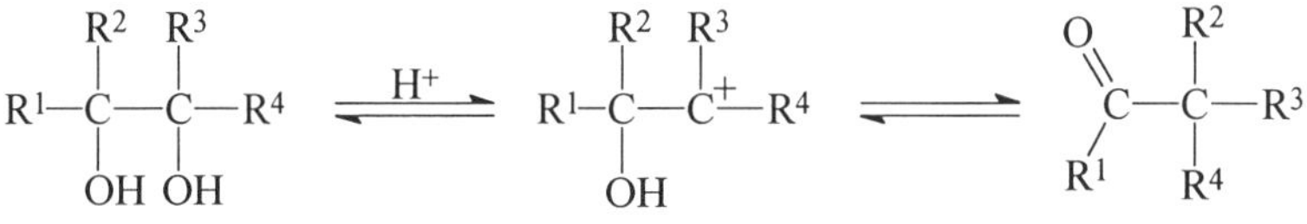

1 **2** **3**

Säurekatalysiert lagern vicinale Diole **1** unter Wanderung eines Alkylrestes zu Aldehyden oder Ketonen **3** um. Der Prototyp dieser Reaktion, ist die Umlagerung von Pinakol (R^1 bis R^4 = CH_3) zu Pinakolon. Die *Pinakol-Reaktion*[1,2] kann als ein Spezialfall der →*Wagner-Meerwein-Umlagerung* aufgefaßt werden.

Im ersten Reaktionsschritt wird die Hydroxygruppe protoniert, so daß man mit Wasser eine gute Abgangsgruppe erhält.[3] Bei der anschließenen Wasserabspaltung unter Bildung des Carbenium-Ions **2** (Elektronenmangelzentrum) wird diejenige Hydroxygruppe abgespalten, die zu dem stabileren Kation führt. Nun findet eine 1,2-Alkylverschiebung an ein bereits tertiäres Carbenium-Kohlenstoffatom statt, wodurch das Carbenium-Ion **4** entsteht:

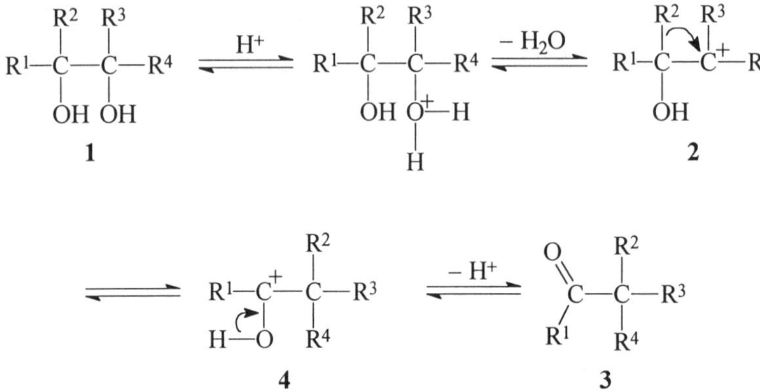

Die Reaktion verläuft streng intramolekular, der wandernde Rest wird somit nie vollständig vom Substrat gelöst. Die Triebkraft ist darin zu sehen, daß das umgelagerte Carbenium-Ion **4** eine zusätzliche Stabilisierung durch die Hydroxygruppe erfährt, indem der Elektronenmangel durch die Elektronendichte am Sauerstoff teilweise kompensiert wird. Durch Abspaltung eines Protons erhält man das stabile Endprodukt **3**. Die Eliminierung zum Olefin kann in begrenztem Umfang als Nebenreaktion auftreten.

Bei R^1 bis R^4 kann es sich um Alkyl- oder Arylsubstituenten, bei einzelnen Resten auch um Wasserstoffatome handeln. Ungleich substituierte Diole ergeben Produktgemische, deren Zusammensetzung von der Wanderungstendenz (R_3C- > R_2CH- > RCH_2- > CH_3 > H) der verschiedenen Substituenten (unter den gegebenen Reaktionsbedingungen) abhängt, auch die verwendete Säure kann einen erheblichen Einfluß haben.

Die präparative Bedeutung der Pinakol-Umlagerung ist begrenzt, obwohl sie eine interessante Alternative zu den Standardreaktionen zur Bildung von Aldehyden und Ketonen darstellt.[4] Besonders bei der Synthese ungewöhnlicher Ketone wie die der Spiroverbindung **5** zeigt die Pinakol-Umlagerung ihr Potential:[5]

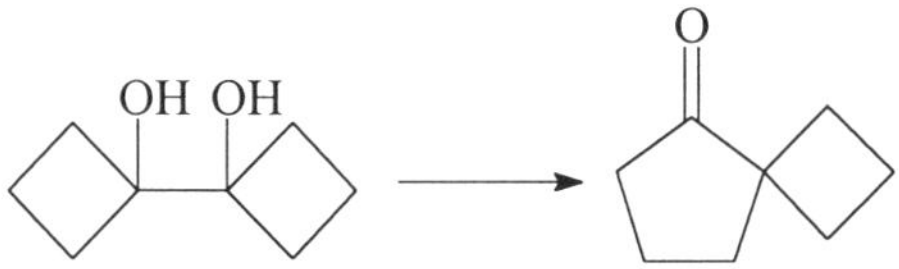

5

Die benötigten Diole sind im allgemeinen gut zugänglich, das Pinakol selbst läßt sich durch Dimerisierung von Aceton gewinnen. Man spricht bei der Synthese von 1,2-Diolen unter reduktiver Kupplung von Carbonylverbindungen auch von der *Pinakol-Kupplung*[6]. Als Katalysator verwendet man häufig Schwefelsäure in konzentrierter oder verdünnter Form.

1) R. Fittig, *Justus Liebigs. Ann. Chem.* **1859**, *110*, 17-23.
2) C. J. Collins, J. F. Eastham in *The Chemistry of the Carbonyl Group* (Hrsg.: S. Patai), Wiley, New York, **1966**, S. 762-767.
3) C. J. Collins, *J. Am. Chem. Soc.* **1955**, *77*, 5517-5523.
4) D. Dietrich, *Methoden Org. Chem. (Houben-Weyl)* **1973**, Bd. 7/2a, S. 1016-1034.
5) E. Vogel, *Chem. Ber.* **1952**, *85*, 25-29.
6) T. Wirth, *Angew. Chem.* **1996**, *108*, 65-67; *Angew. Chem. Int. Ed. Engl.* **1996**, *35*, 61.

Prilezhaev-Reaktion

Epoxidierung von Alkenen

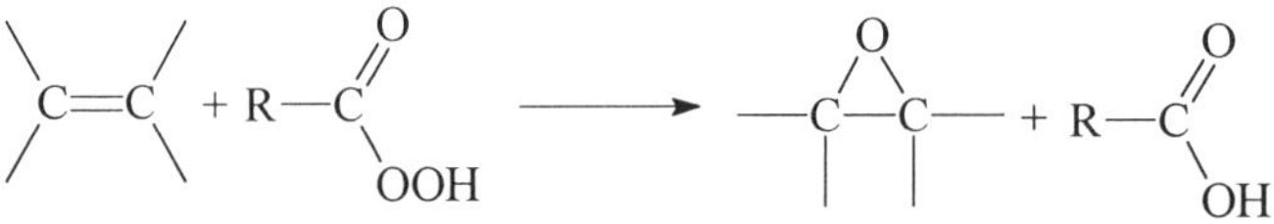

1 **2** **3** **4**

Prilezhaev-Reaktion[1-4] ist ein nur noch selten gebrauchter Name für die Epoxidierung von Alkenen **1** mit Peroxycarbonsäuren **2** zu Oxiranen **3**. Eine Weiterentwicklung ist die nach →*Sharpless* benannte enantioselektive Epoxidierungsreaktion .

Die Hydroxy-Gruppe einer Persäure zeichnet sich durch die erhöhte Elektrophilie ihres Sauerstoffatoms aus. Daher können diese Verbindungen mit Alkenen **1** unter Übertragung dieses Sauerstoffatoms auf die Doppelbindung zu Oxiranen (Epoxiden) **3** reagieren. Die Reaktion verläuft vermutlich über einen fünfgliedrigen Übergangszustand **5** (*Butterfly-Mechanismus*[5]), in dem simultan das elektrophile Sauerstoffatom an die π-Bindung addiert und das Proton auf die Carbonylgruppe der Persäure übertragen wird:[3,6]

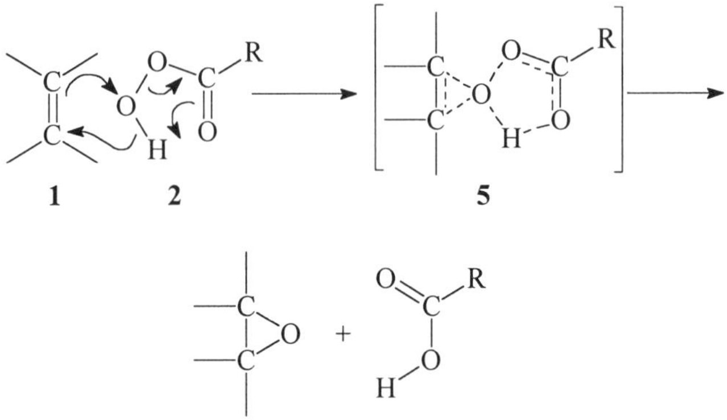

1 **2** **5**

3 **4**

Für die Stereochemie folgt aus den experimentellen Befunden im Einklang mit dem obigen Mechanismus, daß die Addition stereospezifisch *syn* erfolgt und die Anordnung der Substituenten im Edukt somit im Oxiran **3** erhalten bleibt:

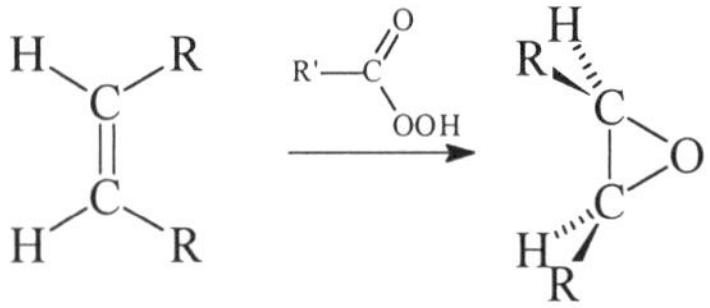

1 **3**

Auch Allene **6** lassen sich mit Persäuren umsetzen, wobei die Reaktion über das Allenoxid **7** bis zu einem Spirodioxid **8** gehen kann:

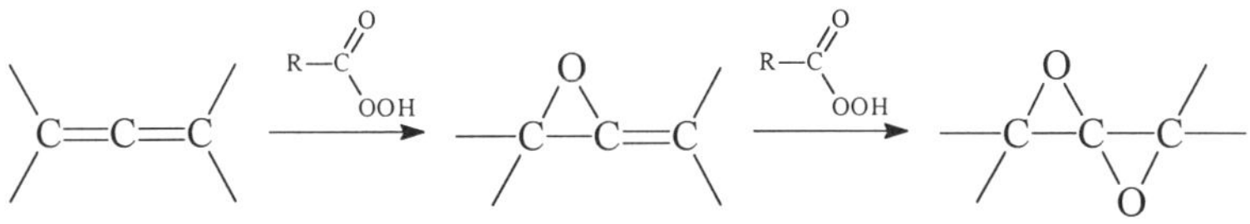

6 **7** **8**

Oxirane sind wertvolle Zwischenprodukte in der organischen Synthese. Die Ringöffnung unter Reaktion mit einem Nucleophil bietet eine große Variationsbreite, so lassen sich auf diese Weise vicinale Diole, Alkohole, Ether und andere Verbindungsklassen herstellen. Mit *Grignard-Reagenzien* (→*Grignard-Reaktion*) erfolgt die Ringöffnung unter Knüpfung einer Kohlenstoff-Kohlenstoff-Bindung.

Am häufigsten wird *m*-Chlorperbenzoesäure als Oxidationsmittel eingesetzt, da sie kommerziell erhältlich, relativ stabil und gut zu handhaben ist. Einige andere Persäuren sind so instabil, daß sie direkt vor der Reaktion hergestellt werden müssen. Die Abtrennung der Säure vom Produkt gelingt im allgemeinen problemlos durch Behandlung mit wäßriger Base. *Dimethyldioxiran* ist ein in neuerer Zeit häufig eingesetztes Reagenz, das *in situ* durch Oxidation von Aceton mit $KHSO_5$ erzeugt wird.[7)]

Die Epoxidierungsreaktionen laufen allgemein unter milden Bedingungen mit guten bis sehr guten Ausbeuten ab. Oxidationsempfindliche funktionelle Gruppen dürfen in den Edukten nicht vorhanden sein, mit Carbonylverbindungen kann eine →*Baeyer-Villiger-Oxidation* auftreten.

1) N. Prilezhaev, *Ber. Dtsch. Chem. Ges.* **1909**, *42*, 4811-4815.
2) B. Plesnicar in *The Chemistry of Peroxides* (Hrsg.: S. Patai), Wiley, New York, **1983**, S. 521-584.
3) C. Berti, *Top. Stereochem.* **1973**, *7*, 93-251.
4) B. Plesnicar in *Oxidation in Organic Chemistry, Bd. C* (Hrsg.: W. S. Trahanovsky), Academic Press, New York, **1978**, S. 211-252.
5) K. W. Woods, P. Beak, *J. Am. Chem. Soc.* **1991**, *113*, 6281-6283.
6) V. G. Dryuk, *Russ. Chem. Rev.* **1985**, *54*, 986-1005.
7) W. Adam, R. Curci, J. O. Edwards, *Acc. Chem. Res.* **1989**, *22*, 205-211.

Prins-Reaktion

Addition von Formaldehyd an Alkene

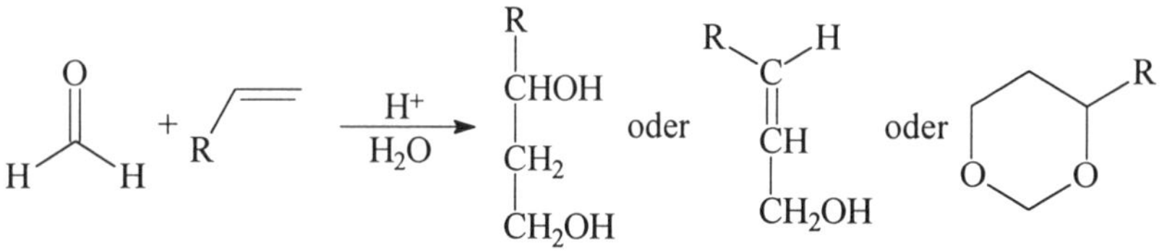

1 **2** **3** **4** **5**

Die säurekatalysierte Addition eines Aldehyds, im allgemeinen Formaldehyd **1**, an eine C-C-Doppelbindung kann in Abhängigkeit von den Substraten und den Reaktionsbedingungen eine Vielzahl verschiedener Produkte wie das 1,3-Diol **3**, den Allylalkohol **4** oder das 1,3-Dioxan **5** liefern. Häufig erhält man in dieser als *Prins-Reaktion*[1-4] bezeichneten Umsetzung Gemische.

Die Reaktion wird durch die Protonierung des Formaldehyds eingeleitet. Dabei entsteht das neue Carbenium-Ion **6**, das als Elektrophil die Doppelbindung angreifen kann, wobei das Carbenium-Ion **7** gebildet wird. Deprotonierung führt zum Allylalkohol **4**, Reaktion mit Wasser zum 1,3-Diol **3**:[3,5]

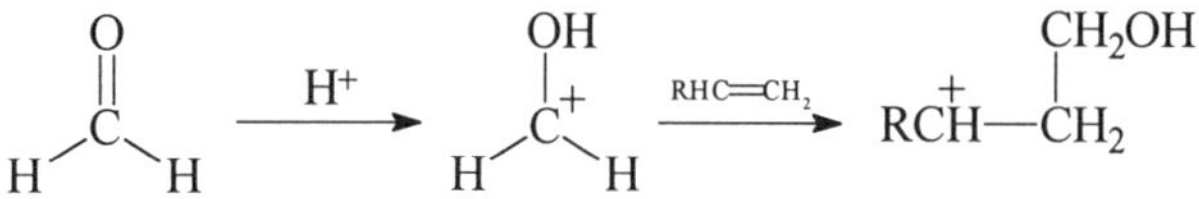

1 **6** **7**

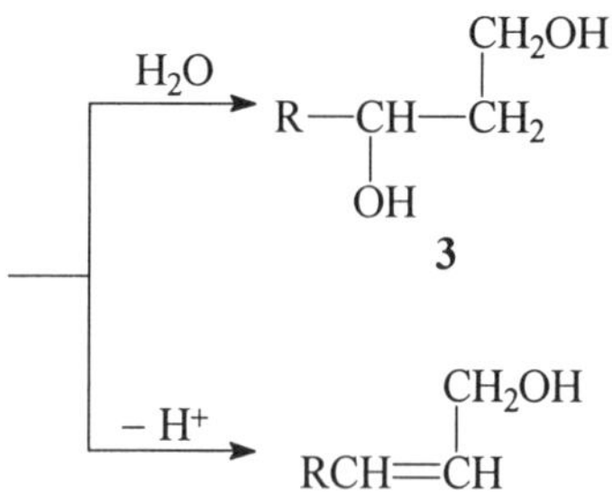

4

Häufig verläuft die Prins-Reaktion stereospezifisch zum *anti*-Produkt, was durch den obigen Mechanismus nicht erklärt werden kann. Untersuchungen der Schwefelsäure-katalysierten Reaktion von Cyclohexen **8** mit Formaldehyd in Essigsäure legen den Schluß nahe, daß das Carbenium-Ion **7** durch Nachbargruppen wie in **9** stabilisiert wird. Folglich kann die Reaktion nur von der entgegengesetzten Seite her erfolgen:[5)]

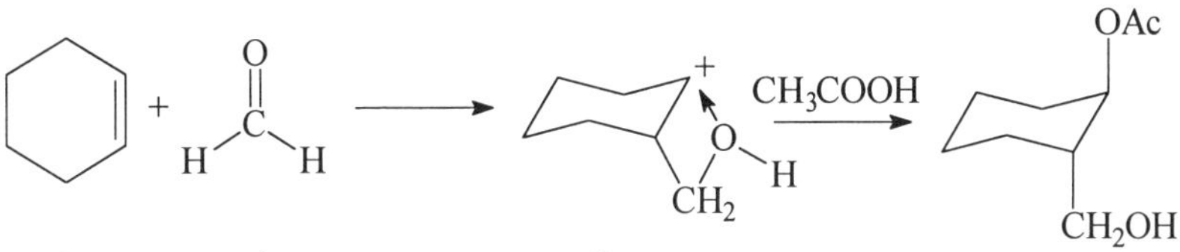

8 **1** **9**

Nicht bei allen Umsetzungen wird *anti*-Selektivität beobachtet, in einigen Fällen wird stattdessen bevorzugt das *syn*-Produkt gebildet, in anderen ist keine Selektivität zu beobachten. Daraus wird geschlossen, daß nicht alle Substrate über das Vierring-Intermediat **9** reagieren.

Mit einem Überschuß an Formaldehyd kann das Carbenium-Ion **7** weiter zu dem 1,3-Dioxan **5** reagieren. Setzt man jedoch nur ein Äquivalent Formaldehyd ein, so wird das 1,3-Diol **3** als Hauptprodukt gebildet:

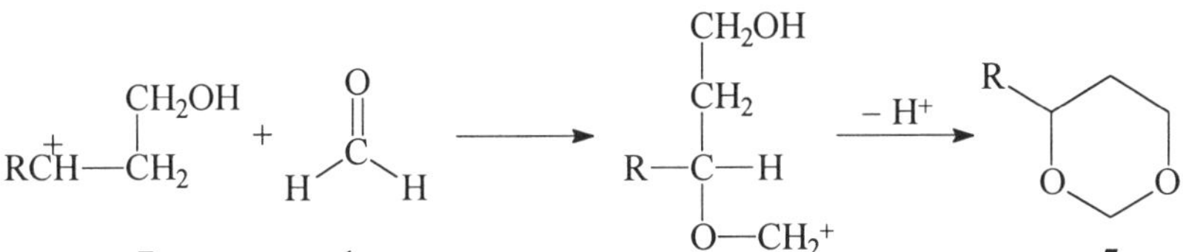

7 **1** **5**

Die Bildung komplexer Produktgemische ist häufig ein großes Problem bei der Prins-Reaktion, wie am Beispiel der Umsetzung von wäßrigem Formaldehyd mit Cyclohexen **8** zu beobachten ist:

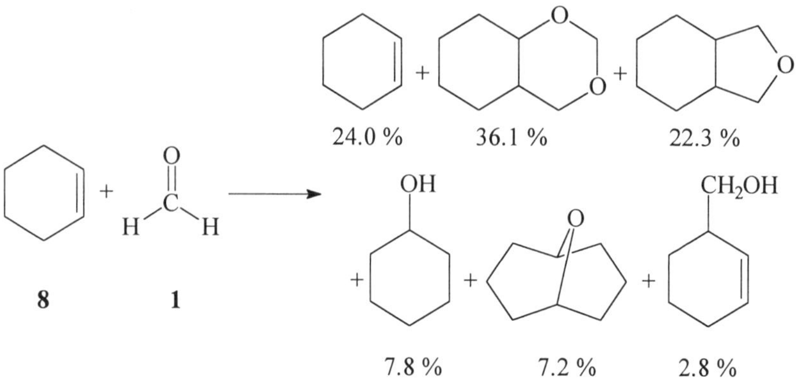

8 **1**

Dennoch können unter geeigneten präparativen Bedingungen befriedigende bis gute Ausbeuten an 1,3-Dioxanen erhalten werden. Unterhalb von 70 °C sind bei der säurekatalysierten Kondensation von Olefinen mit Aldehyden 1,3-Dioxane die Hauptprodukte, bei höheren Temperaturen beobachtet man deren Hydrolyse unter Bildung von Diolen.

Als Katalysator dient meist Schwefelsäure, seltener Phosphorsäure, Bortrifluorid oder ein Ionenaustauscher. Bei den Alkenen sind besonders tertiäre Olefine gut geeignet, da die sich daraus bildenden Carbenium-Ionen besonders stabil sind. α,β-ungesättigte Carbonylverbindungen reagieren nicht.

1) H. J. Prins, *Chem. Weekbl.* **1919**, *16*, 1072-1073.
2) D. R. Adams, S. P. Bhatnagar, *Synthesis* **1977**, 661-672.
3) H. Griegel, W. Sieber, *Monatsh. Chem.* **1973**, *104*, 1008-1026, 1027-1033.
4) V. I. Isagulyants, T. G. Khaimova, V. R. Melikyan, S. V. Pokrovskaya, *Russ. Chem. Rev.* **1968**, *37*, 17-25.

Ramberg-Bäcklund-Reaktion

Umlagerung von α-Halogensulfonen zu Olefinen

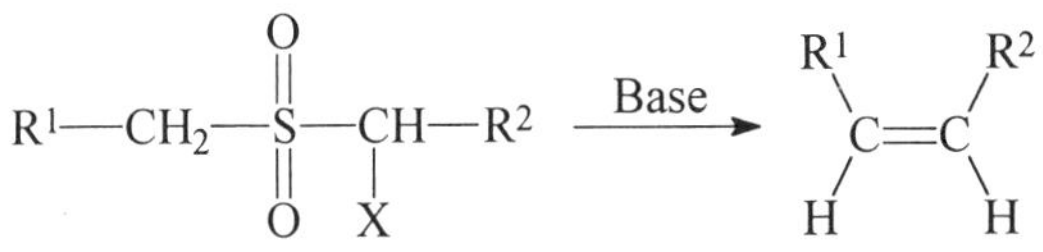

1 2

Behandelt man α-Halogensulfone **1** mit Basen, so reagieren diese unter Extrusion von Schwefeldioxid zu Olefinen **2**. Diese Reaktion, die im allgemeinen zu *E*/*Z*-Gemischen führt, wird als *Ramberg-Bäcklund-Reaktion*[1,2] bezeichnet.

Basen reagieren mit α-Halogensulfonen **1** zunächst unter Abstraktion eines Protons in α'-Position, wodurch man ein Carbanion **3** erhält. Dieses spaltet durch eine intramolekulare nucleophile Substitution das Halogen als Halogenid ab. Man erhält ein Episulfonintermediat **4**, dessen Isolation[3] gelungen ist und den Mechanismus stützt. Die abschließende Extrusion von Schwefeldioxid, eine sogenannte *cheletrope* Reaktion, führt zum Olefin **2**:

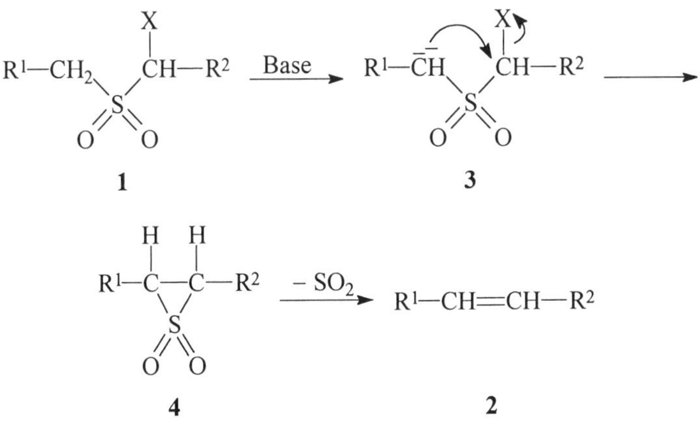

Die Ramberg-Bäcklund-Reaktion läßt sich beispielsweise zur Synthese gespannter ungesättigter Ringe, die häufig schlecht zugänglich sind, nutzen. Ein neueres Beispiel ist die Synthese des Endiins **5**,[4] das als Edukt für die →*Bergman-Cyclisierung* dienen kann:

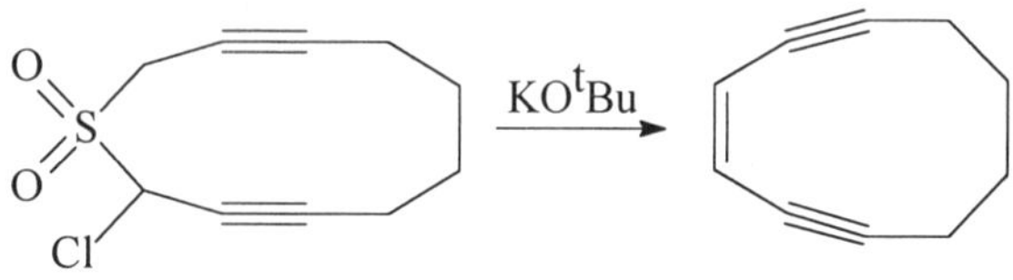

5

Für die Synthese der α-Halogensulfone kann man, ausgehend von einem Sulfid, zunächst mit Thionylchlorid (N-Chlorsuccinimid usw.) eine Halogenierung durchführen und anschließend das Sulfid mit einem Oxidationsmittel (häufig *m*-Chlorperbenzoesäure) in das Sulfon überführen. Als Basen für die Ramberg-Bäcklund-Reaktion werden oft Alkoholate, im besonderen Kalium-*tert.*-butylat in einem Ether, aber auch wäßrige Lösungen von Alkalihydroxiden, eingesetzt. Hierbei ist unter Umständen die Verwendung eines Phasentransfer-Katalysators sinnvoll.[5]

1) L. A. Paquette, *Org. React.* **1977**. *25*, 1-71.
2) F. G. Bordwell, E. Doomes, *J. Org. Chem.* **1974**, *39*, 2526-2531.
3) A. G. Sutherland, R. J. K. Taylor, *Tetrahedron Lett.* **1989**, *30*, 3267-3270.
4) K. C. Nicolaou, W.-M. Dai, *Angew. Chem.* **1991**, *103*, 1453-1481; *Angew. Chem. Int. Ed. Engl.* **1991**, *30*, 1387.
5) G. D. Hartman, R. D. Hartman, *Synthesis* **1982**, 504-506.

Reformatsky-Reaktion

Darstellung von -β-Hydroxycarbonsäureestern

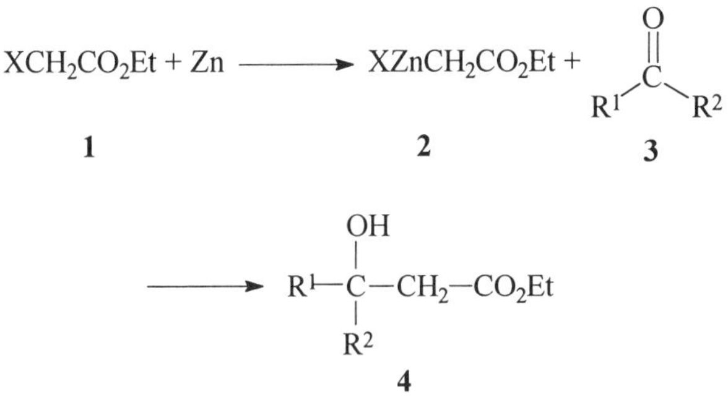

Die klassische *Reformatsky-Reaktion*[1-4] besteht in der Umsetzung von α-Halogenestern **1** mit metallischem Zink und der nachfolgenden Reaktion mit einem Aldehyd oder Keton **3**. Neuerdings zählt man hierzu alle Reaktionen, die über Metallinsertionen in durch Carbonylgruppen aktivierte Halogen-Kohlenstoff-Bindungen und nachfolgende Umsetzung mit Elektrophilen aller Art verlaufen. Die Reformatsky-Reaktion besitzt formale Ähnlichkeit mit der →*Grignard-Reaktion*.

Durch die Reaktion eines α-Halogenesters **1** mit metallischem Zink in inerten Lösungsmitteln (Ether, Tetrahydrofuran, Dioxan) bildet sich zunächst die zinkorganische, Grignard-artige Verbindung **2**. Die Existenz dieser mitunter relativ stabilen Intermediate konnte durch Röntgenstrukturanalyse nachgewiesen werden:

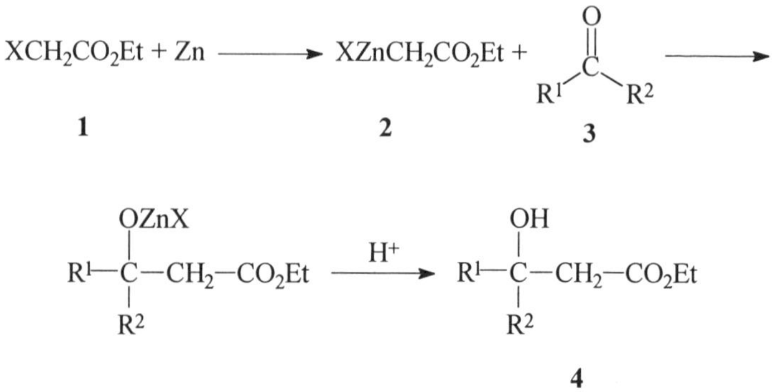

Die nachfolgende Reaktion mit der Carbonylverbindung **3** gleicht einer Grignard-Reaktion. Zink wird deshalb anstelle von Magnesium verwendet, weil Organozinkverbindungen weniger reaktiv sind als die Grignard-Reagenzien. Sie greifen die Esterfunktion nicht in so starkem Maße an, sondern reagieren vorwiegend mit der Carbonylverbindung, in der Regel ein Aldehyd oder Keton. Dennoch ist die Addition der Organozinkverbindung **2** an den Ester **1** die häufigste Nebenreaktion:

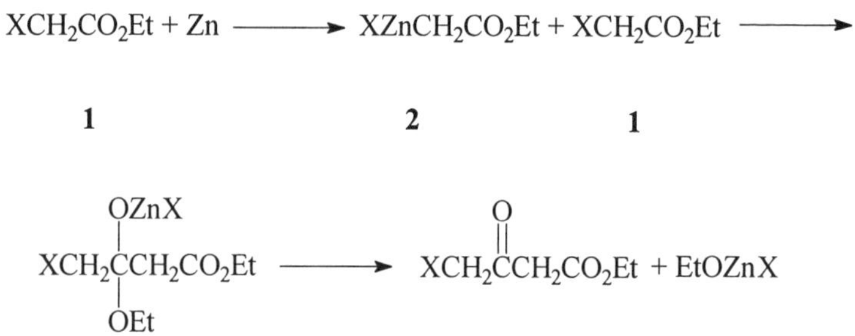

Der durch die Hydrolyse gebildete Alkohol **4** eliminiert manchmal direkt zur α,β-ungesättigten Carbonylverbindung.

Bei der eingesetzten Carbonylverbindung kann es sich um aliphatische, aromatische oder heterocyclische Aldehyde oder Ketone handeln, die verschiedene funktionelle Gruppen enthalten können. Außer α-Halogenestern lassen sich auch deren vinyloge Verbindungen als Edukte einsetzen.

Durch besondere Methoden der Metallaktivierung (Entfernen der Oxidschicht, Erreichen einer besonders feinen Verteilung) konnte die Anwendungsbreite der Reformatsky-Reaktion stark gesteigert werden.[4,5]

Einfaches Aktivieren durch Reagenzien wie Iod, Dibromethan usw. oder Waschen mit verdünnter Salzsäure erbringt häufig nur mäßigen Erfolg. Wesentlich effektiver ist die Verwendung spezieller Legierungen (z. B. Zink/Kupfer-Paar). Ein sehr effektives chemisches Aktivierungsverfahren ist die Reduktion von Zinkhalogeniden mit Kalium (*Rieke-Verfahren*).[6] Darüber hinaus existieren noch weitere Verfahren, unter anderem die Reduktion mit Kaliumgraphit oder die Verwendung von Ultraschall.[7]

Neben Zink sind auch andere Metalle bzw. Metallverbindungen für die Reformatsky-Reaktion eingesetzt worden. Durch geeignete Metallaktivierung läßt sich die Reaktion außerdem mit einer Vielzahl von Edukten erfolgreich ausführen.

1) S. Reformatsky, *Ber. Dtsch. Chem. Ges.* **1887**, *20*, 1210-1211.
2) R. L. Shriner, *Org. React.* **1946**, *1*, 423-460.
3) M. W. Rathke, *Org. React.* **1975**, *22*, 423-460.
4) A. Fürstner, *Synthesis* **1989**, 571-590.
5) A. Fürstner, *Angew. Chem.* **1993**, *105*, 171-197; *Angew. Chem. Int. Ed. Engl.* **1993**, *32*, 164.
6) R. D. Rieke, S. J. Uhm, *Synthesis* **1975**, 452-453.
7) B. H. Han, P. Boudjouk, *J. Org. Chem.* **1982**, *47*, 5030-5032.

Reimer-Tiemann-Reaktion

Formylierung von Aromaten mit Chloroform

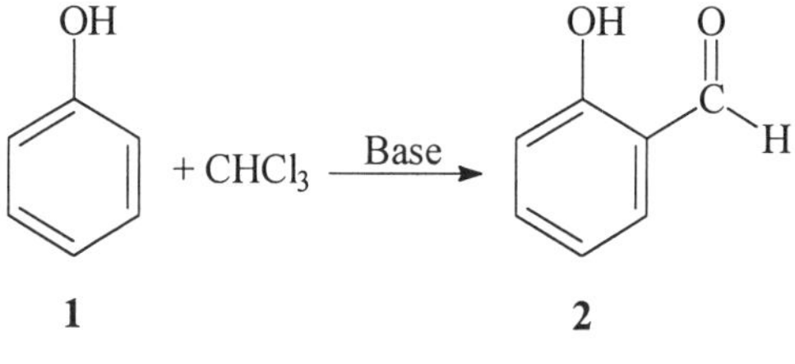

1 **2**

Bei der *Reimer-Tiemann-Reaktion*[1-3] werden Phenole **1** in alkalischer Lösung mit Dichlorcarben (aus Chloroform) umgesetzt. Man erhält bevorzugt das *ortho*-Formylierungsprodukt, hier Salicylaldehyd **2**, während die meisten anderen Formylierungsreaktionen (→*Gattermann-Reaktion*) überwiegend das *para*-Produkt liefern. Die Reimer-Tiemann-Reaktion ist vorwiegend auf die Synthese von 2-Hydroxyformylaromaten beschränkt.

Der eigentlichen Formylierungsreaktion ist die Bildung von Dichlorcarben **3** vorgelagert. In alkalischer Lösung kann Chloroform deprotoniert werden und unter Abspaltung eines Chlorid-Ions zum Carben **3** reagieren:

$$CHCl_3 + OH^- \overset{-\,H_2O}{\rightleftharpoons} CCl_3^- \xrightarrow{-\,Cl^-} :CCl_2$$

3

Unter den Reaktionsbedingungen liegt Phenol **1** als Phenolat **4** vor. Dieses wird vom Carben **3** in *ortho*-Position angegriffen. Das so gebildete Primäraddukt **5** aromatisiert unter Bildung des Phenolats **6**, das unter den Reaktionsbedingungen nicht stabil ist und zum Formylphenolat hydrolysiert wird:[4)]

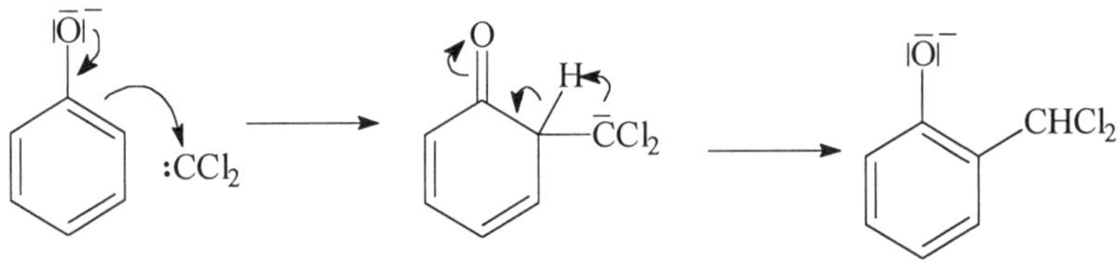

4 **3** **5** **6**

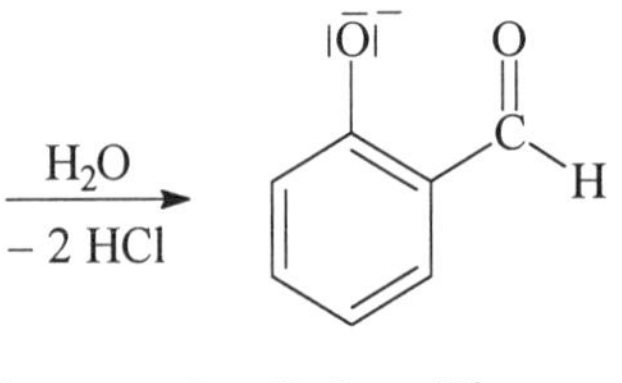

Die präparative Bedeutung der Reimer-Tiemann-Reaktion ist stark eingeschränkt, da auf diese Weise lediglich Phenole und einige reaktive Heterocyclen (Pyrrole, Indole, usw.) formyliert werden können. Die Ausbeuten liegen im allgemeinen unter 50 %. Einen Vorteil gegenüber anderen Formylierungsreaktionen stellt die *ortho*-Selektivität dar; hierdurch wird die Verwandtschaft zur →*Kolbe-Schmitt-Reaktion* verdeutlicht. Durch eine Variante unter Verwendung von Polyethylenglycol als Komplexierungsreagenz kann *para*-Selektivität erreicht werden.[5)]

Zwei-Phasen-Reaktionen können durch Einsatz von Ultraschall günstig beeinflußt werden; hierdurch werden die Reaktionszeiten oft erheblich verkürzt und die Ausbeuten verbessert.[6)]

1) K. Reimer, *Ber. Dtsch. Chem. Ges.* **1876**, *9*, 423-424.
2) H. Wynberg, E. W. Meijer, *Org. React.* **1982**, *28*, 1-36.
3) G. Simchen, *Methoden Org. Chem (Houben-Weyl)* **1983**, Bd. E3, S. 16-19.
4) E. A. Robinson, *J. Chem. Soc.* **1961**, 1663-1671.
5) R. Neumann, Y. Sasson, *Synthesis* **1986**, 569-570.
6) J. C. Cochran, M. G. Melville, *Synth. Commun.* **1990**, *20*, 609-616.

Robinson-Anellierung

Anellierung von Cyclohexenonringen

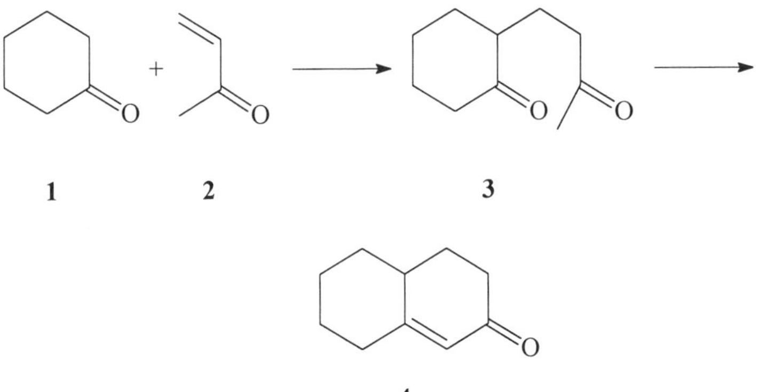

1 **2** **3**

4

Die zweistufige Umsetzung eines cyclischen Ketons **1** mit Methylvinylketon **2** zu einem α,β-ungesättigten Keton **4** unter Ringschluß wird als *Robinson-Anellierung* bezeichnet.[1-3)] Diese Reaktion wird häufig zur Synthese von Steroiden und Terpenen angewendet.

Mechanistisch handelt es sich um eine konsekutive Kombination aus →*Michael-* und →*Aldolreaktion*. Das cyclische Keton **1** wird zunächst durch Base anionisiert und addiert an das Methylvinylketon (Michael-Reaktion) unter Bildung des Diketons **3**:

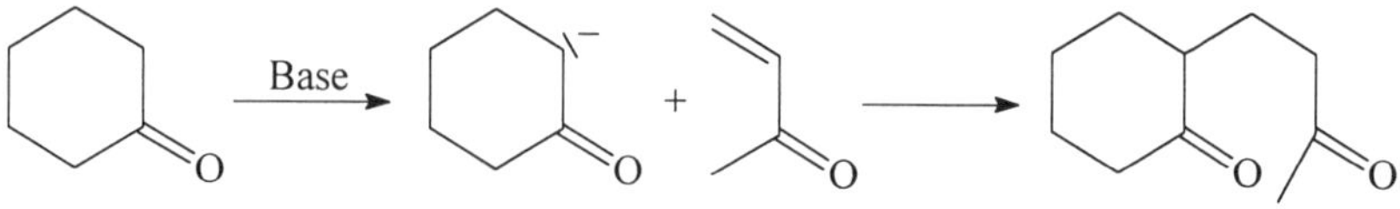

1 **2** **3**

Daraufhin erfolgt eine interne Aldolreaktion unter Ringschluß. Dehydratisierung liefert schließlich das Octalon **4**:

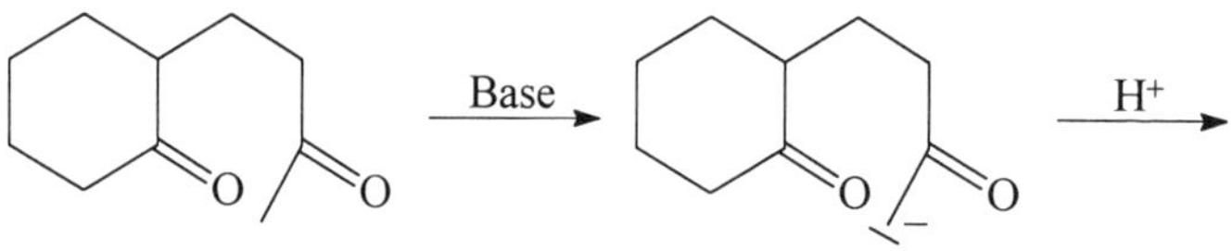

3

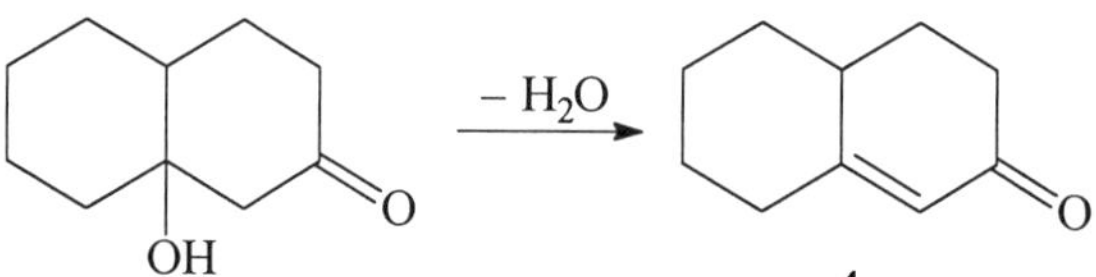

4

Da Methylvinylketon **2** sehr leicht polymerisiert, sind die Ausbeuten oft niedrig. Daher werden im allgemeinen Moleküle eingesetzt, die dieses *in situ* bei Behandlung mit Base liefern. Häufig wird das quartäre Ammoniumsalz **6** verwendet, das durch Quaternierung von **5** erhalten werden kann. Letzteres wird durch →*Mannich-Reaktion* von Aceton, Formaldehyd und Diethylamin gebildet:

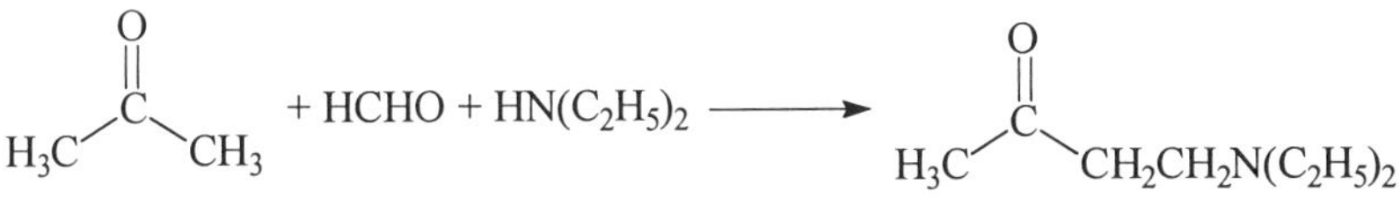

5

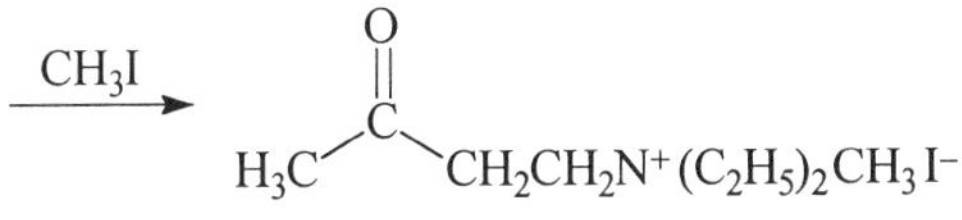

6

Neben der Polymerisationsneigung des Michael-Akzeptors ist vor allem die Zweifachalkylierung als Nebenreaktion zu nennen; beide können durch besonders milde Verfahren unter Verwendung spezieller Katalysatoren wie zum Beispiel Organozinntriflaten umgangen werden.[4)]

Führt man die Robinson-Anellierung mit 3-Butin-2-on **7** als Michael-Akzeptor aus, erhält man ein Produkt **8** mit zwei Doppelbindungen (*Cyclohexadienon-Synthese*):[5)]

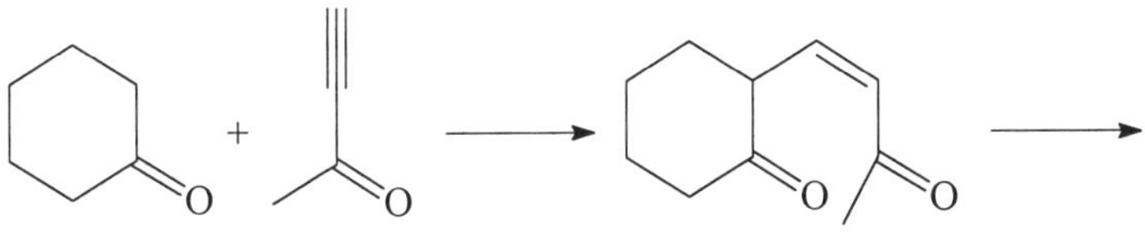

1 **7**

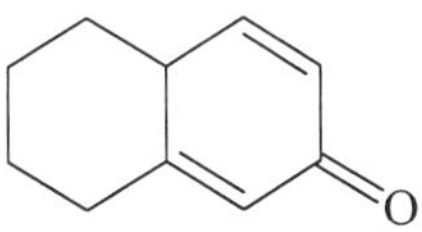

8

Stereochemisch gesehen kann die Robinson-Anellierung von hoher Komplexität sein, da während der Reaktion die Bildung von fünf Chiralitätszentren möglich ist. Deren Anzahl wird aber bereits durch die im allgemeinen stets erfolgende Dehydratisierung auf drei reduziert:

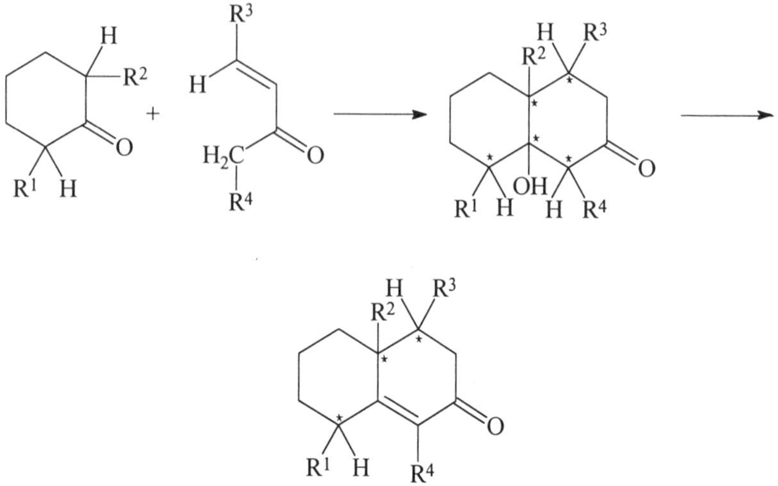

Da in der Regel nur ein Stereoisomer gewünscht wird, ist es von großer Bedeutung, hochselektive Methoden zu entwickeln. Hierzu kann beispielsweise der zweite Schritt, die Aldolreaktion, in Gegenwart chiraler Basen wie der Aminosäure Prolin durchgeführt werden. Man erhält das Produkt mit hohem Enantiomerenüberschuß, dabei erzeugen *R*-Amine *R*-konfigurierte Diketone und *vice versa.*[6)]

Ungleich substituierte Ketone wie 2-Methylcyclohexanon **9** werden in der Regel an der höher substituierten Position alkyliert:

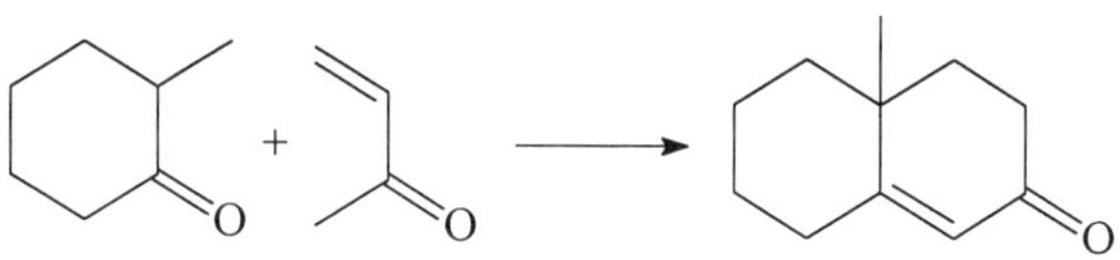

9

Ausnahmen sind vor allem durch sterische Hinderung zu begründen. Bei Verwendung von Enaminen **10** wird im allgemeinen die geringer substituierte Position alkyliert (→*Stork-Enamin-Reaktion*):

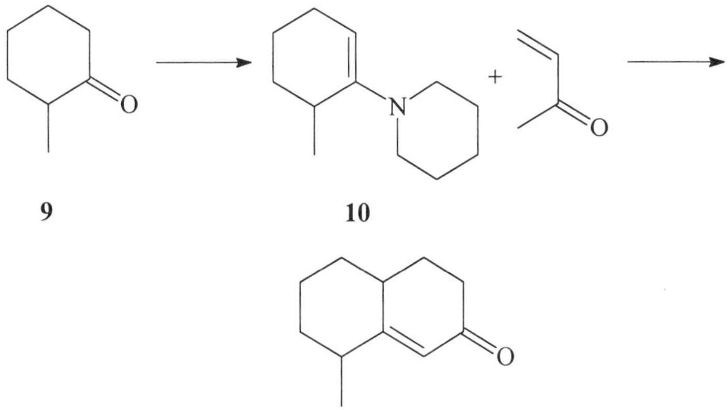

9 **10**

Die beste Methode zum Erreichen einer hohen Regioselektivität ist der Einsatz zuvor gebildeter Enolate.

Bisanellierung ist möglich, wenn man beispielsweise Diketone wie **11** als Edukte einsetzt. Das Primärprodukt **12** kann unter zweifachem Ringschluß den Tricyclus **13** ergeben. Auf diese Weise ist die Bildung polycylischer Ringsysteme möglich:[2)]

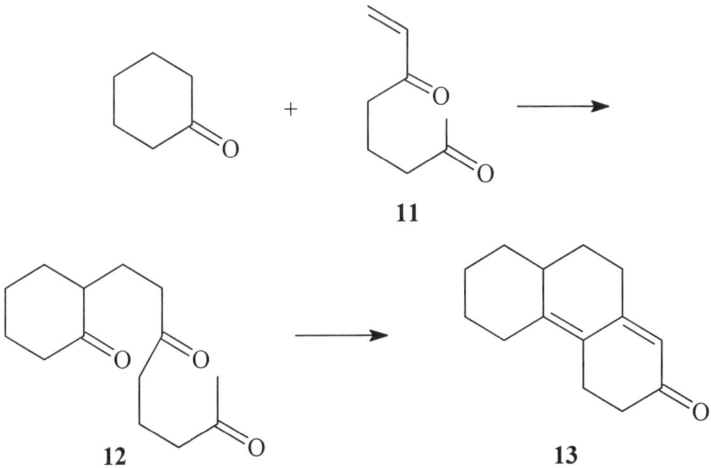

11

12 **13**

Durch die große Häufigkeit sechsgliedriger Ringe in Naturstoffen (Steroide) und vor allem durch ihre Vielseitigkeit stellt die Robinson-Anellierung eine sehr verbreitete Reaktion in der organischen Synthesechemie dar.

1) W. S. Rapson, R. Robinson, *J. Chem. Soc.* **1935**, 1285-1291.
2) R. E. Gawley, *Synthesis* **1976**, 777-794.
3) M. E. Jung, *Tetrahedron* **1976**, *32*, 3-31.
4) T. Sato, Y. Wakahara, J. Otera, H. Nozaki, *Tetrahedron Lett.* **1990**, *31*, 1581-1584.
5) R. B. Woodward, G. Singh, *J. Am. Chem. Soc.* **1950**, *72*, 5351-5352.
6) U. Eder, G. Sauer, R. Wiechert, *Angew. Chem.* **1971**, *83*, 492-493; *Angew. Chem. Int. Ed. Engl.* **1971**, *10*, 496.

Rosenmund-Reduktion

Reduktion von Säurechloriden zu Aldehyden

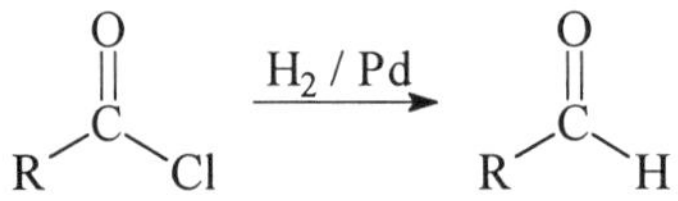

1 **2**

Der Name *Rosenmund-Reduktion*[1-3] bezeichnet die katalytische Hydrierung von Carbonsäurechloriden **1** zu den entsprechenden Aldehyden **2**.

Der Mechanismus der Rosenmund-Reduktion scheint sich von anderen katalytischen Hydrierungen (z. B. bei Olefinen) zu unterscheiden; vermutlich wird zunächst eine palladiumorganische Verbindung **3** gebildet, die anschließend durch Wasserstoff hydriert wird:[6]

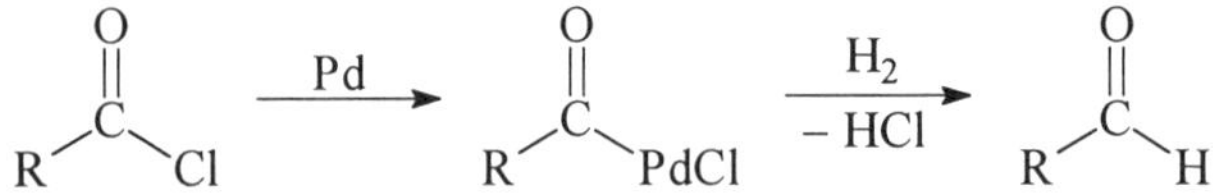

1 **3** **2**

Indem man ständig Wasserstoff durch das Reaktionsgemisch leitet, kann man gleichzeitig den sich bildenden Chlorwasserstoff austreiben. Weiterhin lassen sich Basen zum Abfangen der Säure zusetzen,[7] wobei sich diese modernere Variante durch bessere Ausbeuten (häufig um 90 %) auszeichnet.

Als Katalysator für die Rosenmund-Reaktion wird im allgemeinen Palladium auf einem Träger wie Bariumsulfat verwendet. Da unbehandeltes Palladium zu reaktiv ist, versetzt man es mit einem Katalysatorgift (z. B. Chinolin-Schwefel), um die weitere Reduktion zum Alkohol zu verhindern. Neuere Arbeiten betonen in diesem Zusammenhang die Morphologie der Palladiumoberfläche als entscheidend für die Reaktivität.[4,5]

Bei der Rosenmund-Reduktion kann eine Reihe von Nebenreaktionen auftreten, die sich im allgemeinen durch geeignete Reaktionsführung umgehen lassen. So führen nicht ausreichend desaktivierte Katalysatoren zur Reduktion des Aldehyds **2** zum Alkohol **4**, in einigen Fällen bis zum entsprechenden Kohlenwasserstoff **5**:

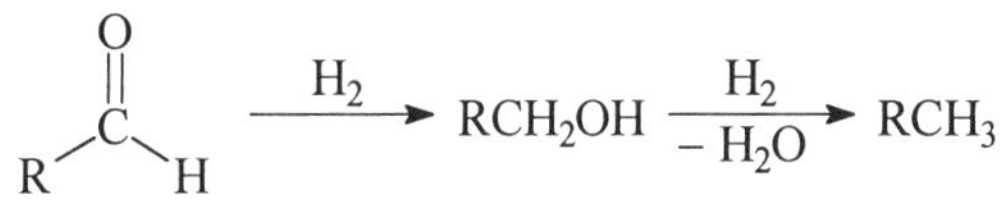

2 **4** **5**

Alkoholyse des Säurechlorids **1** mit dem so gebildeten Alkohol **4** führt zu einem Ester **6**:

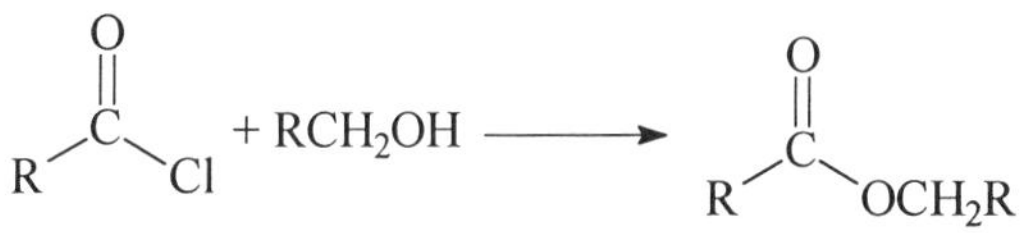

1 **4** **6**

Spuren von Feuchtigkeit können Hydrolyse des Säurechlorids zur Carbonsäure **7** bewirken, die unter Abspaltung von Chlorwasserstoff mit nicht umgesetztem Säurechlorid zum Anhydrid **8** reagieren kann:

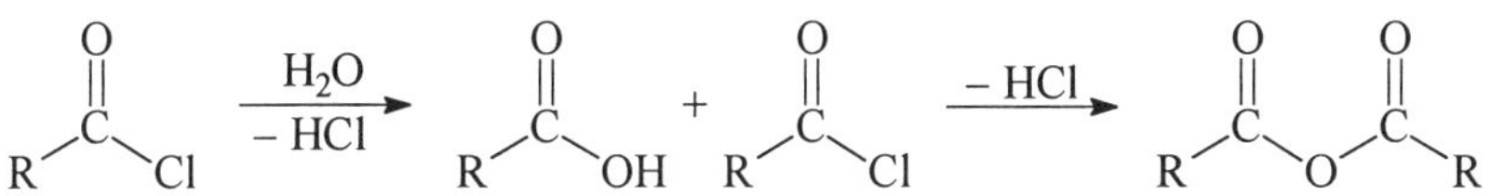

1 **7** **1** **8**

Im allgemeinen wird die Rosenmund-Reduktion eingesetzt, um aus Carbonsäuren die entsprechenden Aldehyde zu erhalten, wobei man den Umweg über das Säurechlorid wählt. Als Alternative bietet sich an, die Säure mit Lithiumaluminiumhydrid zum Alkohol zu reduzieren und anschließend zum Aldehyd zu oxidieren. In beiden Fällen läßt sich das gewünschte Produkt nur über eine Zwischenstufe erhalten; beide Reaktionswege besitzen in Abhängigkeit vom Substrat ihre Vorzüge.

1) M. Saytzeff, *J. Prakt. Chem.* **1873**, *6*, 128-135.
2) K. W. Rosenmund, *Ber. Dtsch. Chem. Ges.* **1918**, *51*, 585-593.
3) E. Mosettig, R. Mozingo, *Org. React.* **1948**, *4*, 362-377.
4) W. F. Maier, S. J. Chettle, R. S. Rai, G. Thomas, *J. Am. Chem. Soc.* **1986**, *108*, 2608-2616.
5) P. N. Rylander, H. Greenfield, R. L. Augustine, *Catalysis of Organic Reactions*, Marcel Dekker, New York, **1988**, S. 221-224.
6) O. Bayer, *Methoden Org. Chem. (Houben-Weyl)* **1954** Bd. 7/1, S. 285-291.
7) A. W. Burgstahler, L. O. Weigel, C. G. Shaefer, *Synthesis* **1976**, 767-768.

Sakurai-Reaktion

Addition von Allylsilanen an α,β-ungesättigte Ketone

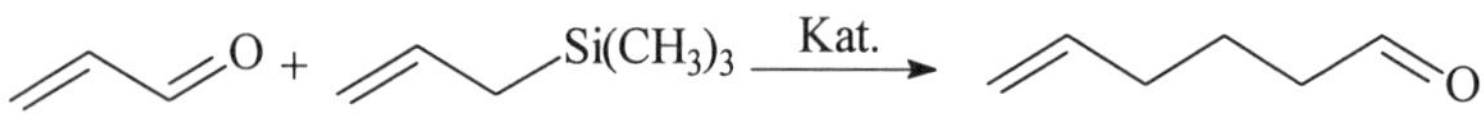

1 **2** **3**

Allylsilane **2** besitzen eine nucleophile Doppelbindung, die an α,β-ungesättigte Ketone **1** stereoselektiv addiert werden kann; als Produkte erhält man δ,ε-ungesättigtes Ketone **3**. Diese Lewis-Säure-katalysierte Additionsreaktion wird als *Sakurai-Reaktion*[1,2] bezeichnet, wobei die intramolekulare Variante[3] von besonderem Interesse ist.

Die Lewis-Säure (hier Titantetrachlorid) kann das Carbonylsauerstoffatom komplexieren. Hierdurch wird die positive Polarisierung des β-Kohlenstoffatoms vergrößert, so daß an dieser Position das Allylsilan nucleophil angreifen kann:[4,5]

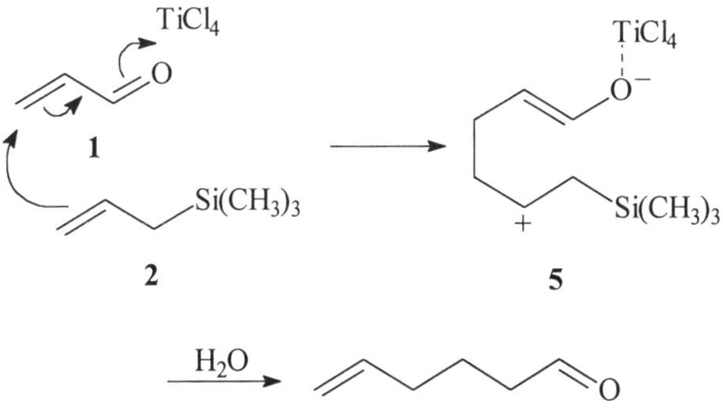

1 2 5 3

Der geschwindigkeitsbestimmende Schritt ist die nucleophile Addition. Das hierbei intermediär gebildete Carbenium-Ion **5** gleicht den Elektronenmangel durch Abspaltung der Trimethylsilylgruppe aus. Nach wäßriger Aufarbeitung erhält man das δ,ε-ungesättigte Keton **3**.

Die intramolekulare Sakurai-Reaktion bietet einen günstigen Zugang zu funktionalisierten Bicyclen.[3)] Durch geeignete Wahl der Reaktionsbedingungen und der Lewis-Säure usw. lassen sich gute Stereoselektivitäten erzielen, was für den Aufbau von Naturstoffen wichtig ist.

Außer Allylsilanen sind auch Propargylsilane in der Lage, nach einem Sakurai-Mechanismus zu reagieren. Das Propargylsilan **6** läßt sich durch einen Ionenaustauscher-katalysierte (hier Amberlyst-15) intramolekulare Sakurai-Reaktion stereoselektiv und mit guten Ausbeuten in den Bicyclus **7** überführen:[6)]

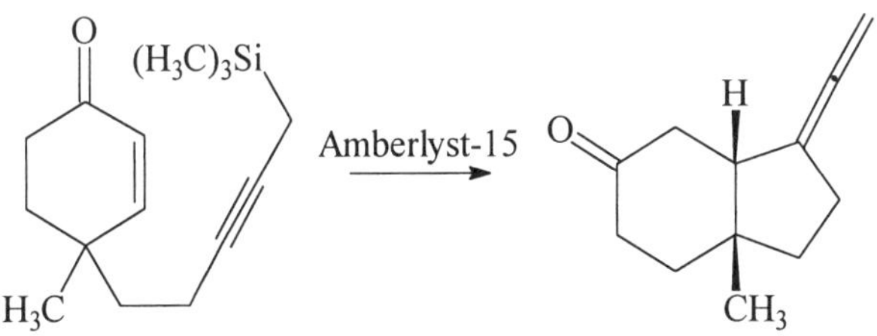

6 **7**

Als Lewis-Säuren werden insbesondere Titantetrachlorid, Bortrifluorid, Ethylaluminiumdichlorid verwendet, wobei die Auswahl von entscheidender Bedeutung für die Stereoselektivität ist. Bei der Sakurai-Reaktion handelt es sich um eine neuere nützliche Reaktion, die aber noch nicht sehr weit verbreitet ist.

1) A. Hosomi, H. Sakurai, *J. Am. Chem. Soc.* **1977**, *99*, 1673-1675.
2) I. Fleming, J. Dunogues, R. Smithers, *Org. React.* **1989**, *37,* 57-575.
3) D. Schinzer, *Synthesis*, **1988**, 263-273.
4) T. A. Blumenkopf, C. H. Heathcock, *J. Am. Chem. Soc.* **1983**, *105*, 2354-2358.
5) R. Pardo, J.-P. Zahra, M. Santelli, *Tetrahedron Lett.* **1979**, *20*, 4557-4560.
6) D. Schinzer, J. Kabbara, K. Ringe, *Tetrahedron Lett.* **1992**, **33**, 8017-8018.

Sandmeyer-Reaktion

Überführung von Diazoniumsalzen in Arylhalogenide

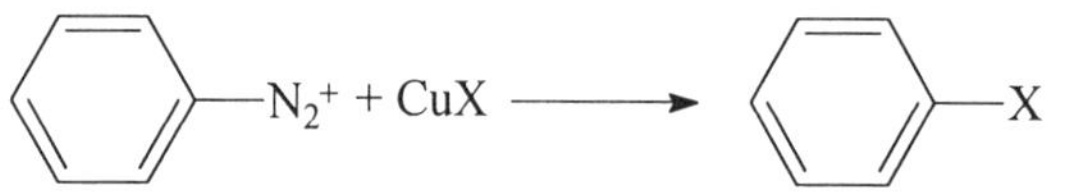

1 **2** **3**

Unter der *Sandmeyer-Reaktion*[1,2] wird der Ersatz der Diazoniumgruppe durch Halogen oder Pseudohalogen unter Mitwirkung von Metallsalzen verstanden.[3] Die Abgrenzung ist allerdings nicht eindeutig, so wird bisweilen auch die Einführung von Iod, die ohne Metallkatalysator möglich ist, als Sandmeyer-Reaktion bezeichnet.

Der Mechanismus ist durchaus nicht sicher bekannt, nimmt aber wahrscheinlich folgenden Weg:[4-6] Der erste Schritt ist die Reduktion des Diazonium-Ions **1** durch das Kupfer(I)-Ion unter Bildung eines Aryl-Radikals **4**. Im zweiten Schritt abstrahiert das Aryl-Radikal ein Halogenatom aus CuX_2 **5** und reduziert letzteres. Das Kupfer(I)-Salz **2** wird regeneriert und ist somit ein echter Katalysator:

1 **2** **4** **5**

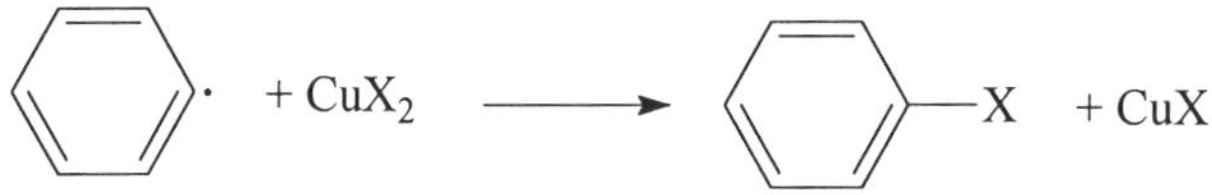

4 **5** **3** **2**

Zur zuvor *in situ* durchgeführten →*Diazotierung* werden die dem eingeführten Halogen X entsprechenden Halogenwasserstoffsäuren HX verwendet, da man andernfalls (z. B. bei Verwendung von HCl/CuBr) ein Produktgemisch erhalten würde. Die Kupfer(I)-Salze **2** (Chlorid und Bromid) werden im allgemeinen durch Reduktion einer wäßrigen Kupfersulfatlösung mit Natriumhydrogensulfit gewonnen. Kupfer(I)-cyanid kann man durch Umsetzung des Kupfer(I)chlorids mit Natriumcyanid erhalten.

Bei der Sandmeyer-Reaktion handelt es sich um eine allgemeine Methode zur Einführung elektronenziehender Reste am Aromaten; Diazoniumsalze sind Ausgangspunkt einer Vielzahl aromatischer Verbindungen. Beispielsweise können die hierdurch zugänglichen Nitrile zu Carbonsäuren verseift, zu Aminen reduziert oder zu Ketonen umgesetzt werden.

Weiterhin sind durch die Sandmeyer-Reaktion isomerenreine Halogentoluole **9** zugänglich. Während die direkte Halogenierung von Toluol eine schwer trennbare Mischung ergibt, lassen sich *o*- und *p*-Nitrotoluol **6** leicht voneinander trennen. Anschließende Reduktion zum *o*- bzw. *p*-Toluidin **7**, Umsetzung zum Diazonium-Salz **8** und nachfolgende Sandmeyer-Reaktion liefern schließlich reines *o*- bzw. *p*-Halogentoluol **9**:

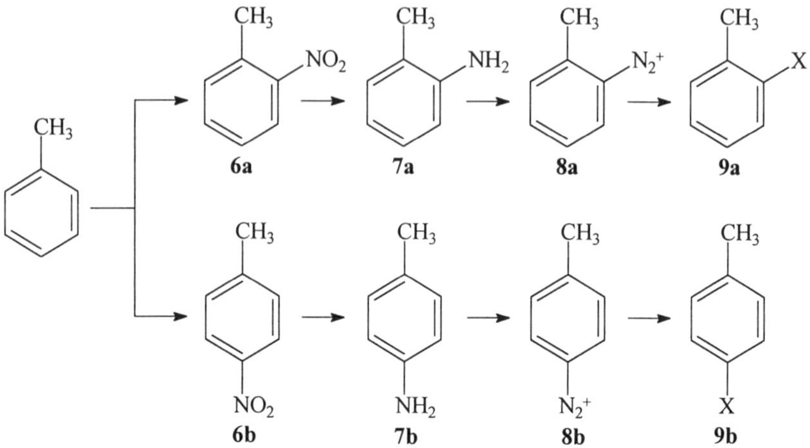

1) T. Sandmeyer, *Ber. Dtsch. Chem. Ges.* **1884**, *17*, 1633-1635.
2) H. H. Hodgson, *Chem. Rev.* **1947**, *40*, 251-277.
3) E. Pfeil, *Angew. Chem.* **1953**, *65*, 155-158.
4) J. K. Kochi, *J. Am. Chem. Soc.* **1957**, *79*, 2942-2948.
5) C. Galli, *J. Chem. Soc., Perkin Trans. 2,* **1981**, 1461-1459.
6) C. Galli, *J. Chem. Soc., Perkin Trans. 2,* **1982**, 1139-1142.

Schiemann-Reaktion

Fluorierung von Aromaten

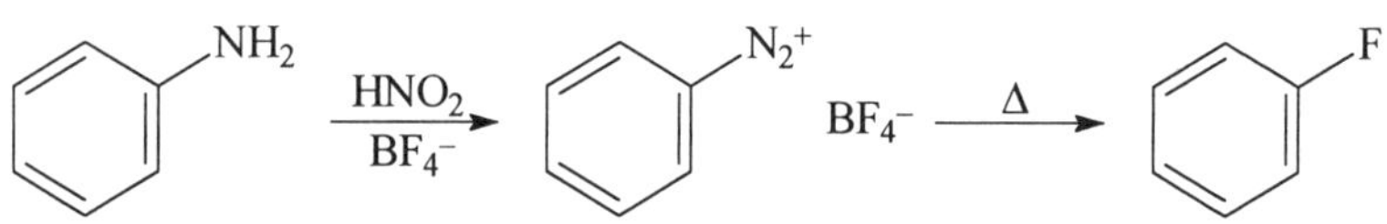

1 **2** **3**

Die von Anilinen **1** ausgehende Kernfluorierung von Aromaten wird als *Schiemann-Reaktion*[1,2] (manchmal auch als *Balz-Schiemann-Reaktion*) bezeichnet. Durch →*Diazotierung* eines Anilins **1** in Gegenwart von Tetrafluoroboraten erhält man Diazoniumtetrafluoroborate **2**, die thermisch zu fluorierten Aromaten **3** zersetzt werden können.

Nach dem üblichen Mechanismus der Diazotierung wird aus dem Anilin **1** mit Salpetriger Säure und Tetrafluoroborsäure ein Diazofluoroborat **2** erzeugt, das sich durch eine vergleichsweise hohe Stabilität auszeichnet. Für die präparative Durchführung dieses Schrittes gibt es verschiedene Varianten.[3] Thermische Dissoziation führt daraufhin zu einem Aryl-Kation **4**, das mit einem Fluoroborat-Anion zum Fluoraromaten **3** reagiert.[4] Die Reaktion verläuft somit nach einem Eliminierungs-Additions-Mechanismus:

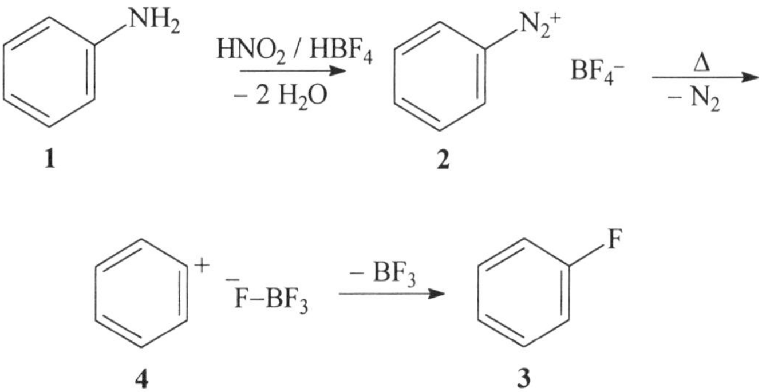

Im allgemeinen werden die Diazofluorborate isoliert und ohne Lösungsmittel erhitzt. Eine moderne Variante gestattet es, die Zersetzung ohne Isolation des Diazofluoroborats photochemisch durchzuführen.[5]

Die Schiemann-Reaktion stellt die wohl beste Methode zur kontrollierten Einführung eines Fluorsubstituenten an einen aromatischen Kern dar,[5] wobei sowohl ein- als auch mehrkernige aromatische Amine fluoriert werden können. Dessen ungeachtet besitzt die Schiemann-Reaktion nur eine begrenzte präparative Bedeutung, da sich die Ausbeuten durch weitere Substituenten am Aromaten im allgemeinen verschlechtern.

1) G. Balz, G. Schiemann, *Ber. Dtsch. Chem. Ges.* **1927**, *60*, 1186-1190.
2) A. Roe, *Org. React.* **1949**, *5*, 193-228.
3) M. P. Doyle, W. J. Bryker, *J. Org. Chem.* **1979**, *44*, 1572-1574.
4) C. G. Swain, R. J. Rogers, *J. Am. Chem. Soc.* **1975**, *97*, 799-800.
5) N. Yoneda, T. Fukuhara, T. Kikuchi, A. Suzuki, *Synth. Commun.* **1989**, *19*, 865-871.

Schmidt-Reaktion

Umsetzung von Carbonylverbindungen mit Stickstoffwasserstoffsäure

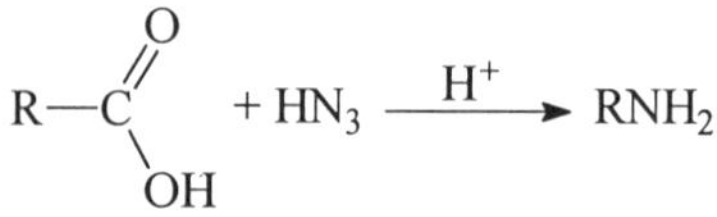

1 **2**

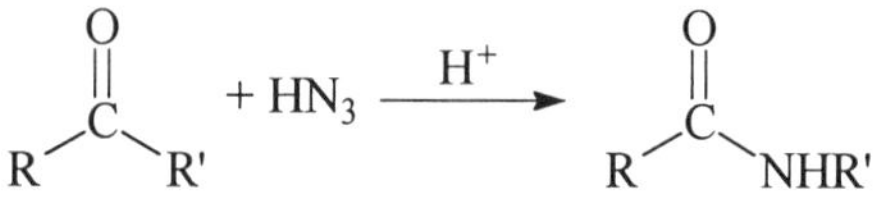

3 **4**

Umsetzungen verschiedener Carbonylverbindungen mit Stickstoffwasserstoffsäure in Gegenwart starker Mineralsäuren sind unter dem Namen *Schmidt-Reaktion*[1-2] bekannt. Am häufigsten ist die Reaktion von Carbonsäuren **1** zu den entsprechenden um ein Kohlenstoffatom verkürzten Aminen **2**. Die Reaktion von Ketonen **3** mit Stickstoffwasserstoffsäure bewirkt keinen Kettenabbau, sondern führt unter Insertion jeweils einer NH-Gruppe zu Amiden **4**.

Aufgrund der unterschiedlichen Edukte und Produkte müssen auch verschiedene Mechanismen diskutiert werden.[3] Für Carbonsäuren **1** ist der erste Reaktionsschritt eine Protonierung durch eine starke Mineralsäure (im allgemeinen Schwefelsäure) und anschließende Wasserabspaltung unter Bildung eines Acylium-Ions **5**. Dieses kann nucleophil von der Stickstoffwasserstoffsäure angegriffen werden und **6** bilden. Letzteres lagert unter Abspaltung von Stickstoff zu **7** um, welches zu einem primären Amin **2** und Kohlendioxid hydrolysiert wird:

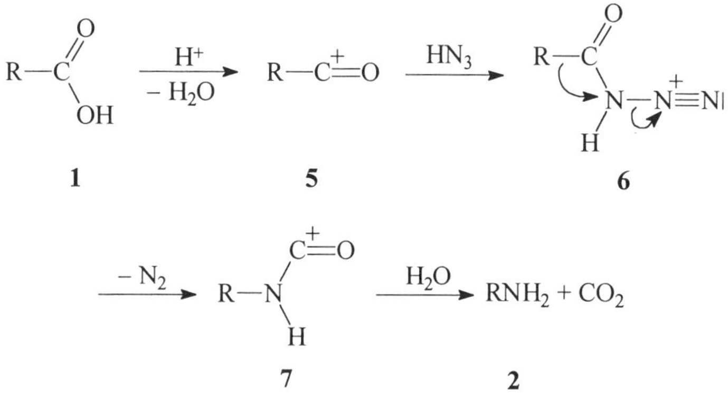

Ketone **3** werden im ersten Reaktionsschritt ebenfalls protoniert, wodurch die nucleophile Umsetzung der Stickstoffwasserstoffsäure mit der nun aktivierten Carbonylgruppe erleichtert wird. Die anschließende Umlagerung von **9** unter Freisetzung von Stickstoff zum Carbenium-Ion **10** erfolgt vermutlich konzertiert (Nitrenium-Ionen konnten bisher nicht als Intermediate nachgewiesen werden). An dieser Stelle zeigen sich besonders deutlich die Gemeinsamkeiten mit dem Mechanismus der →*Beckmann-Umlagerung*, die über ein vergleichbares Carbenium-Ion verläuft. Hydrolyse und Deprotonierung liefern nach Tautomerisierung das Amid **4**:

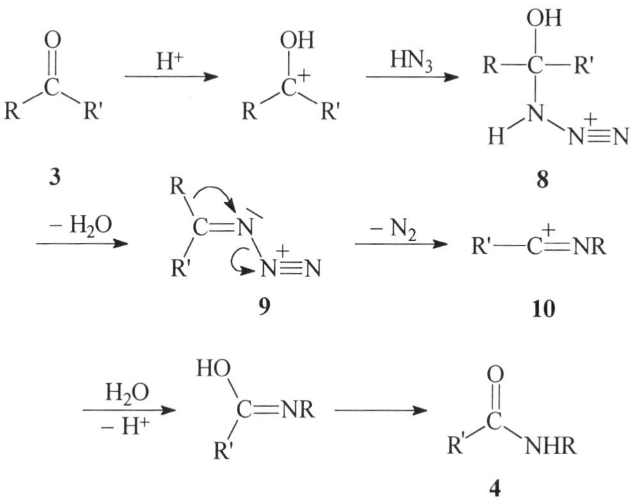

Die Wasserabspaltung aus **8** führt im allgemeinen zu demjenigen Isomer, bei dem der voluminösere Rest in *trans*-Stellung zur Diazoniumgruppe befindet. Dieser *trans*-Substituent wandert während der Umlagerung zum Stickstoffatom; bei Alkyl-Aryl-Ketonen wird im allgemeinen der Aryl-Rest verschoben.[4]

Der Mechanismus bei der Reaktion von Aldehyden **11** mit Stickstoffwasserstoffsäure zu Formylaminen **12** entspricht dem der Umsetzung von Ketonen (d. h. Insertion einer NH-Gruppe). Eine wichtige Nebenreaktion ist die Bildung von Nitrilen **13**, die für eine im Vergleich zu den Ketonen deutlich verschlechterte Ausbeute verantwortlich zeichnet. In einzelnen Fällen wird das Nitril sogar als Hauptprodukt gebildet:

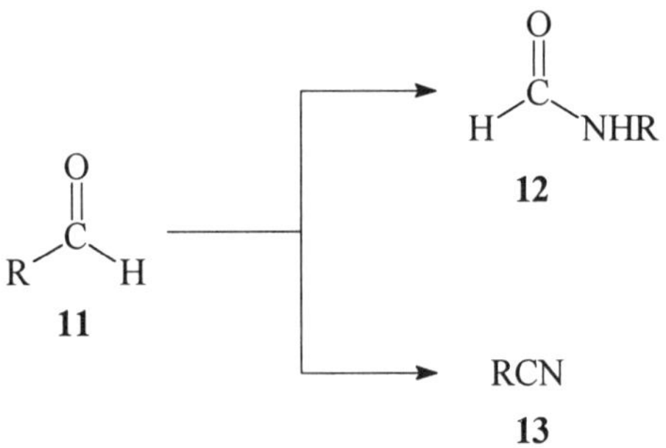

Aus cyclischen Ketonen **14** erhält man Lactame **15**:[5,6]

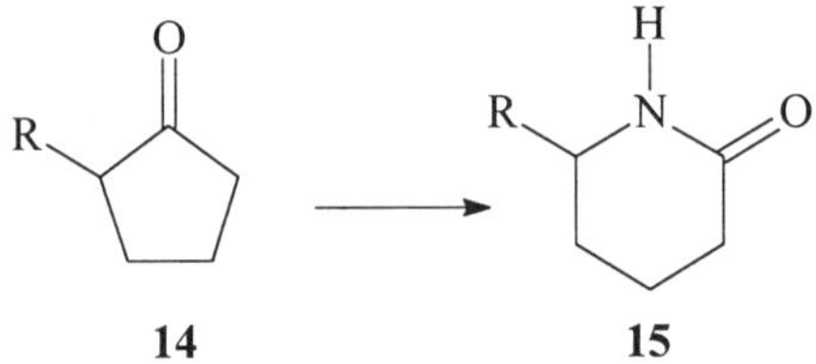

In den vergangenen Jahren wurde die Schmidt-Reaktion bezüglich ihrer Anwendungsbreite weiterentwickelt und für die Synthese komplexerer Verbindungen eingesetzt. So unterliegen Cycloketone **16** mit einer Azidoalkylseitenkette am α-Kohlenstoffatom bei Behandlung mit Trifluoressigsäure

(TFAA) oder Titantetrachlorid einer *intramolekularen Schmidt-Reaktion* zu einem bicyclischen Lactam **17**:[6]

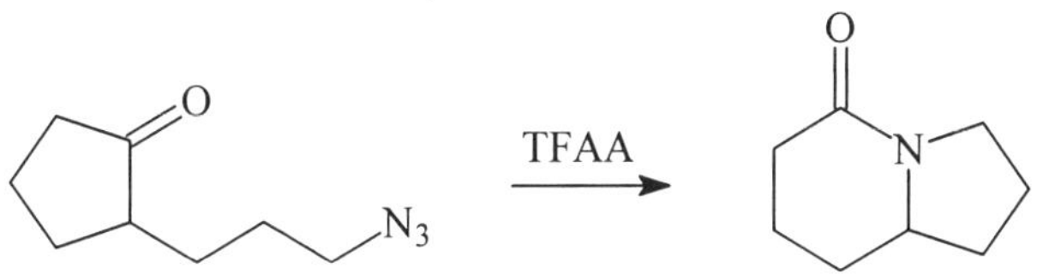

16 **17**

Die Schmidt-Reaktion liefert das Amin aus der Carbonsäure in nur einem präparativen Schritt, ein deutlicher Vorteil gegenüber den verwandten →*Curtius*- und →*Hofmann-Reaktionen*; die Reaktionsbedingungen sind allerdings drastischer. Weiterhin schaffen die zahlreichen Teilschritte Platz für Nebenreaktionen.

Die Ausbeuten bei Carbonsäuren mit langkettigen, aliphatischen Resten sind im allgemeinen gut, bei Aromaten sind die Resultate oft unbefriedigend. Bei den Ketonen liefern in der Regel aliphatische und alicyclische Edukte die besten Ausbeuten; Alkyl-Aryl- und Diaryl-Ketone reagieren deutlich langsamer. Aldehyde werden nur selten eingesetzt.

Die erforderliche Stickstoffwasserstoffsäure kann man durch Behandeln von Natriumazid mit Schwefelsäure erhalten. Die Säure ist hochgiftig und kann bei Berührung mit heißen Gegenständen explodieren.

1) K. F. Schmidt, *Angew. Chem.* **1923**, *36*, 511.
2) H. Wolff, *Org. React.* **1946**, *3*, 307-336.
3) G. I. Koldobskii, V. A. Ostrovskii, B. V. Gidaspov, *Russ. Chem. Rev.* **1978**, *47*, 1084-1094.
4) R. B. Bach, G. J. Wolker, *J. Org. Chem.* **1982**, *47*, 239-245.
5) G. R. Krow, *Tetrahedron* **1981**, *37*, 1283-1307.
6) G. L. Milligan, C. J. Mossman, J. Aubé, *J. Am. Chem. Soc.* **1995**, *117*, 10449-10459.

Sharpless-Epoxidierung

Asymmetrische Epoxidierung von Allylalkoholen

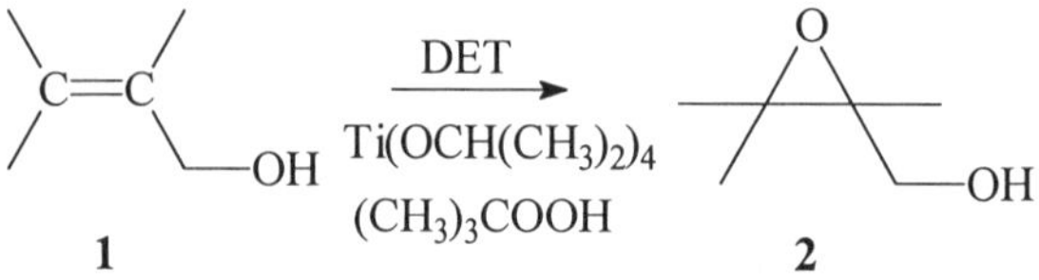

Die von *Sharpless et al.*[1] entwickelte Reaktion gestattet es, in Gegenwart von Titan(IV)-isopropylat und (+)- bzw. (-)Diethyltartrat (DET) Allylalkohole **1** mit einer hohen Enantioselektivität zu epoxidieren, wobei *tert.*-Butylhydroperoxid als Oxidationsmittel eingesetzt wird.

Durch diese Epoxidierung gelingt es, ein achirales Edukt mit Hilfe eines chiralen Reagenz zu einem optisch aktiven Produkt umzusetzen. Je nach verwendetem Enantiomer des Diethyltartrats läßt sich das Produkt in der gewünschten optisch aktiven Form erhalten:[2-4]

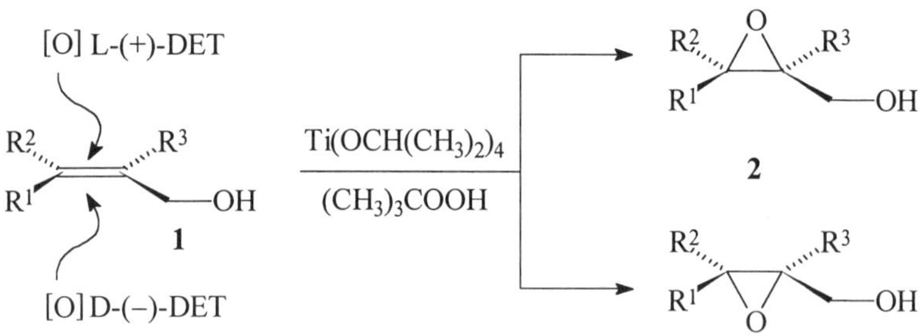

Der aktive chirale Katalysator der Sharpless-Reaktion ist vermutlich ein Dimer **3**, in dem jeweils zwei Isopropylat-Reste der Titanverbindung durch das Diethyltartrat substituiert wurden:

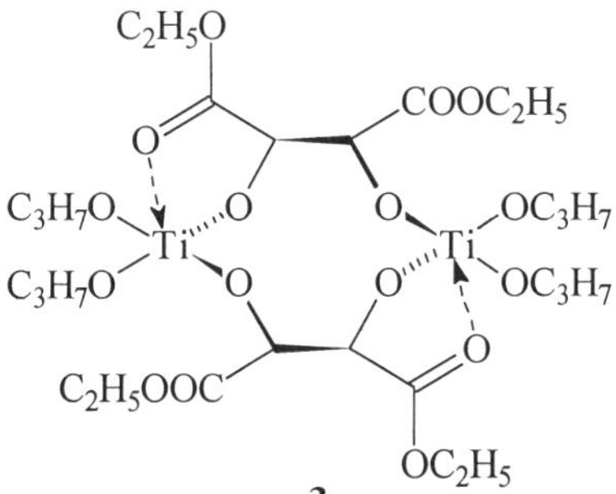

3

Im weiteren Reaktionsverlauf werden auch die beiden verbleibenden Isopropylatreste durch das Oxidationsmittel *tert.*-Butylhydroperoxid sowie durch den Allylalkohol substituiert, wodurch der Komplex **4** entsteht. Titan(IV) ist besonders gut für die enantioselektive Epoxidierung geeignet, da es, wie sich bei **4** zeigt, vier kovalente Bindungen eingehen kann, zwei zu dem zweizähnigen chiralen Tartrat, eine zum Oxidationsmittel und eine zum Allylalkohol. Hierdurch können die Reaktionspartner die für den enantioselektiven Epoxidierungsschritt erforderliche Geometrie einnehmen. Weiterhin wirkt das Titan(IV)-alkoxid als Lewis-Säure, indem es ein Sauerstoffatom (O^2) des Alkylperoxo-Liganden komplexiert und dadurch das andere Peroxosauerstoffatom (O^1) als Elektrophil aktiviert. Aus Gründen der Übersichtlichkeit wird die Titan/Diethyltartrat-Einheit der Titan-Komplexe vereinfacht als Ti* dargestellt:

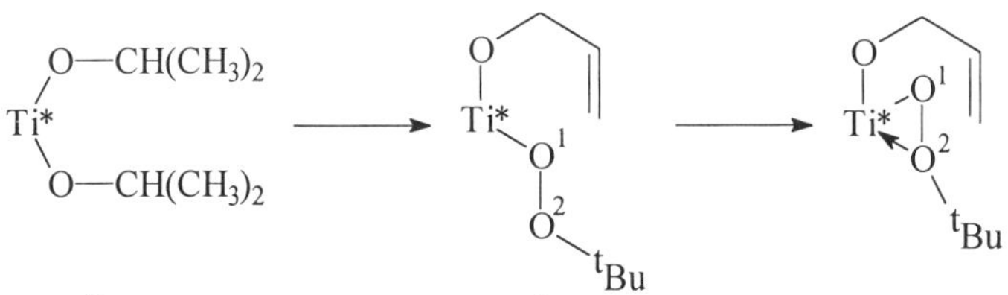

3 **4**

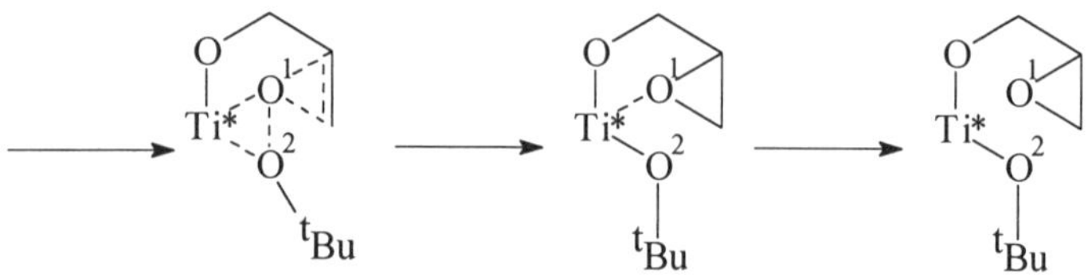

5

Das O^1-Atom wird an die Doppelbindung addiert, während zwischen O^2 und dem Titan eine kovalente Bindung entsteht, so daß schließlich der Komplex **5** resultiert. Durch wäßrige Aufarbeitung lassen sich *tert.*-Butanol und das gewünschte Epoxid **2** freisetzen.

Aus dem Mechanismus wird ersichtlich, weshalb die Reaktion auf Allylalkohole beschränkt ist: Andere Olefine können nicht oder nicht mit der erforderlichen Geometrie an das Titan gebunden werden. Der chirale Katalysator kann durch Reaktion mit Oxidationsmittel und Allylalkohol regeneriert werden, doch setzt man im allgemeinen die Reagenzien äquimolar ein.

Bei der Durchführung der Sharpless-Epoxidierung ist es wichtig, unter Feuchtigkeitsausschluß mit absoluten Lösungsmitteln und Reagenzien zu arbeiten. Das kommerziell erhältliche *tert.*-Butylhydroperoxid ist mit 30 % Wasser stabilisiert; in dieser Form ist es ungeeignet und muß daher getrocknet werden. Der Einfluß von Wasser auf die Enantioselektivität wurde von *Sharpless et al.*[5] am Beispiel der Epoxidierung von (E)-α-Phenylcinnamylalkohol untersucht, wobei durch den Zusatz eines Äquivalents Wasser ein Rückgang von 99 auf 48 % ee zu verzeichnen war.

Titan(IV)-Verbindungen können als Lewis-Säuren Umlagerungen katalysieren. Um solche Nebenreaktionen zu vermeiden, arbeitet man möglichst bei Raumtemperatur oder deutlich darunter.

Die Sharpless-Epoxidierung ist eine der wichtigsten neueren organischen Reaktionen, die, obwohl sie auf Allylalkohole beschränkt ist, eine weite Verbreitung vor allem in der Naturstoffchemie gefunden hat. Der Hauptgrund dafür dürfte die mit 90 % und mehr generell hohe optische Reinheit der Produkte sein. Weiterhin sind Epoxide wertvolle Zwischenprodukte in der organischen Synthese: Durch nucleophile Ringöffnung lassen sich Verbindungen wie Alkohole, Ether oder vicinale Diole herstellen.

Nicht funktionalisierte Olefine **6** lassen sich durch die *Jacobsen-Katsuki-Epoxidierung*[6] mit optisch aktiven Mn(III)-Komplexen mit hohen Enantiomerenüberschüssen epoxidieren:

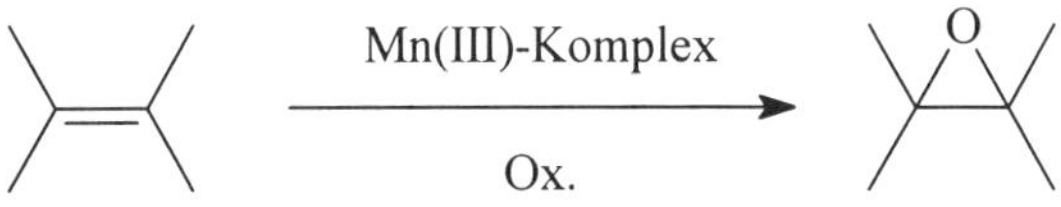

6

Die besten Ergebnisse werden hier mit *cis*-Alkenen erzielt, doch gelingt auch die Epoxidierung von Olefinen mit tri- und tetra-substituierten Doppelbindungen. Durch ihre Vielseitigkeit ist die Jacobsen-Katsuki-Epoxidierung eine der wichtigsten Methoden der asymmetrischen Katalyse.

1) T. Katsuki, K. B. Sharpless, *J. Am. Chem. Soc.* **1980**, *102*, 5974-5976.
2) A. Pfenninger, *Synthesis* **1986**, 89-116.
3) K. B. Sharpless, *Chemtech.* **1985**, *15*, 692-700.
4) D. Schinzer in *Organic Synthesis Highlights II,* (Hrsg.: H. Waldmann), VCH, Weinheim, **1995**, S. 3-9.
5) J. G. Hill, B. E. Rossiter, K. B. Sharpless, *J. Org. Chem.* **1983**, *48*, 3607-3608.
6) T. Linher, *Angew. Chem.* **1997**, *109*, 2150-2152; *Angew. Chem. Int. Ed. Engl.* **1997**, *36,* 2060-2062.

Simmons-Smith-Reaktion

Synthese von Cyclopropanen

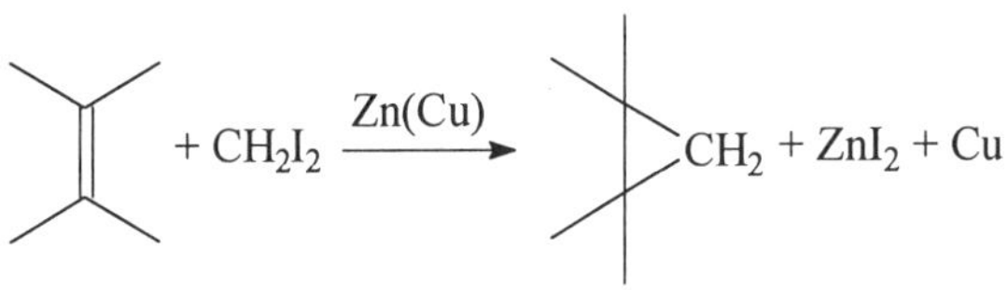

1 **2** **3**

Durch die *Simmons-Smith-Reaktion*[1-4] ist es möglich, Carbene an Doppelbindungen unter Bildung von Cyclopropanen **3** zu addieren, ohne daß freies Carben im Reaktionsgemisch vorhanden ist; dadurch lassen sich die sonst üblichen Nebenreaktionen vermeiden. Als Reagenzien werden Diiodmethan **2** und Zink mit dem Olefin **1** umgesetzt.

Die Reaktion von Diiodmethan **2** mit einem Zink/Kupferpaar führt zu einer den *Grignard-Reagenzien* vergleichbaren Organozinkverbindung **4**, deren genaue Struktur von Substrat und Lösungsmittel abhängt und nicht durch eine einzelne Formel chemisch korrekt dargestellt werden kann. Dieses entspricht dem *Schlenk-Gleichgewicht* bei der →*Grignard-Reaktion*:

$$\underset{\mathbf{2}}{2\,CH_2I_2} + 2\,Zn \longrightarrow \underset{\mathbf{4}}{2\,ICH_2ZnI} \rightleftharpoons (ICH_2)_2Zn\cdot ZnI_2$$

Für die Addition der Methylengruppe an die Doppelbindung geht man von einem Ein-Stufen-Mechanismus aus, bei dem über einen Übergangszustand wie **5** die beiden neuen Kohlenstoff-Kohlenstoff-Bindungen simultan geknüpft werden:

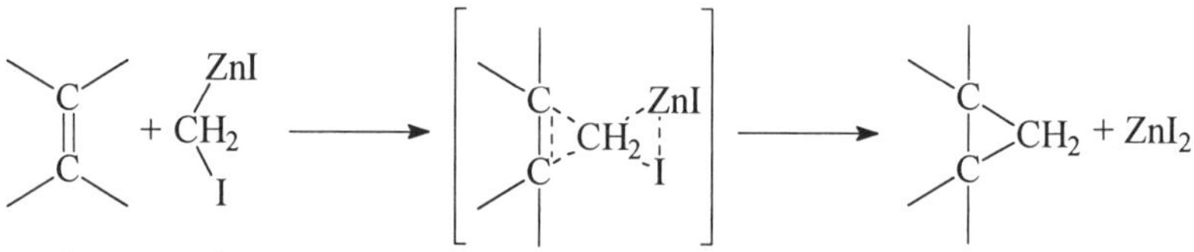

1 **4** **5** **3**

Hierbei erfolgt der Angriff im allgemeinen stereospezifisch von der weniger gehinderten Seite des Olefins. Ausnahmen bilden beispielsweise Substrate, die über ein Sauerstoffatom eine koordinative Bindung zum Zinkreagenz eingehen können. So verläuft die Simmons-Smith-Reaktion von 4-Hydroxycyclopenten **6** ausschließlich unter Bildung von *cis*-3-Hydroxybicyclo[3.1.0]hexan **7**:

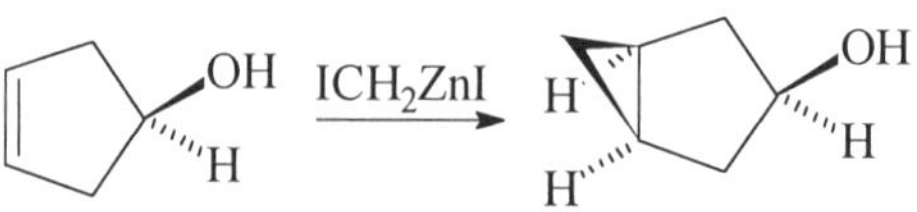

6 **7**

Besonders gut eignet sich die Simmons-Smith-Reaktion zur Herstellung von Spiroverbindungen. Ein Beispiel ist die Synthese des Rotans **8**, dessen letzter Dreiring auf diese Weise aufgebaut wurde:[5)]

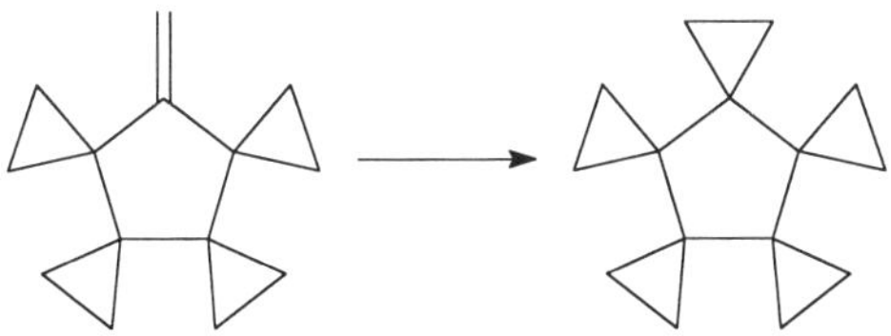

8

Die indirekte α-Methylierung von Ketonen stellt eine weitere Anwendung der Simmons-Smith-Reaktion dar. Dazu wird das Keton (hier Cyclohexanon **9**) zunächst in einen Enolether **10** überführt, dessen Cyclopropanierung das Norcaran **11** liefert. Durch hydrolytische Ringöffnung erhält man ein Hemiketal **12**, das leicht in das α-methylierte Keton **13** überführt werden kann:

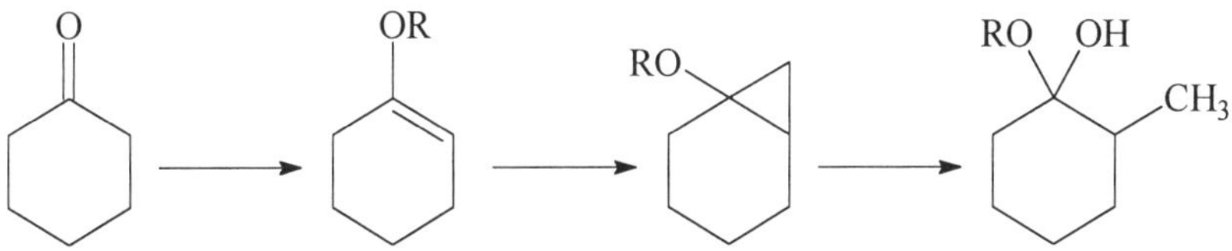

9 **10** **11** **12**

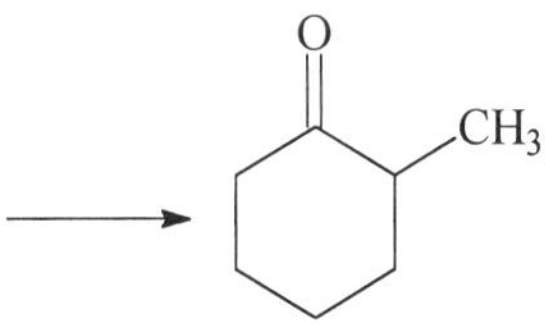

13

Nebenreaktionen besitzen bei der Simmons-Smith-Reaktion im allgemeinen keine große Bedeutung, doch kann das bei der Reaktion entstehende Zinkiodid als Lewis-Säure Umlagerungen katalysieren. Die Ausbeuten bewegen sich zwischen befriedigend und gut. Außer Alkenen können auch Aromaten cyclopropaniert werden.

1) H. E. Simmons, R. D. Smith, *J. Am. Chem. Soc.* **1959**, *81*, 4256-4264.
2) H. E. Simmons, T. L. Cairns, S. A. Vladuchick, C. M. Hoiness, *Org. React.* **1973**, *20*, 1-131.
3) J. Furukava, N. Kawabata, *Adv. Organomet. Chem.* **1974**, *12*, 83-134.
4) U. Koert, *Nach. Chem. Tech. Lab.* **1995**, *443*, 435-442.
5) J. L. Ripoll, J. M. Conia, *Tetrahedron Lett.* **1969**, 979-984.

Skraup-Chinolinsynthese

Chinoline durch Reaktion von Anilinen mit Glycerin

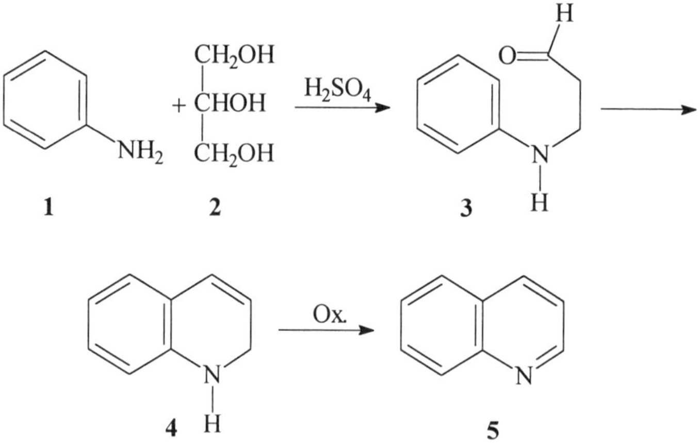

Durch Reaktion von Anilinen **1** mit Glycerin **2** und nachfolgende Oxidation können Chinoline in Ausbeuten von über 90 % erhalten werden.[1,2] Wie von der verwandten →*Friedländer-Chinolinsynthese* existieren auch von der *Skraup-Synthese* einige Variationen, in denen das Chinolinsystem auf ähnliche Weise aufgebaut wird.[3]

Für die Synthese wird im allgemeinen Glycerin **2** als Edukt verwendet, das in Gegenwart konzentrierter Schwefelsäure zu Acrolein **6** dehydratisiert wird. Obwohl man annimmt, daß die aktive Carbonylspezies in der Skraup-Synthese Acrolein ist, blieben Versuche, statt Glycerin direkt Acrolein einzusetzen, bisher erfolglos.[4]

Der nachfolgende Reaktionsschritt ist die Bildung des intermediären β-Arylaminoaldehyds **3** durch Addition des Anilins **1** an die C-C-Doppelbindung des Acroleins **6**:

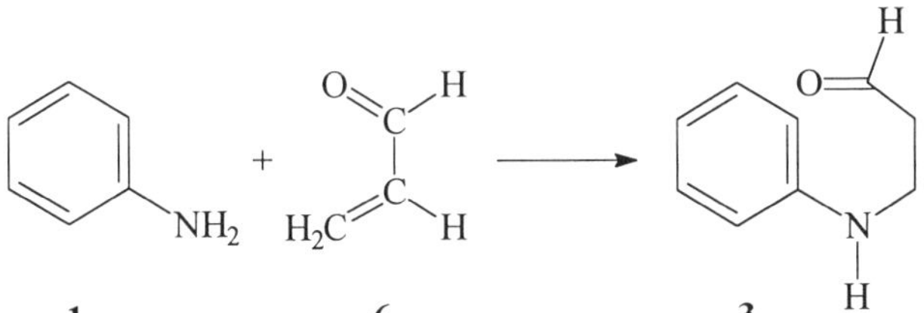

1 **6** **3**

Daraufhin erfolgt Ringschluß unter Dehydratisierung und ein Dihydrochinolin **4** entsteht:

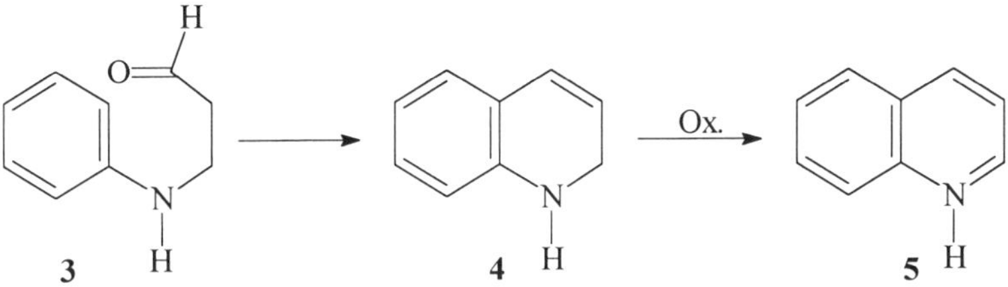

3 **4** **5**

Das Chinolin **5** wird schließlich durch Oxidation aus **4** erhalten. Als Oxidationsmittel wird am zweckmäßigsten die zum eingesetzten Amin **1** korrespondierende Nitroverbindung **7** eingesetzt, da letztere beim Oxidationsschritt zum Amin reduziert wird. Dieses steht dann als zusätzliches Edukt für die Reaktion zur Verfügung:

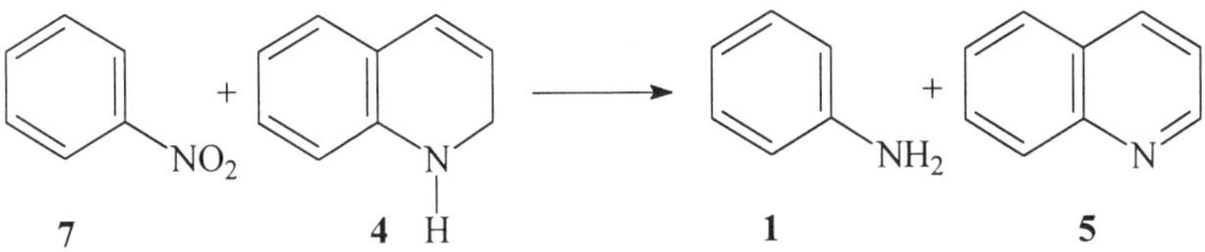

7 **4** **1** **5**

Da die entsprechende Nitroverbindung nicht immer zugänglich ist, wurden auch andere Oxidationsmittel verwendet, wie zum Beispiel Arsenpentoxid.

Die Skraup-Synthese ist von hoher allgemeiner Anwendungsbreite zur Herstellung substituierter Chinoline.[3] Sie wird allerdings dadurch eingeschränkt, daß Amine mit Cyano-, Acetyl- oder Methylgruppen unter den Reaktionsbedingungen zersetzlich sind.

Es ist auch möglich, im Pyridin-Ring substituierte Chinoline zu erhalten, indem an Stelle von Acrolein (bzw. Glycerin **2**) andere α,β-ungesättigte Aldehyde oder Ketone eingesetzt werden. Der Nachteil hierbei ist, daß ein großer Teil der Carbonylverbindung unter den Reaktionsbedingungen polymerisiert, was nur schwer vermieden werden kann.

1) Z. H. Skraup, *Ber. Dtsch. Chem. Ges.* **1880**, *13*, 2086-2087.
2) G. Jones, *Chem. Heterocycl. Compd.* **1977**, *32(1)*, 100-117.
3) R. H. F. Manske, M. Kulka, *Org. React.* **1953**, *7*, 59-98.
4) B. C. Uff in *Comprehensive Heterocyclic Chemistry Vol. 2* (Hrsg.: A. R. Katritzky, C. W. Rees), Pergamon, Oxford, **1984**, S. 465-470.

Stevens-Umlagerung

Umlagerung quartärer Ammoniumsalze unter Wanderung einer Alkylgruppe

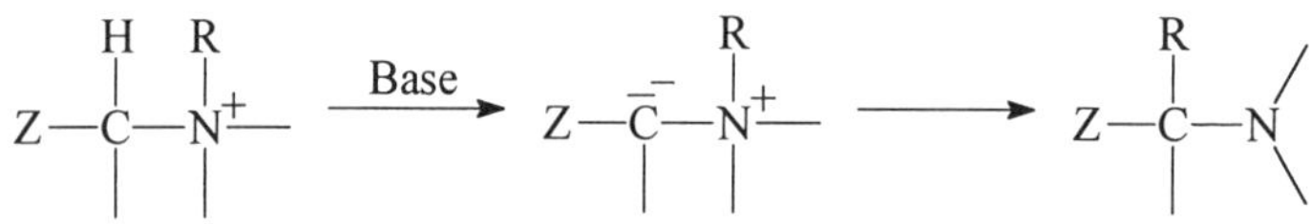

1 **2** **3**

Quartäre Ammonium-Ionen **1**, die einen elektronenziehenden Substituenten Z in α-Position zum Stickstoffstoffatom tragen, können bei der Behandlung mit starken Basen zu tertiären Aminen **3** umlagern. Diese Reaktion ist allgemein unter dem Namen *Stevens-Umlagerung*[1,2] bekannt.

Bei der Stevens-Reaktion sind sowohl ein Mechanismus über ein Radikalpaar als auch einer über ein Ionenpaar möglich.[3] In beiden Fällen wird im ersten Reaktionsschritt - begünstigt durch die aktivierende Wirkung des Substituenten Z (Ester-, Keto-, Phenylgruppen usw.) - ein Ylid **2** erzeugt:

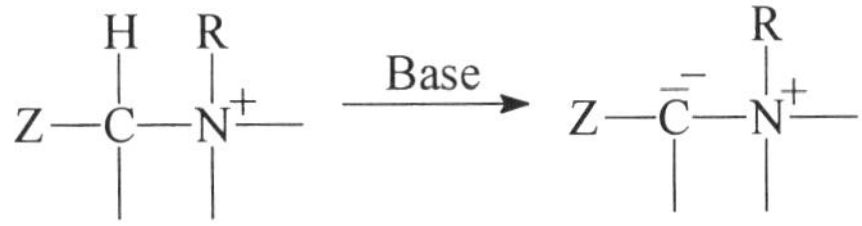

1 **2**

Beim Radikalmechanismus[4,5] wird im nächsten Schritt die Bindung zum Substituenten R homolytisch gespalten, wodurch die Umlagerung eingeleitet wird. Die Wanderungstendenz der Substituenten fällt in der Reihenfolge Propargyl > Allyl > Benzyl > Alkyl:[2]

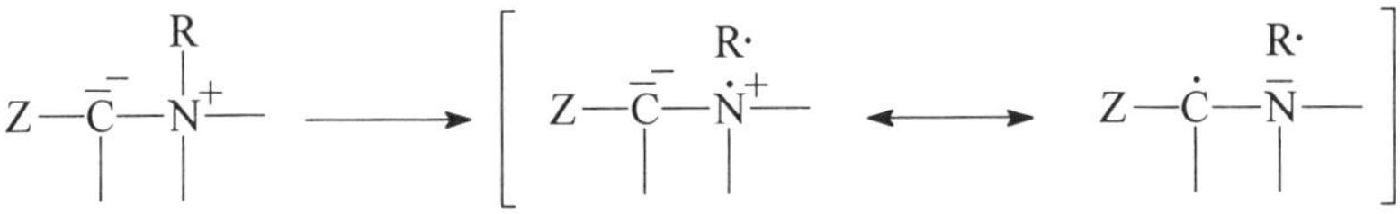

2 **4a**

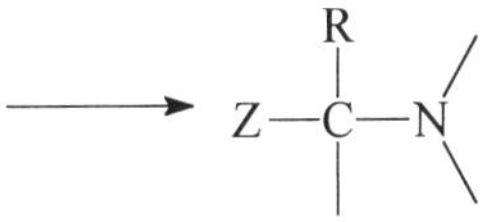

3

Ein Auseinanderdriften des Radikalpaars wird im allgemeinen durch den Lösungsmittelkäfig verhindert. Dennoch lassen sich manchmal kleine Mengen R-R isolieren.[5,6]

In einigen Fällen[7] (z. B. Z = *tert.*-Butyl) können die experimentellen Befunde besser mit einem Ionenpaar-Mechanismus erklärt werden. Die beiden Mechanismen entsprechen sich, nur wird vom Lösungsmittelkäfig **4** kein Radikalpaar, sondern ein Ionenpaar zusammengehalten:

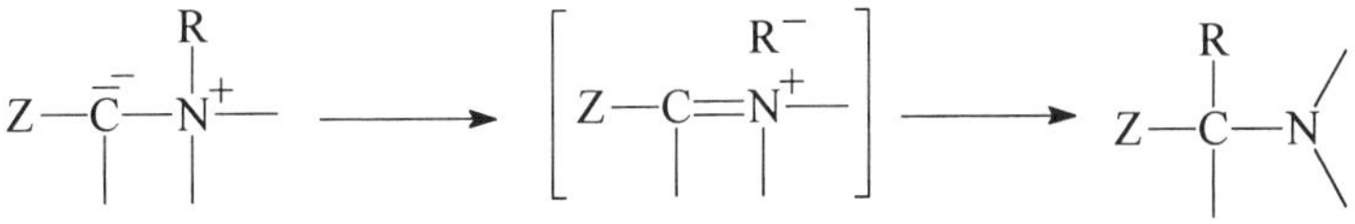

2 **4b** **3**

Die Stevens-Umlagerung ist präparativ nur von untergeordneter Bedeutung. Wirkt der Substituent Z hinreichend aktivierend, so sind Alkoholate als Basen ausreichend. Normalerweise werden jedoch stärkere Basen wie Alkyllithiumverbindungen oder Natriumamid eingesetzt. Wegen der schlechten Löslichkeit quartäre Ammoniumsalze muß beim Einsatz von Alkyllithiumverbindungen in einem Zweiphasensystem gearbeitet werden. Löslich sind die Ammoniumsalze in flüssigem Ammoniak, DMSO und HMPT, doch können diese Lösungsmittel Nebenreaktionen begünstigen.[2]

1) T. S. Stevens, E. M. Creighton, A. B. Gordon, M. Mac Nicol, *J. Chem. Soc.* **1928**, 3193-3197.
2) S. H. Pine, *Org. React.* **1970**, *18*, 403-464.
3) S. H. Pine, *J. Chem. Educ.* **1971**, *48*, 99-102.
4) U. Schöllkopf, U. Ludwig, *Chem. Ber.* **1968**, *101*, 2224-2230.
5) U. Schöllkopf, U. Ludwig, G. Ostermann, M. Patsch, *Tetrahedron Lett.* **1969**, 3415-3418.
6) G. F. Hennion, M. J. Shoemaker, *J. Am. Chem. Soc.* **1970**, *92*, 1769-1770.
7) S. H. Pine, B. A. Catto, F. G. Yamagishi, *J. Org. Chem.* **1970**, *35*, 3663.

Stille-Kupplung

Kupplung einer Organozinnverbindung mit einem Kohlenstoffelektrophil

$$\underset{\mathbf{1}}{R^1X} \quad + \quad \underset{\mathbf{2}}{R^2Sn(R^3)_3} \quad \xrightarrow{Pd(0)L_n} \quad \underset{\mathbf{3}}{R^1\text{—}R^2} \quad + \quad \underset{\mathbf{4}}{(R^3)_3SnX}$$

Die *Stille-Kupplung*[1-3] zählt neben →*Heck*- und →*Suzuki-Reaktion* zu einer Reihe neuerer Palladium-katalysierter C-C-Verknüpfungsreaktionen. Bei der Stille-Kupplung wird eine Organozinnverbindung **2** Palladium-katalysiert mit einem Kohlenstoffelektrophil **1** umgesetzt.

Wie auch im Falle der anderen Palladium-katalysierten Reaktionen, läßt sich der allgemeine Mechanismus der Stille-Kupplung am besten durch einen katalytischen Cyclus beschreiben:

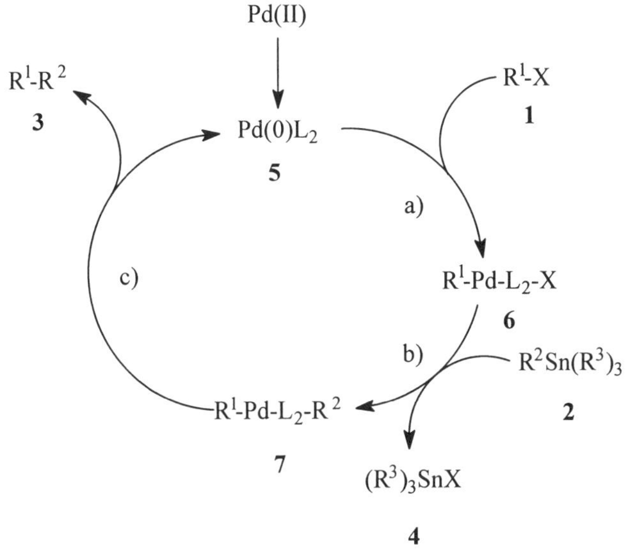

a) Oxidative Addition. Umsetzung des Kohlenstoffelektrophils mit Palladium(0) **5** unter Bildung eines Palladium(II)komplexes **6**.

b) Transmetallierung. Generierung einer Palladium(II)-Spezies **7**, in der die zu verknüpfenden Reste R^1 und R^2 bereits enthalten sind.

c) Reduktive Eliminierung zum Substitutionsprodukt **3** unter Regeneration des Katalysators.

Der Katalysator kann sowohl als Pd(II)- als auch als Pd(0)-Verbindung eingesetzt werden. Pd(II)-Verbindungen müssen zunächst durch einen Überschuß an Stannan zum Pd(0)komplex reduziert werden.

Obwohl der grundlegende Artikel von *Stille* erst 1978[1)] erschien, hat diese Reaktion in den letzten Jahren eine beachtliche Bedeutung in der präparativen Organischen Chemie erlangt,[2)] was auf die Vielzahl verschiedener Substrate, die nach Stille umgesetzt werden können, zurückzuführen ist. Die vielfältigen Möglichkeiten der Stille-Kupplung zeigt die folgende Tabelle:

Elektrophil R^1X		Organozinn-Reagenz $R^2Sn(R^3)_3$
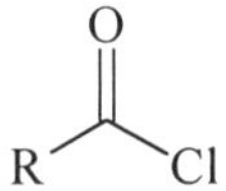		H—SnR_3
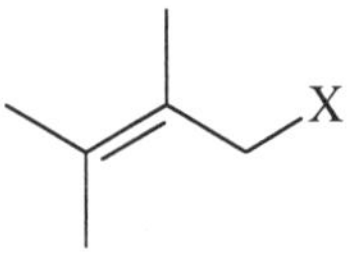	(X=Cl,Br)	R'C≡C—SnR_3
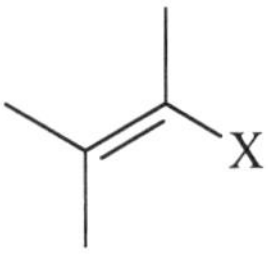	(X=I,OTf)	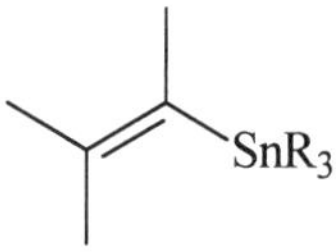
		Aryl—SnR_3
Aryl—CH_2—X	(X=Cl,Br)	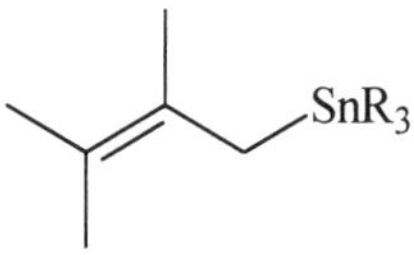
Aryl—X	(X=Br,I)	Aryl—CH_2—SnR_3
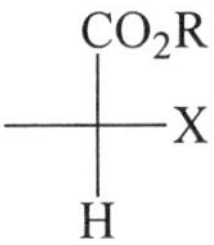	(X=Br,I)	R'—SnR_3

Die Übertragung einfacher Alkylgruppen von der zinnorganischen Verbindung auf den Palladiumkomplex erfolgt nur sehr langsam, weshalb selektiv der vierte Substituent übertragen wird. Bei den Resten R^3, die nicht übertragen werden, handelt es sich meistens um Butyl- oder Methylreste. Für X kommen Halogenide oder Sulfonate (am häufigsten wird das Triflat eingesetzt) in Frage. Die größere Reaktivität der Iodide gegenüber den entsprechenden Bromiden läßt sich präparativ ausnutzen:[2)]

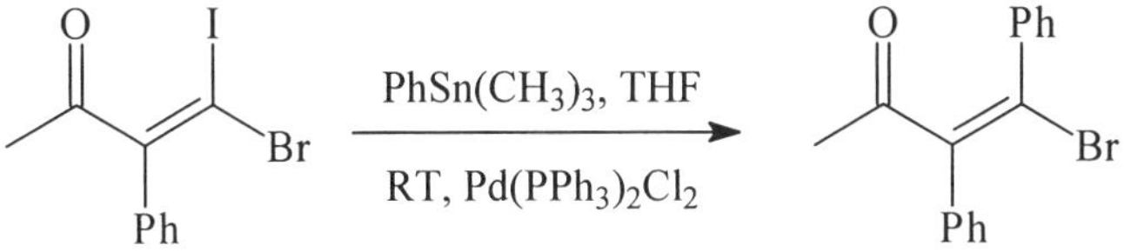

Vinylgruppen werden bei milden Bedingungen unter Retention der Olefingeometrie übertragen. *E*/*Z*-Isomerisierung wird nur gelegentlich beobachtet.

Die intramolekulare Variante[5] der Stille-Kupplung ist ausgezeichnet für die Synthese von Makrocyclen geeignet. Ein Beispiel ist die Synthese von *Zearalanon* nach *Stille et al.*[5], bei der der Ringschluß zu einem 14-gliedrigen Lactonring **8** ein Schlüsselschritt ist:

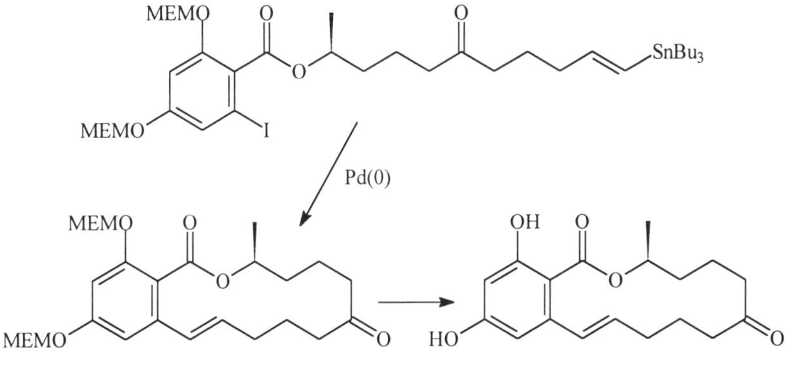

8

Im letzten Reaktionsschritt werden lediglich die MEM-Schutzgruppen (MEM = 2-Methoxyethoxymethyl-) enfernt, um zum Zielmolekül zu gelangen.

Die für die Stille-Kupplung erforderlichen Zinnreagenzien sind in einer breiten Palette unterschiedlich substituierter Verbindungen präparativ gut zugänglich und handhabbar.[3] Eine Stärke der Stille-Kupplung liegt in der Toleranz gegenüber funktionellen Gruppen, die während der Reaktion nicht verändert werden. Dadurch ist die Stille-Reaktion auch für die Synthese hoch komplexer Moleküle geeignet.

1) D. Milstein, J. K. Stille, *J. Am. Chem. Soc.* **1978**, *100*, 3636-3638.
2) V. Farina, V. Krishnamurthy, W. J. Scott, *Org. React.* **1997**, *50*, 1-652.
3) J. K. Stille, *Angew. Chem.* **1986**, *98*, 504-519; *Angew. Chem. Int. Ed. Engl.* **1986**, *25*, 508.
4) J. E. Baldwin, R. M. Adlington, S. H. Ramcharitar, *Tetrahedron* **1992**, *48*, 2957-2976.
5) A. Kalivretenos, J. K. Stille, L. S. Hegedus, *J. Org. Chem.* **1991**, *56*, 2883-2894.

Stork-Enamin-Reaktion

Alkylierung von Enaminen

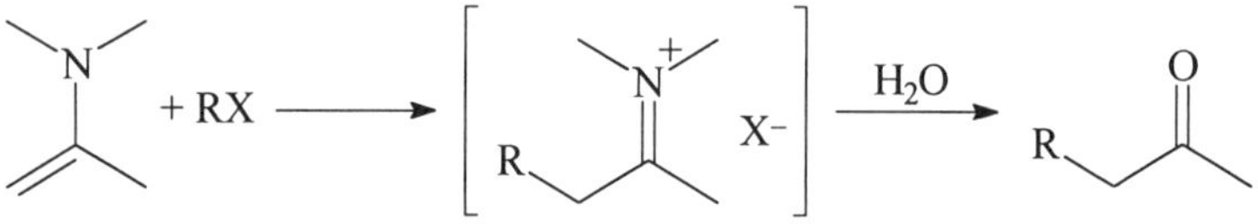

1 **2** **3**

Enamine **1** sind brauchbare Zwischenverbindungen der organischen Synthese; sie lassen sich leicht nach *Stork*[1-3] mit Elektrophilen wie Alkylhalogeniden **2**, aber auch mit reaktiven Olefinen oder Säurehalogeniden zu α-substituierten Carbonylverbindungen **3** umsetzen.

Die Reaktivität der Enamine **1** resultiert aus dem nucleophilen Charakter des β-Kohlenstoffatoms, der durch die Resonanzstruktur verdeutlicht wird:

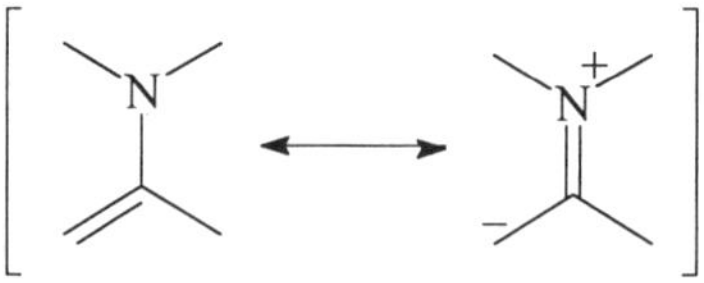

1

Die Synthese ist leicht aus den entsprechenden Carbonylverbindungen **4** möglich, indem letztere mit sekundären Aminen **5** umgesetzt werden. Aus präparativen Gründen verwendet man als Basen vorwiegend cyclische Amine wie Piperidin, Morpholin oder Pyrrolidin. Die allgemeine Synthese stammt von *Mannich* und *Davidsen*[4] aus dem Jahre 1936:

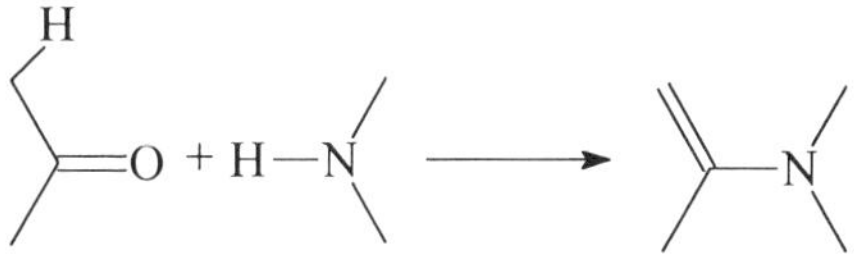

4 **5** **1**

Dabei wird das entstehende Wasser im allgemeinen durch Azeotropdestillation mit Benzol oder Toluol entfernt.

Die Stork-Reaktion selbst - Umsetzung der Enamine - verläuft mit einfachen, nicht aktivierten Alkylhalogeniden nur mit mäßigen Ausbeuten; günstiger sind stärker elektrophile Halogenide wie Allyl-, Benzyl- oder Propargylhalogenide bzw. α-Halogenether, -ketone oder -ester. Als Edukte werden häufig Pyrrolidin-Enamine **6** verwendet, z. B.:

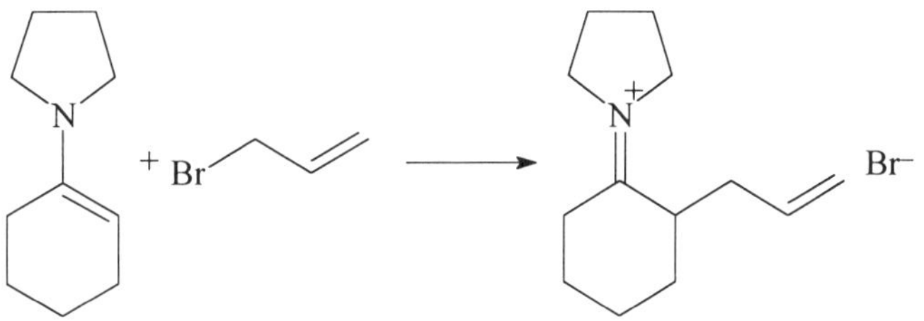

6

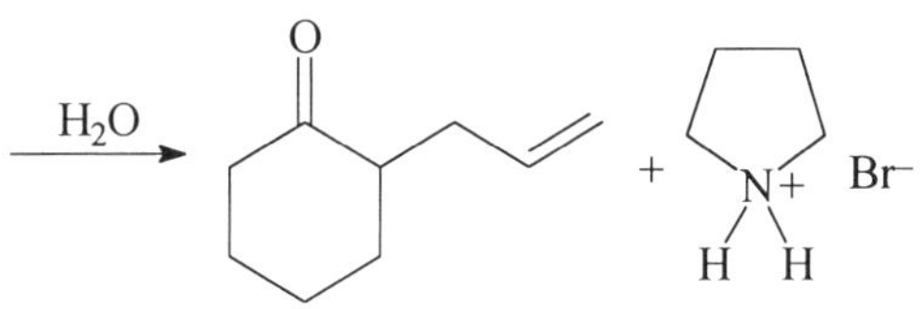

Die Carbonylverbindung **3** entsteht leicht durch saure Hydrolyse des Intermediats bei der Aufarbeitung. Das Hauptproblem bei dieser Reaktion ist die mögliche, irreversible N-Alkylierung zu quartären Ammonium-Ionen **7**:

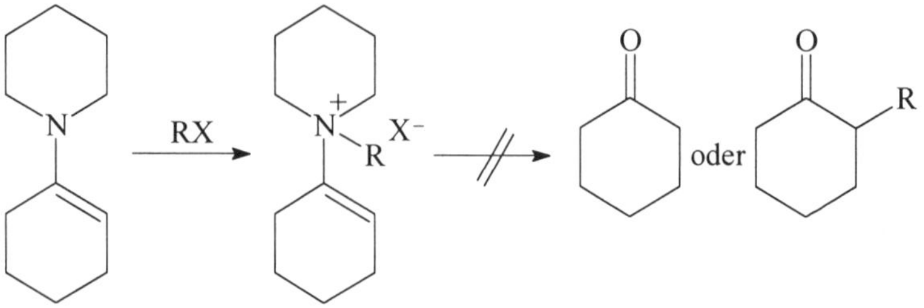

7

Weiterhin kann auch Mehrfachalkylierung auftreten, was durch Wahl der geeigneten Base bei der Darstellung des Enamins **1** (meistens Pyrrolidin) vermieden werden kann.

Enamine reagieren besonders gut mit Michael-Akzeptoren, d. h. elektrophilen Olefinen wie Acrylnitril **8** oder anderen α,β-ungesättigten Carbonylverbindungen. Prinzipiell handelt es sich in bezug auf das Olefin um eine →*Michael-Reaktion*:

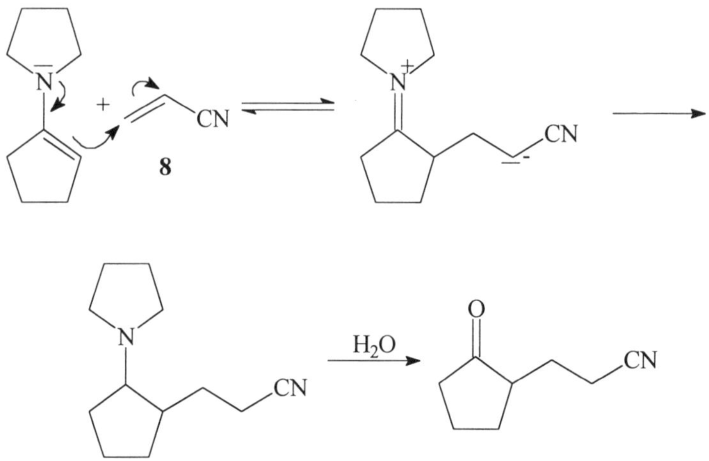

Diese Reaktion verläuft im allgemeinen mit sehr guten Ausbeuten; sie ist unter anderem deshalb so erfolgreich, weil die mögliche N-Alkylierung reversibel ist, nicht jedoch die C-Alkylierung:

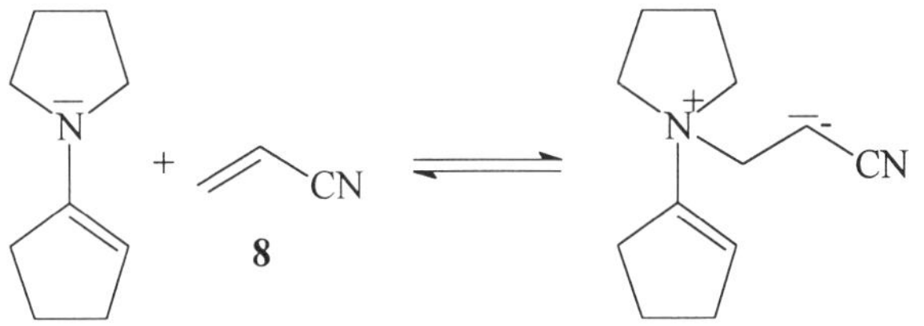

Als weitere Variante gelingt die Acylierung von Enaminen **1** durch Umsetzung mit Säurechloriden **9**:

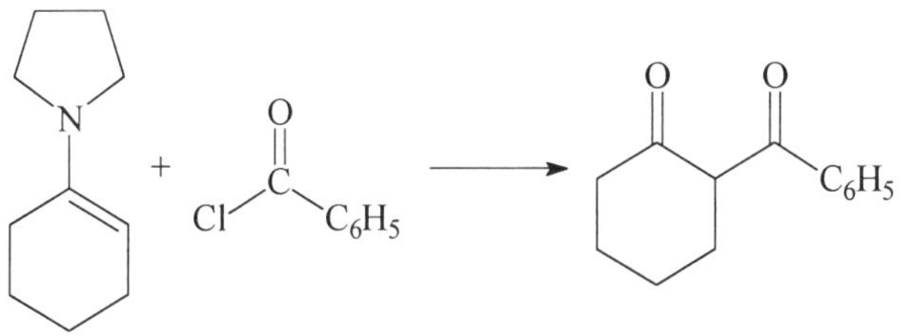

1 **9**

Die besondere präparative Bedeutung der Stork-Enamin-Reaktion hat mehrere Gründe. Der Nutzen der Reaktion liegt darin, daß man in α-Position substituierte Carbonylverbindungen erhält. Prinzipiell ist dies auch direkt durch Behandeln von Carbonylverbindungen mit Base und nachfolgender Umsetzung mit Elektrophilen möglich. Hierbei treten jedoch mehrere Nachteile auf, wie Mehrfachalkylierung, oder insbesondere bei Cyclopentanonen, Selbstkondensation der Carbonylkomponente (→*Aldolreaktion*).

Entscheidend ist auch die einfachere Kontrolle der Regioselektivität beim Einsatz von Enaminen. Des weiteren sind insbesondere Michael-Akzeptoren häufig nicht basenstabil.

1) G. Stork, R. Terrell, J. Szmuszkovicz, *J. Am. Chem. Soc.* **1954**, *76*, 2029-2030.
2) G. Stork, A. Brizzolara, H. Landesman, J. Szmuszkovicz, R. Trebell, *J. Am. Chem. Soc.* **1963**, *85*, 207-222.
3) J. K. Whitesell, M. A. Whitesell, *Synthesis* **1983**, 510-536.
4) C. Mannich, H. Davidsen, *Ber. Dtsch. Chem. Ges.* **1936**, *69*, 2106-2112.

Strecker-Synthese

α-Aminocarbonsäuren aus Aldehyden, Ammoniak und Cyanwasserstoff

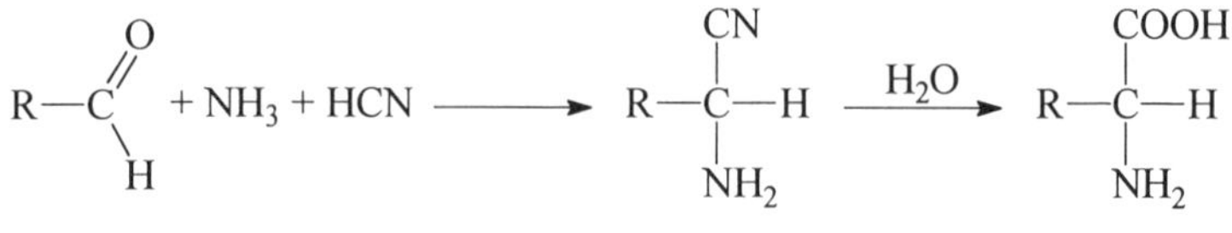

1 **2** **3**

Durch die *Strecker-Synthese*[1,2] sind α-Aminosäuren **3** aus Aldehyden **1** durch Reaktion mit Ammoniak und Cyanwasserstoff erhältlich. Die Reaktion ist ein Spezialfall der →*Mannich-Reaktion* und wird häufig technisch angewandt.

Wahrscheinlich verläuft die Reaktion über Cyanhydrine **4**, die aus dem Aldehyd **1** durch Reaktion mit Cyanwasserstoff gebildet werden:

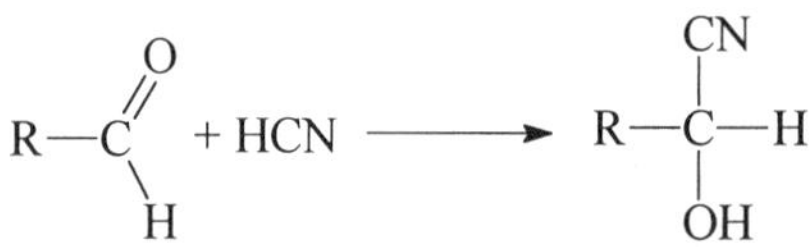

1 **4**

Daraufhin erfolgt Substitution der Hydroxygruppe durch das Ammoniak zu α-Aminonitrilen **2**. Letztere können leicht zu α-Aminocarbonsäuren **3** hydrolysiert werden:

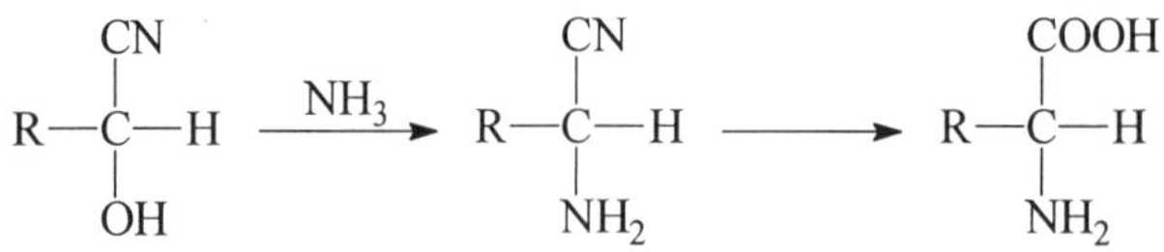

4 **2** **3**

Nachteile der Reaktion sind die schlechte Zugänglichkeit einiger Aldehyde sowie die Toxizität von Cyanwasserstoff.[2]

Von zahlreichen chemischen Synthesemethoden haben sich nur wenige für die technische Großproduktion durchgesetzt. Als Variante der Strecker-Synthese wird auch die *Bucherer-Bergs-Reaktion*[2] eingesetzt, die bessere Ausbeuten liefert und über ein Hydantoin **5** verläuft:

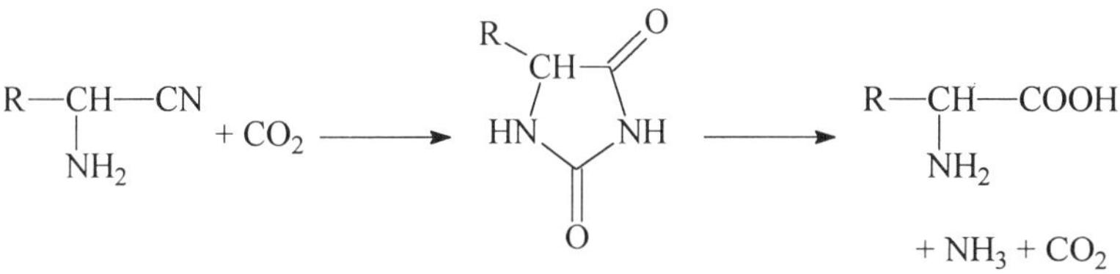

3

2 **5**

Die technische Bedeutung chemischer Aminosäuresynthesen wird allerdings durch die Tatsache eingeschänkt, daß stets Racemate entstehen und die nachfolgende Enantiomerentrennung oft kostenbestimmend ist.

Im Labormaßstab lassen sich auch asymmetrische Aminosäuresynthesen durchführen; neben vielen anderen existieren auch asymmetrische Strecker-Synthesen.[3]

1) A. Strecker, *Justus Liebigs Ann. Chem.* **1850**, *75*, 27-45.
2) Th. Wieland, R. Müller, E. Niemann, L. Birkhofer, A. Schöberl, A. Wagner, H. Söll, *Methoden Org. Chem. (Houben-Weyl)* **1959**, Bd. XI/2, S. 305-306.
3) J. Mulzer, H.-J. Altenbach, M. Braun, K. Krohn, H.-U. Reissig, *Organic Synthesis Highlights*, VCH, Weinheim, **1991**, S. 303.

Suzuki-Reaktion

Palladium-katalysierte Kreuzkupplung von Organoboran-Verbindungen

$$\underset{\mathbf{1}}{RX} + \underset{\mathbf{2}}{R'B(OH)_2} \xrightarrow[\text{Base}]{Pd(0)L_n} \underset{\mathbf{3}}{R\text{—}R'} + \underset{\mathbf{4}}{XB(OH)_2}$$

Neben der *Suzuki-Reaktion*[1-3] haben eine Reihe Palladium-katalysierter C-C-Verknüpfungsreaktionen wie →*Stille-Kupplung* und →*Heck-Reaktion* in den vergangenen Jahren eine große Bedeutung in der präparativen Organischen

Chemie erlangt. Bei der Suzuki-Reaktion wird eine Organobor-Verbindung (meist eine Boronsäure) mit einem Aryl-, Alkenyl- oder Alkinylhalogenid umgesetzt.

Der Mechanismus[2,4] der Suzuki-Reaktion ist eng mit dem der Stille-Kupplung verwandt und läßt sich wie dieser am besten durch einen katalytischen Cyclus beschreiben:

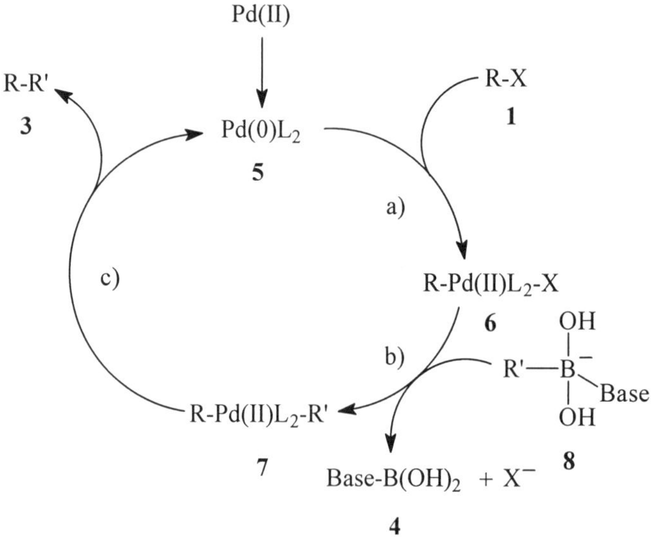

a) Oxidative Addition. Umsetzung des Halogenids mit dem Palladium(0)komplex **5** unter Bildung einer Palladium(II)spezies **6**.

b) Transmetallierung. Übertragung von R' vom Bor auf das Palladium. Generierung einer Palladium(II)-Spezies 7, die bereits die beiden zu verknüpfenden Reste R und R' enthält.

c) Reduktive Eliminierung zum Substitutionsprodukt **3** unter Regeneration des Katalysators zum Pd(0)komplex **5**.

Durch Reaktion mit Base entsteht eine, in der für die Umsetzung notwendigen Weise, aktivierte Alkylboronsäure **8** mit einem tetravalenten Boratom.

Häufig ist der für die Gesamtgeschwindigkeit entscheidende Schritt die oxidative Addition. Die Reaktionsgeschwindigkeit fällt in Abhängigkeit vom Halogenid in der Reihenfolge:

$$I > OTf > Br >> Cl$$

Wie man dieser Aufzählung entnehmen kann, werden neben den Halogeniden auch Triflate (OTf, Trifluormethansulfonäurederivate) als Kupplungspartner der Boronsäuren eingesetzt.

Besondere Bedeutung besitzt die Kupplung von Aryl- und Heteroarylboronsäuren mit Aryl- bzw. Heteroarylhalogeniden die zu Biphenylenen führt. Außerdem läßt sich bei entsprechend disubstituierten Aromaten die Suzuki-Reaktion zur Synthese von Polyphenylenpolymeren nutzen.

Die Kupplung von Alkenylboronsäuren mit Alkenylhalogeniden ist eine ausgezeichnete Methode zur stereoselektiven Synthese von konjugierten Dienen. Dieses läßt sich eindrucksvoll an einem Beispiel zur Synthese von Vitamin-A **8** zeigen. Die Reaktion läuft unter Retention ab, so daß man nur ein Produkt definierter Stereochemie erhält:[5)]

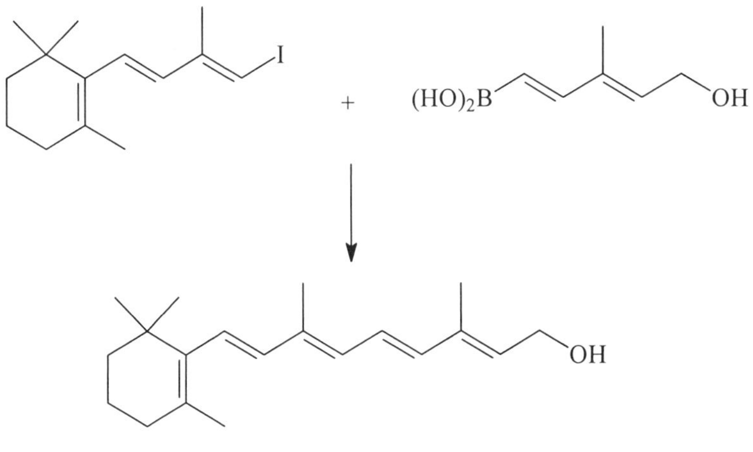

8

Die meisten anderen funktionellen Gruppen stören bei der Suzuki-Reaktion nicht. Die Ausbeuten sind häufig sehr gut. Eine Besonderheit der Suzuki-Reaktion zeigt sich in der wichtigen Rolle einer Base bei der Umsetzung. Im

Gegensatz zur Stille-Kupplung und zur Heck-Reaktion erfolgt keine Kupplung unter neutralen Reaktionsbedingungen.

1) A. Suzuki, N. Miyaura, *J. Chem. Soc., Chem. Commun.* **1979**, 866-867.
2) A. Suzuki, N. Miyaura, *Chem. Rev.* **1995**, *95*, 2457-2483.
3) A. R. Martin, Y.Yang, Acta Chem. Scand. **1993**, *47*, 221-230.
4) A. O. Aliprantis, J. W. Canary, *J. Am. Chem. Soc.* **1994**, *116*, 6985-6986.
5) A. Torrado, B. Iglesias, S. López, A. R. de Lera, *Tetrahedron* **1995**, *51*, 2435-2454.

Tiffeneau-Demjanov-Reaktion

Ringerweiterung von β-Aminoalkoholen

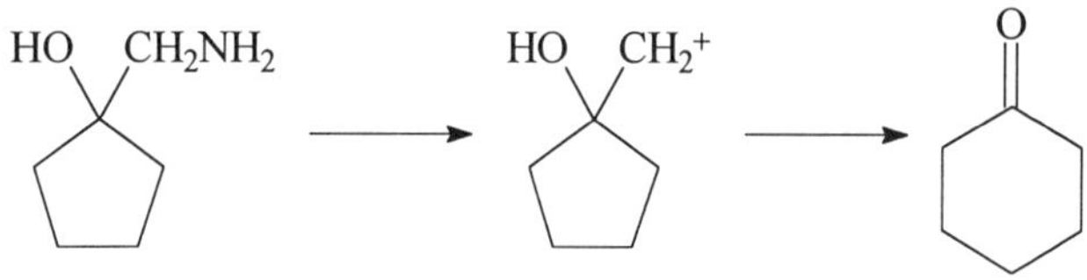

1 **2** **3**

Behandelt man cyclische β-Aminoalkohole wie **1** mit Salpetriger Säure, so bildet sich nach Desaminierung ein Carbenium-Ion **2**, das durch Umlagerung und Deprotonierung ein um ein Kohlenstoffatom ringerweitertes Keton **3** bildet. Diese Reaktion wird als *Tiffeneau-Demjanov-Reaktion*[1-3] bezeichnet und ist vielseitiger als die ältere *Demjanov-Reaktion.*[2]

Znächst wird wie bei der →*Diazotierung* ein Nitrosamin **4** gebildet, aus dem nach Protonierung und Wasserabspaltung das Diazonium-Ion **5** entsteht:[2,4]

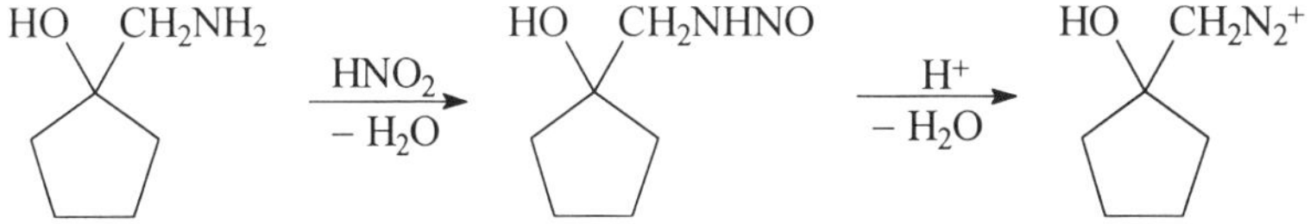

1 **4** **5**

Diazonium-Ionen **1** besitzen mit Stickstoff eine hervorragende Abgangsgruppe. Durch dessen Abspaltung erzeugt man das Carbenium-Ion **2,** das über eine 1,2-Alkylverschiebung zum stabileren Carbenium-Ion **6** umlagert. Diese Reaktion wird manchmal als *Semipinakol-Umlagerung* bezeichnet. Abschließend entsteht aus dem Carbenium-Ion **6** das ringerweiterte Keton **3**:

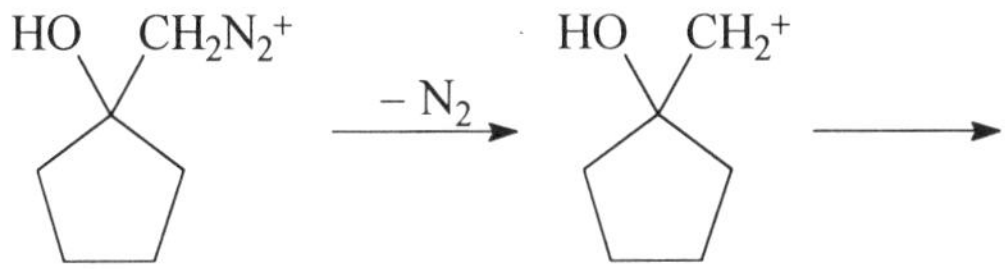

5 **2**

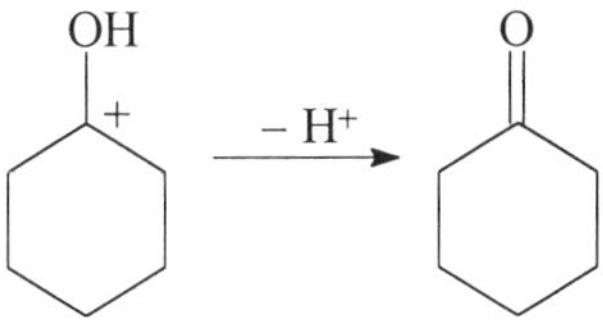

6 **3**

Die Edukte für die Tiffeneau-Demjanov-Reaktion sind gut zugänglich und können von Ketonen ausgehend auf verschiedenen Wegen hergestellt werden.[3)] Ein gebräuchlicher Zugang ist die Umsetzung eines Ketons **7** mit Nitromethan und anschließender Hydrierung zum β-Aminoalkohol **1**:

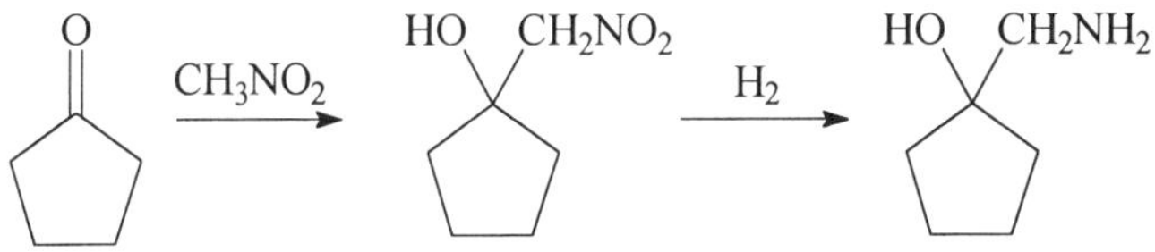

7 **1**

Die ältere Demjanov-Reaktion liefert bei der Behandlung von Aminomethylcycloalkanen **8** mit Salpetriger Säure einen um ein Kohlenstoffatom ringerweiterten Alkohol **9**:

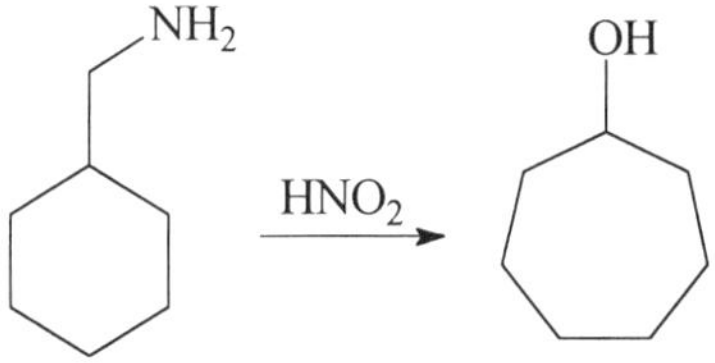

8 **9**

Da bei der Demjanov-Reaktion eine Reihe von Nebenreaktionen auftreten können, erhält man durch die modernere Tiffeneau-Demjanov-Reaktion im allgemeinen bessere Ausbeuten.

Mit der Tiffeneau-Demjanov-Reaktion wurden Ringerweiterungen zu vier-[5] bis neungliedrigen Ringen[2] durchgeführt. Heteroatome wie Stickstoff und Schwefel als Ringatome stören die Reaktion im allgemeinen nicht.[2] Trägt das zur Aminogruppe α-ständige Kohlenstoffatom einen Substituenten, werden die Ausbeuten häufig sehr schlecht oder es erfolgt keine Reaktion, da das Carbenium-Ion in diesen Fällen zu stark stabilisiert wird. Bei substituierten Ringen kann die Bildung von Produktgemischen die präparative Nutzung einschränken.

1) M. Tiffeneau, P. Weill, B. Tchoubar, *C. R. Acad. Sci.* **1937**, *205*, 144-146.
2) P. A. S. Smith, D. R. Baer, *Org. React.* **1960**, *11*, 157-188.
3) M. Hesse, *Ring Enlargement in Organic Chemistry*, VCH, Weinheim, **1991**, S. 9-10.
4) H. Stach, M. Hesse, *Tetrahedron* **1988**, *44*, 1573-1590.
5) H. N. C. Wong, M.-Y. Hon, C.-W. Tse, Y.-C. Yip, *Chem. Rev.* **1989**, *89*, 165-198.
6) M. A. McKinney, P. P. Patel, *J. Org. Chem.* **1973**, *38*, 4059-4067.

Vilsmeier-Reaktion

Formylierung von Aromaten

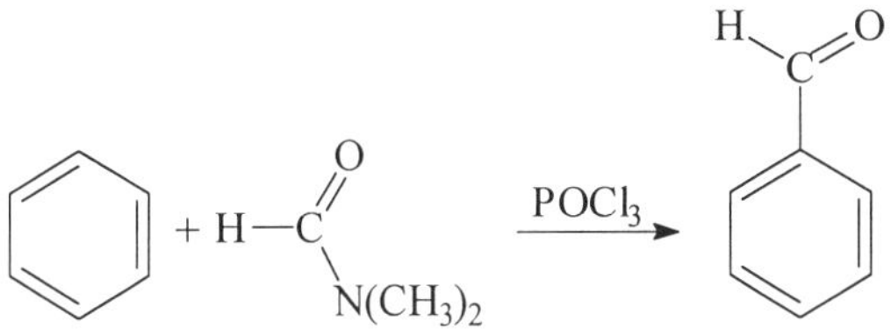

1 **2** **3**

Die Umsetzung elektronenreicher Aromaten **1** (symbolisiert durch den Benzolring) mit Dimethylformamid **2** zu Arylaldehyden **3** wird als *Vilsmeier*-[1-3] oder seltener als *Vilsmeier-Haack-Reaktion* bezeichnet. Sie stellt eine aus einer Reihe verschiedener Formylierungsreaktionen (→*Gattermann-Synthese*) dar, die alle über eine begrenzte Anwendungsbreite verfügen.

Im ersten Reaktionsschritt wird das Formylierungsreagenz aus Phosphoroxychlorid und N,N-Dimethylformamid (DMF) **2** generiert. Auch andere N,N-Dialkylformamide können eingesetzt werden; neben DMF ist N-Methyl-N-phenylformamid ein gebräuchliches Reagenz. DMF reagiert mit Phosphoroxychlorid zu den beiden im Gleichgewicht stehenden Iminiumsalzen **4** und **5**. Diese Elektrophile reagieren in einer Substitutionsreaktion zu einem weiteren Iminiumsalz **6**:[3]

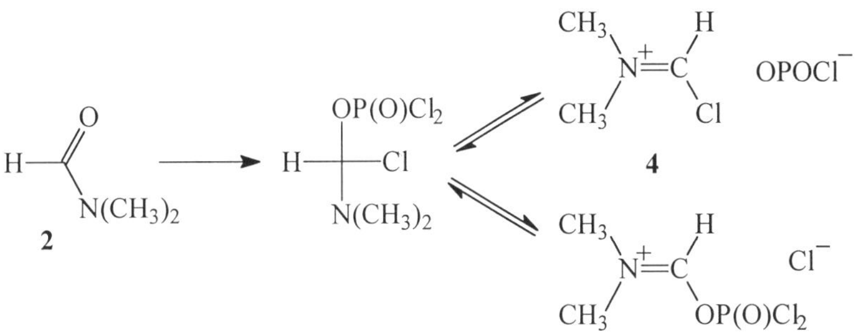

2 **4** **5**

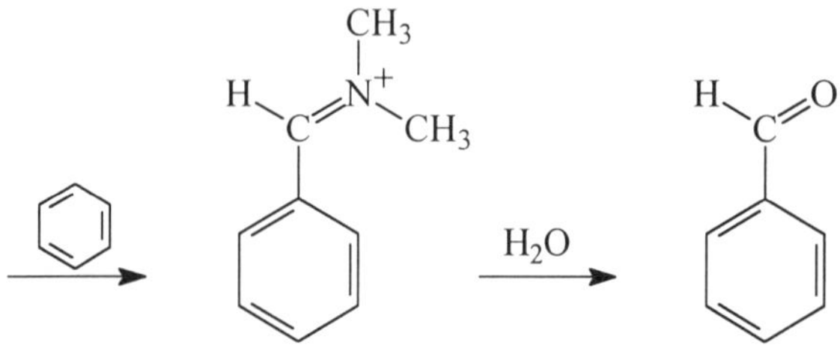

6 **3**

Das Primäraddukt **6** ist wiederum ein Iminiumsalz und kann leicht zu dem formylierten Aromaten **3** hydrolysiert werden. Es wird neben dem *ortho*- bevorzugt das *para*-substituierte Produkt gebildet.

Die Vilsmeier-Reaktion ist auf elektronenreiche Aromaten wie Phenole und Amine sowie auf reaktive Heteroaromaten (Furane, Pyrrole, Indole usw.) beschränkt. Außerdem lassen sich auch zahlreiche Alkene unter Vilsmeier-Bedingungen formylieren. So kann das Hexatrien **7** mit einer Ausbeute von 70 % in den kettenverlängerten Aldehyd **8** überführt werden:[4)]

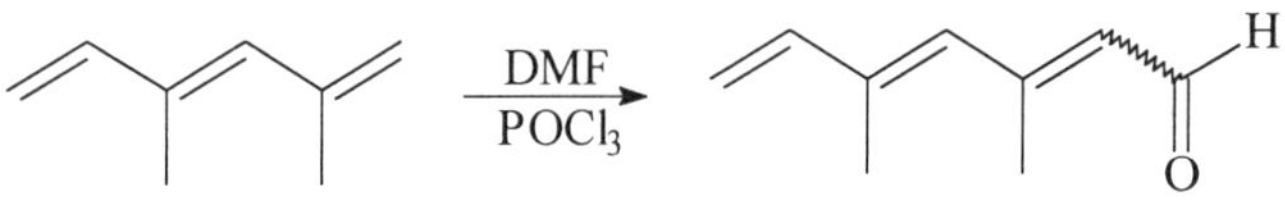

7 **8**

Eine elegante Anwendung der Vilsmeier-Reaktion stellt die Synthese substituierter Biphenyle nach *Rao und Rao*[5)] dar. Ausgehend von dem Homoallylalkohol **9** erhält man das Biphenyl **10** in einer Eintopfreaktion mit einer Ausbeute von 80 %:

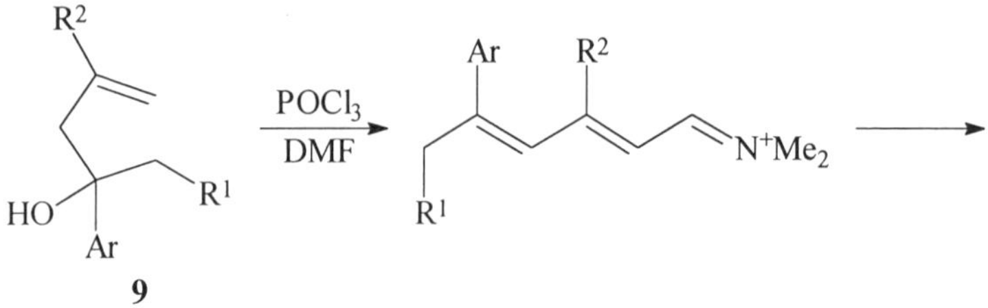

9

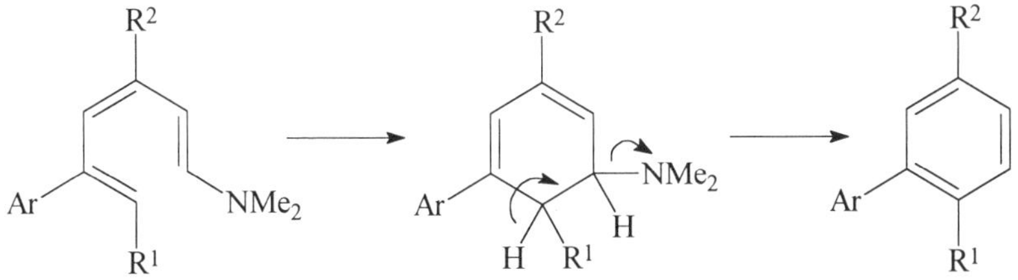

10

Trotz ihrer Beschränkung auf elektronenreiche Aromaten ist die Vilsmeier-Reaktion die wohl wichtigste aromatische Formylierung. Durch den Einsatz von DMF im Überschuß kann im allgemeinen auf ein weiteres Lösungsmittel verzichtet werden. Darüber hinaus werden Toluol, Dichlorbenzol oder chlorierte Kohlenwasserstoffe als Solventien eingesetzt.[6)]

1) A. Vilsmeier, A. Haack, *Ber. Dtsch. Chem. Ges.* **1927**, *60*, 119-122.
2) C. Jutz, *Adv. Org. Chem.* **1976**, *9*, Bd. 1, 225-342.
3) G. Jones, S. P. Stanforth, *Org. React.* **1997**, *49*, 1-330.
4) P. C. Traas, H. J. Takken, H. Boelens, *Tetrahedron Lett.* **1977**, 2129-2132.
5) M. S. C. Rao, G. S. K. Rao, *Synthesis* **1987**, 231-233.
6) G. Simchen, *Methoden Org. Chem. (Houben-Weyl)* **1983**, Bd. E3, S. 36-85.

Vinylcyclopropan-Umlagerung

Umlagerung von Vinylcyclopropanen zu Cyclopentenen

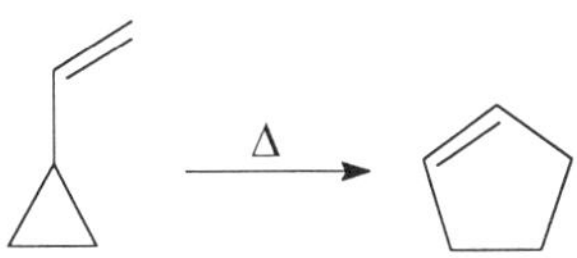

1 **2**

Als *Vinylcyclopropan-Umlagerung*[1-3)] wird die thermische Isomerisierung von Vinylcyclopropanen **1** zu Cyclopentenen **2** bezeichnet.

Für den Mechanismus werden zwei Reaktionswege diskutiert:[2,4] eine konzertierte [1,3]-sigmatrope Umlagerung und ein Diradikalmechanismus[5]. Eine Rationalisierung der experimentellen Daten deutet darauf hin, daß in Abhängigkeit vom Substrat beide Reaktionswege möglich sind, wobei der Radikalmechanismus die größere Bedeutung besitzt.

Die Richtung der Ringöffnung wird durch die Stabilität des dabei gebildeten Radikals bestimmt. Bei der deuterierten Verbindung **3** kann die Ringöffnung an zwei Positionen erfolgen, wodurch die Isomere **4** und **5** gebildet werden:

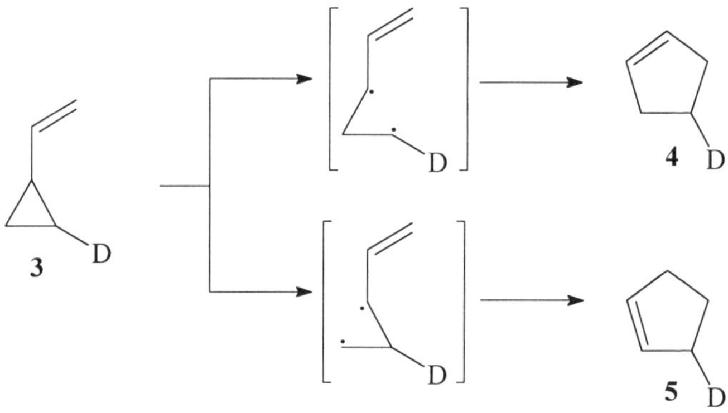

Vinylcyclopropane verfügen über verschiedene Möglichkeiten zu isomerisieren:[2,3] die Umlagerung zu Cyclopentenen **2** oder als Konkurrenzreaktion die Ringöffnung zu Pentadienen **6**:

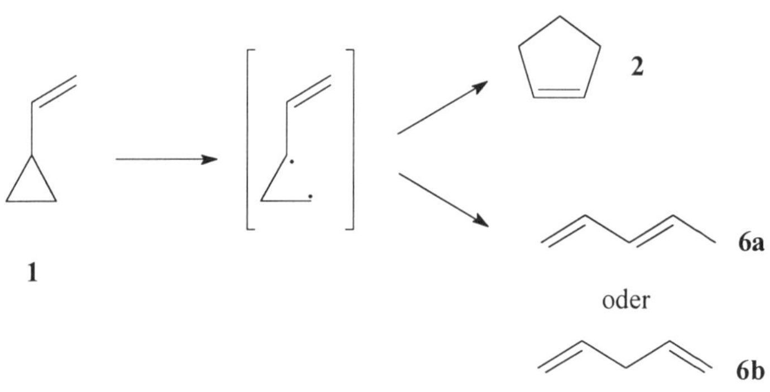

Trägt der Cyclopropanring **7** einen Methylsubstituenten, so ergibt sich durch eine *Retro-En-Reaktion* (→*En-Reaktion*) eine weitere Reaktionsmöglichkeit zu einer offenkettigen Verbindung, dem Hexadien **7**:

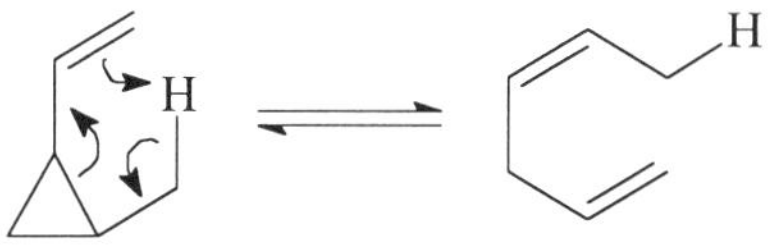

7 **8**

Die zweifache Vinylcyclopropan-Umlagerung von 1,1-Dicyclopropylethens **9** zu Bicyclo[3,3,0]oct-1-en **10** ist ein interessantes Beispiel dieser Reaktion:[6)]

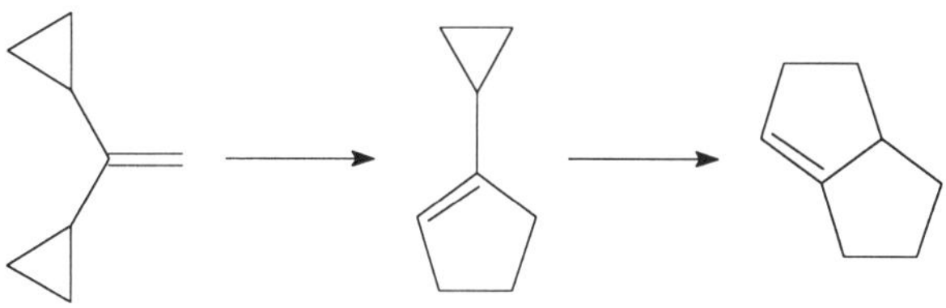

9 **10**

Da die 1,4-Addition von Carbenen an 1,3-Diene im allgemeinen nicht gelingt,[7)] ist die Vinylcyclopropanumlagerung umso bedeutender für den Aufbau von Cyclopentenringen: Es besteht die Möglichkeit, das gewünschte Produkt durch die 1,2-Addition eines Carbens an eine Doppelbindung des Diens und nachfolgende Vinylcyclopropan-Umlagerung zu erhalten:

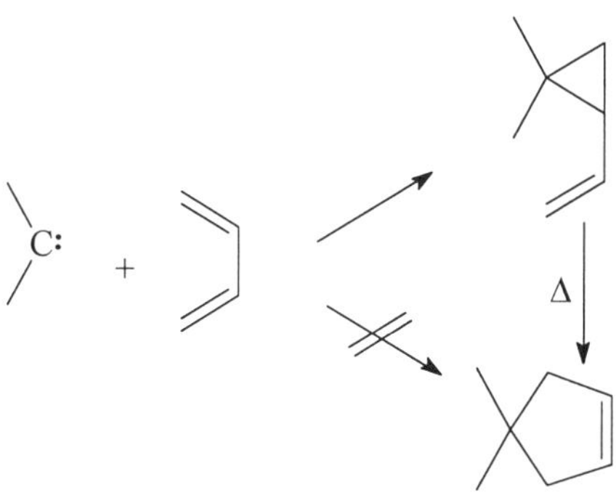

Außer durch 1,2-Carbenaddition lassen sich Vinylcyclopropane durch →*Di-π-Methan-Umlagerung* aus 1,4-Dienen herstellen.

Neben ihrer präparativen Bedeutung ist die Vinylcyclopropan-Umlagerung von mechanistischem Interesse (konzertierter *versus* radikalischer Mechanismus). Die für die Umlagerung notwendige Temperatur liegt im allgemeinen zwischen 200 und 400 °C, die gesammte Spannweite reicht aber je nach Substrat von 50 bis 600 °C. Die photochemische[8)] und die übergangsmetallkatalysierten[2)] Varianten bedürfen dieser hohen Temperaturen nicht.

1) N. P. Neureiter, *J. Org. Chem.* **1959**, *24*, 2044-2046.
2) T. Hudlicky, T. M. Kutchan, S. Naqvi, *Org. React.* **1985**, *33*, 247-335.
3) H. M. Frey, R. Walsh, *Chem. Rev.* **1969**, *69*, 103-124.
4) E. M. Mil'vitskaya, A. V. Tarakanova, A. F. Plate, *Russ. Chem. Rev.* **1976**, *45*, 469-478.
5) G. McGaffin, A. de Meijere, R. Walsh, *Chem. Ber.* **1991**, *124*, 939-945.
6) G. R. Branton, H. M. Frey, *J. Chem. Soc. A* **1966**, *31*, 1342-1343.
7) C. J. Moody, G. H. Whitham, *Reactive Intermediates*, Oxford Sience Publications, Oxford, **1992**, S. 38-39.
8) H. E. Zimmerman, S. A. Fleming, *J. Am. Chem. Soc.* **1983**, *105*, 622-625.

Wagner-Meerwein-Umlagerung

Nucleophile Umlagerung des Kohlenstoffgerüsts über Carbenium-Ionen

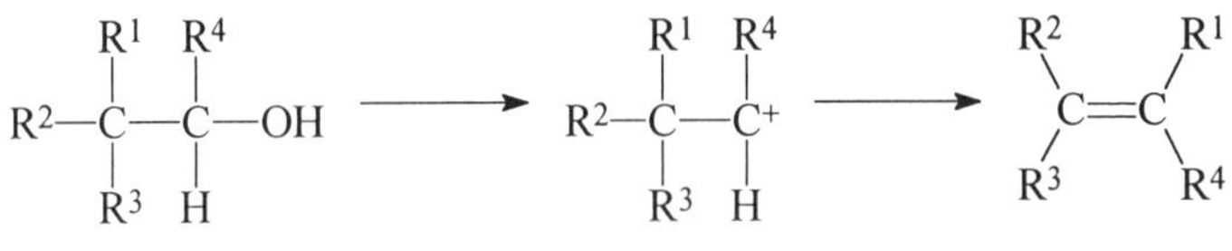

1 **2** **3**

Gerüstumlagerungen von Carbenium-Ionen **2**, die unter nucleophiler 1,2-Verschiebung von Alkylresten erfolgen, werden zusammenfassend als *Wagner-Meerwein-Umlagerungen*[1-3)] bezeichnet.

Im ersten Reaktionsschritt muß zunächst das Carbenium-Ion erzeugt werden, was zum Beispiel durch saure Dehydratisierung von Alkoholen **1** erfolgen kann. Das Carbenium-Ion hat dann verschiedene Möglichkeiten sich zu stabilisieren, so durch Addition eines Nucleophils oder Eliminierung eines Protons, was zu Olefinen **3** führt.

Entsprechend der Substratstruktur kann es durch 1,2-Kohlenstoffwanderungen zu sigmatropen Umlagerungen kommen, wodurch andere Carbenium-Ionen wie **4** entstehen. Triebkraft solcher Umlagerungen ist die Bildung eines stabileren Carbenium-Ions, das sich schließlich zum Reaktionsprodukt stabilisiert, im folgenden Beispiel zum Olefin **3**:

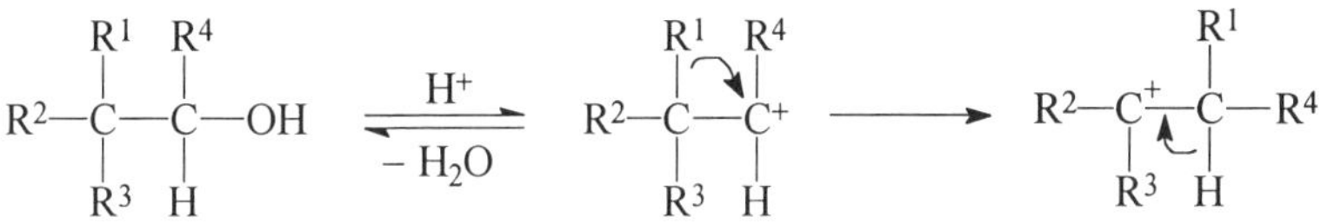

1 **2** **4**

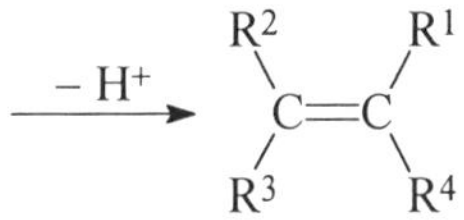

3

Da Alkylsubstituenten positive Ladungen stabilisieren (Hyperkonjugation), sind tertiäre Carbenium-Ionen stabiler als sekundäre bzw. primäre. Aus dem gleichen Grund läßt sich auch eine Reihenfolge für die relative Wanderungstendenz unterschiedlicher Reste (Phenyl > *tert.*-Butyl > Ethyl > Methyl) formulieren. Der wandernde Rest löst sich in den meisten Fällen nicht vollständig, sondern bleibt zum Beispiel in Form eines π-Komplexes, eines S_N2-artigen Übergangszustandes oder eines engen Ionenpaares gebunden.

Das synthetische Potential der Reaktion ist naturgemäß gering. Von besonderer Bedeutung ist die Wagner-Meerwein-Umlagerung jedoch für die Terpenchemie,[4,5] so lagert Isoborneol **5** nach Dehydratisierung zu Camphen **6** um:

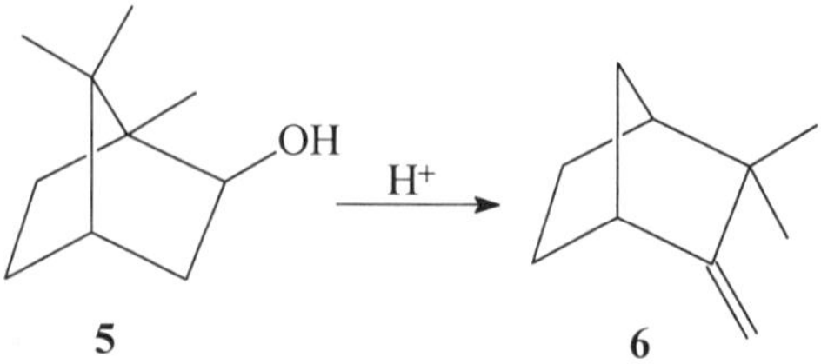

5 **6**

Bei größeren komplexen Kohlenstoffgerüsten können ganze Kaskaden von Umlagerungen auftreten,[6-8] wobei das Kohlenstoffgerüst oft eine nachhaltige Umbildung erfährt:

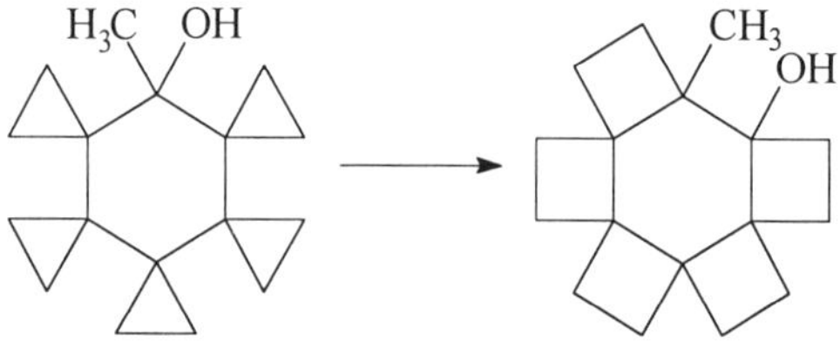

Bei der Abgangsgruppe muß es sich nicht um Wasser handeln, alle Spezies (z. B. Halogenide), die zur Bildung eines Carbenium-Ions führen, sind geeignet. Die Substituenten können von Wasserstoff über Alkyl- bis hin zu Arylresten variieren.[3]

Die Wagner-Meerwein-Umlagerung ist außer in der Terpenchemie nur von begrenzter präparativer Bedeutung, sie ist häufig eher als unerwünschte Nebenreaktion beispielsweise bei Eliminierungen zu sehen.

1) H. Meerwein, W. Unkel, *Justus Liebigs Ann. Chem.* **1910**, *376*, 152-163.
2) A. Streitwieser, Jr., *Chem. Rev.* **1956**, *56*, 698-713.
3) H. Hogeveen, E. M. G. A. v. Kruchten, *Top. Curr. Chem.* **1979**, *80*, 89-124.
4) T. S. Sorensen, *Acc. Chem. Res.* **1976**, *9*, 257-265.
5) L. A. Paquette, L. Waykole, H. Jendralla, C. E. Cottrell, *J. Am. Chem. Soc.* **1986**, *108*, 3739-3744.
6) L. Fitjer, D. Wehle, M. Noltemeyer, E. Egert, G. M. Sheldrick, *Chem. Ber.* **1984**, *117*, 203-221.
7) M. Hesse, *Ring Enlargement in Organic Chemistry*, VCH, Weinheim, **1991**, S. 8-9.

Weiss-Reaktion

Synthese von Bicyclo[3.3.0]octanen

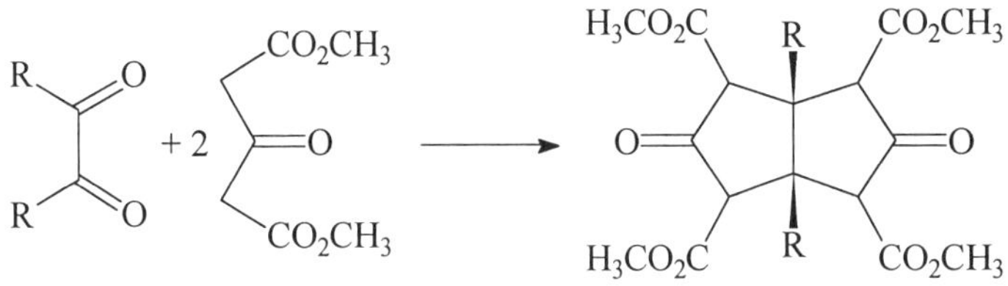

1 **2** **3**

Unter der *Weiss-Reaktion*[1-3] versteht man eine Reaktionsfolge aus zwei →*Aldol*- und zwei →*Michael-Reaktionen*, bei der eine 1,2-Dicarbonylverbindung **1** mit einem 3-Oxoglutarsäurediester **2** zu einem *cis*-Bicyclo[3.3.0]-octandion **3** umgesetzt wird. Obwohl sie aus einer Reihe von Schritten besteht, in deren Verlauf vier Kohlenstoff-Kohlenstoff-Bindungen geknüpft werden, kann die Durchführung als Eintopf-Reaktion erfolgen.

Einleitend erfolgt eine intermolekulare Aldoladdition des 3-Oxoglutarsäurediesters **2** an die 1,2-Dicarbonylverbindung **1**. Nach der intermolekularen folgt eine intramolekulare Aldolreaktion unter Bildung des Fünfring-Intermediats **4**. Dehydratisierung führt zu dem Cyclopentenon **5**, das mit einem zweiten Molekül des 3-Oxoglutarsäurediesters eine intermolekulare Michael-Reaktion eingeht. Nach einem zweiten Dehydratisierungsschritt findet die abschließende intramolekulare Michael-Reaktion statt:[2]

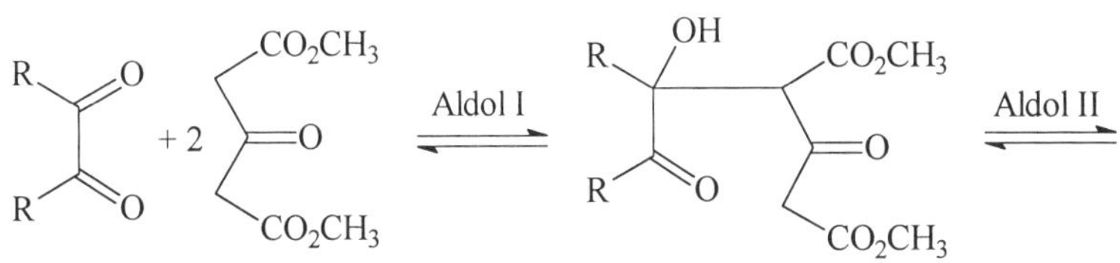

1 **2**

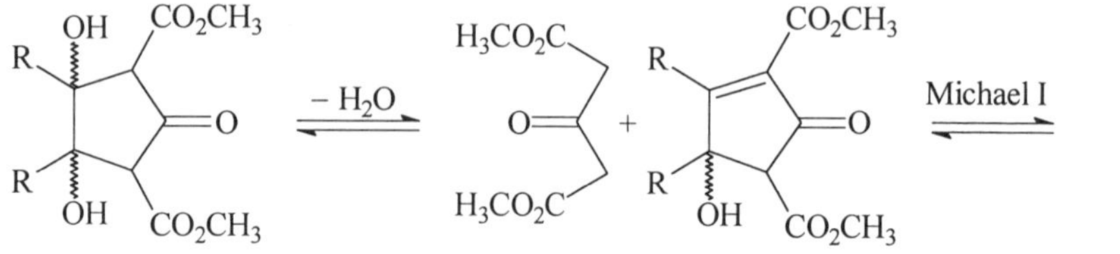

4 **1** **5**

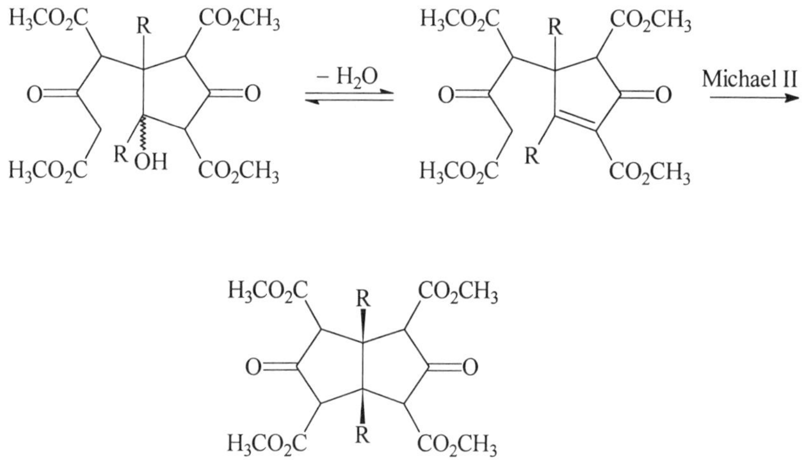

3

Dieser plausible Mechanismus ist noch nicht in allen Details bewiesen, konnte aber durch die Isolation des 1:1-Zwischenprodukts **5** gestützt werden.[4] Die für die Reaktion unentbehrlichen Estergruppen lassen sich nach beendeter Cyclisierung abspalten.

Ein Beispiel eines Kohlenwasserstoffs, der über die Weiss-Reaktion hergestellt wurde, ist das all-*cis*[5.5.5.5]Fenestran **7**, das ausgehend von dem Diketon **6** von *Cook et al.* hergestellt werden konnte:[5]

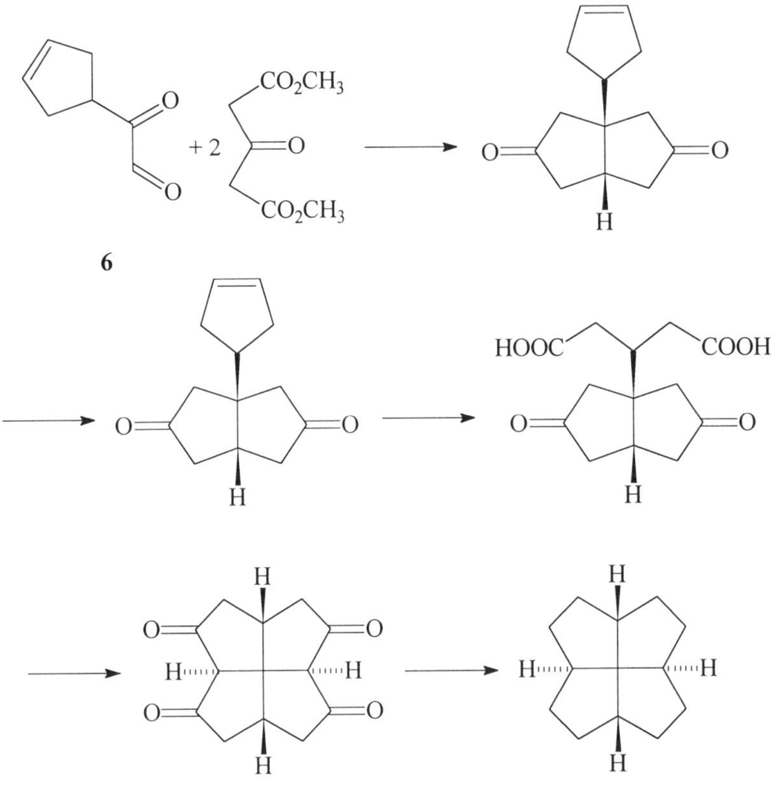

7

Die Wasserstoff-Ionenkonzentration spielt hierbei eine entscheidende Rolle, man arbeitet in Pufferlösungen in schwach saurer oder basischer Lösung. Die Stärke der Weiss-Reaktion liegt darin, daß sehr einfache Edukte unter Knüpfung von vier Kohlenstoff-Kohlenstoff-Bindungen zu einem komplizierten Produkt definierter Stereochemie umgesetzt werden können. Die Anwendungsbreite ist allerdings begrenzt, doch gibt es keinen einfacheren synthetischen Zugang zu 1,5-disubstituierten *cis*-Bicyclo[3.3.0]octanen (Nutzung z. B. bei der Synthese von Polyquinenen und Polyquinanen).[6)]

1) U. Weiss, J. M. Edwards, *Tetrahedron Lett.* **1968**, 4885-4887.
2) J. Mulzer, H.-J. Altenbach, M. Braun, K. Krohn, H.-U. Reissig, *Organic Synthesis Highlights*, VCH, Weinheim, **1991**, S. 121-125.
3) X. Fu, J. M. Cook, *Aldrichimica Acta* **1992**, *25*, 43-54.

4) G. Kubiak, J. M. Cook, *Tetrahedron Lett.* **1985**, *26*, 2163-2166.
5) G. Kubiak, X. Fu, A. Gupta, J. M. Cook. *Tetrahedron Lett.* **1990**, *31*, 4285-4288.
6) A. Gupta, X. Fu, J. P. Snyder, J. M. Cook, *Tetrahedron* **1991**, *47*, 3665-3710.

Willgerodt-Reaktion

Arylalkylketone zu ω-Arylalkancarbonsäureamiden

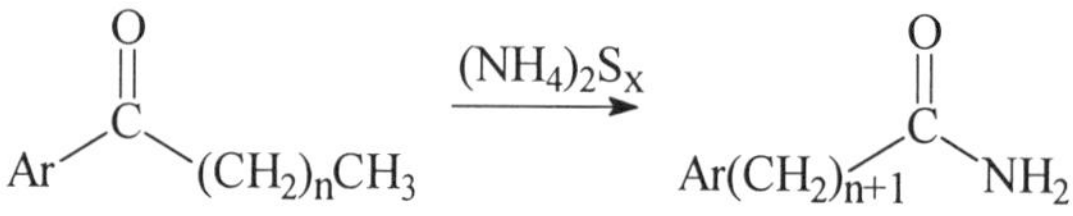

1 **2**

Arylalkylketone **1** lassen sich durch die *Willgerodt-Reaktion*[1-3] in wäßriger Ammoniumpolysulfidlösung zu ω-Arylalkancarbonsäureamiden **2** gleicher Kohlenstoffatomzahl umsetzen. Bei der von *Kindler*[4] entwickelten Variante (*Willgerodt-Kindler-Reaktion*) setzt man anstelle des Polysulfids Schwefel und sekundäre Amine ein.

Die Willgerodt-Reaktion beginnt mit der Bildung eines Enamins **4**, das den Schwefel aufnimmt. Ihr weiterer Verlauf läßt sich nicht mit einem für alle Substrate einheitlichen Mechanismus wiedergeben.[2,3,5] Für Arylmethylketone **3** kann er - hier in der Kindler-Variante - wie folgt diskutiert werden:

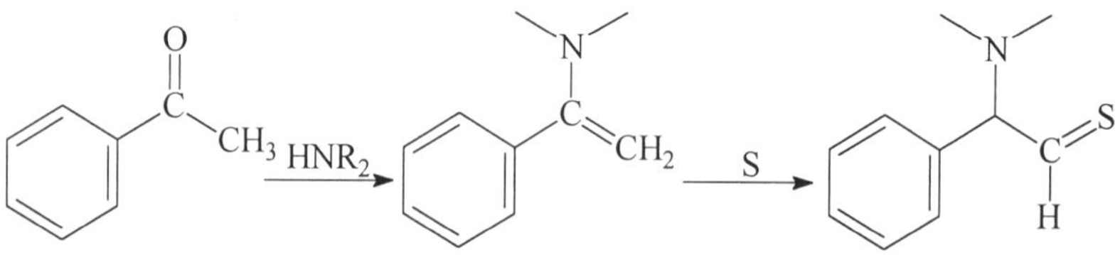

3 **4**

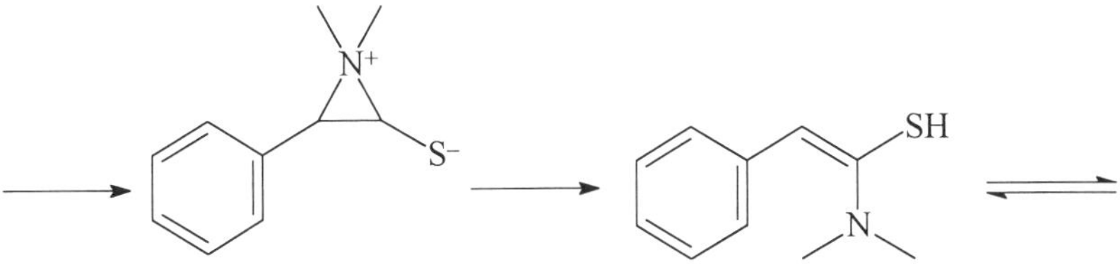

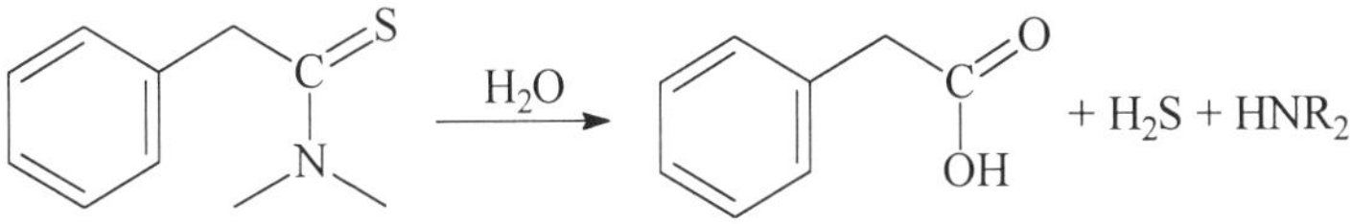

5 **6**

Die Produkte der Willgerodt-Reaktion sind Amide **2**, bei der Willgerodt-Kindler-Reaktion sind es Thioamide **5**. Beide Amide können durch alkalische Hydrolyse in die entsprechenden Carbonsäuren **6** übergeführt werden.

Die Willgerodt-Reaktion erfolgt im allgemeinen unter erhöhtem Druck, was den präparativen Aufwand erhöht; bei der Variante nach Kindler ist dieses nicht notwendig. Außerdem ließen sich durch diese Weiterentwicklung die Ausbeuten erheblich verbessern, die Anwendungsbreite vergrößern. Es ist sogar möglich, anstelle von Ketonen Styrole **7** und andere Vinylgruppen tragende Aromaten einzusetzen:2)

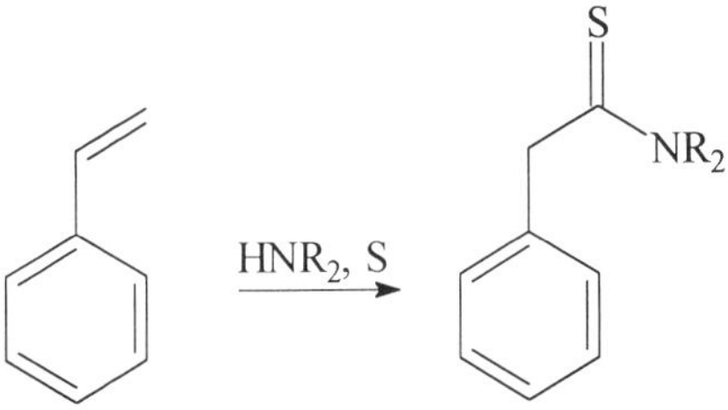

7

Die Ausbeuten bei der Willgerodt-Reaktion sind dennoch häufig unbefriedigend, wie auch bei den Alkylketonen von Heteroaromaten, die sich ebenfalls unter den Bedingungen der Kindler-Variante umsetzen lassen. Außerdem verschlechtern sich die Ausbeuten drastisch durch die Zunahme der Kettenlänge der Alkylreste.

1) C. Willgerodt, *Ber. Dtsch. Chem. Ges.* **1888**, *21*, 534-536.
2) E. V. Brown, *Synthesis* **1975**, 358-375.
3) M. Carmack, M. A. Spielman, *Org. React.* **1946**, *3*, 83-107.
4) K. Kindler, *Justus Liebigs Ann. Chem.* **1923**, *431*, 187-207.
5) F. Asinger, W. Schäfer, K. Halcour, A. Saus, H. Triem, *Angew. Chem.* **1963**, *75*, 1050-1059; *Angew. Chem. Int. Ed. Engl.* **1964**, *3*, 19.

Williamson-Ethersynthese

Asymmetrische Ether aus Alkoholaten und Alkylhalogeniden

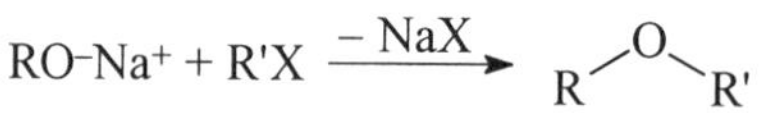

1 **2** **3**

Die nach *Williamson*[1,2] benannte Reaktion stellt das wichtigste Verfahren zur Synthese von unsymmetrischen Ethern **3** dar. Zu diesem Zweck werden Alkoholate **1** oder Phenolate mit Alkylhalogeniden **2** umgesetzt. Symmetrische Ether können durch dieses Verfahren ebenfalls hergestellt werden, doch gibt es hierfür auch andere Methoden.

Bei der klassischen Williamson-Synthese setzt man zunächst einen Alkohol mit Natrium oder Kalium zum Alkalialkoholat **1** um. Alternativ bietet sich der Einsatz von Alkalimetallhydroxiden oder -amiden als Basen an; Phenole lassen sich aufgrund ihrer größeren Acidität leichter, beispielsweise mit Alkalihydroxiden oder mit Kaliumcarbonat in Aceton[2] in die entsprechenden Phenolate überführen.

Das Alkoholat **1** reagiert in einer bimolekularen nucleophilen Substitution mit dem Alkylhalogenid **2**:

1 **2** **3**

Bei sekundären und tertiären Alkylhalogeniden treten häufig E_2-Eliminierungen als Nebenreaktionen auf. Als Halogen findet in erster Linie Iod Verwendung, da die Iodide reaktiver als Chloride und Bromide sind. Bei Phenoxiden stellt die C-Alkylierung eine weitere Konkurrenzreaktion dar.Dieses Verhältnis läßt sich durch die Wahl des Lösungsmittels sehr stark beeinflussen.[2)]

Verwendet werden inerte Lösungsmittel wie Benzol, Toluol, Xylol oder ein Überschuß des betreffenden Alkohols. Durch polar-aprotische Solventien (DMF, DMSO) kann die Umsetzung häufig beschleunigt werden.

Als Alkylierungsmittel finden außer den Alkylhalogeniden noch Tosylate und Dialkylsulfate Verwendung, letztere besonders bei der Synthese von Methyl- und Ethylethern. Dimethylsulfat ist ein sehr gutes Alkylierungsmittel, doch ist es akut toxisch und krebserregend.[3)]

Eine Variante der Williamson-Ethersynthese verwendet Thalliumalkoholate,[4)] diese hat aufgrund der Toxizität der Thalliumverbindungen Nachteile, doch für Diole, Triole und Hydroxycarbonsäuren sowie für sekundäre und tertiäre Alkohole ist diese Methode durch die größere Reaktivität oft vorteilhaft.

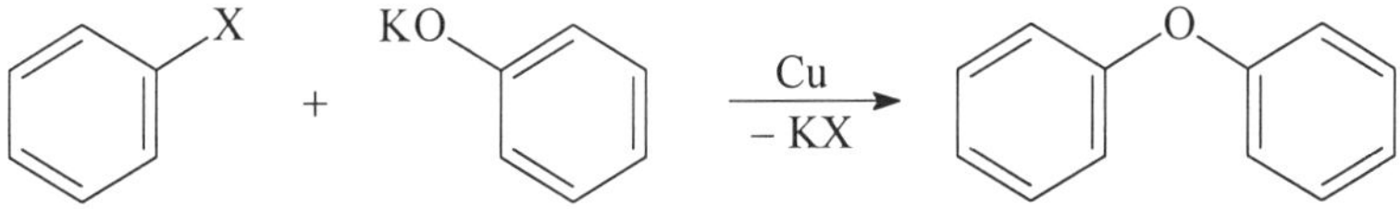

4

Die durch Kupfersalze katalysierte Variante zur Herstellung von Diarylethern **4** wird als *Ullmann-Ethersynthese*[5),6)] bezeichnet.

1) W. Williamson, *Justus Liebigs Ann. Chem.* **1851**, *77*, 37-49.
2) H. Feuer, J. Hooz in *The Chemistry of the Ether Linkage* (Hrsg.: S. Patai), Wiley, New York, **1967**, S. 445-498.
3) L. Roth, *Krebs erzeugende Stoffe*, Wissenschaftliche Verlagsgesellschaft, Stuttgart, **1983**, S. 49,54.
4) H.-O. Kalinowski, G. Grass, D. Seebach, *Chem. Ber.* **1981**, *114*, 477-487.
5) F. Ullmann, P. Sponagel, *Ber. Dtsch. Chem. Ges.* **1905**, *38*, 2211-2212.
6) A. A. Moroz, M. S. Shvartsberg, *Russ. Chem. Rev.* **1974**, *43*, 679-689.

Wittig-Reaktion

Olefine aus Phosphonium-Yliden und Carbonylverbindungen

1 **2** **3** **4**

Die Reaktion von Phosphonium-Yliden **1** (Alkylidenphosphoranen) mit Aldehyden oder Ketonen **2** zu Alkenen **3** und Phosphinoxiden **4** wird als *Wittig-Reaktion*[1-5] bezeichnet.

Phophonium-Ylide **1** können auf unterschiedliche Art hergestellt werden. Am gebräuchlichsten ist die Umsetzung von Triphenylphosphin **5** mit einem Alkylhalogenid **6**, die zum Triphenylphosphonium-Salz **7** führt. Behandelt man letzteres mit Base, erhält man das Ylid **1**:

5 **6** **7**

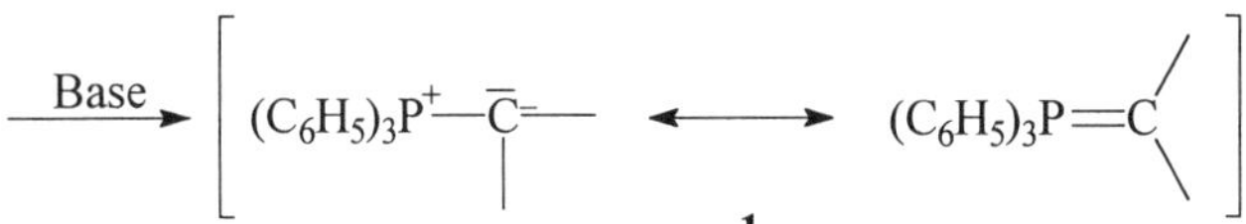

1

Die Phosphonium-Salze werden gewöhnlich im kristallinen Zustand isoliert, während die Ylide normalerweise in Lösung hergestellt und sofort umgesetzt werden.

Die Reaktion zum Olefin **3** wird durch den Angriff des negativ polarisierten Kohlenstoffatoms an die Carbonyldoppelbindung eingeleitet. Dadurch bildet sich zunächst ein Betain **8**, das zur cyclischen Zwischenstufe **9**, einem Oxaphosphetan, weiterreagiert. Diese zerfällt in Triphenylphosphinoxid **4** und das Olefin **3**. Die Triebkraft der Reaktion ist die Ausbildung der sehr starken Phosphor-Sauerstoff-Doppelbindung:

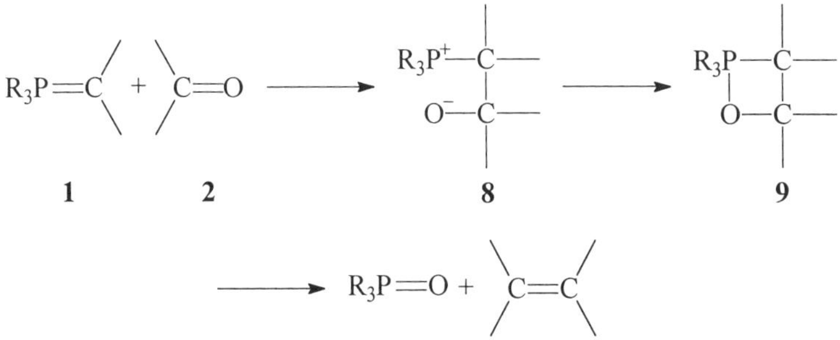

1 2 8 9 4 3

Das Vierring-Intermediat **9** wird durch ^{31}P-NMR-spektroskopische Messungen bestätigt.[6)] Hinweise auf das Betain **8** konnten durch die erfolgreiche Isolation solcher Verbindungen erhalten werden.

Die Reaktivität des Phosphoniumylids **1** hängt von der Art der Reste ab. R ist bei präparativen Anwendungen sehr häufig Phenyl. Sind R^1 oder R^2 elektronenziehende Reste, wird die Reaktivität des Ylids wegen der stärkeren Delokalisierung der negativen Ladung herabgesetzt. Ebenso ist die Carbonylverbindung umso reaktiver, je elektrophiler sich die C-O-Doppelbindung verhält. Am häufigsten handelt es sich bei R^1 und R^2 um Alkylreste.

Einfache Ylide sind empfindlich gegen Sauerstoff und gegen Wasser. Durch Hydrolyse entstehen Triphenylphosphinoxid **4** und ein Kohlenwasserstoff **10**:

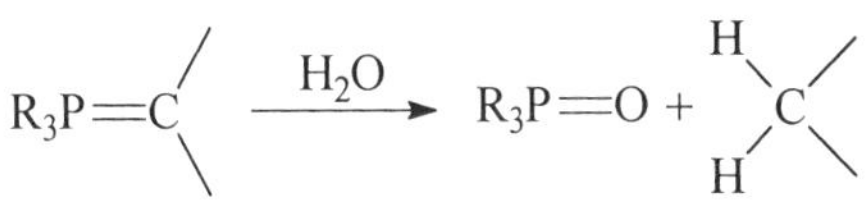

1 4 10

Sauerstoff oxidiert das Ylid zum Phosphinoxid **4** und zur Carbonylverbindung **11**, die mit einem weiteren Ylid-Molekül zum Alken **12** reagieren kann. Diese Nebenreaktion ist eine nützliche Methode, Carbonylverbindungen zu kuppeln, indem man beispielsweise Sauerstoff durch die Reaktionsmischung leitet (auch die Zugabe von Oxidationsmitteln ist möglich):[7)]

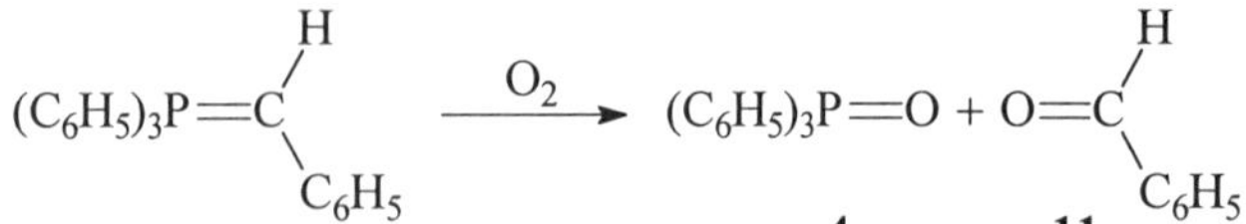

4 **11**

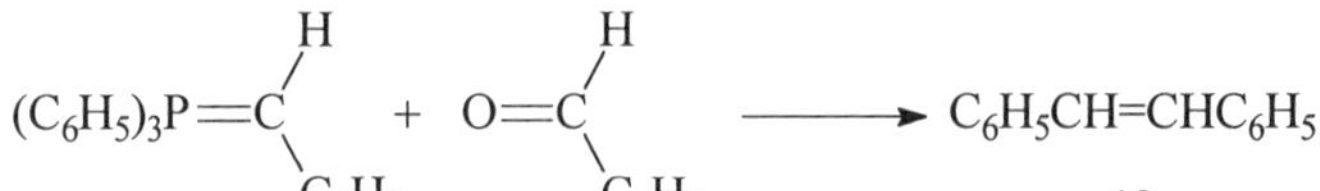

12

Die Stereoselektivität der Wittig-Reaktion hängt stark von der Struktur des Ylids und von den Reaktionsbedingungen ab. Wegen der großen Phenylsubstituenten am Phosphoratom werden hierfür sterische Effekte angenommen, die sich bei der Annäherung von Ylid und Carbonylverbindung entwickeln. Mit Hilfe der *Schlosser-Variante*[8] der Wittig-Reaktion können *E*-Alkene mit hoher Stereoselektivität erhalten werden.

Anstelle von Yliden können auch Carbanionen eingesetzt werden. Diese Variante wird als *Horner-Emmons-Reaktion*[9-11] (manchmal auch als *Wittig-Horner-* oder *Wadsworth-Emmons-Reaktion*) bezeichnet. Bei dieser Olefinierungsreaktion wird ein Phosphonsäureester **13** durch Reaktion mit einer Base in das korrespondierende Anion **14** umgewandelt:

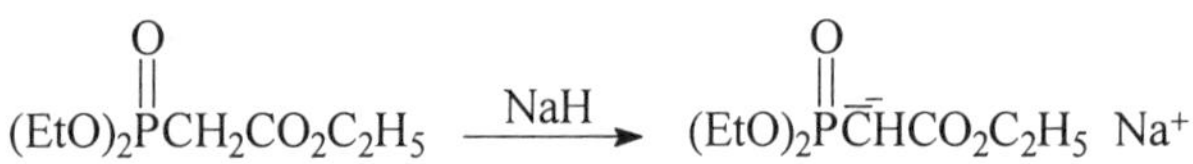

13 **14**

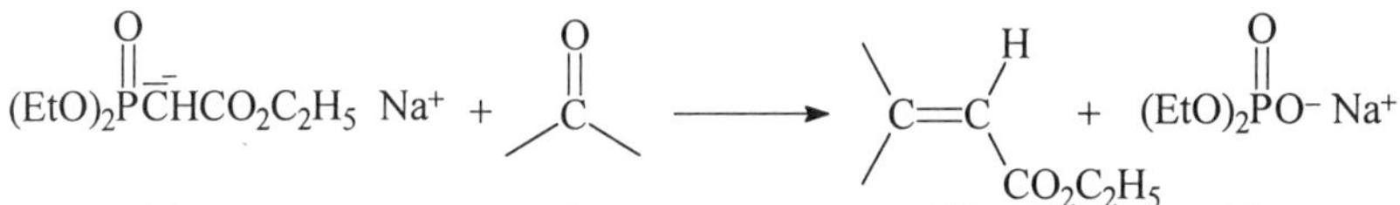

14 **2** **15** **16**

Dieses Anion kann weiter wie ein Phosphonium-Ylid umgesetzt werden. Die Carbanionen sind nucleophiler als die entsprechenden Ylide, da die negative Ladung nicht durch das benachbarte Phosphoratom delokalisiert wird. Man erhält das Olefin **15** und den wasserlöslichen (und somit leicht abtrennbaren) Phosphorsäureester **16**.

Die Horner-Emmons-Reaktion ist im allgemeinen der Wittig-Reaktion überlegen und hat weite Verbreitung bei der Synthese α,β-ungesättigter Ester und Ketone und anderer konjugierter Systeme gefunden. Die Ausbeuten sind im allgemeinen besser als bei der entsprechenden Wittig-Reaktion, allerdings ist die Horner-Emmons-Reaktion nicht geeignet zur Synthese von Alkenen mit einfachen, nicht-stabilisierenden Resten. Die als Edukte erforderlichen Phosphonsäureester erhält man leicht über die →*Arbuzov-Reaktion*.

Die besondere Bedeutung der Wittig- und verwandter Reaktionen liegt vor allem darin, daß die Position der Doppelbindung im Zielmolekül von vornherein eindeutig definiert ist, während andere Methoden zur Synthese von Olefinen, wie Dehydratisierungen oder pyrolytische Verfahren, hier oft Isomerengemische liefern. Sehr viele Alkene, darunter auch zahlreiche Naturstoffe sind auf diese Weise synthetisiert worden, ein Beispiel unter vielen ist die Synthese von β-Carotin **17**:[12)]

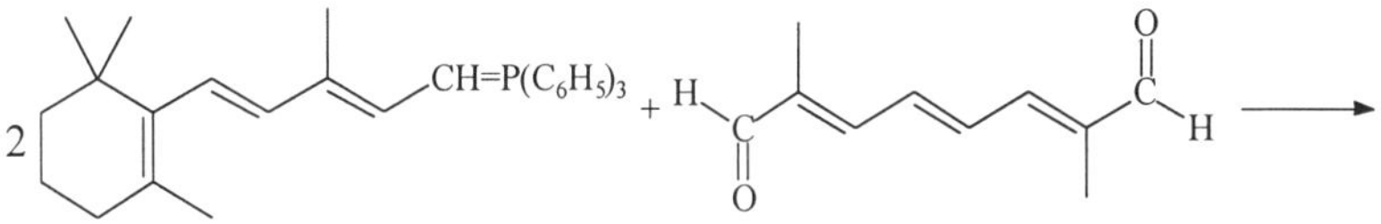

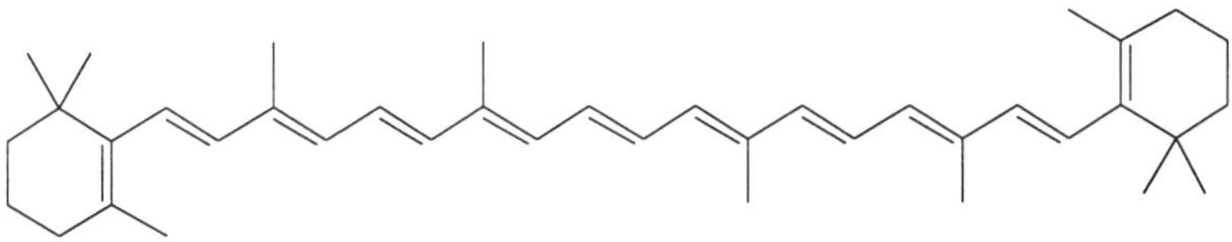

17

Die Carbonylverbindungen können eine Vielzahl funktioneller Gruppen (Ester-, Ether-, Hydroxy-, Halogen- und andere Gruppen) tragen, die die Reaktion nicht stören. Bei Verbindungen, die sowohl Ester- als auch Carbonylfunktion besitzen, reagiert im allgemeinen letztere bevorzugt. Die milden Reaktionsbedingungen machen die Wittig-Reaktion zu einer wertvollen Synthesemethode für empfindliche Alkene wie Carotinoide oder andere hochungesättigte Verbindungen.[13)]

1) G. Wittig, G. Geissler, *Justus Liebigs Ann. Chem.* **1953**, *580*, 44-57.
2) A. W. Johnson, *Ylid Chemistry*, Academic Press, New York, **1979**.
3) A. Maercker, *Org. React.* **1965**, *14*, 270-490.

4) H. Pommer, *Angew. Chem.* **1977**, *89*, 437-443; *Angew. Chem. Int. Ed. Engl.* **1977**, *16*, 423.
5) B. E. Maryanoff, A. B. Reitz, *Chem. Rev.* **1989**, *89*, 863-927.
6) B. E. Maryanoff, A. B. Reitz, M. S. Mutter, R. R. Inners, H. R. Almond, R. R. Whittle, R. A. Olofson, *J. Am. Chem. Soc.* **1986**, *108*, 7664-7678.
7) H. J. Bestmann, R. Armsen, H. Wagner, *Chem. Ber.* **1969**, *102*, 2259-2269.
8) M. Schlosser, K. Christmann, *Synthesis* **1969**, 38-39.
9) L. Horner, H. Hoffmann, H. G. Wippel, *Chem. Ber.* **1958**, *91*, 61-67.
10) W. S. Wadsworth, Jr., *Org. React.* **1977**, *25*, 73-253.
11) W. J. Stec, *Acc. Chem. Res.*, **1983**, *16*, 411-417.
12) G. Wittig, H. Pommer, DBP 954 247, **1956**; *Chem. Abstr.* **1959**, *53*, 2279.
13) K. C. Nicolaou, M.W. Härter, J. L. Gunzner, A. Nadin, *Liebigs Ann./Recueil* **1997**, 1283-1301.

Wittig-Umlagerung

Umlagerung von Ethern zu Alkoholen

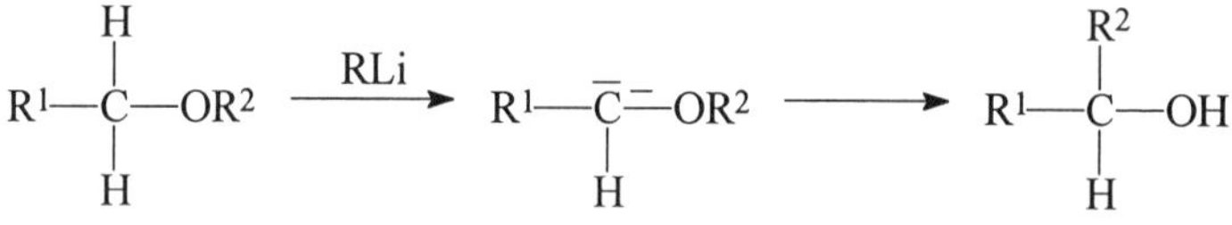

1 **2** **3**

Die Umlagerung von Ethern **1** über die Metallierung in α-Stellung wird allgemein als *Wittig-Umlagerung*[1,2] bezeichnet. Als Produkt erhält man sekundäre oder tertiäre Alkohole **3**. Für R^1 und R^2 kommen Alkyl-, Aryl- oder Vinylsubstituenten in Frage, doch sollte der Substituent R^1 in der Lage sein, die negative Ladung am α-Kohlenstoffatom gut zu delokalisieren, daher sind Allyl- oder Benzylether am besten für die Wittig-Umlagerung geeignet.

Anders als bei der verwandten →*Stevens-Umlagerung* sprechen die experimentellen Befunde hier nur für einen radikalischen Reaktionsverlauf. Im ersten Reaktionsschritt wird der Ether **1** durch Behandlung mit Alkyllithium oder auch

Natriumamid anionisiert. Bei der nachfolgenden radikalischen Umlagerung geht aus dem Carbanion **2** durch homolytische Spaltung der Sauerstoff-Kohlenstoffbindung ein Radikalpaar **4** hervor.[3] Das Radikalpaar lagert zum Alkoholat **5** um, das durch saure Aufarbeitung in den Alkohol **3** überführt werden kann:

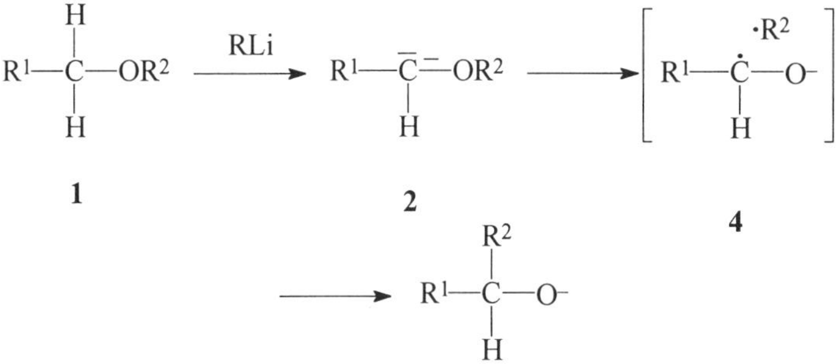

1 **2** **4** **5**

Die Triebkraft der Wittig-Umlagerung ist die Übertragung einer negativen Ladung vom Kohlenstoffatom auf das elektronegativere Sauerstoffatom.

In einigen Fällen ist ein konzertierter Reaktionsverlauf möglich. Handelt es sich bei einem der beiden Substituenten um einen Allylrest, kann eine [2,3]-sigmatrope Umlagerung auftreten, die konzertiert über einen fünfgliedrigen Sechselektronen-Übergangszustand verläuft:[4]

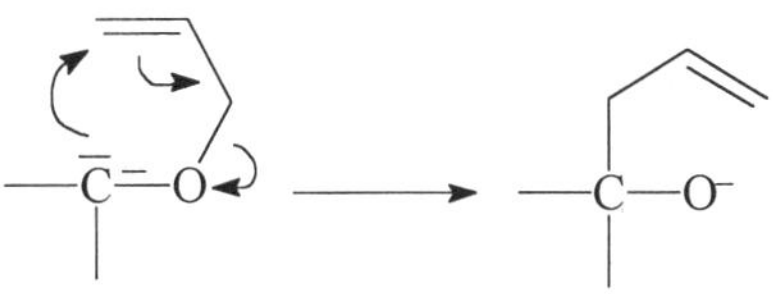

Während die [1,2]-Wittig-Umlagerung eher von mechanistischem Interesse ist, gilt in neuerer Zeit die Aufmerksamkeit der moderneren [2,3]-Wittig-Umlagerung,[4-6] da man gezielt auf die Stereochemie der Umlagerungsprodukte Einfluß nehmen kann.

1) G. Wittig, L. Löhmann, *Justus Liebigs Ann. Chem.* **1942**, *550*, 260-268.
2) D. L. Dalrymple, T. L. Kruger, W. N. White, in *The Chemistry of the Etherlinkage* (Hrsg.: S. Patai), Wiley, New York, **1967**, S. 617-628.
3) U. Schöllkopf, *Angew. Chem.* **1970**, *82*, 795-805; *Angew. Chem. Int. Ed. Engl.* **1970**, *21*, 763.
4) T. Nakai, K. Mikami, *Org. React.* **1994**, *46*, 105-209.
5) R. Brückner, *Nachr. Chem. Tech. Lab.* **1990**, *38*, 1506-1510.
6) D. Enders, D. Backhaus, J. Runsink, *Tetrahedron* **1996**, *52*, 1503-1528.

Wohl-Ziegler-Bromierung

Bromierung in Allylposition mit N-Bromsuccinimid

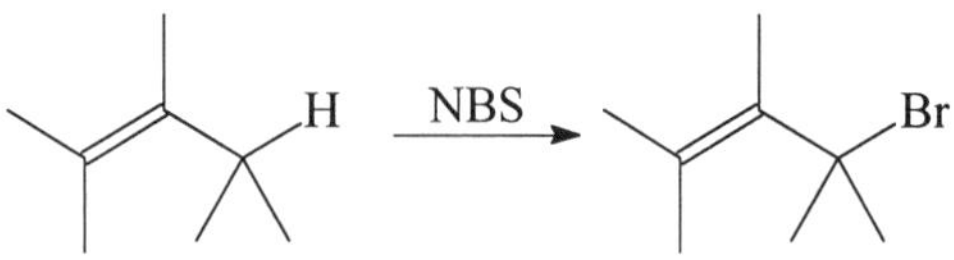

1 **2**

Während Brom an Doppelbindungen addiert, lassen sich bei der *Wohl-Ziegler-Bromierung*[1-4] mit N-Bromsuccinimid (NBS) selektiv die Allylpositionen von Olefinen **1** mit Brom substituieren.

Bei der NBS-Bromierung handelt es sich um eine Radikalkettenreaktion,[5,6] die zunächst durch den Zerfall eines Radikalstarters eingeleitet werden muß. Dadurch werden die für die Kettenreaktion notwendigen Bromradikale erzeugt. Das durch den Radikalstarter generierte Bromradikal abstrahiert in Allylposition ein Wasserstoffatom und bildet somit ein Allylradikal **3** und Bromwasserstoff:

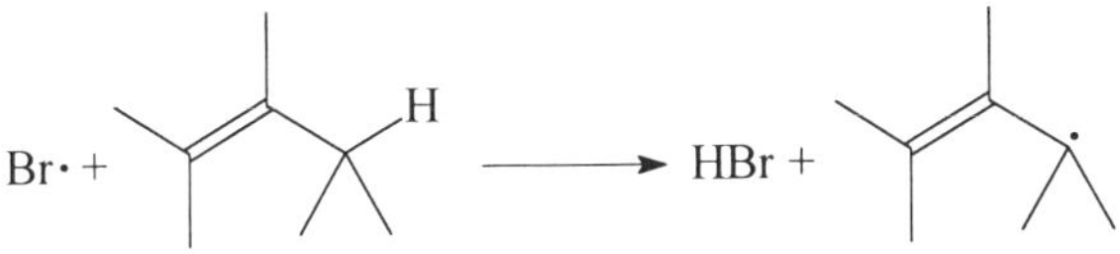

1 **3**

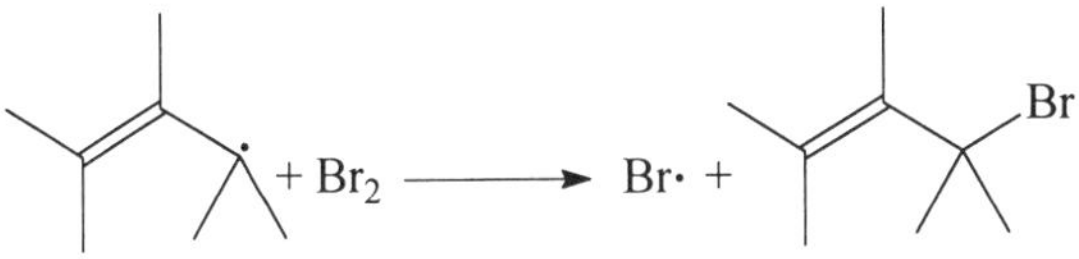

3 **2**

Der zweite Kettenfortpflanzungsschritt besteht aus der Bromaddition an **3** unter Bildung eines Bromradikals und dem in Allylposition bromierten Olefin **2**. Das Allylradikal **3** kann durch Delokalisierung stabilisiert werden. Dieses trifft auch auf Benzylradikale zu, woraus sich die NBS-Bromierung in Benzylposition ableiten läßt, die ebenfalls präparativ mit guten Ausbeuten möglich ist.

Das für die Kettenreaktion notwendige Brom wird aus dem NBS **4** durch Reaktion mit im ersten Schritt freigesetztem Bromwasserstoff erzeugt:

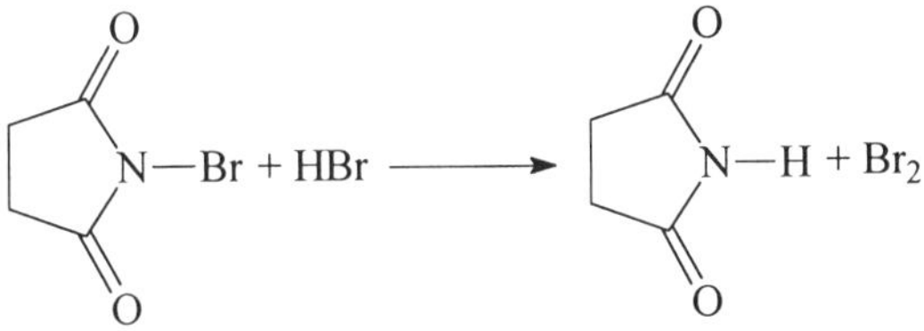

4

Das NBS sorgt dadurch für eine während der Reaktion gleichbleibend niedrige Konzentration an molekularem Brom. Bei höheren Bromkonzentrationen würde man Bromaddition an Doppelbindungen erwarten.

Ein weiteres Nebenprodukt kann sich aus einer Allylumlagerung des Radikals **5** ergeben, wodurch man ein Produktgemisch (**6**, **8**) erhält. Entscheidend für die Produktverteilung ist die Stabilität der beiden möglichen radikalischen Intermediate **5** und **7**:

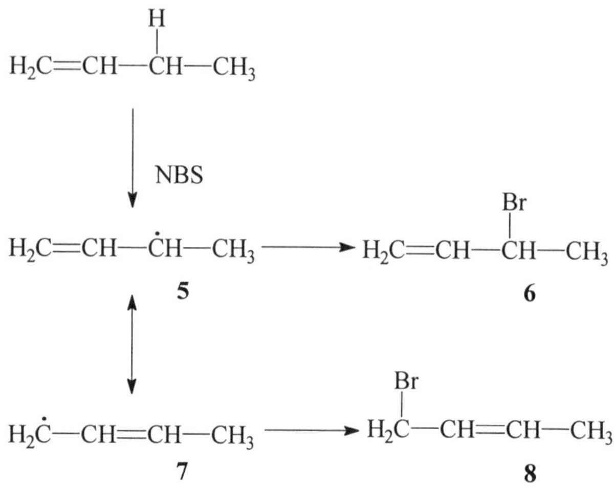

Konkurrieren zwei Allylpositionen, so werden sekundäre Wasserstoffatome leichter als primäre substituiert.

Bei den Kettenabbruchreaktionen werden die üblichen Kombinationen zweier Radikale beobachtet. Als Lösungsmittel wird bevorzugt Tetrachlorkohlenstoff verwendet, in dem sich NBS nur sehr schlecht löst. Der Reaktionsfortschritt läßt sich durch das Verschwinden des NBS-Bodenkörpers und die Bildung von Succinimid, das auf der organischen Phase schwimmt, beobachten. Anstelle eines Radikalstarters wie Dibenzoylperoxid, Azoisobutyronitril oder *tert.*-Butylhydroperoxid kann die Kettenreaktion auch durch UV-Strahlung eingeleitet werden. Das übliche technische NBS enthält Spuren von Brom, die das sonst farblose Salz leicht rotbraun färben. Da die Brommoleküle für die Startreaktion wichtig sind, ist es nicht sinnvoll, normal verunreinigtes NBS vor der Reaktion umzukristallisieren.

1) A. Wohl, *Ber. Dtsch. Chem. Ges.* **1919**, *52*, 51-63.
2) K. Ziegler, A. Späth, E. Schaaf, W. Schumann, E. Winkelmann, *Justus Liebigs Ann. Chem.* **1942**, *551*, 80-119.
3) H. J. Dauben, Jr., L. L. McCoy, *J. Am. Chem. Soc.* **1959**, *81*, 4863-4873.
4) L. Horner, E. H. Winkelmann, *Angew. Chem.* **1959**, *71*, 349-365.
5) C. Walling, A. L. Rieger, D. D. Tanner, *J. Am. Chem. Soc.* **1963**, *85*, 3129-3134.
6) J. C. Day, M. J. Lindstrom, P. S. Skell, *J. Am. Chem. Soc.* **1974**, *96*, 5616-5617.

Wolff-Umlagerung

Ketene aus α-Diazoketonen

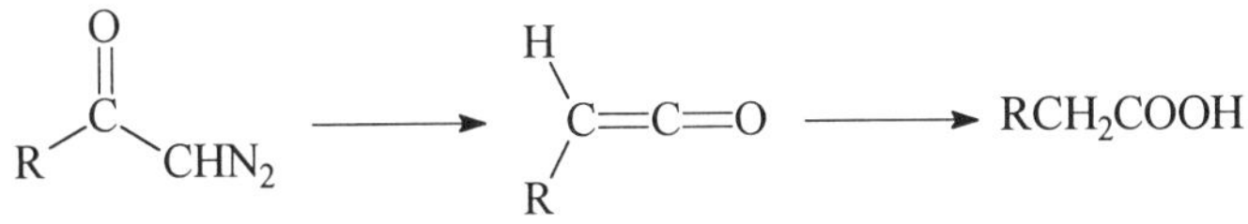

1 2 3

α-Diazoketone **1** können zu Ketocarbenen zersetzt werden, die unter Verschiebung eines Restes R zu Ketenen **2** reagieren. Durch Addition von Wasser resultieren Carbonsäuren **3**. Die *Wolff-Umlagerung*[1,2] stellt einen Teilschritt der →*Arndt-Eistert-Reaktion* dar.

Das Diazoketon **1** kann thermisch oder photochemisch, aber auch katalytisch zersetzt werden. Als Katalysator wird im allgemeinen amorphes Silberoxid verwendet:

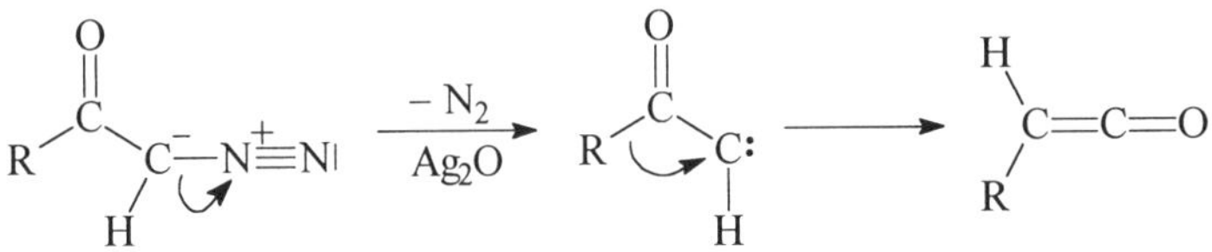

1 4 2

Das durch die Stickstoffabspaltung gebildete Ketocarben **4** mit seinem Elektronensextett stabilisiert sich durch nucleophile Verschiebung des Restes R zum Keten **2**, dieses entspricht dem Isocyanat beim eng verwandten Mechanismus des →*Curtius-Abbaus*. Das Keten kann mit einem im System vorhandenen Nucleophil reagieren, beispielsweise mit Wasser zur Carbonsäure. Setzt man anstelle von Wasser einen Alkohol (R'OH) ein, so kann direkt der entsprechende Ester **5** erhalten werden. Analog sind Amide **6** bzw. **7** durch Solvolyse mit Ammoniak oder Aminen ($R'NH_2$) zugänglich:

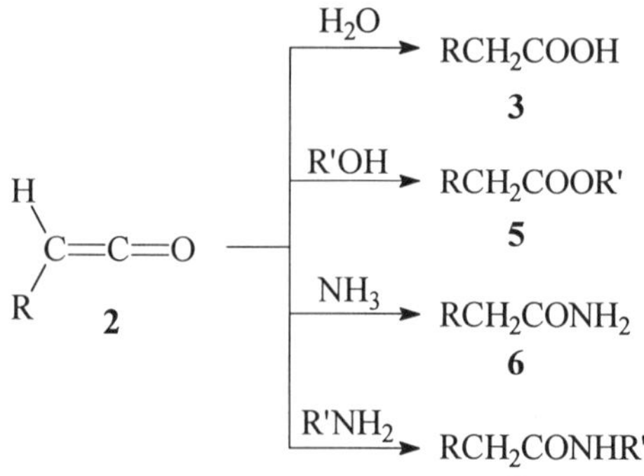

Die Existenz von Ketocarbenen **4** ist im Falle der photochemischen und thermischen Wolff-Umlagerung allgemein anerkannt,[3)] als Indiz konnten Oxirene **8** als Intermediate nachgewiesen werden:

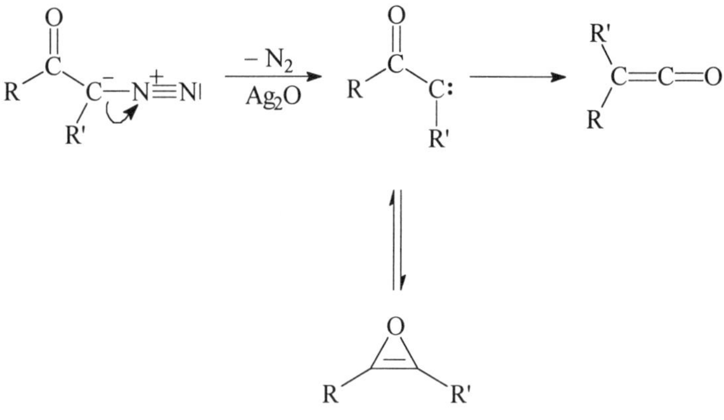

8

Substrate, bei denen das Diazoketon in einem cyclischen System wie **9** fixiert ist, gehen die Umlagerung unter Ringverengung ein:[4,5)]

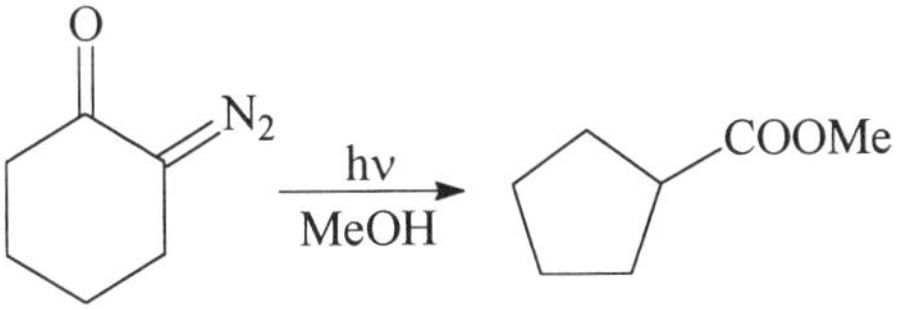

9

Allgemein zeichnet sich die Wolff-Umlagerung durch präparative Vielfalt aus: R kann sowohl Alkyl als auch Aryl sein, die meisten funktionellen Gruppen stören die Reaktion nicht. Durch milde Bedingungen lassen sich empfindliche Verbindungen erfolgreich umsetzen, allerdings sind die Ausbeuten manchmal unbefriedigend.[2)]

1) L. Wolff, *Justus Liebigs Ann. Chem.* **1912**, *394*, 23-59.
2) W. E. Bachmann, W. S. Struve, *Org. React.* **1942,** *1*, 38-62.
3) M. Torres, J. Ribo, A. Clement, O. P. Strausz, *Can. J. Chem.* **1983**, *61*, 996-998.
4) M. Jones, Jr., W. Ando, *J. Am. Chem. Soc.* **1968**, *90*, 2200-2201.
5) W. D. Fessner, G. Sedelmeier, P. R. Spurr, G. Rihs, H. Prinzbach, *J. Am. Chem. Soc.* **1987**, *109*, 4626-4642.
6) S. Motallebi, P. Müller, *Chimia* **1992**, *46*, 119-122.

Wolff-Kishner-Reduktion

Reduktion von Aldehyden und Ketonen

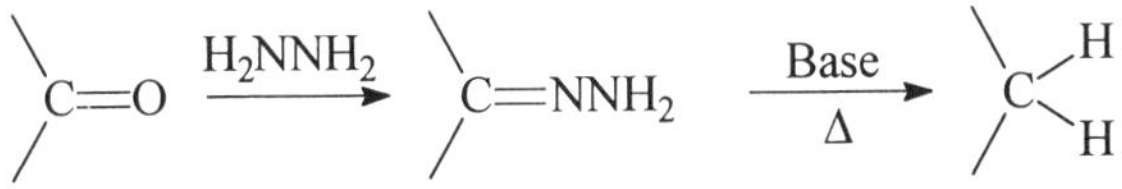

1 **2** **3**

Bei der Umsetztung von Aldehyden oder Ketonen **1** mit Hydrazin entstehen Hydrazone **2**, die in basischem Medium unter thermischer Stickstoffabspaltung zu den entsprechenden Kohlenwasserstoffen **3** reagieren. Diese Desoxygenierungs-Reaktion wird als *Wolff-Kishner-Reduktion*[1-3)] bezeichnet.

Eingeleitet wird die Reaktion durch die Bildung eines Hydrazons **2** aus Hydrazin und einer Carbonylverbindung **1**:

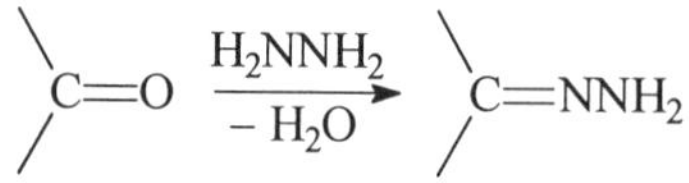

1 **2**

Die folgenden Reaktionsschritte bestehen aus einer Reihe basisch induzierter Wasserstoffverschiebungen. Schließlich kann Stickstoff aus dem Anion **5** als gute Abgangsgruppe abgespalten werden, wodurch das Carbanion **6** entsteht, das schnell zum Kohlenwasserstoff **3** protoniert wird:

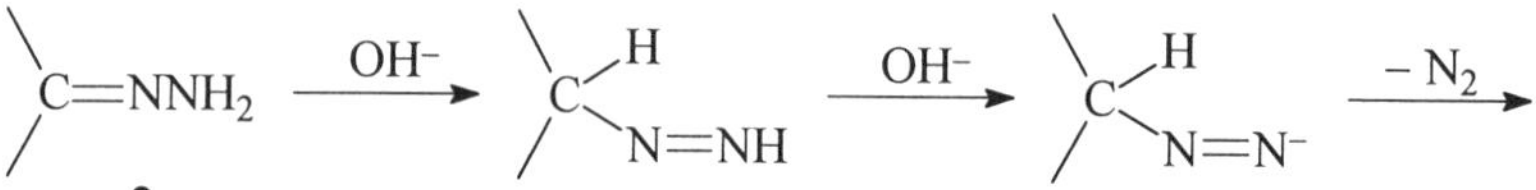

2 **4** **5**

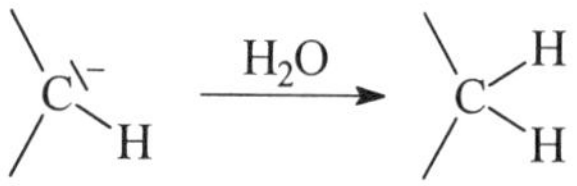

6 **3**

Die klassische Durchführung der Wolff-Kishner-Reduktion mit der Zersetzung der Hydrazone bei etwa 200 °C im Autoklaven ist fast vollständig durch die Variante nach *Huang-Minlon*[4] ersetzt wurden. Hierbei ist die Isolation der Hydrazone nicht mehr erforderlich, man erhitzt mit einem Überschuß Hydrazinhydrat in alkalischem Diethylenglykol einige Stunden unter Rückfluß. Eine weitere Verbesserung betreffs der Reaktionsbedingungen bringt die Durchführung in Dimethylsulfoxid (DMSO) mit Kalium-*tert.*-butylat als Base, wodurch die Reaktion im allgemeinen schon bei Raumtemperatur abläuft.[5]

Die Wolff-Kishner-Reduktion stellt im besonderen für säureempfindliche bzw. hochmolekulare Verbindungen eine wertvolle Alternative zur →*Clemmensen-Reduktion*, dem wohl wichtigsten Verfahren zur Reduktion von Aldehyden und Ketonen zu den entsprechenden Kohlenwasserstoffen, dar.[3] Die Ausbeuten liegen häufig unter 70 %, was auf eine Reihe von Nebenreaktionen wie Eliminierungen oder Isomerisierungen zurückgeführt werden kann.[2]

1) L. Wolff, *Justus Liebigs Ann. Chem.* **1912**, *394*, 86-108.
2) H. H. Szmant, *Angew. Chem.* **1968**, *80*, 141-149; *Angew. Chem. Int. Ed. Engl.* **1968**, *7*, 120.

3) D. Todd, *Org. React.* **1948**, *4*, 378-422.
4) Huang-Minlon, *J. Am. Chem. Soc.* **1946**, *68*, 2487-2488.
5) D. J. Cram, M. R. V. Sahyun, G. R. Knox, *J. Am. Chem. Soc.* **1962**, *84*, 1734-1735.

Wurtz-Reaktion

Kupplung von Alkylhalogeniden

$$2\,RX + 2\,Na \longrightarrow R{-}R + 2\,NaX$$

1 **2**

Als *Wurtz-Reaktion*[1-4] bezeichnet man die Kupplung von Alkylhalogeniden **1** zu symmetrischen Alkanen **2**. Alkylierte Aromaten lassen sich analog durch die nach *Wurtz* und *Fittig* benannte Variante unter Kupplung von Arylhalogeniden mit Alkylhalogeniden herstellen.

Der Mechanismus[5] läßt sich in zwei Schritte einteilen. Zunächst reagiert das Alkylhalogenid **1** mit Natrium unter Bildung einer metallorganischen Verbindung **3**, die häufig isoliert werden kann. Im zweiten Reaktionsschritt greift der Alkylrest der metallierten Verbindung als Nucleophil das Alkylhalogenid unter Substitution (S_N2) des Halogens an:

$$RX + 2\,Na \longrightarrow R^-Na^+ + NaX$$

1 **3**

$$R^-Na^+ + X{-}R \longrightarrow R{-}R + NaX$$

3 **1** **2**

Nicht für alle Substrate und Reaktionsbedingungen läßt sich ein einheitlicher Mechanismus formulieren; alternativ wird ein radikalischer Reaktionsablauf diskutiert.

Aufgrund von Nebenreaktionen wie Eliminierungen oder Umlagerungen ist die präparative Nutzung der Wurtz-Reaktion stark eingeschränkt; besonders die Synthese unsymmetrischer Kupplungsprodukte liefert schlechte Ausbeuten. Die Umsetzung von Aryl- mit Alkylhalogeniden hingegen *(Wurtz-Fittig-Reaktion)* kann häufig mit guten Ausbeuten durchgeführt werden, da die Kupplung von Arylhalogeniden untereinander aufgrund ihrer geringeren Reaktivität im allgemeinen nicht gelingt.

Bei der intramolekularen Wurtz-Reaktion lassen sich Nebenreaktionen weitgehend in den Hintergrund drängen. Diese Reaktion eignet sich besonders für den Aufbau gespannter Systeme,[6] so kann Bicyclobutan **5** mit einer Ausbeute von mehr als 90 % aus 1-Brom-3-chlorcyclobutan **4** hergestellt werden:[7]

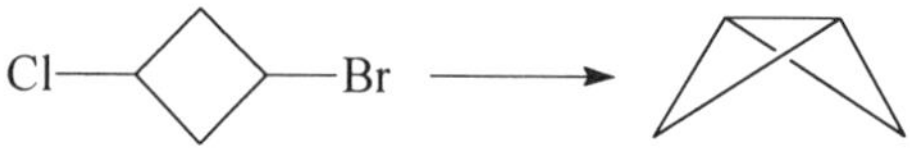

4 **5**

Die Ausbeuten der Wurtz-Reaktion sind aus den oben genannten Gründen oft unbefriedigend. Anstelle von Natrium finden auch andere Metalle wie Zink, Eisen, Kupfer, Lithium, Magnesium usw. Verwendung. Da es sich um eine Zweiphasenreaktion handelt, können Ausbeute, Reaktionsgeschwindigkeit und Reaktivität durch Ultraschall[8] günstig beeinflußt werden. Unter diesen Bedingungen lassen sich selbst Arylhalogenide zu Biarylen umsetzen.[9]

1) A. Wurtz, *Justus Liebigs Ann. Chem.* **1855**, *96*, 364-375.
2) B. Tollens, R. Fittig, *Justus Liebigs Ann. Chem.* **1864**, *131*, 303-323.
3) H. F. Ebel, A. Lüttringhaus, *Methoden Org. Chem. (Houben-Weyl)* **1970**, Bd. 13/1, S. 486-502.
4) H. Fricke, *Methoden Org. Chem. (Houben-Weyl)* **1972**, Bd. 5/1b, S. 451-465.
5) T. L. Kwa, C. Boelhouwer, *Tetrahedron* **1969**, *25*, 5771-5776.
6) R. K. Freidlina, A. A. Kamyshova, E. T. Chukovskaya, *Russ. Chem. Rev.* **1982**, *51*, 368-376.
7) K. B. Wiberg, G. M. Lampman, *Tetrahedron Lett.* **1963**, 2173-2175.
8) C. Einhorn, J. Einhorn, J.-L. Luche, *Synthesis* **1989**, 787-813.
9) B. H. Han, P. Boudjouk, *Tetrahedron Lett.* **1981**, *22*, 2757-2758.

Namen- und Sachverzeichnis